U0159594

高等学校新工科计算机类专业系列教材

软件体系结构实用教程

（第二版）

付　燕　主　编

李贵民　副主编

西安电子科技大学出版社

内 容 简 介

本书共分 10 章。第 1 章简单介绍了软件重用和构件技术的一些基本概念,它们是学习软件体系结构有关知识的基础。第 2 章介绍了软件体系结构的概念、发展和研究现状。第 3 章对软件体系结构的风格进行了较详细的介绍,并给出了一些应用实例。第 4 章讨论软件体系结构的三种描述方法。第 5 章介绍软件体系结构设计过程中使用的一般原理和设计模式,以及关键质量属性需求驱动的体系结构设计方法。第 6 章对 Bass 等人提出的一种基于体系结构的软件开发过程做了详细介绍。第 7 章介绍软件体系结构评估方法,重点介绍 SAAM 和 ATAM 方法。第 8 章介绍基于服务的体系结构,对 SOA、Web Services 和微服务架构进行了较详细的介绍。第 9 章对特定领域的软件体系结构进行介绍,详细讨论了其建立过程。第 10 章介绍了软件体系结构集成开发环境的具体功能。

本书可作为普通高等学校计算机软件专业高年级本科生和研究生教材,也可作为软件开发人员的参考书。

图书在版编目(CIP)数据

软件体系结构实用教程 / 付燕主编. 2 版. —西安:西安电子科技大学出版社,2020.8
(2021.1 重印)
ISBN 978-7-5606-5818-6

Ⅰ. ①软… Ⅱ. ①付… Ⅲ. ①软件—系统结构—教材 Ⅳ. ①TP311.5

中国版本图书馆 CIP 数据核字(2020)第 140998 号

策划编辑   陈婷
责任编辑   董静   陈婷
出版发行   西安电子科技大学出版社(西安市太白南路 2 号)
电   话   (029)88242885 88201467   邮   编   710071
网   址   www.xduph.com   电子邮箱   xdupfxb001@163.com
经   销   新华书店
印刷单位   陕西日报社
版   次   2020 年 8 月第 2 版   2021 年 1 月第 5 次印刷
开   本   787 毫米×1092 毫米   1/16   印 张   21
字   数   496 千字
印   数   5101～7100 册
定   价   47.00 元

ISBN 978 - 7 - 5606 - 5818 - 6 / TP

XDUP 6120002-5

如有印装问题可调换

前　言

　　软件体系结构是软件系统的高层结构，是一种用于理解系统级目标的框架。随着软件系统规模越来越大、越来越复杂，整个系统的结构和规格说明就显得越来越重要。对于大规模的复杂软件系统来说，总体的系统结构设计和规格说明比起对计算的算法和数据结构的选择更为重要。在这种背景下，人们认识到了软件体系结构的重要性，并认为对软件体系结构进行系统深入的研究，将会成为提高软件生产率和解决软件维护问题的新的、最有希望的途径。

　　软件体系结构研究的主要内容包括软件体系结构描述、软件体系结构设计、基于体系结构的软件开发方法、软件体系结构评估等。

　　1. 软件体系结构描述

　　体系结构描述语言（Architecture Description Language，ADL）是一种形式化语言，系统设计师可以利用它所提供的特性进行软件系统概念体系结构建模。ADL 提供了具体的语法与刻画体系结构的概念框架，使得系统开发者能够很好地描述他们设计的体系结构，以便与他人交流，并能够用提供的工具对许多实例进行分析。

　　Kruchten 提出的"4+1"模型是对软件体系结构进行描述的另一种方法。该模型由逻辑视图、开发视图、过程视图和物理视图组成，并通过场景将这 4 个视图有机地结合起来，比较细致地描述了需求和体系结构之间的关系。

　　Booch 从 UML 的角度给出了一种由设计视图、过程视图、实现视图和部署视图，再加上一个用例视图构成的体系结构描述模型。可以使用 UML 对构件交互模式进行静态建模和动态建模。

　　2. 软件体系结构设计

　　体系结构设计研究的重点内容之一就是体系结构风格的研究。人们在开发不同系统时，会逐渐发现一类系统在体系结构上有许多共性，于是抽取出这些共性构成一些富有代表性和被广泛接受的体系结构风格。它定义一组构件、连接件的类型以及它们之间应该如何连接的约束。虽然系统组织方式可以是无穷的，但如果能用少量的风格类型表达出较多的系统组织方式，不仅可以缩短系统分析设计的时间，还能大大提高大规模软件重用的机会。

通过对软件体系结构设计过程进行研究，总结出软件体系结构设计过程中用到的一般原理主要有：抽象、封装、信息隐藏、模块化、注意点分离、耦合和内聚、接口和实现分离、分而治之、层次化等。

在几十年的软件设计研究和实践中，设计人员和程序员积累了大量的实际经验，发现并提出了大量在众多应用中普遍存在的软件结构和结构关系。模式被用于软件体系结构设计中，一个模式关注一个在特定设计环境中出现的重现设计问题，并为它提供一个解决方案。利用设计模式可以方便地重用成功的设计和结构。

生成一个满足软件需求的体系结构的过程即为体系结构设计。体系结构设计过程的本质在于：将系统分解成相应的组成成分（如构件、连接件），并将这些成分重新组装成一个系统。常用的体系结构设计方法有 4 类，分别为制品驱动(artifact-driven)的方法、用例驱动(use-case-driven)的方法、模式驱动(pattern-driven)的方法和领域驱动(domain-driven)的方法。

基于关键质量属性需求的体系结构设计是目前业界在软件体系结构设计中非常关注的一个重要方向，它更多地指向满足实际体系结构设计的核心目标和本质需求，因而，发展出所谓的关键质量属性驱动的体系结构设计方法。

3. 基于体系结构的软件开发方法

在引入了体系结构的软件开发中，应用系统的构造过程变为"问题定义→软件需求分析→软件体系结构→软件设计→软件实现"，可以认为软件体系结构在软件需求与软件设计之间架起了一座桥梁。而在由软件体系结构到软件实现的过程中，借助一定的中间件技术与软件总线技术，软件体系结构易于映射成相应的实现。Bass 等人提出了一种基于体系结构的软件开发过程，该过程包括 6 个步骤，它们是：导出体系结构需求；设计体系结构；文档化体系结构；分析体系结构；实现体系结构；维护体系结构。

4. 软件体系结构评估

由于软件体系结构是在软件开发过程之初产生的，因此好的体系结构可以减少甚至避免软件错误的产生，降低维护费用。想要判断所使用的体系结构是否恰当，需要使用专门的方法对软件体系结构进行分析和评估。常用的软件体系结构评估方法有软件体系结构分析方法(Software Architecture Analysis Method，SAAM)和体系结构权衡分析方法(Architecture Tradeoff Analysis Method，ATAM)。

5. 特定领域的体系结构框架

特定领域的应用通常具有相似的特征，如果能够充分挖掘系统所在领域的共同特征，提炼出领域的一般需求，抽象出领域模型，归纳总结出这类系统的软件开发方法，就能够指导领域内其他系统的开发，提高软件质量和开发效率，节省软件开发成本。正是基于这种考虑，人们在软件的理论研究和工程实践中，逐渐形成一种称之为特定领域的软件体系结构(Domain Specific Software Architecture，DSSA)的理论与工程方法，它对软件设计与开发过程具有一定的参考和指导意义，已经成为软件体系结构研究的一个重要方向。

6. 软件体系结构支持工具

几乎每种体系结构都有相应的支持工具，如 UniCon、Aesop 等体系结构支持环境，C2 的支持环境 ArchStudio，Acme 的支持环境 AcmeStudio，支持主动连接件的 Tracer 工具等。另外，还出现了很多支持体系结构的分析工具，如支持静态分析的工具、支持类型检查的工具、支持体系结构层次依赖分析的工具等。本书通过两个较为著名的软件体系结构集成开发环境 ArchStudio 4 和 AcmeStudio，介绍了软件体系结构集成开发环境的具体功能。

本书在第一版的基础上，增加了软件体系结构比较新的一些研究成果，并尽可能加入一些实用性较强的内容。主要在以下几个方面做了改动：

(1) 在第 3 章中增加了云体系结构风格的介绍，它是在当今云计算生态背景下发展起来的软件体系结构风格，是从很多依托于云计算平台的软件中抽象出来的一种新的软件体系结构风格。阿里云是云体系结构应用的典型代表。

(2) 在第 5 章中增加了关键质量属性需求驱动的体系结构设计方法的介绍。基于关键质量属性需求的体系结构设计是目前业界在软件体系结构设计中非常关注的一个重要方向。不同于大多数传统的软件设计方法强调功能需求、直觉地处理非功能需求，现代软件体系结构设计认为非功能需求同功能需求同样重要。通过讨论几种关键的质量属性需求，以及应对关键质量属性需求的基本战术和体系结构实现方法，引出关键质量属性需求驱动的体系结构设计方法。该方法把一组关键质量属性需求作为输入，体系结构设计师依据对关键质量属性需求与体系结构设计和实现之间关系的了解，对体系结构进行设计。最后通过一个实例说明如何在实际项目中使用该方法。

(3) 在第 8 章中增加了 SOA 模型及微服务架构的介绍。微服务架构被认为是软件架构的未来方向。随着用户需求个性化、产品生命周期变短，微服务架构是未来软件架构朝着灵活性、扩展性、伸缩性以及高可用性方向发展的必然。微服务的诞生并非偶然，它是在互联网应用快速发展、技术日新月异的变化以及传统架构无法满足这些挑战的多重因素的推动下所诞生的必然产物。微服务是结构与规模的权衡，通过选择降低规模来应对业务复杂度的增长，牺牲结构来换取对复杂系统的控制。相当于微服务将实现复杂多变业务的难题转向了微服务的环境搭建、部署及运维成本高等问题。我们在本章介绍了微服务的涵义、产生背景及微服务架构的特征和本质等内容。

　　本书编写时，曾直接或间接地引用了许多专家、学者的文献(详见书后参考文献)，作者向他们深表谢意。还有一些内容是从网上查阅得到的，因为来源较多，可能未能全部标注出来，也对这些作者表示感谢。同时感谢西安电子科技大学出版社和陈婷编辑的大力支持。

　　由于软件体系结构的发展非常迅速，其本身也在不断发展完善，又由于作者水平有限，因而虽然尽了很大的努力，但书中难免有疏漏和不妥之处，敬请读者批评指正。

编　者

2020 年 5 月

目 录

第 1 章　软件重用与构件技术

1.1　软件重用概述

自从 1968 年 NATO(North Atlantic Treaty Organization，北大西洋公约组织)会议提出"软件危机"以来，软件工程取得了非常大的进展。然而随着计算机应用领域的迅速延伸，软件规模不断扩大，软件复杂性不断增加，又出现了新一轮的"软件危机"。软件重用无疑是解决这一问题行之有效的方法。软件重用是软件开发中避免重复劳动的解决方案，其出发点是应用系统的开发不再采用一切"从零开始"的模式，而是在已有的工作的基础上，充分利用以前系统开发中积累的知识和经验，如需求分析结果、设计方案、源代码、测试计划及测试案例等，将开发的重点转移到现有系统的特有构成成分。通过软件重用，不仅可以提高软件开发效率，减少分析、设计、编码、测试等过程中的重复劳动，而且因为重用已经过充分测试的软件开发成果，可以避免重新开发引入的错误，从而提高当前软件的质量。

1.1.1　软件重用的定义

软件重用(Software Reuse)是一种由预先构造好的、为重用目的而设计的软件构件来建立或者组装软件系统的过程。它的基本思想是放弃那种原始的、一切从头开始的软件开发方式，而利用重用思想，通过公共的可重用构件来集成新的软件产品。

随着软件重用思想的深入，可重用构件不再仅仅局限于程序源代码，已经延伸到包括对象类、框架等在内的软件开发各阶段的成果。在位于不同抽象层次、不同大小的软件构件，以及文档交付方面，不同类型可重用构件的例子包括应用包、子系统、数据类型定义、设计模型、规格说明、代码、文档、测试用例和测试数据等。在面向对象开发方面，不同类型可重用构件的例子包括应用框架、用例、高层对象类、分析和设计模型、类定义、基本对象类(如底层的类、日期类和字符串类等)、类库(如一组支持某一领域的相关类的组合——图形用户界面和数据库等)、方法(如类的服务或者类的行为)、测试包(如测试用例、测试数据和预期结果)、函数(如程序模块)、文档(如分析文档和设计文档)、项目、测试和实施计划的框架等。

1.1.2　软件重用的研究现状

最早的软件重用可以追溯到子程序库的使用，但正式提出软件重用的概念是在 1969 年举行的首次讨论软件工程的国际会议上，D. Mcilroy 发表了题为"Mass-Produced Software Components"的论文，提出建立生产软件构件的工厂，用软件构件组装复杂系统的思想。

此后 10 年中,有关软件重用的研究没有取得多大进展,直到 1979 年 Lanergan 发表论文,对其在 Raythen Missile Division 的一项软件重用的项目研究进行总结,才使得有关软件重用的研究重新引起人们的注意。据 Lanergan 称,他们分析了 5000 个 COBOL 源程序,发现在设计和代码中有 60%的冗余,此外,大部分商业应用系统的逻辑结构或设计模式属于编辑、修改、报表生成等类型。假如将以上这些冗余代码和模块重新设计,并进行标准化,那么将在 COBOL 商业应用程序中获得 15%～85%的重用率。

1983 年,由 ITT 赞助,Ted Biggerstaff 和 Alan Perlis 在美国的 Newport 组织了第一次有关软件重用的研讨会。随后在 1984 年和 1987 年,国际上权威的计算机杂志 IEEE Transactions on Software Engineering 和 IEEE Software 分别出版了有关软件重用的专辑。1991 年,第一届软件重用国际研讨会(International Workshop on Software Reuse,IWSR)在德国的 Dortmund 举行,第二届 IWSR 于 1993 年在意大利的 Lucca 举行,从 1994 年的第三届 IWSR 起,软件重用国际研讨会改称为软件重用国际会议。美国国防部的 STARS 计划是较早的一个由政府资助的有关软件重用研究项目。STARS 的目标是在大幅度提高系统可靠性和可适应性的同时提高软件生产率,虽然该计划的目标是要构造一个软件开发支撑环境,但计划的重点之一是软件重用技术。

国内的相关研究也较多,如青鸟构件库管理系统(JBCLMS)是北京大学软件工程研究所在杨芙清院士领导下的研究成果,它的目标是致力于软件重用,以构件作为软件重用的基本单位,提供一种有效的管理和检索构件的工具。JBCLMS 作为企业级的构件管理工具,可以管理软件开发过程的不同阶段(分析、设计、编码、测试等)、不同形态(如需求分析文档、概要设计文档、详细设计文档、源代码、测试案例等)、不同表示(如文本、图形等)的构件,提供多种检索途径,以便于快速检索所需构件。

1.1.3 重用驱动的软件开发过程

1. 软件重用失败的原因

尽管软件产业从本质上是支持重用的,但到目前为止,很少有成功实施重用的公司。主要原因有以下几点:

(1) 缺乏对为什么要实施重用的了解。

(2) 认为重用没有创造性。

(3) 管理者没有对重用承担长期的责任和提供相应的支持。

(4) 没有支持重用的方法学。

(5) 不愿意改变当前的工作方式。

(6) 管理者不信任重用带来的商业价值。

(7) 没有支持实施重用的工具。

(8) 没有可重用的构件,没有构件重用库。

软件重用失败的原因之一是缺少支持软件重用的软件开发过程,因此,为了更好地实施软件重用,需要有一个重用驱动的软件开发过程。

2. 重用驱动的软件开发过程

一个重用驱动的软件开发过程描述了如何组装可重用构件来建立软件系统,以及如何建立和管理可重用构件。一个重用驱动的软件开发过程可从两个视角来看待重用，如图 1-1 所示。

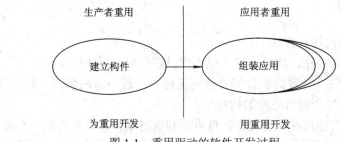

图 1-1　重用驱动的软件开发过程

(1) 应用者重用(Consumer Reuse)：使用可重用构件去建立新软件系统的活动，即用重用构造的视图。

(2) 生产者重用(Producer Reuse)：建立、获取或者重新设计可重用构件的活动，即为重用构造的视图。

应用者重用，关心的是如何利用可重用构件来建立新系统，它包括以下几个步骤：

(1) 寻找候选的可重用的构件，由它们来产生软件生命周期每一阶段的交付。

(2) 对候选构件进行评价，选择那些适合于在本系统内重用的构件。

(3) 更改可重用构件或者对它们进行特殊处理，使之能满足本系统的要求。

(4) 为可重用构件提出一些更改或者改进之处，增强它们未来的可重用性。

生产者重用，关心的是如何开发可重用的软件构件，它包括以下几个步骤：

(1) 识别应建立的或者准备重用的候选构件。

(2) 完成共性/差异分析，确定使构件能够重用所必须满足的要求。

(3) 建立或者准备可重用构件。

(4) 封装该可重用构件。

(5) 将可重用构件加入到重用目录或重用库中。

1.2　构件的特点和分类

一般认为，构件是指语义完整、语法正确和有可重用价值的单位软件，是软件重用过程中可以明确辨识的系统。结构上，它是语义描述、通信接口和实现代码的复合体。简单地说，构件是具有一定的功能，能够独立工作或能同其他构件装配起来协调工作的程序体。构件的使用同它的开发、生产无关。从抽象程度来看，面向对象技术已达到了类级重用(代码重用)，它以类为封装的单位。这样的重用粒度还太小，不足以解决异构互操作和效率更高的重用。构件将抽象的程度提到一个更高的层次，它对一组类的组合进行封装，并代表完成一个或多个功能的特定服务，也为用户提供了多个接口。整个构件隐藏了具体的实现，只用接口对外提供服务。

构件是组成软件的基本单位，它包含以下 3 个内容：

(1) 构件是可重用的、自包含的、独立于具体应用的软件对象模块。

(2) 对构件的访问只能通过其接口进行。

(3) 构件不直接与别的构件通信。

1.2.1　构件的特点

总地说来，软件构件具有以下特点：

(1) 以二进制形式存在，软件构件一般不再以源代码方式实现重用。

(2) 可以与其他独立开发的软件构件协同工作，经过少量的修改，软件构件可以很容易地移植到其他构件生产商所生产的构件中。

(3) 软件构件具有相对独立的功能，可以顺利地将软件构件组合成一个应用系统。

(4) 与程序设计语言无关，软件构件不依赖于任何一门编程语言，这便于软件开发人员将其与别的软件构件组装。

(5) 成为其他软件构件的生成模块，软件构件和一般的对象相比，可大可小。

(6) 具有良好定义的接口。

1.2.2　构件的分类

构件种类非常丰富，从不同角度可以将构件分为很多类。

(1) 根据构件重用的方式，分为黑盒构件和白盒构件。黑盒构件是不需了解其内部结构就能通过接口从外部调用，能达到即插即用效果的构件；白盒构件是必须经过修改才能重用的构件。

(2) 根据构件功能用途，分为系统构件、支撑构件和领域构件。系统构件是在整个构件集成环境和运行环境中都可以使用的构件；支撑构件是在构件集成环境和构件管理系统中使用的构件；领域构件是为专门应用领域制定的构件。

(3) 根据构件粒度的大小，分为基本数据结构类构件(如窗口、按钮、菜单等)、功能构件(如录入、查询、删除等)和子系统构件(如人事管理、学生入学管理、图书馆信息管理等)。

(4) 根据构件重用时的形态，分为动态构件和静态构件。动态构件是运行时可动态嵌入、链接的构件，如对象链接和嵌入、动态链接库等；静态构件如源代码构件、系统分析构件、设计构件和文档构件等。

(5) 根据构件的外部形态，分为以下 5 类：

• 独立而成熟的构件。独立而成熟的构件得到了实际运行环境的多次检验，该类构件隐藏了所有接口，用户只需用规定好的命令使用即可，例如数据库管理系统和操作系统等。

• 有限制的构件。有限制的构件提供了接口，指出了使用的条件和前提。这种构件在装配时会产生资源冲突、覆盖等影响，在使用时需要加以测试，例如各种面向对象程序设计语言中的基础类库等。

• 适应性构件。适应性构件对构件进行了包装或使用了接口技术，对不兼容、资源冲突等进行了处理，可以直接使用。这种构件可以不加修改地使用在各种环境中，例如 ActiveX 等。

• 装配的构件。装配的构件在安装前已经装配在操作系统、数据库管理系统或信息系统不同层次上，使用胶水代码就可以进行连接使用。目前一些软件商提供的大多数软件产品都属于这一类。

　　• 可修改的构件。可修改的构件可以进行版本替换。如果对原构件修改错误、增加新功能，可以利用重新"包装"或写接口来实现构件的替换。这种构件在应用系统开发中使用得比较多。

　　(6) 根据构件的结构，分为原子构件和组合构件。

　　(7) 根据构件的来源，分为自开发构件和第三方构件。

1.3　构　件　模　型

　　构件模型是对构件本质特征的抽象描述。目前，国际上已经形成了许多构件模型，这些模型的目标和作用各不相同，其中一部分模型属于参考模型(例如 3C 模型)，一部分模型属于模型(例如 RESOLVE 模型和 REBOOT 模型)，还有一部分模型属于实现模型。近年来，已经形成了 3 个主要流派，分别是 OMG(Object Management Group，对象管理组织)的 CORBA(Common Object Request Broker Architecture，通用对象请求代理结构)、Sun 的 EJB(Enterprise Java Bean，企业级 Java Bean)和 Microsoft 的 DCOM(Distributed Component Object Model，分布式构件对象模型)。这些模型将构件的接口与实现进行了有效的分离，提供了构件交互的能力，从而增加了重用的机会，并适应了目前网络环境下大型软件系统的需要。下面对其中的几个构件模型进行简单介绍。

1.3.1　3C 模型

　　3C 模型是由 Tracz 提出的构件模型，3C 分别代表概念(Concept)、内容(Content)和语境(Context)。构件概念是"对构件做什么描述"。它对构件进行抽象描述，给出了软件构件内部属性，描述了构件的接口，标识出构件使用时在前置条件和后置条件的语境中所表示的含义。构件内容描述了构件如何被实现。在本质上，构件内容是对一般用户隐藏的信息，只有那些需要修改构件的人才必须访问它。构件语境将可重用构件放置到其可应用的领域中，也就是说，通过刻画概念的、操作的和实现的特征，让软件开发人员能够检索到适当的构件以满足应用需求。3C 模型主要用于形式化的描述方法。

1.3.2　REBOOT 模型

　　REBOOT 模型是由 Even-Andre Karlsson 等人在 REBOOT 项目中总结提出的。它实质上是一个刻画分类模型。该模型认为：可以用有限维信息空间的术语组合从若干个刻面的综合角度来刻画一个构件。在描述函数型或过程型的软件构件时，REBOOT 模型采用三元组(Function、Object、Medium/Agent)来描述，从而刻画了该函数或过程所提供的功能、操作对象以及与其他构件之间的关系。在描述面向对象的软件构件时，REBOOT 模型采用四元组(Abstraction、Operations、OperatesOn、Dependencies)来描述，刻画对象的主要功能、所提供的操作和操作对象以及与其他对象构件之间的关系。在 REBOOT 项目中就是采用这样一个四元组来描述的。此外，该模型有时还提供同义词典来描述术语间的语义关系。由于 REBOOT 模型只允许按照给定的刻面架构结构描述已有的软件构件,因此比较适合于非形式化的方法。

1.3.3 青鸟构件模型

青鸟构件模型由外部接口和内部结构两部分组成,如图 1-2 所示。

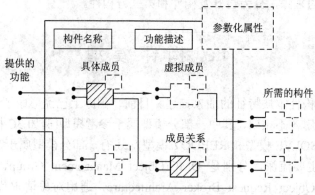

图 1-2 青鸟构件模型

1. 外部接口

构件的外部接口是指构件向其重用者提供的基本信息,包括构件名称、功能描述、对外功能接口、所需的构件、参数化属性等。外部接口是构件与外部世界的一组交互点,说明构件所提供的服务(消息、操作、变量)。

2. 内部结构

构件的内部结构包括两方面内容:内部成员以及内部成员之间的关系。其中内部成员包括具体成员与虚拟成员;成员关系包括内部成员之间的关联以及内部成员与外部接口之间的关联。

该模型的主要特点是:

(1) 符合 3C 模型,3C 模型中的概念和语境对应于青鸟构件模型的构件接口部分。

(2) 针对面向对象程序设计语言,该构件模型主要描述的构件是面向对象程序设计语言编写的构件,其形态包括类、抽象类、类簇、类树、白盒框架、黑盒框架和架构。

(3) 基于对象计算模型的构件组装,青鸟构件模型采用构件-架构模式来进行构件组装,其中架构是一种特殊的构件,而所有的构件是由一个或多个对象组成的。

青鸟构件模型主要解决了由面向对象程序设计语言描述的构件如何相互连接,组成更大的构件或完成整个系统的集成问题。在青鸟构件模型中,构件的组装最终落实到构件内的对象间的互联。构件的组装信息包括 3 方面的互联:消息级互联、功能级互联和对象级互联。

1.4 构 件 获 取

存在大量的可重用的构件是有效地使用重用技术的前提。通过对可重用信息与领域的分析，可以得到可重用信息与领域的特性：

(1) 可重用信息具有领域特定性，即可重用性不是信息的一种孤立的属性，它依赖于特定的问题和特定的问题解决方法。为此，在识别、获取和表示可重用信息时，应采用面向领域的策略。

(2) 领域具有内聚性和稳定性，即关于领域的解决方案是充分内聚和充分稳定的。一个领域的规约和实现知识的内聚性，使得可以通过一组有限的、相对较少的可重用信息来解决大量问题。领域的稳定性使得获取的信息可以在较长的时间内多次重用。

领域是一组具有相似或相近软件需求的应用系统所覆盖的功能区域，领域工程(Domain Engineering)是一组相似或相近系统的应用工程(Application Engineering)建立基本能力和必备基础的过程。领域工程过程可划分为领域分析、领域设计和领域实现等多个活动，其中的活动与结果如图 1-3 所示。

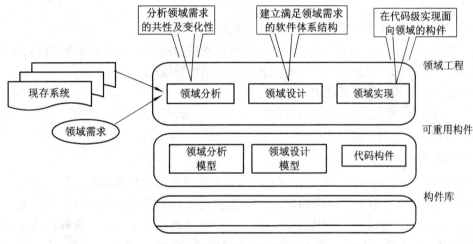

图 1-3　领域工程中的活动与结果

在建立基于构件的软件开发中，构件获取可以有多种不同的途径：

(1) 从现有构件中获得符合要求的或基本符合要求的构件，直接使用或适当修改，得到可重用的构件。

(2) 通过遗留工程，将具有潜在重用价值的构件提取出来，得到可重用的构件。

(3) 从市场上购买现成的商业构件，即 COTS 构件。

(4) 开发新的符合要求的构件。

一个组织在进行以上决策时，必须考虑到不同方式获取构件的一次性成本和以后的维护成本，然后做出最优的选择。

1.5　构 件 管 理

对大量的构件进行有效的管理，以方便构件的存储、检索和提取，是成功重用构件的必要保证。构件管理的内容包括构件描述、构件分类、构件库组织、人员及权限管理和用户意见反馈等。

1. 构件描述

构件模型是对构件本质的抽象描述，主要是为构件的制作与构件的重用提供依据。从管理角度出发，也需要对构件进行描述，例如实现方式、实现体、注释、生产者、生产日期、大小、价格、版本和关联构件等信息，它们与构件模型共同组成了对构件的完整描述。

2. 构件分类与构件库组织

为了给使用者在查询构件时提供方便，同时也为了更好地重用构件，必须对收集和开发的构件进行分类并置于构件库的适当位置。构件的分类方法及相应的库结构对构件的检索和理解有深刻的影响。因此，构件库的组织应方便构件的存储和检索。

可重用技术对构件库组织方法有以下要求：

- 支持构件库的各种维护动作，如增加、删除、修改构件，尽量不要影响构件库的结构。
- 不仅要支持精确匹配，还要支持相似构件的查找。
- 不仅能进行简单的语法匹配，而且能够查找在功能或行为方面等价或相似的构件。
- 对应用领域具有较强的描述能力和较好的描述精度。
- 库管理员和用户容易使用。

目前，已有的构件分类方法可以归纳为 3 大类，分别是关键字分类法、刻面分类法和超文本组织方法。

1) 关键字分类法

关键字分类法(Keyword Classification)是一种最简单的构件库组织方法，其基本思想是：根据领域分析的结果，将应用领域的概念按照从抽象到具体的顺序，逐次分解为树形或有向无回路图结构。每个概念用一个描述性的关键字表示。不可分解的原子级关键字包含隶属于它的某些构件。图 1-4 给出了构件库的关键字分类结构示例，它支持图形用户界面设计。

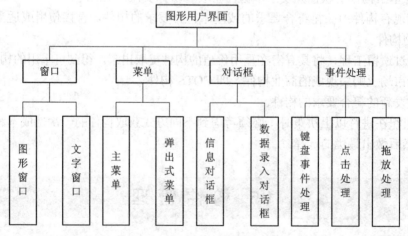

图 1-4 关键字分类结构示例

当加入构件时，库管理员必须对构件的功能或行为进行分析，在浏览上述关键字分类结构的同时，将构件置于最合适的关键字之下。如果无法找到构件的属主关键字，则可以扩充现有的关键字分类结构，引进新的关键字。但库管理员必须保证，新关键字有相同的领域分析结果作为支持。例如，如果我们需要增加一个"图形文字混合窗口"构件，则只需把该构件放到属主关键字"窗口"的下一级。

2) 刻面分类法

刻面分类法(Faceted Classification)的主要思想来源于图书馆学，这种分类方法是Prieto-Diaz 和 Freeman 在 1987 年提出来的。

刻面分类方法由 3 部分构成：多面分类机制、同义词库和概念距离图，如图 1-5 所示。

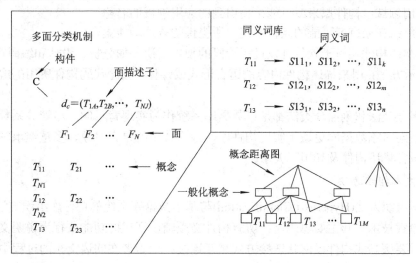

图 1-5　刻面分类的组成

采用刻面分类法进行可重用构件库的组织，必须在存储软件构件的同时，表示并存储多面分类机制、同义词库和概念距离图。例如，可以采用关系数据库中的表格来描述它们。多面分类法的所有语法构件("面""概念""同义词""一般化概念"以及差异性权值)均取材于论域分析的结果。当需要在可重用构件库中加入新的构件时，库管理员必须对构件的功能、行为进行深入分析，利用现有的多面分类结构确定构件的描述子，对每个"面"选取合适的"概念"作为特征描述。必要时可以考虑增加新的"概念"，此时必须根据新"概念"完善同义词库和概念距离图。

(1) 多面分类机制：分析论域范围并定义若干用于描述一个构件特征的"面"，每个"面"包含若干"概念"，它们表述构件在"面"上的基本特征。这些特征根据它们的重要性排队。"面"可以描述构件执行的功能、被操作的数据、构件应用的上下文以及任何其他特征。描述某一构件的"面"的集合称为面描述子。通常，限制面的描述不超过 7～8 个面。

作为一个简单的在构件分类中使用"面"的例子，面描述子的模式可以是：

　　　{ 功能，对象类型，系统类型 }

面描述子中每一个"面"可含有 1 个或多个特征值，这些值一般是描述性的关键词。例如，如果功能是某一构件的一个面，则赋予此面的典型值可能是：

function= (copy, from) or (copy, replace, all)

使用多重面特征值可使原始的函数 copy 充分地细化。

(2) 同义词库：意义相同或相近的若干词汇组成同义词库。所有词汇按照隶属于"面"的"概念"分组，在任一时刻点，每个"概念"可用组内的某一同义词汇作为标识载体。

(3) 概念距离图：用于度量每个"面"中"概念"的相似性程度。属于每个"面"的一般化概念与其中的两个或多个"概念"以加权边相连接，两个"概念"的相似性由它们之间的最短加权路径上的加权距离确定，附加于边上的权值体现了"概念"之间的差异程度。

作为一个例子，青鸟构件库就使用刻面分类法对构件进行分类，它的刻面包括：
- 使用环境：使用该构件时必须提供的硬件和软件平台。
- 应用领域：构件原来或可能被使用到的应用领域的名称。
- 功能：在原有或可能的软件系统中所提供的软件功能集合。
- 层次：构件相对于软件开发过程阶段的抽象层次，如分析、设计和编码等。
- 表示方法：用来描述构件内容的语言形式或媒体，如源代码构件所用的编程语言环境等。

关键字分类法和刻面分类法都是以数据库系统作为实现背景的。尽管关系数据库可供选用，但面向对象数据库更适于实现构件库，因为其中的复合对象、多重继承等机制与表格相比更适合描述构件及其相互关系。

3) 超文本组织方法

超文本组织方法(Hypertext Classification)与基于数据库系统的构件库组织方法不同，它基于全文检索技术。其主要思想是：所有构件必须辅以详尽的功能或行为说明文档；说明中出现的重要概念或构件以网状链接方式相互连接；检索者在阅读文档的过程中可按照人类的联想思维方式任意跳转到包含相关概念或构件的文档；全文检索系统将用户给出的关键字与说明文档中的文字进行匹配，实现构件的浏览式检索。

超文本组织方法是一种非线性的网状信息组织方法，它以结点为基本单位，链作为结点之间的联想式关联，如图 1-6 所示。一般地，结点是一个信息块。对可重用构件而言，结点可以是域概念、功能或行为名称、构件名称等。在图形用户界面上，结点可以是字符串，也可以是图像、声音和动画等。超文本组织方法为构造构件和重用构件提供了友好、直观的多媒体方式。由于网状结构比较自由、松散，因此，超文本组织方法比前两种方法更易于修改构件库的结构。

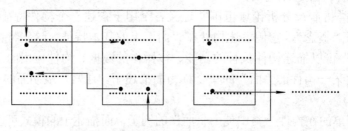

图 1-6 超文本组织方法

例如，Windows 环境下的联机帮助系统就是一种典型的超文本系统。为构造构件的文档，首先要根据领域分析的结果在说明文档中标识超文本结点，并在相关文档中建立链接关系，然后用类似于联机帮助系统编译器的工具对构件的说明文档进行编译，最后用相应的工具运行编译后的目标文档即可。

3. 人员及权限管理

构件库系统是一个开放的公共构件共享机制，任何使用者都可以通过网络访问构件库，这在为使用者带来便利的同时，也给系统的安全性带来了一定的风险，因此有必要对不同使用者的访问权限进行限制，以保证数据安全。

一般来讲，构件库系统可包括 5 类用户，即注册用户、公共用户、构件提交者、一般系统管理员和超级系统管理员。他们对构件库分别有不同的职责和权限，这些人员相互协作，共同维护着构件库系统的正常运行。同时，系统为每一种操作定义一个权限，包括提交构件、管理构件、查询构件及下载构件。每一用户可被赋予一项或多项操作权限，这些操作权限组合形成该人员的权限，从而支持对操作的分工，为权限分配提供了灵活性。

1.6　构　件　重　用

构件开发的目的是重用，为了让构件在新的软件项目中发挥作用，库的使用者必须完成以下工作：检索与提取构件，理解与评价构件，修改构件，最后将构件组装到新的软件产品中。

1. 检索与提取构件

构件库的检索方法与组织方式密切相关，下面分别讨论相应的检索方法。

1) 基于关键字的检索

基于关键字检索的基本思想是：系统在图形用户界面上将构件库的关键字树形结构直观地展示给用户，用户通过对树形结构的逐级浏览寻找需要的关键字并提取相应的构件。当然，用户也可直接给出关键字(其中可含通配符)，由系统自动给出合适的候选构件清单。

这种方法的优点是简单、易于实现，但在某些场合没有应用价值，因为用户往往无法用构件库中已有的关键字描述期望的构件功能或行为，对库的浏览也容易使用户迷失方向。

2) 刻面检索法

刻面检索法基于刻面分类法，由下列 3 步构成：

(1) 构件查询。用户提供要查找构件在每个刻面上的特征，生成构件描述符。此时，用户可以从构件库已有的概念中进行挑选，也可将某些特征值指定为空。系统在检索过程中将忽略特征值为空的刻面。

(2) 检索构件。实现刻面检索法的计算机辅助软件工程(CASE)工具在构件库中寻找相同或相近的构件描述符及相应的构件。

(3) 对构件进行排序。被检索出来的构件清单除按相似程度排序外，还可以按照与重用有关的度量信息排序。例如，构件的复杂性、可重用性和已成功的重用次数等。

这种方法的优点是易于实现相似构件的查找，但查询时比较麻烦。

3) 超文本检索法

超文本检索法的基本步骤是：用户首先给出一个或数个关键字，系统在构件的说明文档中进行精确或模糊的语法匹配，匹配成功后，向用户列出相应的构件说明。如 1.5 节所述，构件说明是含有许多超文本结点的正文，用户在阅读这些正文时可在多个文档中实现自由跳转，最终选择合适的构件。为了避免用户在跳转过程中迷失方向，系统可以通过图形用户界面提供浏览历史信息图，并可设置"书签"，允许将特定画面定义为命名"书签"并随时跳转至"书签"，还能帮助用户沿逆跳转路径逐步返回。

这种方法的优点是用户界面友好，但在某些情况下用户难以在超文本浏览过程中正确选取构件。

4) 其他检索方法

上述检索方法基于语法匹配，要求使用者对构件库中出现的众多词汇有较全面的把握和较精确的理解。而理论的检索方法是语义匹配：构件库的用户以形式化手段描述所需要的构件的功能或行为语义，系统通过定理证明及基于知识的推理过程寻找语义上等价或相近的构件。遗憾的是，这种基于语义的检索方法涉及许多人工智能难题，目前尚难以支持大型构件库的工程实现。

2. 理解与评价构件

要使库中的构件在当前的开发项目中发挥作用，准确地理解构件是至关重要的。当开发人员需要对构件进行某些修改时，情况更是如此。考虑到设计信息对于理解构件的必要性以及构件的用户逆向发掘设计信息的困难性，必须要求构件的开发过程遵循公共软件工程规范，并且在构件库的文档中，要求全面、准确地说明以下内容：

- 构件的功能与行为；
- 相关的领域知识；
- 可适应性约束条件与例外情形；
- 可以预见的修改部分及修改方法。

但是，如果软件开发人员希望重用以前非重用设计的构件，上述假设就不能成立。此时开发人员必须借助于 CASE 工具对候选构件进行分析。这种 CASE 工具对构件进行扫描，将各类信息存入某些浏览数据库，然后回答构件用户的各类查询，进而帮助理解。

逆向工程是理解构件的另一种重要手段。它试图通过对构件的分析，结合领域知识，半自动地生成相应的设计信息，然后借助设计信息完成对构件的理解和修改。对构件可重用的评价，是通过收集并分析构件的用户在实际重用该构件的历史过程中的各种反馈信息来完成的。这些信息包括重用成功的次数，对构件的修改量，构件的健壮性度量和性能度量等。

3. 修改构件

理想的情形是对库中的构件不做修改而直接用于新的软件项目。但是，在大多数情况下，必须对构件进行或多或少的修改，以适应新的需求。为了减少构件修改的工作量，要求开发人员尽量使构件的功能、行为和接口设计更为抽象化、通用化和参数化。这样，构件的用户即可通过对实参的选取来调整构件的功能或行为。如果这种调整仍不足以使构件适用于新的软件项目，用户就必须借助设计信息和文档来理解、修改构件。因此，与构件有关的文档和抽象层次更高的设计信息对于构件的修改至关重要。例如，如果需要将 C 语言书写的构件改写为 Java 语言形式，那么构件的算法描述就十分重要。

4．构件组装

构件组装是指将库中的构件经适当修改后相互连接，或者将它们与当前开发项目中的软件元素相连接，最终构成新的目标软件。构件组装技术大致可分为基于功能的组装技术、基于数据的组装技术和面向对象的组装技术。

1) 基于功能的组装技术

基于功能的组装技术采用子程序调用和参数传递的方式将构件组装起来。它要求库中的构件以子程序/过程/函数的形式出现，并且接口说明必须清晰。当使用这种组装技术进行软件开发时，开发人员首先应对目标软件系统进行功能分解，将系统分解为强内聚、松耦合的功能模块。然后根据各模块的功能需求提取构件，对它进行适应性修改后再挂接在上述功能分解的框架中。

2) 基于数据的组装技术

基于数据的组装技术首先根据当前软件问题的核心数据结构设计出一个框架，然后根据框架中各结点的需求提取构件并进行适应性修改，再将构件逐个分配至框架中的适当位置。此后，构件的组装方式仍然是传统的子程序调用与参数传递。这种组装技术也要求库中构件以子程序形式出现，但它所依赖的软件设计方法不再是功能分解，而是面向数据的设计方法，例如 Jackson 系统开发方法。

3) 面向对象的组装技术

由于封装和集成特征，面向对象方法比其他软件开发方法更适合支持软件重用。通常将面向对象的可重用构件库称为可重用类库(简称类库)，因为这时所有的构件都是以类的形式出现。可重用基类的建立取决于论域分析阶段对当前应用(族)中具有一般适用性的对象和类的标识。类库的组织方式采用类的继承层次结构。这种结构与现实问题空间的实体继承关系有某种自然、直接的对应。同时，类库的文档以超文本方式组织，每个类的说明文档中都可以包含指向其他说明文档的关键词结点的链接指针。

一般而言，类库的组织方式直接决定检索方式。常用的类库检索方法是对类库中类的继承层次结构进行树状浏览，以及基于类库文档的超文本检索。借助于树状浏览工具，类库的用户可以从树的根部(继承层次的根类)出发，根据对可重用基类的需求，逐层确定它所属的语法和语义的范畴，然后确定最合适的基类。借助于类库的超文本文档，用户一方面可以在类库的继承层次结构中查阅各基类的属性、操作和其他特征，另一方面可按照基类之间的语义关联实现自由跳转。

在面向对象的软件开发方法中，如果从类库中检索出来的基类能够完全满足新软件项目的需求，则可以直接应用，否则，必须以类库中的基类为父类采用构造法或子类法生成子类。

(1) 构造法。为了在子类中使用库中基类的属性和方法，可以考虑在子类中引进基类的对象作为子类的成员变量，然后在子类中通过成员变量重用基类的属性和方法。下面是一个构造法的例子。

```
//定义基类
class Person
{
    public:
```

```
        Person(char *name, int age);
        ~Person( );
    protected:
        char *name;
        int age;
};
//基类构造函数
Person:: Person(char *name, int age)
{
    Person::name=new char[strlen(name)+1];
    strcpy(Person::name, name);
    Person::age=age;
    cout<<"Construct Person"<<name<<","<<age<<".\n";
    return;
}
//基类析构函数
Person::~Person( )
{
    cout<<"Destruct Person"<<name<<","<<age<<".\n";
    delete name;
    return;
}


//下面采用构造法生成 Student 类
class Student
{
    public:
        Student(char *name, int age, char * teaching);
        ~Student( );
    protected:
        Tperson *person;
        char *course;
};
//Student 类的实现
Student::Student(char *name ,int age, char *teaching)
{
    Tperson=new Person(name, age);
    strcpy(course, teaching);
    return;
```

```
    }
    Student::~Student( )
    {
        delete Tperson;
    }
```

(2) 子类法。与构造法完全不同，子类法将新子类直接说明为库中基类的子类，通过继承和修改基类的属性与行为来完成新子类的定义。子类法利用了面向对象的封装和集成的特性。例如：

```
//定义基类
class Person
{
    public:
        Person(char *name, int age);
        ~Person( );
    protected:
        char *name;
        int age;
};
//基类构造函数
Person:: Person(char *name, int age)
{
    Person::name=new char[strlen(name)+1];
    strcpy(Person::name, name);
    Person::age=age;
    cout<<"Construct Person"<<name<<","<<age<<".\n";
    return;
}
//基类析构函数
Person::~Person( )
{
    cout<<"Destruct Person"<<name<<","<<age<<".\n";
    delete name;
    return;
}

//下面采用子类法生成 Student 类
class Student:: public Person
{
    public:
```

```
        Student(char *name, int age, char *teaching): Person(name, age)
        {
            course=new char[strlen(teaching) +1];
            strcpy(course, teaching);
            return;
        }
        ~Student( )
        {
            delete course;
            return;
        }
    protected:
        char *course;
    };
```

1.7 本 章 小 结

　　本章内容是学习软件体系结构概念的基础，对于软件体系结构的研究与学习有重要意义。

　　随着软件规模和复杂度不断增大，传统的软件开发模式面临着巨大的挑战，出现了新一轮的"软件危机"，解决这个问题行之有效的途径就是软件重用。软件重用是一种由预先构造好的、为重用目的而设计的软件构件来建立或者组装软件系统的过程，构件技术在软件重用中扮演着重要角色。通过实现构件库管理系统，将软件开发人员分为两类：构件开发人员和构件组装人员，实现了软件开发人员的合理分工。通过构件重用，不仅可以提高软件开发效率，减少分析、设计、编码、测试等过程中的重复劳动，而且因为软件构件大都经过严格的质量认证，并在实际运行环境中得到检验，因此重用软件构件有助于改善软件质量。此外，大量使用软件构件，软件的灵活性和标准化程度也能得到提高。

　　本章首先介绍软件重用的相关概念、研究现状以及基于重用驱动的软件过程，然后对构件技术的相关概念进行了介绍(构件的定义、特点、分类、构件描述模型)，并较详细地介绍了构件获取的途径、构件管理和构件重用的方法。

习　　题

　　1. 根据自己的经验，谈谈软件重用的优点。

　　2. 理解并比较构件分类的 3 种方法：关键字分类法、刻面分类法和超文本组织方法，它们是如何组织的？如何在其中检索构件？每种方法各有什么优缺点？

　　3. 结合自己曾参与开发的软件项目，考虑从系统分析、设计到编码阶段，使用了哪些软件重用策略与方法？

第 2 章　软件体系结构概论

2.1　软件体系结构的定义

软件体系结构尚处在发展期，对于其定义，目前学术界尚未形成统一意见，不同学者有不同的看法。以下介绍并分析几个具有代表性的定义。

定义 1　IEEE610.12—1990 软件工程标准词汇中的定义

体系结构是以构件、构件之间的关系、构件与环境之间的关系为内容的某一系统的基本组织以及指导上述内容设计与演化的原理，即

软件体系结构={构件，连接件，环境，原理}

定义 2　Booch&Rumbaugh&Jacobson 的定义

体系结构是一系列重要决策的集合，这些决策与以下内容相关：软件的组织、构成系统的结构元素及其接口的选择，这些元素在相互协作中明确表现出的行为，这些结构元素和行为元素进一步组合构成的更大规模的子系统，以及引导这一组织(包括这些元素及其接口、它们的协作、它们的组合)的体系结构风格，即

软件体系结构={组织，元素，子系统，风格}

定义 3　Bass 的定义

程序或计算系统的软件体系结构是系统的一个或多个结构，包括软件构件、构件的外部可视属性和构件之间的关系。

这个定义有以下含义：首先，体系结构定义了构件，描述了构件间如何交互，这意味着体系结构略去了那些仅与某构件自身有关的信息。同时，这个定义明确指出系统可以包含多个结构，但没有其中的哪一个可以被称为是体系结构。这个定义还意味着每一个软件系统都有一个体系结构，因为每个软件系统都是由若干构件及其之间的关系构成的。此外，只要一个构件的行为可以被其他构件观察或辨明，这个构件就是体系结构的一部分。这里的外部可视属性，是指其他构件认为该构件所具备的特征，如所提供的服务、具有的性能特点、错误处理机制、共享资源的用法等。需要注意的是，此定义中，特意未指明什么是构件，什么是关系。构件既可以是对象，也可以是进程，还可以是函数库或是数据库。

定义 4　Shaw 的定义

在第一届软件系统体系结构国际研讨会上，Mary Shaw 对于当时术语使用的混乱情况予以了澄清：不同学者的软件体系结构定义之间并不相互抵触，在回答什么是软件体系结

构这样的问题时，也并没有根本的冲突。实际上，它们代表了软件体系结构研究者对于体系结构研究重点的一系列不同看法。在会上，Shaw 对当时的各种观点做了如下的分类。

(1) 结构模型。结构模型认为，软件体系结构由构件、构件之间的连接和一些其他方面组成。这些方面包括如下几类：

- 配置，风格；
- 约束，语义；
- 分析，属性；
- 原理，需求。

(2) 框架模型。框架模型的观点与结构模型相似，但其重点在于整个系统的连贯结构(这种结构通常是唯一的)，这与重视其组成恰好相反。框架模型常以某种特定领域或某类问题为目标。

(3) 动态模型。动态模型强调系统的行为质量。"动态"可以有多种含义。它可以是指整个系统配置的变化，也可以是指禁止预先激活了的通信或交互，还可以是指计算中表现出的动态特性，如改变数据的值。

(4) 过程模型。过程模型关注系统结构的构建及其步骤和过程。在这一观点下，体系结构是所进行的一系列过程的结果。

定义 5　Garlan&Shaw 的模型

软件体系结构={构件，连接件，约束}

(1) 构件(Component)可以是一组代码，如程序的模块，也可以是一个独立的程序，如数据库服务器。构件是相关对象的集合，运行后实现某计算逻辑。它们或是结构相关或是逻辑相关。构件相对独立，仅通过接口与外部相互作用，可作为独立单元嵌入到不同应用系统中。构件的定制和规范化对于实现构件的重用有重要意义。

(2) 连接件(Connector)可以是过程调用、管道、远程过程调用等，用于表示构件之间的相互作用，它把不同的构件连接起来构成体系结构的一部分。连接件也是一组对象。它一般表现为框架式对象或转换式对象(调用远程构件资源)，例如"桩""代理"对象等。

(3) 约束(Constrain)一般为对象连接时的规则，或指明构件连接的姿态和条件。例如，上层构件可要求下层构件的服务，反之不行；两个对象不得以递归方式发送消息；代码复制迁移的一致性约束；在什么条件下此种连接无效等。

定义 6　Perry&Wolf 的模型

软件体系结构是一组具有特定形式的体系结构元素(Elements)。这组元素分为 3 类：负责完成数据加工的处理元素(Processing Elements)、被加工的数据元素(Data Elements)和用于把体系结构的不同部分组合连接到一起的连接元素(Connecting Elements)。软件体系结构形式由专有特性和关系组成。专有特性用于限制软件体系结构元素的选择，关系用于限制软件体系结构元素组合的拓扑结构。在多个体系结构方案中选择合适的体系结构方案往往基于一组准则，即

软件体系结构={元素，形式，准则}

定义 7　Garlan&Perry 的定义

1995 年，David Garlan 和 Dewne Perry 在 IEEE 软件工程学报上所做的特约评论中提出：

软件体系结构是一个程序或系统各构件的结构、它们的相互关系以及进行设计的原则和指导方针，这些原则和方针随时间变化而变化。

定义 8　Boehm 的模型

软件体系结构包括系统构件、连接件、约束的集合，反映不同人员需求的集合，以及准则的集合。其中，这些准则能够说明由构件、连接件和约束所定义的系统在实现时是如何满足系统不同人员需求的，即

软件体系结构 = {构件，连接件，约束，不同人员的需求，准则}

比较上述体系结构定义，可以发现：尽管各种定义都从不同的角度关注软件体系结构，研究对象各有侧重，但其核心内容都是软件的系统结构，并且都蕴含构件、构件之间的关系、构件和连接件之间的关系等实体。

根据国内普遍认可的看法，可以将体系结构定义为构件、连接件和约束。软件体系结构指可预制和可重构的软件框架结构。构件是可预制和可重用的软件部件，是组成体系结构的基本计算单元或数据存储单元；连接件也是可预制和可重用的构件部件，是构件之间的连接单元；构件和连接件之间的关系用约束来描述。这样就可以把软件体系结构写成：

体系结构(Architecture) = 构件(Components) + 连接件(Connectors) + 约束(Constraints)

除了构件、连接件和约束这 3 个最基本的组成元素，软件体系结构还包括端口(Port)和角色(Role)两种元素。构件作为一个封装的实体，仅通过其接口与外部环境交互，而构件的接口由一组端口组成，每个端口表示了构件和外部环境的交互点。连接件作为建模软件体系结构的主要实体，同样也有接口。连接件的接口由一组角色组成，连接的每个角色定义了该连接表示的交互参与者。图 2-1 形式化地描述了软件体系结构的基本概念。

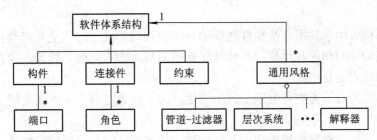

图 2-1　软件体系结构的基本概念

其中：

软件体系结构::= 软件体系模型 ∣ 体系结构风格

软件体系模型::= { 构件，连接件，约束 }

构件::= { 端口 1，端口 2，…，端口 n }

连接件::= { 角色 1，角色 2，…，角色 m }

约束::= { (端口 i，角色 j)，… }

体系结构风格::= { 管道-过滤器，层次系统，客户/服务器，…，解释器 }

下面，我们对构件、连接件、约束这 3 个基本概念作进一步的解释。

1. 构件

一般认为，构件是指具有一定功能、可明确辨识的软件单位，并且具备以下特点：语义完整、语法正确、有可重用价值。这就意味着，在结构上，构件是语义描述、通信接口和实现代码的复合体。更具体地说，可以把构件视为用于实现某种计算逻辑的相关对象的集合，这些对象或是结构相关或是逻辑相关。在体系结构中，构件可以有不同的粒度。一个构件可以小到只有一个过程，也可以大到包含一个应用程序。它可以包括函数、例程、对象、二进制对象、类库、数据包等。

构件内部包含了多种属性，如端口、类型、语义、约束、演化、非功能属性等。端口是构件与外部世界交互的一组接口。构件端口说明了构件提供哪些服务(消息、操作、变量)。它定义了构件能够提交的计算委托及其用途上的约束。构件类型是实现构件重用的手段。构件类型保证了构件自身能够在体系结构的描述中多次实例化。

从抽象程度来看，构件是对一组类的组合进行封装，并代表完成一个或多个功能的特定服务，也为用户提供了多个接口。构件之间是相对独立的。构件隐藏其具体实现，只通过接口提供服务。如果不用指定的接口与之通信，则外界不会对它的运行造成任何影响。因此，构件可以作为独立单元被应用于不同的体系结构和软件系统中，实现构件的重用。构件的使用与它的开发也是独立的。

2. 连接件

连接件是用来建立构件间的交互以及支配这些交互规则的体系结构构造模块。构件之间的交互包括消息或信号量的传递，功能或方法调用，数据的传送和转换，构件之间的同步关系、依赖关系等。在最简单的情况下，构件之间可以直接完成交互，这时体系结构中的连接件就退化为直接连接。在比较复杂的情况下，构件间交互的处理和维持都需要连接件来实现。常见的连接件有管道(在管道-过滤器结构中)、通信协议或通信机制(在客户/服务器结构中)等。

连接件的接口由它与所连接构件之间的一组交互点构成，这些交互点称作角色。角色代表了所连接构件的作用和地位，并体现了连接所具有的方向性。因此，角色存在主动和被动、请求和响应之分。

体系结构级的通信需要有复杂协议来表达，为了抽象这些协议并使之能够重用，可以将连接件构造为类型。

连接件的主要特性有可扩展性、互操作性、动态连接性和请求响应特性。连接件的可扩展性是连接件允许动态改变被关联构件的集合和交互关系的性质。互操作性指的是被连接的构件通过连接件对其他构件进行直接或间接操作的能力。动态连接性是对连接的动态约束，即连接件对于不同的所连接构件实施不同的动态处理方法的能力。请求响应特性包括响应的并发性和时序性。在并行和并发系统中，多个构件有可能并行或并发地提出交互请求，这就要求连接件能够正确协调这些交互请求之间的逻辑关系和时序关系。

对于构件而言，连接件是构件的黏合剂，是构件交互的实现。连接件和构件的区别主要在于它们在体系结构中承担着不同的作用。连接件也是一组对象。它把不同的构件连接起来，形成体系结构的一部分，一般表现为框架式对象或转换式对象(调用远程构件资源)。

3. 约束(配置)

体系结构的约束描述了体系结构配置和拓扑的要求，确定了体系结构的构件与连接件的连接关系。它是基于规则和参数配置的。体系结构约束提供限制以确定构件是否正确连接、接口是否匹配、连接件构成的通信是否正确，并说明实现所要求行为的组合语义。

体系结构往往用于大型的、生存期长的软件系统的描述。为了更好地在一个较高的抽象层上理解系统的分析和设计，同时为了方便系统开发者、使用者等多种有关人员之间的交流，需要简单的、可理解的语法来配置结构化(拓扑的)信息。理想的情况是从约束说明中澄清系统结构，即不需研究构件与连接件就能使构件系统的各种参与者理解系统。

2.2 从身边的架构感受软件体系结构

1. 汽车的架构

前面我们在比较软件体系结构的定义中发现，尽管各种定义都从不同的角度关注软件体系结构，但其核心内容都是软件的系统结构，并且都蕴含构件、构件之间的关系、构件和连接件之间的关系等实体。对汽车的架构也可以从这三个方面去理解。

(1) 构件(构成汽车的各主要部件，如发动机、轮胎、方向盘、变速箱等)；

(2) 连接件：构件的相互联系(轮胎与发动机之间靠什么连接在一起)；

(3) 约束：构件和连接件之间的关系(汽车的动力是怎么由发动机传递到轮胎的，转速又是怎么通过齿轮箱控制的)。

图2-2是汽车系统的架构示意图。

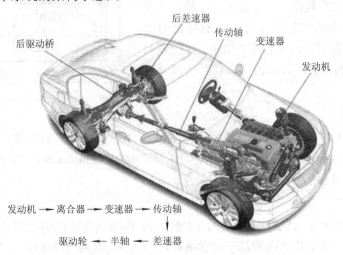

图2-2　汽车系统的架构示意图

2. 电灯开关控制系统的架构

假定由灯泡、电池、电线和开关构成了一个最简单的"系统"，如图2-3所示。灯泡、电池、开关是这个系统的"构件"，电线是连接灯泡和开关这些构件的连接件，什么情况下灯泡亮，什么情况下灭，是开关与灯泡之间的连接关系。

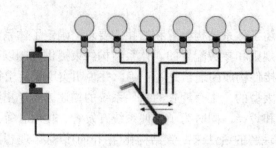

图 2-3　灯泡、电池与电线开关构成的系统

一个开关通过一条电线控制一个灯泡，是简单的。一个开关控制几个灯泡，可以通过不同的连接方式，实现全部开/全部关，或者部分开的同时另一部分关。几个开关控制一个灯泡，则可能有更多的、用"与""非"门构成的组合逻辑。

请注意在这个例子中，并没有涉及有关灯泡、电线和开关的任何内部细节。例如，这里并不关心灯泡功率的大小，是白炽灯还是节能灯；不关心电线的粗细，可通过的最大电流大小；也没有讨论开关的任何细节。因为，在讨论系统架构的时候，这些因素被"屏蔽"掉了。不论灯泡的功率大小，电线的粗细，是什么样的开关，都不影响系统架构定义下所讨论的系统"组成"方式、关联关系和"开关"控制行为。

3. "欢迎"小程序的架构分析

下面以 VC++里面的第一个程序："欢迎"小程序为例，随着创建过程的展开，来看看架构是怎么被设计和实现的。几乎所有学习 VC++ 的同学，都做过这个"欢迎"程序，运行这个程序时，当使用者单击菜单栏上的"欢迎"按钮时，程序会弹出一个对话框，并显示一句欢迎词"你好！欢迎进入Visual C++ 6.0 的世界！"，单击"确定"按钮可以关闭对话框。

图 2-4　"欢迎"小程序的运行效果图

1) 创建项目

启动 VC++ 6.0，选择"文件"|"新建"命令，打开"新建"对话框。选择"工程"选项卡，选中 MFC AppWizard(exe)选项，填写工程名称为 MenuAccess，指定工作区位置，选择"创建新的工作区"，单击"确定"按钮。

2) 创建窗口

在 MFC 应用程序向导—步骤 1 中，向导提问：你要创建的应用程序类型是？有三个选项：单文档界面、多文档界面和基于对话框的应用程序。选择"单文档"，并选择(打钩)"文档/查看架构支持"，最后单击"完成"按钮。

3) 完成程序

至此，利用 MFC 向导，完成了应用程序框架的创建。如果直接编译这个程序，就完全可以运行了。

下一步的编程工作，就是在这个框架的基础上，添加一个按钮，以及相应响应按钮事件的处理函数——显示"欢迎"文字。

4) 添加按钮

打开工作区的 Resource View 选项，展开 Menu 和 IDR_MAINFRAME，就可以看到如图 2-5 所示的"欢迎"小程序的主菜单(此时，还没有添加"欢迎"按钮)。

文件(F) 编辑(E) 查看(V) 帮助(H)

图 2-5 "欢迎"小程序的主菜单(添加前)

在菜单"帮助"右边的空白处，点击鼠标右键，在弹出的快捷菜单中，选择"属性"，在新出现的"菜单项目—属性"对话框中的"标明"处，填写新菜单项的显示标题——"欢迎"，取消选择"弹出"，在 ID 栏里，为菜单取一个名字"ID_MENUACCE"，按 Enter 键，完成新按钮的创建，结果如图 2-6 所示，此时可以看到，已添加了一个"欢迎"按钮。

文件(F) 编辑(E) 查看(V) 帮助(H) 欢迎

图 2-6 "欢迎"小程序的主菜单(添加后)

从程序设计角度看，这一步是创建了一个行为触发器——按钮，而从架构设计和实现角度看，这里创建了一个新的构件——"欢迎"按钮，这个构件是"欢迎"程序的核心构件。从架构角度看，这就是构成架构的第一要素——创建构件。

5) 创建消息映射

在 MFC 工具栏上，选择"查看"|"建立类向导"，弹出 MFC Class Wizard 对话框，在 Object IDs 处的下拉菜单中，选中刚刚命名的按钮名——ID_MENUACCE，然后，在 Messages 处，选择 COMMAND，点击右边的 Add Function 按钮，在新出现的"添加消息函数"对话框中，填写新的函数名 OnMenuacce。单击"确定"按钮，完成映射的设置。结果如图 2-7 所示。

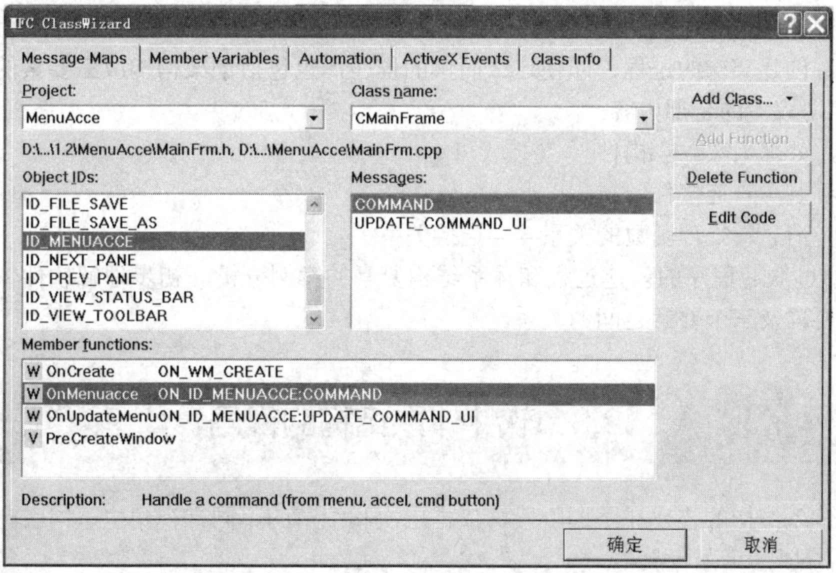

图 2-7 建立按钮与处理函数之间的消息映射

MFC 通过这样的方式，建立了按钮(构件，本质上也是代码)与处理函数构件(代码)之间的链接定义。实际上，MFC 是通过自动在 MenuAcceView.h 文件中，为按钮消息处理函数 OnMenuacce()定义了如下代码来实现链接的。

```
// Generated message map functions
Protected:
    //{{AFX_MSG(CMenuAcceView)
        //## Model Id=511C4E90039B
        afx_msg void OnMenuacce();
    //}}AFX_MSG
    DECLARE_MESSAGE_MAP()
```

这一步的意义，是让 Windows 知道，当按钮被按下时，"消息"发给谁，找谁来处理这个按钮事件。从架构角度看，这就是构成架构的第二个要素——建立构件之间的"连接"。Windows 的消息机制，就是 Windows 应用中，按钮构件与按钮处理函数构件之间建立联系的"连接件"。

6) 编写处理函数

在 MenuAcceView.cpp 文件的相应位置(MFC 已经为你留空)，编写显示"欢迎"的代码。应用程序到了这一步，可能还需要程序员写一些代码，但架构师的任务已经基本完成。

最后一步，从架构的角度讲，是完成另一个构件——"处理函数"。同时，在处理函数模块中，实现架构概念的第三个要素：构件之间的"交互协议"，交互协议的具体内容，应体现在按钮的内容、传递的消息内容和对应的处理函数三者之中。但是，在这个例子中，按钮构件、消息连接、处理构件三者之间的"交互"非常简单，几乎不需要协议，就是"你单击，我显示"。

最后对这个小程序的架构设计和实现进行总结。

(1) 创建架构的过程。创建新按钮是创建新的构件(处理函数是另一构件)；建立消息映射是建立构件之间的连接；处理函数则根据对按钮、消息、处理三者之间的"协议"，编写相应代码。创建架构的过程，即使这么简单的程序，也包括了架构构成三要素的"构件""连接""协议"的全部内容：

按钮、处理函数——构件

消息机制——连接件

按钮、消息、处理函数的关系——连接关系

(2) 通过欢迎程序的创建过程和体系结构要素的案例分析，初步理解软件体系结构概念的三个要素及三个要素之间的关系。

2.3 软件体系结构的视角

软件体系结构的描述在不同阶段，依据层次和细节的不同，视角也不同。一般可分为概略型、需求型和设计型。

概略型是上层宏观的描述，反映系统最上层的构件和连接关系，如通常所说的 C/S、

B/S 架构等。需求型是对概略结构的深入表达，以满足用户功能和非功能需求的表达为主。如可支持不同业务需求的框架结构等，Struts 架构就是典型的针对基于 Web 应用而构造的软件体系结构。设计型从设计实现的角度，对需求型进行更深入的描述表达，需要从不同的侧面/视图，设计系统的各个层面，对各个构件和连接结构进行描述。在这个层面上的描述，将直接为系统实现和性能分析服务。MFC 就是典型的面向设计和实现的架构。

在不同阶段，软件体系结构发挥着不同的作用：

(1) 在项目规划阶段：软件体系结构是项目可行性、工程复杂度、计划进度、投资规模和风险预测的依据(概略型)。

(2) 在需求分析阶段：软件体系结构是开发团队与用户进行需求交互沟通的表达形式和结果(需求型)。

(3) 在系统设计阶段：软件体系结构是系统设计分解和实现、验证的基础。

(4) 在项目实施阶段：软件体系结构是工作分工、人员安排、组织协调、绩效管理的依据。

(5) 在项目测试阶段：软件体系结构是性能测试和评审的依据。

(6) 在维护升级阶段：软件体系结构是软件系统修改、扩充、升级的基础模型。当然维护升级须保证在系统整体合理性、正确性、性能完好和维护成本可控的前提下进行。

在现代软件工程的观点下，软件体系结构不但决定了系统的构成，也支配了开发的生产过程和组织行为，包括需求分配、范围和任务定义、进度计划、测试方案、集成方法、配置项与基线管理等活动，这正是现代软件工程更注重的地方。所以，体系结构已经不单纯是一个技术问题，也是工程问题、管理问题。因此，在不同阶段、不同的人，对软件体系结构有不同视角、不同的理解和不同的应用，这些人包括最终用户、客户、项目经理、系统分析师、编码工程师、架构工程师、维护人员、质量管理人和计划管理人员等。

2.4　软件体系结构的研究意义

软件体系结构是软件系统的高级抽象，往往体现了系统开发中最早做出的决策。它体现了根本性的系统设计思路，对系统起着最为深远的影响。体系结构在明确了系统的各个组成部分的同时，也限定了各部分间的交互方式。这将进一步影响到开发资源的配置和开发团队的组织等其他方方面面的开发活动，并影响着最终的软件产品质量。在大型软件系统中，软件体系结构是决定系统能否顺利实现的关键因素之一，不当的体系结构会给整个系统带来灾难性的后果。

良好的体系结构对于软件系统的重要意义，在软件生命周期中的各个阶段都有体现，主要有如下 4 个方面。

1．对系统分析的意义

在系统分析阶段，软件体系结构发挥着巨大作用。

一方面，借助于软件体系结构进行描述，可以使问题得以进一步抽象，使整个系统更易于被系统分析设计人员把握，更清晰地认识系统，完善对系统的理解。除此之外，体系结构对于系统分析带来的优势还体现在，它为系统分析设计人员提供了新的思路。比如，在更高层次上进行系统一致性检查、使用成熟的软件体系结构风格等。

另一方面,它能够帮助软件系统的各有关权益方(客户、用户、项目管理人员、设计开发人员以及测试人员等)形成统一认识,互相交流。交流是软件开发的重要组成部分。在软件开发活动中,各有关权益方承担着不同角色,关注同一软件系统不同的侧面,这要求他们要从不同的角度交流对共同面对的软件系统的认识。例如,用户关心系统是否满足可用性及可靠性需求;客户关心此结构能否按期按预算实现;管理人员担心在经费支出和进度条件下,按此体系结构能否使开发组成员在一定程度上独立开发,并有条不紊地有序地交互;开发人员关心达到全部目的的策略。体系结构代表了系统的公共的高层次的抽象,是大家都关心的一个重要因素。它作为项目参与人员共同使用的语言,还具有很强的描述能力,起到了难以替代的沟通作用。系统的大部分有关人员(即使不是全部)能把它作为建立互相理解的基础,通过体系结构的概念、术语和规范,设计者与用户之间、设计者之间等各方面相关人员可以更好地彼此理解。

2. 对软件开发的意义

软件体系结构代表了系统早期的设计决策。与开发、设计、编码或运行服务及维护阶段相比,早期设计决策的处理难度最大,对系统的生命期的影响也最大。同时,软件体系结构也难于改变,会对整个系统开发活动造成深远影响。

软件体系结构是系统实现的基本约束,即系统的后继开发工作要遵循体系结构所描述的设计决策。每个构件或连接件必须满足体系结构规格说明中指定的功能、语义和接口,并且按体系结构配置中所规定的方式完成交互。这样,构件或连接件的开发人员在体系结构给定的约束下进行工作,他们既不关心其他构件或连接件的开发,也不会对其产生影响。而体系结构设计者也不必设计算法或精通编程语言。

软件体系结构决定了开发和维护项目的组织活动。软件体系结构也会反映到开发工作的分解,以及项目的人员组织。项目组成员还要使用构件的接口规格说明相互交流。即使到了维护期,项目维护人员的组织形式也常常要依据特定的软件体系结构成分来安排。此外,对于项目组新成员,可以用软件体系结构作为培训基础或高层次的系统概述,使他们迅速、准确地认识系统和自己的任务,快速进入开发角色。

软件体系结构对于软件质量控制有重要意义。软件质量特性可分为两类:第一类是可以通过运行软件并观察其效果来度量的特性,如功能、性能、安全性及可靠性等;第二类是指那些无法通过观察系统来度量,只能通过观察开发活动或维护活动来考察的特性,包括各种可维护性问题,如可适应性、可移植性、可重用性等(例如,可重用性依赖于系统中的构件与其他构件的联系情况)。软件体系结构在很大程度上确定了系统是否能达到其需求的质量特性。使用软件体系结构的一些评估技术(如 SAAM),对软件体系结构加以分析,能够对软件的某些质量特性加以预测。但同时,也必须认识到,好的软件体系结构是成功的必要条件,但不是充分条件。仅重视软件体系结构并不能保证系统所要求的功能和质量——低劣的设计及实现都会损害整个体系结构。

3. 对软件重用的意义

重用是提高软件开发效率、保证软件质量的重要手段。软件开发经历了机器语言、汇编语言、结构化程序设计语言、面向对象程序设计语言、形式化(非形式化)规格说明语言(如体系结构描述语言)的发展过程，越来越适合开发人员的思维活动模型，代码重用的级别也在不断地提升。体系结构技术的研究，使软件重用从代码重用发展到设计重用和过程重用，实现多层次的软件重用。

构件的重用是体系结构是否良好的软件系统最基本的一点。面向体系结构的开发方法，常常注意构件的组合与装配，而不一定把编程作为主要活动。有效地利用标准构件，或是识别并重用系统内部的构件，或是购买第三方构件，只要这些构件与当前体系结构相容，都能减少开发中的重复劳动和系统中的重复代码。体系结构起了组织产品的构件、接口及运行的作用。这里要着重指出的是标准构件的应用。应用标准构件库的关键在于要能够从整体上对库中构件进行把握。一旦做到了这点，就可以快速、灵活地在构件库中选择出合适的构件应用到系统中去；反之，构件的选取就只能通过反复地浏览来寻找，这实际上影响到了体系结构所带来的优势，造成了不必要的资源浪费。

体系结构良好的软件系统中，不仅构件库能够重用，还可以在更高层次上实现软件子系统乃至软件系统框架的重用。软件体系结构级的重用意味着体系结构的决策能在具有相似需求的多个系统中发生影响，这比代码级的重用要有更大的好处。通过对体系结构的抽象可以使设计者能够对一些实践证明有效的体系结构构件进行重用，从而提高设计效率和可靠性。在设计过程中我们常常会发现，对一个体系结构构件稍加抽象，就可以将它应用到其他设计中去，这样会大大降低设计的复杂度。例如，我们在某个设计中采用了管道-过滤器风格，当我们将系统映射到 Unix 系统中时，我们就会发现 Unix 系统已经为我们提供了功能丰富的管道-过滤器功能，这样我们就可以充分利用 Unix 系统提供的这些构件来简化我们的设计和开发。当前，针对特定领域的体系结构，人们开展了许多研究和实践工作。这在某种意义上也是一种重用。软件重用的层次越高，所带来的收益也就越大。某些情况下，重用的设计方案本身也许不是最适合该系统的，但是从整体上权衡，通过重用带来的成本节约和质量提高能够让重用变得非常值得。

软件体系结构有利于形成完整的软件生产线。1976 年 Parnas 提出了发展软件族的软件生产线。软件族的软件生产线成功的关键问题是设计决策的次序问题，要求对于最容易发生变动的决策应当尽量放在最迟作出。事实上，软件族的软件生产线代表了早期决策的总和，将影响软件族的软件生产线的全体成员。可以说，体系结构在一定程度上限制了设计选择的范围或内容。要认识到这种决策对于每一个部分来说不一定是最优，但其优点一般可以补偿失去的特定领域优化的损失。

4．对系统演化的意义

在对软件系统的演化过程中，维护人员需要不断地进行调整、修改、增加新的功能或构件等工作。通常情况下，软件系统的开发成本中，有 80% 是在初次投入使用之后产生的。因此，解决好系统演化阶段的开发问题具有重要意义。

软件体系结构决定着系统构件的划分和交互方式。一方面，在设计系统的体系结构之初，就应当充分考虑到将来可能的系统演化；另一方面，在进行系统演化阶段的开发时，由于体系结构充分地刻画了当前系统，清晰地描述了构件及其相互关系和整个系统的框架，所以应当充分利用。

以现有体系结构为基础，把握需要进行的系统变动，在系统范围内综合考虑，有助于确定系统维护的最优方案，更好地控制软件质量和维护成本。软件为主的系统总是存在着"利用软件作为增加或修改系统总体功能的工具"的倾向。重要的是要决定何时进行改动，确定哪种改动风险最小，评估改动的后果，仲裁改动的顺序及优先级。所有这些都需要深入地洞察系统各部分的关系、相互依存关系、性能及行为特性。而在软件体系结构这一级进行讨论，就能提供这种观察力，更重要的是软件体系结构可以把可能发生的变动分为 3 类：局部的、非局部的和体系结构级的。局部的是指只要修改单个构件本身；非局部的是指要修改几个构件，但不影响基础体系结构的变动；而体系结构级是指会影响各部分的相互关系，甚至要改动整个系统。显然，局部改动应是最经常发生的，也是最容易进行的。软件体系结构承担了"保证最经常发生的变动是最容易进行的"这一重任。

2.5　软件体系结构的发展历程

软件工程作为一门独立的学科，其发展已逾 30 年。无论从应用规模还是从技术水平看，计算机软件产业所经历的发展都是迅猛的。这体现在诸多方面。首先，软件系统的应用领域从实验室渗透到了人类社会的各个角落。最初的软件是以穿孔纸带或卡片的形式出现在实验室和机房中用于科学计算的；而在今天的人类社会中，各种软件系统运行在从手持设备(如手机)到大型机(如进行天气预报的服务器)的各种规模和用途的信息处理设备上。其次，软件系统的规模也迅速增长。从微机不断跃增的内存容量配置就可以明显看出这一点。1981 年，IBM 公司推出的第一台 PC 机的配置是 16 KB 的内存；2003 年，主流 PC 机的内存配置是 256 MB；2008 年，主流 PC 机的内存配置是 2 GB。此外，随着计算机产业的发展，软件成本也在增长。20 世纪 50 年代，软件成本在整个计算机系统成本中所占的比例为 10%～20%。到 20 世纪 60 年代中期，软件成本在计算机系统中所占的比例已经增长到 50%左右。相反，计算机硬件价格随着技术进步和生产规模扩大却在不断下降。软件成本在计算机系统中所占的比例越来越大。下面是一组来自美国空军计算机系统的数据：1955 年，软件费用约占总费用的 18%，1970 年达到 60%，1975 年达到 72%，1980 年达到 80%，1985 年达到 85%左右。

在软件应用规模和应用领域迅速扩大的同时，软件开发技术也在发生着根本性的变革。软件规模的迅速增长使得软件开发成为了一项过去难以想象的系统工程。根据微软公司公布的数据，Windows 2000 开发过程中测试用代码行数超过 1000 万行，测试兼容性的应用软件数量约 1000 种，应用软件测试中所使用的脚本程序约 6500 种，每月备份的数据约 88 TB，每晚模拟打印数量约 25 万页，每周刻录 CD 约 12 000 盘。

在此过程中，软件体系结构也经历了与之相对应的一系列变革，由最初的模糊概念发展成为一门日益成熟的技术。下面我们分阶段进行讨论。

2.5.1　"无体系结构"设计阶段

1946 年，随着具有里程碑意义的 ENIAC 机的问世，软件行业开始在美国和欧洲的实验室出现。1955～1965 年间，运算速度越来越快、价格越来越低的新计算机不断涌现。这期间的软件多数应用于学术界，或者是政府、军队及私人公司。但是，由于当时的计算机硬件向着专用方向发展，科学与商业领域使用完全不同的机器硬件。不断地针对不同计算机编写软件让软件工作人员应接不暇，反复地开发相同或类似的软件使得软件研究者开始着手处理软件的移植问题，即设法使一种机器的汇编语言程序能够自动移植到另一台机器上去。但研究人员很快发现这难以实现，大量复杂代码仍必须由程序员进行改写。

在这样的背景下，高级语言应运而生。FORTRAN 语言诞生于 20 世纪 50 年代中期，是最早发布的高级语言；50 年代后期，COBOL 语言出现；60 年代早期，ALGOL 语言出现。而在当时，高级语言不能被程序编制人员所接受，他们认为真正的程序员应使用汇编语言。

总的说来，20 世纪 70 年代以前，尤其是在以 ALGOL 68 为代表的高级语言出现以前，软件开发基本上都是用汇编程序设计。尽管此阶段软件工作者开始逐渐形成模块编程的方法，但软件投入的资金和人力无法预测，软件完工的时间无法确定，软件的可靠性无法控制等问题开始表露出来，软件危机从此阶段开始出现。一个著名的例子是 1962 年 7 月美国飞往金星的火箭控制系统中的指令，"DO 5 I=1, 3" 误写成 "DO 5 I=1.3"，导致火箭偏离轨道，被迫炸毁。

因为此阶段系统规模较小，很少明确考虑软件体系结构，所以一般不存在软件系统的建模工作。

2.5.2　萌芽阶段

在 1968 年 NATO 会议上，"软件工程"的概念首次被提出。自此，围绕软件项目，开展了有关开发模型、方法以及支持工具的研究。其主要成果有：提出了瀑布模型，开发了一些结构化程序设计语言(例如 PASCAL 语言、Ada 语言)，结构化软件开发技术，并且围绕项目管理提出了费用估算、文档复审等方法和工具。

结构化软件开发技术在 20 世纪 70 年代中后期出现的，是以 PASCAL、COBOL 等程序设计语言和关系数据库管理系统为标志，以强调数据结构、程序模块化结构为特征，采用自顶向下逐步求精的设计方法和单入口单出口的控制结构。随着结构化开发技术的出现与广泛应用，软件开发中出现了以数据流设计和控制流设计为主要任务的概要设计和详细设计。伴随着结构化软件技术而出现的软件工程方法(包括 CASE 工具)，使软件工作的范围从只考虑程序的编写扩展到从定义、编码、测试到使用、维护等活动的整个软件生命周期。

总的说来，在此阶段，软件体系结构已经是系统开发中的一个明确概念。结构化程序中，由语句构成模块，模块的聚集和嵌套又构成层层调用的高层结构。这种程序(表达)结构和(计算的)逻辑结构的一致性形成了结构化程序的体系结构。

结构化程序设计时代程序规模不算大，同时，采用结构化程序设计方法进行自顶向下逐步求精的设计，并注意模块的耦合性，就可以得到相对良好的结构。因此，体系结构问题并不是当时软件开发中的主要问题，也就没有开展深入的研究工作。

2.5.3　初级阶段

20 世纪 80 年代初，面向对象开发技术逐渐兴起。随着面向对象技术成为研究的热点，出现了几十种支持软件开发的面向对象方法。其中，Booch、Coad/Yourdon、OMT 和 Jacobson

的方法在面向对象软件开发界得到了广泛的认可。

面向对象开发技术以对象作为最基本的元素,将软件系统看成是离散的对象的集合。一个对象既包括数据,也包括行为。面向对象方法都支持 3 种基本的活动:识别对象和类,描述对象和类之间的关系,以及通过描述每个类的功能定义对象的行为。面向对象技术的优点在于,它能让分析者、设计者及用户更清楚地表达概念,相互交流;同时,它作为描述、分析和建立软件文档的一种手段,大大提高了软件的易读性、可维护性和可重用性;使得从软件分析到软件设计的过渡非常自然,因此可显著降低软件开发成本。另外,面向对象技术中的继承、封装、多态性等机制,直接为软件重用提供了进一步的支持。在面向对象开发方法阶段,由于对象是对数据及其操作的封装,因而数据流设计与控制流设计统一为对象建模。同时,面向对象方法还提出了一些其他的结构视图。如 OMT 方法提出了功能视图、对象视图和动态视图,Booch 方法提出了类视图、对象视图、状态迁移图、交互作用图、模块图、进程图,UML 则从功能模型、静态模型、动态模型、配置模型等方面描述应用系统的结构。

从 1994 年开始,Booch、Rumbaugh 和 Jacobson 三人经过共同努力,推出了统一建模语言 UML(Unified Modeling Language)。它结合了 Booch、OMT 和 Jacobson 方法的优点,统一了符号体系,并从其他的方法和工程实践中吸收了许多经过实际检验的经验和技术。对象管理组织 OMG 于 1997 年 11 月正式采纳 UML1.1 作为建模语言规范,然后成立任务组不断修订。尽管 UML 取得了巨大成功,但仍然有一些批评意见。工业界的批评主要是,它的庞大和复杂使得多数用户难以实际应用或只能应用少许概念。学术界的批评则主要针对它在理论上的缺陷和错误,包括语言体系结构、语法、语义等方面的问题。

随着抽象数据类型和面向对象技术的出现,体系结构研究逐渐得到重视。这是由以下因素决定的:对象的封装减弱了模块间的耦合,为构件层次上的软件重用提供了可能;此外,类库的构造、分布式应用系统的设计等规模大、复杂性高的系统,也需要对体系结构进行研究。

2.5.4 高级阶段

20 世纪 90 年代后,软件开发技术进入了基于构件的软件开发阶段。软件开发的目标是软件具备很强的自适应性、互操作性、可扩展性和可重用性,软件开发强调采用构件化技术和体系结构技术。

软件构件技术与面向对象技术有着重要的不同。面向对象技术中的软件重用主要是源代码形式的重用,这要求设计者在重用软件时必须理解其设计思路和编程风格。软件构件技术则实现了对软件的最终形式——可执行二进制码的重用。这样,构件的实现是完全与实现语言无关的。任何一种过程化语言,从 Ada 到 C 到 Java 到 C#,均可用来开发构件,并且任何一种程序设计语言都可以直接或稍作修改后使用构件技术。一个软件可被切分成一些构件,这些构件可以单独开发、单独编译,甚至单独调试与测试。当完成了所有构件的开发,再对它们加以组合,就得到了完整的软件系统。在投入使用后,不同的构件还可以在不影响系统的其他部分的情况下,分别进行维护和升级。

此阶段中,软件体系结构逐渐成为软件工程的重要研究领域,并最终作为一门学科得到了业界的普遍认同。在基于构件和体系结构的软件开发方法下，程序开发模式也相应地发生了根本变化。软件开发不再是"算法+数据结构"，而是"构件开发+基于体系结构的构件组装"。软件体系结构作为开发文档和中间产品，开始出现在软件过程中。有研究人员认为，"未来的年代将是研究软件体系结构的时代"。

2.5.5 综合

从软件技术的发展过程可以看出，在各个时期，软件体系结构的问题实际上总是存在的，但是它是随着软件系统的规模和复杂性的日益膨胀才逐渐表露并被人们发现和研究的。从最初的"无体系结构"设计到今天的基于体系结构的软件开发，软件体系结构技术大致经历了以下 4 个阶段：

(1)"无体系结构"设计阶段：开发主要采用汇编语言，规模一般较小。

(2) 萌芽阶段：主要采用结构化的开发技术。

(3) 初级阶段：主要采用面向对象的开发技术，从多种角度对系统建模(如 UML)。

(4) 高级阶段：该阶段以 Kruchten 提出的"4+1"模型为标志。软件开发的中心是描述系统的高层抽象结构模型，相比之下，传统的软件结构更关心具体的建模细节。

软件体系结构技术仍存在诸多问题，如概念定义尚不统一、描述规范不能一致等。有研究人员认为在软件开发实践中软件体系结构尚不能发挥重要作用，软件体系结构技术仍有待研究、发展和完善。

2.6 软件体系结构的研究现状及发展方向

2.6.1 软件体系结构的研究现状

软件体系结构作为软件工程研究领域的一部分，已经取得了长足的发展，受到大多数软件系统设计和研究人员的重视。但当前，体系结构仍是一个处在不断发展中的新研究领域，许多定义还不够统一。归纳现有体系结构的研究活动，主要的讨论和研究大致集中在以下几个方面。

1. 软件体系结构描述研究

构建软件体系结构的目的之一就是建立一个可供各种人员交流的平台，并且要具备系统架构级的可重用性。因此如何恰当、准确地对软件体系结构进行描述是至关重要的。这种描述应当能够为各种人员提供不同的视图以满足其不同的要求；同时，当要构建新的应用或对应用进行系统级更改时，这种描述应该能够快速提供可重用的系统架构视图或系统模块视图。这方面的研究包括：使用软件体系结构描述语言、使用"4+1"模型描述软件体系结构、使用 UML 描述软件体系结构等。

1) 软件体系结构描述语言

现有的一些软件体系结构描述方法采用非形式化的方法，体系结构设计经常难以理解，难以对体系结构进行形式化分析和模拟，缺乏相应的支持工具帮助设计师完成设计工作。

为了解决这个问题，用于描述和推理的形式化语言得以发展，这些语言就叫做体系结构描述语言(Architecture Description Language，ADL)，ADL 寻求增加软件体系结构设计的可理解性和重用性。

ADL 是这样一种语言，系统设计师可以利用它所提供的特性进行软件系统概念体系结构建模。ADL 提供了具体的语法与刻画体系结构的概念框架。它使得系统开发者能够很好地描述他们设计的体系结构，以便与他人交流，能够用提供的工具对许多实例进行分析。

研究人员已经设计出了若干种 ADL，典型的有 Aesop、MetaH、C2、Rapide、SADL、UniCon 和 Wright 等。尽管它们都描述软件体系结构，却有不同的特点：Aesop 支持体系结构风格的应用；MetaH 为设计者提供了关于实时电子控制软件系统的设计指导；C2 支持基于消息传递风格的用户界面系统的描述；Rapide 支持体系结构设计的模拟并提供了分析模拟结果的工具；SADL 提供了关于体系结构加细的形式化基础；UniCon 支持异构的构件和连接件类型，并提供了关于体系结构的高层编译器；Wright 支持体系结构构件之间交互的说明和分析。

这些 ADL 及它们的支持工具、描述方法和形式各不相同,强调了体系结构不同的侧面,对体系结构的研究和应用起到了重要的作用，但也有负面的影响。每一种 ADL 都以独立的形式存在，描述语法不同且互不兼容。同时又有许多共同的特征，这使设计人员很难选择一种合适的 ADL；大部分 ADL 都是领域相关的，不利于对不同领域的体系结构进行分析；一些 ADL 在某些方面大同小异，有很多冗余的部分。

针对这些不足，已出现一些交换语言，其目标是提供一个公共形式把各种语言综合起来，以此来综合不同的体系结构描述。ACME 就是其中较有影响的一个，它的目标是抽取诸多 ADL 中与具体 ADL 无关的信息作为交换的依据，同时，允许并入相关信息作为保留的辅助信息。另外一个研究热点是开发基于 XML 的体系结构描述语言。XML 是可扩展标记语言，它简单并易于实现，因此被工业界广泛使用。若能用 XML 来表示软件体系结构，必能极大推动软件体系结构领域的研究成果在软件产业界的应用。由于 XML 在体系结构描述上的许多优点，研究者们已经开发出了不同的基于 XML 的体系结构描述语言，如XADL2.0、XBA、XCOBA 等。

2) 使用 "4+1" 模型描述软件体系结构

按照一定的描述方法，用体系结构描述语言对体系结构进行说明的结果称为体系结构的表示，而将描述体系结构的过程称为体系结构构造。在体系结构描述方面，Kruchten 提出的"4+1"模型是当前软件体系结构描述的一个经典范例，该模型由逻辑视图、开发视图、过程视图和物理视图组成，并通过场景将这 4 个视图有机地结合起来，比较细致地描述了需求和体系结构之间的关系。

"4+1"模型实际上使得有不同需求的人员能够得到他们对于软件体系结构想要了解的东西。系统工程师先从物理视图，然后从过程视图靠近体系结构。最终使用者、客户、数据专家从逻辑视图看体系结构；项目经理、软件配置人员从开发视图看体系结构。

3) 使用UML描述软件体系结构

Booch 从 UML 的角度给出了一种由设计视图、过程视图、实现视图和部署视图，再加上一个用例视图构成的体系结构描述模型。Medividovic 则总结了用 UML 描述体系结构的三种途径：不改变 UML 用法而直接对体系结构建模；利用 UML 支持的扩充机制扩展 UML 的元模型对体系结构建模概念加以支持；对 UML 进行扩充，增加体系结构建模元素。本书第 4 章介绍了不改变 UML 的用法而直接对体系结构建模的方法。UML 的静态建模机制包括用例图、类图、对象图、包、构件图和部署图。UML 的动态建模机制包括顺序图、协作图、状态图和活动图。可以使用 UML 对构件交互模式进行静态建模和动态建模。

2. 软件体系结构设计研究

软件体系结构设计研究包括体系结构风格研究、体系结构设计原理、设计模式、设计方法和基于关键质量属性需求的体系结构设计。

1) 体系结构风格研究

体系结构设计研究的重点内容之一就是体系结构风格的研究。人们在开发不同系统时，会逐渐发现一类系统的体系结构上有许多共性，于是抽取出这些共性构成一些富有代表性和被广泛接受的体系结构风格。所以说体系结构风格是用来刻画具有相似结构和语义性质的一类系统族的。它定义一组构件、连接件的类型以及它们之间应该如何连接的约束。一般来说，一个系统不一定只具有一种风格，在不同层次或抽象级别上，可具有多种风格。虽然系统组织方式可以是无穷的，但如果能用少量的风格类型表达出较多的系统组织方式，不仅可以缩短系统分析设计的时间，还能大大提高大规模软件重用的机会。

Garlan 和 Shaw 给出了对通用体系结构风格的分类：数据流风格、调用/返回风格、独立构件风格、虚拟机风格和仓库风格。

2) 体系结构设计原理

参照软件工程、结构化程序设计和面向对象程序设计原理，结合软件体系结构设计本身的特点，可以总结出软件体系结构设计过程中用到的原理主要有以下几个：抽象、封装、信息隐藏、模块化、注意点分离、耦合和内聚、接口和实现分离、分而治之、层次化等。

3) 体系结构设计模式

设计模式的概念最早是由美国的一位叫做 Christopher Alexander 的建筑理论家提出来的，他试图找到一种结构化、可重用的方法，以在图纸上捕捉到建筑物的基本要素。后来被作为总结软件设计，特别是面向对象设计的实践和经验而提出的。在几十年的软件设计研究和实践中，设计人员和程序员积累了大量的实际经验，发现并提出了大量在众多应用中普遍存在的软件结构和结构关系，设计模式被用于软件体系结构设计中。利用设计模式可以方便地重用成功的设计和结构。把已经证实的技术表示为设计模式，使它们更加容易被新系统的开发者所接受。设计模式帮助设计师选择可使系统重用的设计方案，避免选择危害到可重用性的方案。

4) 体系结构设计方法

生成一个满足软件需求的体系结构的过程即为体系结构设计。体系结构设计过程的本质在于：将系统分解成相应的组成成分(如构件、连接件)，并将这些成分重新组装成一个系统。常用的体系结构设计方法有 4 类，分别为制品驱动(artifact-driven)的方法，用例驱动(use-case-driven)的方法，模式驱动(pattern-driven)的方法和领域驱动(domain-driven)的方法。每种方法在过程的顺序及概念的特定内容上有所不同，但最后都生成对体系结构的描述。

5) 基于关键质量属性需求的体系结构设计

基于关键质量属性的体系结构设计是目前业界在软件体系结构设计中非常关注的一个重要方向，它更多地指向满足实际体系结构设计的核心目标和本质需求，因而，发展出所谓的属性驱动的体系结构设计方法(Attribute Driven Design，ADD)。在介绍了几个关键质量属性需求的概念之后，简单讨论了几种常见的关键质量属性需求及对软件体系结构的影响和对策。基于 ADD 方法的关键，首先是了解和理解关键需求的背景和场景，找对方法和对策，然后从模块分解、体系结构布局、协同设计三个体系结构设计的基本要素入手，设计出满足关键需求的架构，并加以实现。

3. 基于体系结构的软件开发方法

本质上，软件体系结构是对软件需求的一种抽象解决方案。在引入了体系结构的软件开发中，应用系统的构造过程变为"问题定义→软件需求→软件体系结构→软件设计→软件实现"，可以认为软件体系结构架起了软件需求与软件设计之间的一座桥梁。而在由软件体系结构到实现的过程中，借助一定的中间件技术与软件总线技术，软件体系结构易于映射成相应的实现。Bass 等人提出了一种基于体系结构的软件开发过程，该过程包括 6 个步骤：导出体系结构需求；设计体系结构；文档化体系结构；分析体系结构；实现体系结构；维护体系结构。这些内容将在本书第 6 章中进行介绍。

软件开发模型是跨越整个软件生存周期的系统开发、运行、维护所实施的全部工作和任务的结构框架，给出了软件开发活动各阶段之间的关系。目前，常见的软件开发模型大致可分为以下 3 种类型：

(1) 以软件需求完全确定为前提的瀑布模型。

(2) 在软件开发初始阶段只能提供基本需求时采用的渐进式开发模型，如螺旋模型等。

(3) 以形式化开发方法为基础的变换模型。

所有开发方法都是要解决需求与实现之间的差距。但是，这 3 种类型的软件开发模型都存在这样或那样的缺陷，不能很好地支持基于软件体系结构的开发过程。因此，研究人员在发展基于体系结构的软件开发模型方面做了一定的工作。

在基于构件和基于体系结构的软件开发逐渐成为主流的开发方法的情况下，已经出现了基于构件的软件工程。但是，对体系结构的描述、表示、设计和分析以及验证等内容的研究还相对不足，随着需求复杂化及其演化，切实可行的体系结构设计规则与方法将更为重要。

4. 软件体系结构评估

软件体系结构的设计是整个软件开发过程中关键的一步。对于当今世界上庞大而复杂的系统来说，没有一个合适的体系结构而要想有一个成功的软件设计几乎是不可想象的。不同类型的系统需要不同的体系结构，甚至一个系统的不同子系统也需要不同的体系结构。体系结构的选择是一个软件系统设计成败的关键。

但是，怎样才能知道为软件系统所选用的体系结构是否恰当？如何确保按照所选用的体系结构能顺利地开发出成功的软件产品呢？要回答这些问题，需要使用专门的方法对软件体系结构进行分析和评估。

常用的软件体系结构评估方法有软件体系结构分析方法(Software Architecture Analysis Method，SAAM)和体系结构权衡分析方法(Architecture Tradeoff Analysis Method，

ATAM)。它们都是基于场景的软件体系结构评估方法，这类评估方法分析软件体系结构对场景也就是对系统的使用或修改活动的支持程度，从而判断该体系结构对这一场景所代表的质量需求的满足程度。例如，用一系列对软件的修改来反映易修改性方面的需求，用一系列攻击性操作来代表安全性方面的需求等。SAAM 本质上是一个寻找受场景影响的体系结构元素的方法，而 ATAM 建立在 SAAM 基础上，关注对风险、非风险、敏感点和权衡点的识别。

5．特定领域的体系结构框架

特定领域的应用通常具有相似的特征，如果能够充分挖掘系统所在领域的共同特征，提炼出领域的一般需求，抽象出领域模型，归纳总结出这类系统的软件开发方法，就能够指导领域内其他系统的开发，提高软件质量和开发效率、节省软件开发成本。正是基于这种考虑，人们在软件的理论研究和工程实践中，逐渐形成一种称之为特定领域的软件体系结构(Domain Specific Software Architecture，DSSA)的理论与工程方法，它对软件设计与开发过程具有一定参考和指导意义，已经成为软件体系结构研究的一个重要方向。

Rick Hayers-Roth 和 Will Tracz 分别对 DSSA 给出了不同的定义，前者侧重于 DSSA 的特征，强调系统由构件组成，适用于特定领域，有利于开发成功应用程序的标准结构；后者侧重于 DSSA 的组成要素，指出 DSSA 应该包括领域模型、参考需求、参考体系结构、相应的支持环境或设施、实例化、细化或评估的方法与过程。两种 DSSA 定义都强调了参考体系结构的重要性。

特定领域的体系结构是将体系结构理论应用到具体领域的过程，常见的例子有：

(1) 用户界面工具和框架。可以为开发者提供可重用框架以及像菜单、对话框等可重用构件的集合。

(2) 编译器的标准分解。体系结构的重用能使语言编译系统的开发变得非常简单。

(3) 标准化的通信协议。通过在不同层次的抽象上提供服务，可实现跨平台的交互。

6．软件体系结构支持工具

几乎每种体系结构都有相应的支持工具，如 UniCon、Aesop 等体系结构支持环境，C2 的支持环境 ArchStudio，Acme 的支持环境 AcmeStudio，支持主动连接件的 Tracer 工具等。另外，还出现了很多支持体系结构的分析工具，如支持静态分析的工具、支持类型检查的工具、支持体系结构层次依赖分析的工具、支持体系结构动态特性仿真工具、体系结构性能仿真工具等。但与其他成熟的软件工程环境相比，体系结构设计的支持工具还很不成熟，难以实用化。本书通过两个较为著名的软件体系结构集成开发环境 ArchStudio4 和 AcmeStudio，介绍软件体系结构集成开发环境的具体功能。

2.6.2　软件体系结构的发展方向

1．当今软件体系结构研究的不足

尽管软件体系结构一直在不断地发展和完善，但仍存在若干问题有待研究和突破。软件体系结构研究目前的不足主要有如下几个方面：

(1) 软件体系结构的概念模糊，导致学者对其核心和重点的把握有分歧，研究和工程各有偏重，也各执一词，不利于两个领域研究人员的交流。

(2) 软件体系结构描述有待突破。ADL 种类繁多，缺乏广泛认同的 ADL 规范。

(3) 缺乏统一的支持环境和工具，理论研究和环境支持不同步，如设计、仿真和验证工具，这妨碍了研究的应用，反过来也限制了理论的更快发展。

(4) 对软件体系结构的整体把握不够充分，如对系统维护和体系结构的动态变化等重视不足。

2．软件体系结构的研究展望

由于研究者和实践者的卓越工作，目前，软件体系结构的研究已经渗透到软件生命周期的各个阶段，并取得了大量的研究成果。与其他领域(例如构造方法、面向对象方法)在软件工程中的研究相似，软件体系结构的研究始于软件体系结构的设计阶段，然后经过执行、部署、开发等阶段，最后落脚于设计前的需求阶段，这样，一套覆盖各个阶段的方法就形成了。

软件体系结构的可靠性成为当前需要关注的一个重点，它已作为软件性能评估的关键性因素。什么样的体系结构适用于什么样的领域应用，体系结构是否经得起外界环境的剧烈变化，这些都是需要进一步研究的课题。每种体系结构的基本风格都有其可靠性的计算模型以及在此基础上对整个体系结构可靠性的描述。软件体系结构可靠性计算模型，证明了基本体系结构的完整性，讨论了基本体系结构的选择问题，使开发者在设计软件体系结构时，可以从基本结构的可靠性和运行效率入手，设计软件体系结构，从而使设计出来的软件结构更符合实际要求，能够更好地指导软件系统设计的早期开发。

随着系统的不断扩大，在真实的软件开发中应用体系结构变得越来越重要，所以研究和实践软件体系结构应该贯穿于软件生命周期的各个环节。另外，互联网技术的发展促使一项新的软件形态——基于网络的软件出现。为了适应开放的、动态的、不断变化的环境，基于网络的软件表现出了灵活性、多重目标和持续反应的能力，这将导致基于网络的软件体系结构及其组成构件的不断调整和适应，也带来了新环境中新软件体系结构的研究需求。以下 6 个方面将是研究重点：

(1) 软件体系结构理论设计模型的研究，如新的软件体系结构风格和模式等。

(2) 软件体系结构描述的研究，如 ADL 的继续创新和规范统一等。

(3) 领域软件体系结构的研究。新的需求、新的软件应用环境和领域不断地涌现，并且部分领域可能有其特殊性，如当今的大规模分布式环境，所以针对特定领域的软件体系结构也有很大的研究价值。

(4) 软件体系结构在软件生命周期中的角色。与传统软件相比，网络软件更加复杂、多变和开放，这就增加了对它们理解、分析和开发的难度。怎样定义基于网络的软件在软件生命周期中的角色是一个值得引导和研究的问题。目前主要的研究领域包括对网络软件的描述和分析方法、基于体系结构的网络软件质量属性和担保机制。

(5) 基于软件体系结构的软件开发方法学。软件开发包括很多方面，通过列出软件体系结构在软件生命周期中的核心功能，可以有效地组织软件的开发、部署、维护和评估。

(6) 软件体系结构对真实软件开发的支持。怎样将科学研究成果应用到真实的软件开发中一直是困惑研究者的一个问题。目前，尽管软件体系结构的实践已经取得了初步的成果，但在实践中，仍然主要依靠架构师的经验。目前没有系统地使用软件体系结构引导软件开发的成功方法及案例。人们还有很多工作要做，例如将相关概念和工作流程整合进软件开发环境，研究对已存在的软件系统的体系结构进行整合的方法，组织有关软件体系结构的教育和培训等。

2.7　本章小结

本章首先介绍了软件体系结构的各种定义和基本概念，它们是本章的重点。考虑到定义的一般适用性和被广泛接受的程度，我们所提到的软件体系结构，都以定义 5 中的软件体系结构概念为基础。构件、连接件和约束(配置)等概念是软件体系结构最基本的元素，通过身边的几个架构实例来感受软件体系结构，初步理解软件体系结构概念的三个要素及三个要素之间的关系。

接下来介绍了软件体系结构不同描述阶段的不同视角，并介绍了软件体系结构研究的意义，良好的软件体系结构对于软件系统的重要意义在软件生命周期中的各个阶段都有体现。

软件体系结构发展到现在共经历了 4 个发展阶段："无体系结构"设计阶段、萌芽阶段、初级阶段和高级阶段，对每一阶段进行了简单介绍。归纳现有软件体系结构的研究活动，介绍了软件体系结构研究现状、不足和展望。当前的软件体系结构研究主要集中在软件体系结构描述研究、设计研究、分析与评估、支持工具以及基于体系结构的开发方法、特定领域的软件体系结构框架等方面。

软件体系结构技术目前仍存在诸多问题，如概念定义尚不统一、描述规范不能一致等。有研究人员认为在软件开发实践中软件体系结构尚不能发挥重要作用，软件体系结构技术仍有待研究、发展和完善。

习　题

1. 为什么要研究软件体系结构？

2. 根据软件体系结构的定义，你认为软件体系结构的模型应该由哪些部分组成？

3. 软件体系结构的概念和建筑中的体系结构的概念相类似，二者有什么共同之处？这种类比对于我们认识和研究软件体系结构有何帮助？

4. 结合自己曾参与开发的软件项目，思考构件、连接件和约束的概念，并用自己的语言描述构件、连接件和约束的特点，进一步论述构件、连接件和约束分别对于软件体系结构的重要意义。

5. 查阅相关文献，比较各种软件体系结构定义，进一步讨论它们的联系和区别。

第 3 章　软件体系结构的风格

3.1　软件体系结构风格概述

多年来，人们在开发某些类型软件过程中积累起来的组织规则和结构就形成了软件体系结构风格。软件体系结构风格是描述某一特定应用领域中系统组织方式的惯用模式。体系结构风格定义一个系统家族，即一个体系结构定义一个词汇表和一组约束。词汇表中包含一些构件和连接件类型，而这组约束指出系统是如何将这些构件和连接件组合起来的。体系结构风格反映了领域中众多系统所共有的结构和语义特性，并指导如何将各个模块和子系统有效地组织成一个完整的系统。按这种方式理解，软件体系结构风格定义了用于描述系统的术语表和一组指导构件系统的规则。

对软件体系结构风格的研究和实践促进了对设计的重用，一些经过实践证实的解决方案也可以可靠地用于解决新的问题。体系结构风格的不变部分使不同的系统可以共享同一个实现代码。只要系统使用常用的、规范的方法来组织，就可使别的设计者很容易地理解系统的体系结构。例如，如果某人把系统描述为"客户/服务器"模式，则不必给出设计细节，我们立刻就会明白系统是如何组织和工作的。

软件体系结构风格为大粒度的软件重用提供了可能。然而，对于应用体系结构风格来说，由于视点的不同，系统设计师有很大的选择余地。要为系统选择或设计某一体系结构风格，必须根据特定项目的具体特点，进行分析比较后再确定，体系结构风格的使用几乎完全是特定的。

我们可以通过回答下面的问题来确定体系结构风格：

(1) 设计的词汇表即构件和连接件的类型是什么？

(2) 被认可的结构模式是什么？

(3) 基本的计算模型是什么？

(4) 使用这种风格的常见例子是什么？

(5) 使用这种风格有什么优点和缺点？

这些问题的回答包括了软件体系结构风格的最关键的四要素内容，即提供一个词汇表、定义一套配置规则、定义一套语义解释原则和定义对基于这种风格的系统所进行的分析。

有原则地使用软件体系结构风格具有如下意义：

(1) 它促进了设计的重用，使得一些经过实践证实的解决方案能够可靠地解决新问题。

(2) 它能够带来显著的代码重用，使得体系结构风格中的不变部分可共享同一个解决方案。

(3) 便于设计者之间的交流与理解。

(4) 通过对标准风格的使用支持了互操作性，以便于相关工具的集成。

(5) 在限定了设计空间的情况下，能够对相关风格做出分析。

(6) 能够对特定的风格提供可视化支持。

下面是 Garlan 和 Shaw 给出的对通用体系结构风格的分类。

(1) 数据流风格：批处理序列；管道-过滤器。

(2) 调用/返回风格：主程序/子程序；面向对象风格；层次结构。

(3) 独立构件风格：进程通信；事件系统。

(4) 虚拟机风格：解释器；基于规则的系统。

(5) 仓库风格：数据库系统；超文本系统；黑板系统。

3.2　经典软件体系结构风格

3.2.1　管道-过滤器

在管道-过滤器风格的软件体系结构中，每个构件都有一组输入和输出，构件读输入的数据流，经过内部处理，然后产生输出数据流。这个过程通常通过对输入流的变换及增量计算来完成，所以在输入被完全消费之前，输出便产生了。因此，这里的构件被称为过滤器，这种风格的连接件就像是数据流传输的管道，将一个过滤器的输出传到另一过滤器的输入。此风格特别重要的是过滤器必须是独立的实体，它不能与其他的过滤器共享数据，而且一个过滤器不知道它上游和下游的标识。一个管道-过滤器网络输出的正确性并不依赖于过滤器进行增量计算过程的顺序。

图 3-1 是管道-过滤器风格的体系结构示意图。一个典型的管道-过滤器体系结构的例子是用 Unix shell 编写的程序。Unix 既提供一种符号，以连接各组成部分(Unix 的进程)，又提供某种进程运行时机制以实现管道。另一个著名的例子是传统的编译器。传统的编译器一直被认为是一种管道系统，在该系统中，一个阶段(包括词法分析、语法分析、语义分析和代码生成)的输出是另一个阶段的输入。

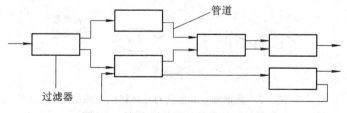

图 3-1　管道-过滤器风格的体系结构

管道-过滤器风格的软件体系结构具有许多优点：

(1) 使得软构件具有良好的隐蔽性和高内聚、低耦合的特点。

(2) 允许设计者将整个系统的输入/输出行为看成是多个过滤器的行为的简单合成。

(3) 支持软件重用。只要提供适合在两个过滤器之间传送的数据，任何两个过滤器都可被连接起来。

(4) 系统维护和增强系统性能简单。新的过滤器可以添加到现有系统中，旧的过滤器可以被改进的过滤器替换掉。

(5) 允许对一些如吞吐量、死锁等属性的分析。

(6) 支持并行执行。每个过滤器是作为一个单独的任务完成的，因此可与其他任务并行执行。

但是，这样的系统也存在着若干不利因素：

(1) 通常导致进程成为批处理的结构。这是因为虽然过滤器可增量式地处理数据，但它们是独立的，所以设计者必须将每个过滤器看成一个完整的从输入到输出的转换。

(2) 不适合处理交互的应用。当需要增量地显示改变时，这个问题尤为严重。

(3) 因为在数据传输上没有通用的标准，每个过滤器都增加了解析和合成数据的工作，这样就导致了系统性能下降，并增加了编写过滤器的复杂性。

管道-过滤器体系结构最著名的例子是用 Unix shell 编写的程序。简单地说，比如这样一个命令：cat file | grep xyz | sort | uniq>out，系统将先在文件中查找含有 xyz 的行，排序后，去掉相同的行，最后将结果放到 out 中。各个 Unix 进程作为构件，管道在文件系统中创建。编译器也是个典型的例子：词法分析→句法分析→语义分析→代码生成。类似的例子还有信号处理系统、并行计算等。

3.2.2 数据抽象和面向对象风格

抽象数据类型概念对软件系统有着重要作用，目前软件界已普遍转向使用面向对象系统。这种风格建立在数据抽象和面向对象的基础上，数据的表示方法和它们的相应操作封装在一个抽象数据类型或对象中。这种风格的构件是对象，或者说是抽象数据类型的实例。对象是一种被称作管理者的构件，因为它负责保持资源的完整性。对象是通过函数和过程的调用来交互的。

图 3-2 是数据抽象和面向对象风格的体系结构示意图。

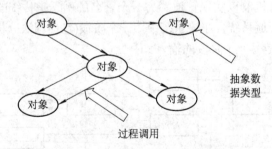

图 3-2　数据抽象和面向对象风格的体系结构

面向对象的系统有许多优点，并早已为人所知：

(1) 因为对象对其他对象隐藏它的表示，所以可以改变一个对象的表示，而不影响其他的对象。

(2) 设计者可将一些数据存取操作的问题分解成一些交互的代理程序的集合。

但是，面向对象的系统也存在着某些问题：

(1) 过程调用依赖于对象标识的确定。与管道-过滤器风格的系统不同，一个对象必须要知道它要与之交互的对象的标识。

(2) 不同对象的操作关联性弱。在两个对象同时访问一个对象时，可能会引起副作用。比如，对象 A 和 B 同时访问对象 C，那么 B 对 C 的作用就可能对 A 造成难以预料的副作用。

3.2.3 基于事件的隐式调用风格

基于事件的隐式调用风格的思想是，构件不直接调用一个过程，而是触发或广播一个或多个事件。系统中的其他构件中的过程在一个或多个事件中注册，当一个事件被触发后，系统自动调用在这个事件中注册的所有过程，这样，一个事件的触发就导致了另一模块中的过程的调用。

从体系结构上说，这种风格的构件是一些模块，这些模块既可以是一些过程，又可以是一些事件的集合。过程可以用通用的方式调用，也可以在系统事件中注册一些过程，当发生这些事件时，过程被调用。

基于事件的隐式调用风格的主要特点是事件的触发者并不知道哪些构件会被这些事件影响。这样不能假定构件的处理顺序，甚至不知道哪些过程会被调用，因此，许多隐式调用的系统也包含显式调用作为构件交互的补充形式。

图 3-3 是基于事件的隐式调用风格的体系结构示意图。

图 3-3 基于事件的隐式调用风格的体系结构

隐式调用系统的主要优点有：

(1) 为软件重用提供了强大的支持。当需要将一个构件加入现存系统中时，只需将它注册到系统的事件中即可。

(2) 为改进系统带来了方便。当用一个构件代替另一个构件时，不会影响到其他构件的接口。

隐式调用系统的主要缺点有：

(1) 构件放弃了对系统计算的控制。一个构件触发一个事件时，不能确定其他构件是否会响应它，而且即使它知道事件注册了哪些构件的过程，也不能保证这些过程被调用的顺序。

(2) 数据交换的问题。有时数据可被一个事件传递，但另一些情况下，基于事件的系统必须依靠一个共享的仓库进行交互。在这些情况下，全局性能和资源管理便成了问题。

(3) 很难对系统的正确性进行推理，因为声明或广播某个事件的过程的含义依赖于它被调用时的上下文环境。

基于事件的隐式调用风格常常被用于如下领域：

(1) 在程序设计环境中用于集成各种工具。

(2) 在数据库管理系统中用于检查数据库的一致性约束条件。

(3) 在用户界面中分离数据和表示。

(4) 在编辑器中支持语法检查。

例如在某系统中，编辑器和变量监视器可以登记相应 Debugger 的断点事件。当 Debugger 在断点处停下时，它声明该事件，由系统自动调用处理程序，如编辑程序可以显示到该断点，则变量监视器刷新变量数值。而 Debugger 本身只声明事件，并不关心哪些过程会启动，也不关心这些过程做什么处理。

3.2.4 层次系统风格

层次系统组织成一个层次结构，每一层为它的上层提供服务，并作为下层的客户。在一些层次系统中，除了一些精心挑选的输出函数外，内部的层只对相邻的层可见。这样的系统中，构件在一些层实现了虚拟机(在另一些层次系统中层是部分不透明的)。连接件由决定层间如何交互的协议来定义，拓扑约束包括对相邻层间交互的约束。

这种风格支持基于可增加抽象层的设计。这样，允许将一个复杂问题分解成一个增量步骤序列的实现。由于每一层最多只影响两层，同时只要给相邻层提供相同的接口，允许每层用不同的方法实现，同样为软件重用提供了强大的支持。

图 3-4 是层次系统风格的体系结构示意图。

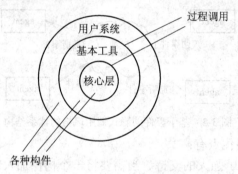

图 3-4   层次系统风格的体系结构

层次系统有许多可取的属性：

(1) 支持基于抽象程度递增的系统设计，使设计者可以把一个复杂系统按递增的步骤进行分解。

(2) 支持功能增强，因为每一层至多和相邻的上下层交互，因此功能的改变最多影响相邻的上下层。

(3) 支持重用。只要提供的服务接口定义不变，同一层的不同实现可以交换使用。这样，就可以定义一组标准的接口，而允许各种不同的实现方法。

但是，层次系统也有其不足之处：

(1) 并不是每个系统都可以很容易地划分为分层的模式，甚至即使一个系统的逻辑结构是层次化的，出于对系统性能的考虑，系统设计师不得不把一些低级或高级的功能综合起来。

(2) 很难找到一个合适的、正确的层次抽象方法。

层次系统最广泛的应用是分层通信协议(OSI-ISO)。在这一应用领域中，每一层提供一个抽象的功能作为上层通信的基础。较低的层次定义低层的交互，最低层通常只定义硬件物理连接。其他的典型例子还包括：操作系统(如 Unix 系统)、数据库系统、计算机网络协议组(如 TCP/IP)等。

3.2.5 仓库风格和黑板风格

仓库(Repositories)风格的体系结构由两种构件组成：一个中央数据结构，它表示当前状态；一个独立构件的集合，它对中央数据结构进行操作。

对于系统中数据和状态的控制方法有两种。一个传统的方法是，由输入事务选择进行何种处理，并把执行结果作为当前状态存储到中央数据结构中。这时，仓库是一个传统的数据库体系结构。另一种方法是，由中央数据结构的当前状态决定进行何种处理。这时，仓库是一个黑板(Blackbord)体系结构，即黑板体系结构是仓库体系结构的特殊化。

黑板系统传统上被用于在信号处理方面进行复杂解释的应用程序，以及松散耦合的构件访问共享数据的应用程序。它适用于这样的系统：需要解决冲突并处理可能存在的不确定性。

黑板系统的得名是因为它反映的是一种信息共享的系统——如同教室里的黑板一样，有多个人读，也有多个人写。

如图 3-5 所示，黑板体系结构模型通常由以下 3 部分构成。

(1) 知识源：问题求解的领域相关知识。知识源之间的交互只在黑板内部发生。知识源代理(Agent)就像学生一样，每个人都按照它们自己的方式，工作在它们感兴趣的方面或它们的知识已经能够处理的方面，并在可能的时候向黑板添加新的知识，以供其他知识源开展进一步的工作。

(2) 黑板数据结构：反映应用程序求解状态的数据。它是按照层次结构组织的，这种层次结构依赖于应用程序的类型。知识源不断地对黑板数据进行修改，直到得出问题的解。黑板数据结构起到了知识源之间的通信机制的作用。

(3) 控制器：控制(即对知识源的调用)是由黑板的状态决定的。一旦黑板数据的改变使得某个知识源成为可用的，知识源就会被控制模块激活。控制器还承担着限制知识源代理对黑板的访问的工作，以防止两个代理同时写入黑板的某一空间。

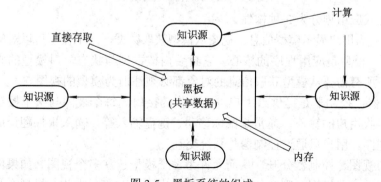

图 3-5 黑板系统的组成

黑板风格的体系结构的优点有：

(1) 便于多客户共享大量数据，它们不用关心数据是何时有的、谁提供的和怎样提供的。

(2) 既便于添加新的作为知识源代理的应用程序，也便于扩展共享的黑板数据结构。

黑板风格的体系结构的缺点有：

(1) 不同的知识源代理对于共享数据结构要达成一致，这也造成对黑板数据结构的修改较为困难——要考虑到各个代理的调用。

(2) 需要一定的同步/加锁机制以保证数据结构的完整性和一致性，增大了系统复杂度。

黑板风格是某些对人类行为进行模拟的人工智能应用系统的重要设计方法之一。例如，语音识别、模式识别、三维分子结构建模。最早应用黑板体系结构的也是一个人工智能领域的应用程序：Hearsay Ⅱ语音识别项目。该系统以自然语言的语音信号为输入，经过音节、词汇、句法和语义等多个方面的分析，得到用户对数据库的查询请求。

3.2.6 模型-视图-控制器(MVC)风格

模型-视图-控制器风格常被简称为 MVC 风格(Model-View-Controller style)，主要处理软件用户界面开发中所面临的问题。

软件系统的用户界面经常发生变化。例如，在新增加功能时菜单上需要有所反映，在不同的系统平台之间有不同的外观标准，用户界面还要适应不同用户的喜好与风格，甚至需要在运行中改变等。而且，可能需要为一个内核开发多种界面。因此，用户界面显然不能与功能内核紧密结合。

MVC 风格提供了一种十分简洁的解决办法，如图 3-6 所示。

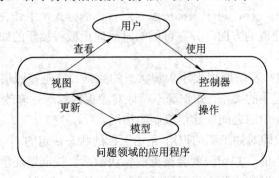

图 3-6　MVC 风格的体系结构

它将交互式应用划分为 3 种构件。

(1) 视图：为用户显示模型信息。视图从模型获取数据，一个模型可以对应多个视图。

(2) 模型：模型是应用程序的核心。它封装内核数据与状态，对模型的修改将扩散到所有视图中。所有需要从模型获取信息的对象都必须注册为模型的视图。

(3) 控制器：控制器是提供给用户进行操作的接口。每个视图与一个控制器构件相关联。控制器接收用户的输入，通常是鼠标移动、键盘输入等。输入事件翻译成服务请求，送到模型或视图。用户只通过控制器与系统交互。

将模型与视图、控制器分开，从而允许为一个模型建立多个视图。如果用户通过一个视图的控制器改变了模型，则其他的视图也反映出这个改变。为此，模型在其外部数据被改变时需要通知所有的视图，视图则据此更新显示信息。由此允许改变应用的子系统而对其他的子系统产生重大影响。

模型–视图–控制器风格具有如下优点：

(1) 将各方面问题分解开来考虑，简化了系统设计，保证了系统的可扩展性。

(2) 改变界面不影响应用程序的功能内核，使得系统易于演化开发，可维护性好。

(3) 易于改变，甚至可以在运行时改变，提供了良好的动态机制。

模型–视图–控制器风格的缺点：主要是仅局限在应用软件的用户界面开发领域中。

MVC 风格的例子：Microsoft 所提供的 Windows 应用程序的文档视图结构，是在视图和控制器紧密耦合的情况下，对 MVC 风格的一种修改。MVC 风格在 SmallTalk 和 Java 应用程序中也经常被用到。

3.2.7　解释器风格

解释器风格通常被用于建立一种虚拟机以弥合程序的语义与作为计算引擎的硬件的间隙。由于解释器实际上创建了一个软件虚拟出来的机器，所以这种风格又常常被称为虚拟机风格。

解释器风格的系统通常包括一个作为执行引擎的状态机和 3 个存储器，即系统由 4 个构件组成，如图 3-7 所示：正在被解释的程序、执行引擎、被解释的程序的当前状态、执行引擎的当前状态。

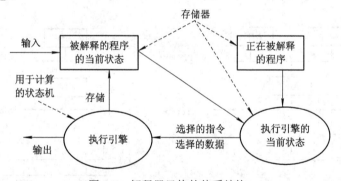

图 3-7　解释器风格的体系结构

解释器风格适用于这样的情况：应用程序并不能直接运行在最适合的机器上，或不能直接以最适合的语言执行。

它的优点是有助于应用程序的可移植性和程序设计语言的跨平台能力，以及对未实现的硬件进行仿真。其缺点是额外的间接层次带来了系统性能的下降。

解释器风格的例子有：

(1) 程序设计语言的编译器，比如 Java、Smalltalk 等。

(2) 基于规则的系统，比如专家系统领域的 Prolog 等。

(3) 脚本语言，比如 Awk、Perl 等。

3.2.8　C2 风格

C2 风格是一个基于消息传递的，适合于 GUI 软件开发的体系结构风格。C2 风格之所以得名，是因为它的很多思想来源于 Chiron-1 用户界面系统，所以被命名为 Chiron-2，简称 C2。

C2 风格由构件和连接件两种元素组成，构件和连接件都由顶部和底部组成，构件与构件间只能通过连接件连接，连接件之间则可以直接相连，构件的顶部、底部分别与连接件的底部、顶部相连，连接件间的连接规则也一样。构件间发送的消息有两种，分别是向上级构件发出请求(Request)和向下级构件指示(Notify)状态的改变。而连接件负责消息的过滤、路由和广播等通信及相关处理。

C2 风格的特点是构件只能觉察到上层构件的存在，而无法觉察到下层构件的存在。这里的上下层含义与一般情况相反。最下层构件是用户、I/O 设备等，而上层构件则是比较低级的操作，如 ADT 等。

C2 体系结构风格可以概括为：通过连接件绑定在一起的、按照一组规则运作的并行构件网络。C2 风格中的系统组织规则如下：

(1) 系统中的构件和连接件都有一个顶部和一个底部；

(2) 构件的顶部应连接到某连接件的底部，构件的底部则应连接到某连接件的顶部，而构件与构件之间的直接连接是不允许的；

(3) 一个连接件可以和任意数目的其他构件和连接件连接；

(4) 当两个连接件进行直接连接时，必须由其中一个的底部到另一个的顶部。

图 3-8 是 C2 风格的示意图。图中构件与连接件之间的连接体现了 C2 风格中构建系统的规则。

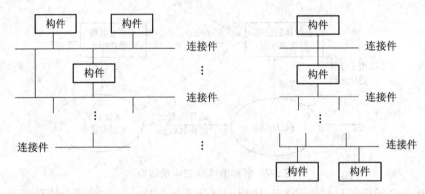

图 3-8　C2 风格的体系结构

C2 风格是最常用的一种软件体系结构风格。从 C2 风格的组织规则和结构图中，我们可以得出，C2 风格具有以下特点：

(1) 系统中的构件可实现应用需求，并能将任意复杂度的功能封装在一起。

(2) 所有构件之间的通信是通过以连接件为中介的异步消息交换机制来实现的。

(3) 构件相对独立，构件之间依赖性较少。系统中不存在某些构件将在同一地址空间内执行，或某些构件共享特定控制线程之类的相关性假设。

3.3　案例研究

我们现在通过两个案例来阐明怎样选择软件体系结构风格来解决不同的问题。第一个案例体现了对同一个问题使用不同的体系结构的解决方案带来的不同好处；第二个案例总结了为工业产品族开发特定领域的体系结构风格的经验。

3.3.1　案例一：上下文关键字

1. 问题陈述

　　KWIC(Key Word In Context)索引系统接收一些行(Lines)，每行有若干字(Words)，每个字由若干字符(Characters)组成。每行都可以循环移位，重复地把第一个字删除，然后接到行末。KWIC 索引系统输出一个所有行、经过所有循环移位后的列表，KWIC 把所有行的各种移位情况按照字母表顺序输出，如图 3-9 KWIC 索引系统示例所示。

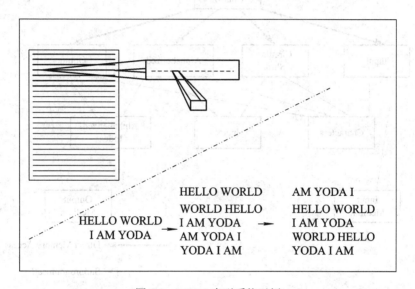

图 3-9　KWIC 索引系统示例

　　针对这个问题，我们考虑使用不同的体系结构设计方案来进行解决，考虑使用以下 4 种方案：使用共享数据的主程序/子程序、使用抽象数据类型、使用隐式调用风格、使用管道-过滤器风格。

　　不同的体系结构风格对于变更的适应能力是不一样的，我们通过引入以下变更来考察这 4 种不同的体系结构风格对变化的适应能力：

　　(1) 处理算法的改变。例如，输入设备可以每读入一行就执行一次行移动，也可以读完所有行再执行行移动，或者在需要以字母表的顺序排列行集合时才执行行移动。

　　(2) 数据表示的改变。例如，行、单词和字母可以用各种各样的方式储存。类似地，循环移动情况也可以被显示或隐式地储存(使用索引和偏移量)。

　　(3) 系统功能的增强。例如，修改系统使其能够排除以某些干扰单词(比如 a，an 等)开头的循环移动；支持交互，允许用户从原始输入表中删除一些行等。

　　另外，还可以从性能方面(即使用的时间和空间方面)和重用性方面(即构件被重用的潜力方面)来考虑不同的体系结构风格的优劣。

　　下面我们将一一介绍每种解决方案及所使用体系结构风格的优缺点，最后再通过一张表从 5 个方面比较不同的解决方案。

2．解决方案

1) 使用共享数据的主程序/子程序

第一种解决方案根据四个基本功能将问题分解为：输入、移动、按字母表排序、输出。所有计算构件作为子程序协同工作，并且由一个主程序顺序地调用这些子程序。构件通过共享存储区交换数据。因为协同工作的子程序能够保证共享数据的顺序访问，因此使计算构件和共享数据之间基于一个不受约束的读写协议的通信成为可能，如图 3-10 KWIC 之共享数据解决方案所示。

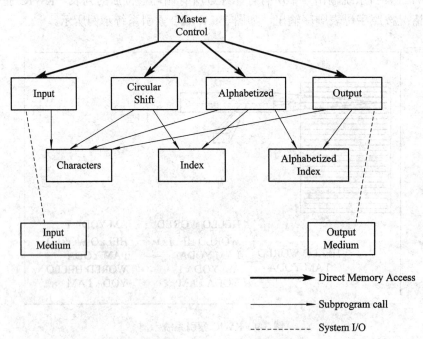

图 3-10　KWIC 之共享数据解决方案

使用该方案有以下优点：

(1) 系统自然分解，符合人的处理习惯。

(2) 数据共享，处理效率高。

(3) 宜于功能完善，例如排除噪音词汇。

使用该方案有以下缺点：

(1) 改变数据的表示将影响所有的模块，数据存储格式对所有模块而言都是显式的，没有信息隐藏。

(2) 易引起整体处理算法的变化。

(3) 系统构件难以支持重用，紧耦合。

2) 抽象数据类型

第二种解决方案将系统分解成五个模块。然而，在这种情况下数据不再直接地被计算构件共享。取而代之的是，每个模块提供一个接口，该接口允许其他构件通过调用接口中的过程来访问数据。每个构件提供了一个过程集合，这些过程决定了系统中其他构件访问该构件的形式，如图 3-11 KWIC 之抽象数据类型解决方案所示。

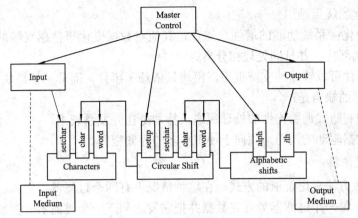

图 3-11　KWIC 之抽象数据类型解决方案

使用该方案的优点是：

(1) 数据表示的变化对处理模块影响不大。

(2) 系统构件可以较好地支持重用。

使用该方案的缺点是：

(1) 对系统功能的增强难以很好适应，要么需要平衡其简明性和完整性而修改现存模块，要么添加新的模块而导致性能下降。

(2) 性能较差，可能需要更多的空间，通过接口访问可能会稍微减慢速度。

3) 隐式调用

第三种解决方案采用基于共享数据的构件集成的方式，这和第一种方案有些相似。然而，这里有两个主要的不同。首先，数据访问接口更加抽象。这种方案可以抽象地访问数据，而不需要知道数据的存储格式。其次，当数据被修改时，计算被隐式地调用。因而交互是基于"动态数据"模型的。例如，向行存储区添加一个新行的动作会激发一个事件，这个事件被发送到移动模块。移动模块然后进行循环移动(在一个独立的、抽象的共享数据存储区)，这又会引起字母表排序程序被隐式地调用，字母表排序程序再对行进行排序，如图 3-12 所示。

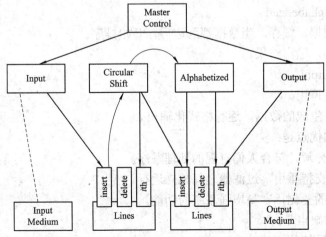

图 3-12　KWIC 之隐式调用解决方案

使用该方案的优点是:

(1) 适应变化:系统功能的增强只需登记其他对数据变化事件感兴趣的构件即可;数据表示的变化局部化,并且同处理相分离。

(2) 系统构件可以较好地支持重用,模块只依赖于事件,而非其他模块。

使用该方案的缺点是:

(1) 难以控制隐式调用构件的处理顺序,特别是在并发系统中。

(2) 基于数据驱动的调用,倾向于使用更多的存储空间。

4) 管道-过滤器

第四种解决方法采用管道的方式。在这种情况下有四个过滤器:输入、移动、按字母表排序、输出。每一个过滤器处理完数据并把它发送到下一个过滤器。控制是分布式的:只要有数据通过,过滤器就会进行处理。过滤器间的数据共享严格地局限于管道中传输的数据,如图 3-13 所示。

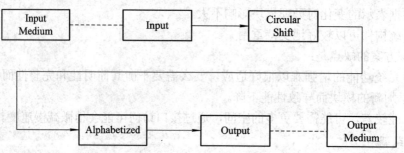

图 3-13 KWIC 之管道-过滤器解决方案

每一个处理模块的功能如下所示:

Module 1:Input

——按行读取数据,传递给下一模块。

Module 2:Circular Shift

——第一行数据到来后开始运作。

——把原始数据行和新的移位后的行输出给下一模块。

Module 3:Alphabetized

——接收行数据,缓存。当数据都到达后,开始排序。

——排序完毕,输出结果。

Module 4:Output

——排序后被调用。

——读取排序生成的数据,逐行格式化输出。

使用该方案的优点是:

(1) 系统自然分解,符合人们直观的处理顺序。

(2) 系统构件支持重用,过滤器之间独立运行。

(3) 适应算法的变化,容易增强系统的功能。

使用该方案的缺点是:

(1) 难以支持系统的交互。

(2) 构件之间的数据传递通过拷贝进行，而非数据共享，易于造成空间和时间浪费。

3. 各种解决方案的比较

我们通过制表对这些方案进行比较，表 3-1 中列出了各种解决方案处理变更的能力及性能和重用性方面的比较。

表 3-1　KWIC 各种方案的比较

方　案	共享数据	抽象数据类型	隐式调用	管道-过滤器
算法变更	−	−	+	+
数据表示变更	−	+	−	−
功能变更	+	−	+	+
性能	+	+	−	−
重用	−	+	−	+

共享数据方案对整体处理算法、数据表示的变更以及重用的支持非常弱；另一方面，由于对数据的直接共享，使它的性能相对较好。此外，它也相对比较容易加入新的处理构件(同样通过访问共享数据)。

抽象数据类型方案在保证性能的情况下，允许数据表示变更并支持重用。但是，由于构件的交互依赖于模块本身，所以改变整体处理算法或者加入新的功能可能要对现有系统做很大修改。

隐式调用方案对于添加新功能的支持非常好。然而，由于共享数据自身的一些问题，该方案对于数据表示变更和重用的支持非常弱。另外，它可能引起额外的执行开销。

管道-过滤器方案允许在文本处理流中放置新的过滤器，因此它支持处理算法的改变、功能的变化和重用。另一方面，数据表示的选择过分地依赖于管道中传输的数据类型的假定。而且，由于需要数据转换，对管道中数据进行编码和解码也会造成额外的开销。

因此，不能说某种方案一定比另一种方案好，还需要考虑系统的具体应用环境。实际上，应用系统很少纯粹是一种风格的，往往是多个风格的综合。

3.3.2　案例二：仪器软件

本案例描述了 Tektronix 公司的一个软件体系结构的工业发展。这项工作历时三年，是由 Tektronix 公司的几个产品部门和计算机研究实验室合作开展的。这项工程的目的是为示波器开发一种可重用的系统体系结构。

示波器是一个仪器系统，它是利用电子示波管的特性，将人眼无法直接观测的交变电信号转换成图像，显示在荧光屏上以便测量的电子测量仪器。它是观察数字电路实验现象、分析实验中的问题、测量实验结果必不可少的重要仪器。示波器由示波管和电源系统、同步系统、X 轴偏转系统、Y 轴偏转系统、延迟扫描系统和标准信号源组成。

尽管示波器曾经是一个简单的模拟设备，几乎不需要软件，但是，现代示波器依靠数字技术并且使用非常复杂的软件处理信号。现代示波器能够完成大量的测量，提供兆字节的内存，支持工作站网络和其他仪器的接口，并能提供完善的用户界面，包括带有菜单的触摸屏、内置的帮助工具和彩色显示等。

像很多公司越来越依赖软件对他们产品的支持一样,Tektronix 公司也面临一系列问题。

(1) 几乎没有在不同示波器上可重用的软件组织结构。不同的示波器由不同的产品部门生产,每个部门都有自己的开发约定、软件组织结构、编程语言和开发工具。甚至在一个产品部门内,每一个新的示波器通常也不得不重新设计以适应硬件性能的变化和用户界面的新需求。而硬件和界面需求变化速度越来越快也加剧了这种情况。此外还要为一些特殊的用户量身定做多种用途的仪器。

(2) 因为软件在仪器中不能被快速配置,性能问题越来越严重。这些问题的出现是由于根据用户的任务需要,示波器需要在不同的模式下配置。以前的示波器只需要简单地载入处理新模式的软件就能重新配置。软件的规模越来越大,这导致了在用户的请求和仪器重新配置之间出现延迟。

这项工程的目标是为示波器开发一种解决上述问题的体系结构框架。工程的结果是产生了一个特定领域的软件体系结构,这种体系结构将是下一代 Tektronix 示波器的基础。之后,这个框架被扩展和修改来适应更广泛的系统种类,同时也是为了适应仪器软件的特殊需要。下面,我们将简述这种软件体系结构发展的各个阶段。

1. 面向对象模型

开发一个可重用体系结构的最初尝试是开发一种面向对象的软件模型,这个模型阐明了在示波器中使用的对象类型:波形、信号、测量值等(如图 3-14 示波器之面向对象模型所示)。尽管很多对象类型被确定,但是没有一个整体模型解释怎样结合这些对象类型。这会导致功能划分的混乱。比如,量度是否应该与被测量的数据类型相关联,或者与被外部表示的数据类型相关联?用户界面应该和哪些对象交互?

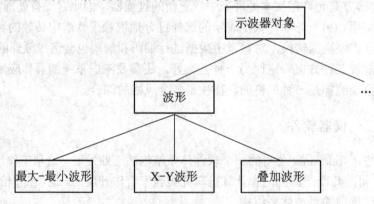

图 3-14　示波器之面向对象模型

2. 分层模型

第二阶段尝试使用分层模型解决这些问题(如图 3-15 所示)。在模型中,核心层提供信号处理功能,当信号进入示波器时使用这些功能过滤信号。这些功能通常通过硬件实现。第二层提供波形采集功能,在这层中信号被数字化,并且被内部保存用于以后的处理。第三层提供波形处理功能,包括测量、波形叠加、傅立叶变换等。第四层提供显示功能,即负责将数字化的波形和测量值直观显示出来。最外层是用户界面,这一层负责和用户进行交互,并决定在屏幕上显示哪些数据。

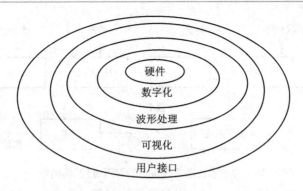

图 3-15　示波器之分层模型

因为这种分层模型将示波器的功能分成一些明确定义的组，所以它具有显而易见的优点。遗憾的是，对于应用领域，这种模型是错误的。主要的问题是层次间强加的抽象边界和各功能间交互的需要是相互冲突的。比如，这种模型提出所有用户与示波器交互必须通过显示层。但是，在实践中，真正的示波器用户需要直接和各层打交道，比如在信号处理层中设置衰减，在采集层中选择采集模式和参数，或者在波形处理层中制作导出波形。

3. 管道-过滤器模型

第三种尝试产生了一个管道-过滤器模型，在这个模型中，示波器功能被看成是数据的增量转换器。信号转换器用来检测外部信号。采集转换器用来从这些信号中导出数字化波形。显示转换器再将这些波形转换成可显示的数据(如图 3-16 示波器之管道-过滤器模型所示)。

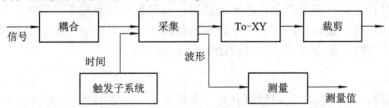

图 3-16　示波器之管道-过滤器模型

这种体系结构模型和分层模型相比有很大改进，因为它没有在功能划分中将各个功能孤立起来。比如，信号数据可以直接流入显示过滤器，而不会被其他过滤器干扰。另外，从工程师的角度看，模型将信号处理作为数据流问题是比较合适的；模型也允许在系统设计中将硬件和软件构件灵活地混合和替换。

这种模型的主要问题是没有清晰地说明用户怎样与其交互。如果用户仅仅是站在屏幕前等待结果，那么这种模型的分解策略甚至比分层系统还糟糕。

4. 改进后的管道-过滤器模型

第四种解决方案解决了用户输入问题，即为每个过滤器添加一个控制界面，这个界面允许外部实体为过滤器设置操作参数。比如，采集过滤器具有某些参数用来确定采样频率和波幅。这些输入可以作为示波器的配置参数。我们可以将这些过滤器想象成一个具有"控制面板"的界面，通过它我们可以控制在输入/输出界面上将要执行哪些功能。形式上，过滤器可以被模拟成函数，它的配置参数决定了过滤器将执行什么数据转换。图 3-17 示波器之改进后的管道-过滤器模型显示了这个体系结构。

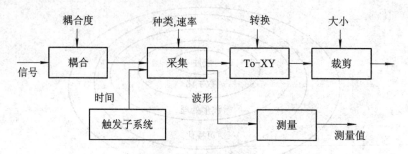

图 3-17　示波器之改进后的管道-过滤器模型

控制界面的引入解决了很大一部分用户界面的问题。首先，它提供了一系列设置，这些设置决定了示波器的哪些方面可以被用户动态地修改。它同时也解释了用户如何通过不断地调整软件来改变示波器的功能。其次，控制界面将示波器的信号处理功能和实际的用户界面分离，因信号处理软件不需要考虑用户实际设置控制参数的方式。

5．专用化模型

改造后的管道-过滤器模型有了很大改进，但是，它同样还存在一些问题。最显著的问题是管道-过滤器计算模式的性能非常差。特别是波形数据占用了很大的内存容量，过滤器每次处理波形时都复制波形数据是不切实际的。另外，不同的过滤器以不同的速度运行：由于其他过滤器仍然在处理数据，所以不会降低单个过滤器的处理速度。

为了解决上述问题，需要将模型进一步专用化。可以引进多种"颜色"的管道，而不是只使用一种管道。一些管道允许某些过滤器在处理数据时不必复制数据，另一些管道允许慢速过滤器在数据没有处理完时忽略新来的数据。这些附加的管道增加了风格词汇表并且可以根据产品的性能定制管道-过滤器的计算模式。

6．总结

这个案例揭示了为实际应用领域开发一个体系结构风格时出现的问题。它强调了这样的事实：不同的体系结构风格对于问题的解决有不同的效果。另外，这个案例也揭示了为工业软件设计体系结构时，经常将"纯"的体系结构风格改造成专用的风格来满足特定领域的需要。

3.4　客户/服务器风格

客户/服务器(Client/Server，C/S)计算技术在信息产业中占有重要的地位。网络计算经历了从基于宿主机的计算模型到客户/服务器计算模型的演变。

在集中式计算技术时代广泛使用的是大型机/小型机计算模型。它是通过一台物理上与宿主机相连接的非智能终端来实现宿主机上的应用程序。在多用户环境中，宿主机应用程序既负责与用户的交互，又负责对数据的管理；宿主机上的应用程序一般也分为与用户交互的前端和管理数据的后端，即数据库管理系统。集中式的系统使用户能共享贵重的硬件设备，如磁盘机、打印机和调制解调器等。但随着用户的增多，对宿主机能力的要求很高，而且开发者必须为每个新的应用重新设计同样的数据管理构件。

20 世纪 80 年代以后，集中式结构逐渐被以 PC 机为主的微机网络所取代。个人计算机和工作站的采用，永远改变了协作计算模型，从而导致了分散的个人计算模型的产生。一方面，由于大型机系统固有的缺陷，如缺乏灵活性，无法适应信息量急剧增长的需求，并为整个企业提供全面的解决方案等。另一方面，由于微处理器的日新月异，其强大的处理能力和低廉的价格使微机网络迅速发展，已不仅仅是简单的个人系统，这便形成了计算机界的向下规模化。其主要优点是用户可以选择适合自己需要的工作站、操作系统和应用程序。

C/S 软件体系结构是基于资源不对等，且为实现共享而提出来的，是 20 世纪 90 年代成熟起来的技术。C/S 体系结构定义了工作站如何与服务器相连，以实现数据和应用分布到多个处理机上。C/S 体系结构有三个主要组成部分：数据库服务器、客户应用程序和网络，如图 3-18 所示。

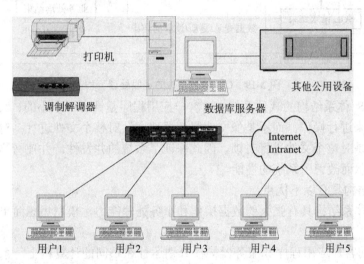

图 3-18　C/S 体系结构示意图

服务器负责有效地管理系统的资源，其任务集中于：
(1) 数据库安全性的要求。
(2) 数据库访问并发性的控制。
(3) 数据库前端的客户应用程序的全局数据完整性规则。
(4) 数据库的备份与恢复。
客户应用程序的主要任务是：
(1) 提供用户与数据库交互的界面。
(2) 向数据库服务器提交用户请求并接收来自数据库服务器的信息。
(3) 利用客户应用程序对存在于客户端的数据执行应用逻辑要求。
网络通信软件的主要作用是完成数据库服务器和客户应用程序之间的数据传输。
C/S 体系结构将应用一分为二，服务器(后台)负责数据管理，客户机(前台)完成与用户的交互任务。服务器为多个客户应用程序管理数据，而客户程序发送、请求和分析从服务器接收的数据，这是一种"胖客户机""瘦服务器"的体系结构。其数据流图如图 3-19 C/S 体系结构的一般处理流程所示。

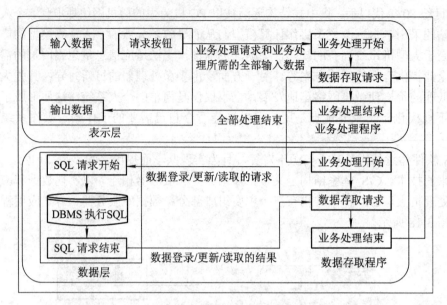

图 3-19　C/S 体系结构的一般处理流程

在一个 C/S 体系结构的软件系统中，客户应用程序是针对一个小的、特定的数据集，如一个表的行来进行操作，而不是像文件服务器那样针对整个文件进行；对某一条记录进行封锁，而不是对整个文件进行封锁，因此保证了系统的并发性，并使网络上传输的数据量减到最少，从而改善了系统的性能。

C/S 体系结构具有以下优点：

(1) C/S 体系结构具有强大的数据操作和事务处理能力，模型思想简单，易于人们理解和接受。

(2) 系统的客户应用程序和服务器构件分别运行在不同的计算机上，系统中每台服务器都可以适合各构件的要求，这对于硬件和软件的变化显示出极大的适应性和灵活性，而且易于对系统进行扩充和缩小。

(3) 在 C/S 体系结构中，系统中的功能构件充分隔离，客户应用程序的开发集中于数据的显示和分析，而数据库服务器的开发则集中于数据的管理。将大的应用处理任务分布到许多通过网络连接的低成本计算机上，以节约大量费用。

C/S 体系结构虽然具有一些优点，但随着企业规模的日益扩大，软件的复杂程度不断增加，C/S 体系结构逐渐暴露出以下缺点：

(1) 开发成本较高。C/S 体系结构对客户端软硬件配置要求较高，尤其是软件的不断升级，对硬件要求不断提高，增加了整个系统的成本，且客户端变得越来越臃肿。

(2) 客户端程序设计复杂。采用 C/S 体系结构进行软件开发，大部分工作量放在客户端的程序设计上，客户端显得十分庞大。

(3) 信息内容和形式单一。因为传统应用一般是事务处理，界面基本遵循数据库的字段解释，开发之初就已确定，而且不能随时截取办公信息和档案等外部信息，用户获得的只是单纯的字符和数字，枯燥死板。

(4) 用户界面风格不一，使用繁杂，不利于推广使用。

(5) 软件移植困难。采用不同开发工具或平台开发的软件，一般互不兼容，不能或很难移植到其他平台上运行。

(6) 软件维护和升级困难。采用 C/S 体系结构的软件要升级，开发人员必须到现场为客户机升级，每个客户机上的软件都需维护。对软件的一个小小改动，每一个客户端必须更新。

(7) 新技术不能轻易应用。一个软件平台及开发工具一旦选定，不可能轻易更改。

3.5　三层 C/S 结构风格

C/S 体系结构具有强大的数据操作和事务处理能力，模型思想简单，易于人们理解和接受。但随着企业规模的日益扩大，软件的复杂程度不断增加，传统的二层 C/S 结构存在以下几个局限：

(1) 二层 C/S 结构是单一服务器且以局域网为中心的，所以难以扩展至大型企业广域网或 Internet。

(2) 软、硬件的组合及集成能力有限。

(3) 服务器的负荷太重，难以管理大量的客户机，系统的性能容易变坏。

(4) 数据安全性不好。因为客户端程序可以访问数据库服务器，那么，在客户端计算机上的其他程序也可想办法访问数据库服务器，从而使数据库的安全性受到威胁。

因为二层 C/S 体系结构有这么多缺点，三层 C/S 体系结构应运而生。其结构如图 3-20 所示。

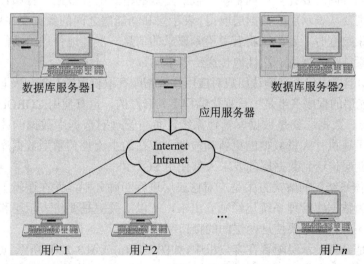

图 3-20　三层 C/S 体系结构示意图

与二层 C/S 体系结构相比，在三层 C/S 体系结构中，增加了一个应用服务器。可以将整个应用逻辑驻留在应用服务器上，而只有表示层存在于客户机上。这种结构被称为"瘦客户机"。三层 C/S 体系结构将应用功能分成表示层、功能层和数据层三个部分，其处理流程如图 3-21 所示。

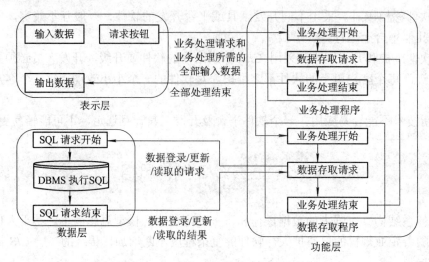

图 3-21 三层 C/S 结构的一般处理流程

下面对三层 C/S 体系结构的三个层次进行介绍。

(1) 表示层。表示层是应用的用户接口部分,担负着用户与应用间的对话功能。它用于检查用户从键盘等输入的数据,显示应用输出的数据。为使用户能直观地进行操作,一般要使用图形用户界面,操作简单、易学易用。在变更用户界面时,只需改写显示控制和数据检查程序,而不影响其他两层。检查的内容也只限于数据的形式和取值的范围,不包括有关业务本身的处理逻辑。

(2) 功能层。功能层相当于应用的本体,它是将具体的业务处理逻辑编入程序中。例如,在制作订购合同时要计算合同金额,按照定好的格式配置数据、打印订购合同,而处理所需的数据则要从表示层或数据层取得。表示层和功能层之间的数据交往要尽可能简洁。例如,用户检索数据时,要设法将有关检索要求的信息一次性地传送给功能层,而由功能层处理过的检索结果数据也一次性地传送给表示层。

通常,在功能层中包含有确认用户对应用和数据库存取权限的功能以及记录系统处理日志的功能。功能层的程序多半是用可视化编程工具开发的,也有使用 COBOL 和 C 语言的。

(3) 数据层。数据层就是数据库管理系统,负责管理对数据库数据的读写。数据库管理系统必须能迅速执行大量数据的更新和检索。现在的主流是关系型数据库管理系统,因此,一般从功能层传送到数据层的要求大都使用 SQL 语言。

三层 C/S 体系结构的解决方案是:对这三层进行明确分割,并在逻辑上使其独立。原来的数据层作为数据库管理系统已经独立出来,所以,关键是要将表示层和功能层分离成各自独立的程序,并且还要使这两层间的接口简洁明了。

一般情况是只将表示层配置在客户机中,如图 3-22(a)或图 3-22(b)所示。如果像图 3-22(c)所示的那样连功能层也放在客户机中,与二层 C/S 体系结构相比,其程序的可维护性要好得多,但是其他问题并未得到解决。客户机的负荷太重,其业务处理所需的数据要从服务器传给客户机,所以系统的性能容易降低。

如果将功能层和数据层分别放在不同的服务器中,如图 3-22(b)所示,则服务器和服务器之间也要进行数据传送。但是,由于在这种形态中三层是分别放在各自不同的硬件系统上的,所以灵活性很高,能够适应客户机数目的增加和处理负荷的变动。例如,在追加新业务处理时，可以相应增加装载功能层的服务器。因此，系统规模越大这种形态的优点就越显著。

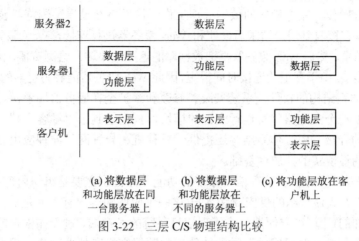

图 3-22　三层 C/S 物理结构比较

3.6　浏览器 / 服务器风格

在三层 C/S 体系结构中，表示层负责处理用户的输入和向客户的输出(出于效率的考虑，它可能在向上传输用户的输入前进行合法性验证)。功能层负责建立数据库的连接，根据用户的请求生成访问数据库的 SQL 语句，并把结果返回给客户端。数据层负责实际的数据库存储和检索，响应功能层的数据处理请求，并将结果返回给功能层。

浏览器/服务器(Browser/Server，B/S)风格就是上述三层应用结构的一种实现方式，其具体结构为：浏览器/Web 服务器/数据库服务器。采用 B/S 体系结构的计算机应用系统的基本框架如图 3-23 所示。

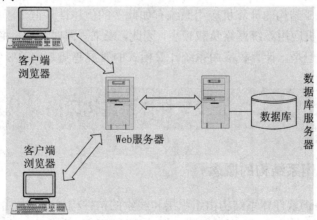

图 3-23　B/S 体系结构示意图

B/S 体系结构主要利用不断成熟的 WWW 浏览器技术，结合浏览器的多种脚本语言，用通用浏览器就实现了原来需要复杂的专用软件才能实现的强大功能，并节约了开发成本。从某种程度上来说，B/S 体系结构是一种全新的软件体系结构。

在 B/S 体系结构中，应用程序以网页形式存放于 Web 服务器上，用户运行某个应用程序时，只要在客户端上的浏览器中键入相应的网址(URL)，调用 Web 服务器上的应用程序并对数据库进行操作，完成相应的数据处理工作，最后将结果通过浏览器显示给用户。

浏览器只有在接收到用户请求后，才和 Web 服务器进行连接，Web 服务器马上与数据库通信并生成结果，然后 Web 服务器再把数据库的返回结果转发给浏览器，浏览器在收到返回信息后断开连接。由于真正的连接时间很短，因此 Web 服务器能够为更多的用户提供服务。

基于 B/S 体系结构的软件，系统安装、修改和维护全在服务器端解决。用户在使用系统时，仅仅需要一个浏览器就可运行全部的模块，真正达到了"零客户端"的功能，很容易在运行时自动升级。B/S 体系结构还提供了异种机、异种网、异种应用服务的联机、联网、统一服务的最现实的开放性基础。

B/S 体系结构出现之前，管理信息系统的功能覆盖范围主要是组织内部。B/S 体系结构的"零客户端"方式使组织的供应商和客户(这些供应商和客户有可能是潜在的，也就是说可能是事先未知的)计算机方便地成为管理信息系统的客户端，进而在限定的功能范围内查询组织相关信息，完成与组织的各种业务往来的数据交换和处理工作，扩大了组织计算机应用系统功能覆盖范围，可以更加充分利用网络上的各种资源，同时应用程序维护的工作量也大大减少。另外，B/S 结构的计算机应用系统与 Internet 的结合也使新近提出的一些新的企业计算机应用(如电子商务，客户关系管理)的实现成为可能。

与 C/S 体系结构相比，B/S 体系结构也有许多不足之处，例如：

(1) B/S 体系结构缺乏对动态页面的支持能力，没有集成有效的数据库处理功能。

(2) B/S 体系结构的系统扩展能力差，安全性难以控制。

(3) 采用 B/S 体系结构的应用系统，在数据查询等响应速度上，要远远地低于 C/S 体系结构。

(4) B/S 体系结构的数据提交一般以页面为单位，数据的动态交互性不强，不利于在线事务处理(OLTP)应用。

因此，虽然 B/S 结构的计算机应用系统有如此多的优越性，但由于 C/S 结构的成熟性且 C/S 结构的计算机应用系统网络负载较小，因此，未来一段时间内，将是 B/S 结构和 C/S 结构共存的情况。但是，计算机应用系统计算模式的发展趋势是向 B/S 结构转变。

3.7　正交软件体系结构风格

3.7.1　正交软件体系结构的概念

正交(Orthogonal)软件体系结构由组织层和线索的构件构成。层是由一组具有相同抽象级别的构件组成。线索是子系统的特例，它是由完成不同层次功能的构件组成(通过相互调用来关联)，每一条线索完成整个系统中相对独立的一部分功能。每一条线索的实现与其他线索的实现无关或关联很少，在同一层中的构件之间是不存在相互调用的。

如果线索是相互独立的，即不同线索中的构件之间没有相互调用，那么这个结构就是完全正交的。从以上定义可以看出，正交软件体系结构是一种以垂直线索构件族为基础的层次化结构，其基本思想是把应用系统的结构按功能的正交相关性，垂直分割为若干个线索(子系统)，线索又分为几个层次，每个线索由多个具有不同层次功能和不同抽象级别的构件组成。各线索的相同层次的构件具有相同的抽象级别。因此，可以归纳正交软件体系结构的主要特征如下：

(1) 由完成不同功能的 $n(n>1)$ 个线索(子系统)组成。

(2) 系统具有 $m(m>1)$ 个不同抽象级别的层。

(3) 线索之间是相互独立的(正交的)。

(4) 系统有一个公共驱动层(一般为最高层)和公共数据结构(一般为最低层)。

对于大型的和复杂的软件系统，其子线索(一级子线索)还可以划分为更低一级的子线索(二级子线索)，形成多级正交结构。正交软件体系结构的框架如图 3-24 所示。

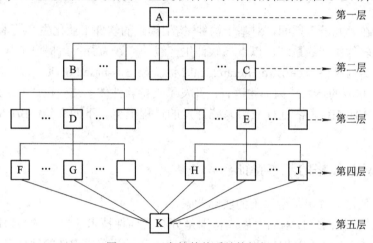

图 3-24　正交软件体系结构框架

图 3-24 是一个三级线索、五层结构的正交软件体系结构框架图。在该图中，ABDFK 组成了一条线索，ACEJK 也是一条线索。因为 B、C 处于同一层次中，所以不允许进行互相调用；H、J 处于同一层次中，也不允许进行互相调用。一般情况下，第五层是一个物理数据库，连接构件或设备构件，供整个系统公用。

在软件演化过程中，系统需求会不断发生变化。在正交软件体系结构中，因线索的正交性，每一个需求变动仅影响某一条线索，而不会涉及其他线索。这样，就把软件需求的变动局部化了，产生的影响也被限制在一定范围内，因此实现容易。

3.7.2　正交软件体系结构的优点

正交软件体系结构具有以下优点：

(1) 结构清晰，易于理解。正交软件体系结构的形式有利于理解，由于线索功能相互独立，不进行互相调用，结构简单、清晰，构件在结构图中的位置已经说明它所实现的是哪一级抽象，担负的是什么功能。

(2) 易修改，可维护性强。由于线索之间是相互独立的，所以对一个线索的修改不会影响到其他线索。因此，当软件需求发生变化时，可以将新需求分解为独立的子需求，然后以线索和其中的构件为主要对象分别对各个子需求进行处理，这样，软件修改就很容易实现。系统功能的增加或减少只需相应地增删线索构件族，而不影响整个正交体系结构，因此能方便地实现结构调整。

(3) 可移植性强，重用粒度大。因为正交结构可以为一个领域内的所有应用程序所共享，这些软件有着相同或类似的层次和线索，可以实现体系结构级的重用。

在实际应用中，并不是所有软件系统都能完全正交化，或者有时完全正交化的成本太高。因此，在进行应用项目的软件体系结构设计时，必须反复权衡进一步正交化的额外开销与所得到的更好的性能之间的关系。

3.8 基于层次消息总线的体系结构风格

青鸟工程在"九五"期间，对基于构件-构架模式的软件工业化生产技术进行了研究，并实现了青鸟软件生产线系统。以青鸟软件生产线的实践为背景，提出了基于层次消息总线的软件体系结构风格(Jade Bird Hierarchical Message Bus-based Style，以下简称 JB/HMB 风格)，设计了相应的体系结构描述语言，开发了支持软件体系结构设计的辅助工具集，并研究了采用 JB/HMB 风格进行应用系统开发的过程框架。下面介绍 JB/HMB 风格及其特点。

3.8.1 JB/HMB 风格的基本特征

JB/HMB 风格的提出基于以下的实际背景：

(1) 随着计算机网络技术的发展，特别是分布式构件技术的日渐成熟和构件互操作标准的出现，如 CORBA、DCOM 和 EJB 等，加速了基于分布式构件的软件开发趋势，具有分布和并发特点的软件系统已成为一种普遍的应用需求。

(2) 基于事件驱动的编程模式已在图形用户界面程序设计中获得广泛应用。在此之前的程序设计中，通常使用一个大的分支语句(Switch Statement)控制程序的转移，对不同的输入情况分别进行处理，程序结构不甚清晰。基于事件驱动的编程模式在对多个不同事件响应的情况下，系统自动调用相应的处理函数，程序具有清晰的结构。

(3) 计算机硬件体系结构和总线的概念为软件体系结构的研究提供了很好的借鉴和启发，在统一的体系结构框架下(即总线和接口规范)，系统具有良好的扩展性和适应性。任何计算机厂商生产的配件，甚至是在设计体系结构时根本没有预料到的配件，只要遵循标准的接口规范，都可以方便地集成到系统中，对系统功能进行扩充，甚至是即插即用(即运行时刻的系统演化)。正是标准的总线和接口规范的制定，以及标准化配件的生产，促进了计算机硬件的产业分工和蓬勃发展。

HMB 风格基于层次消息总线、支持构件的分布和并发，构件之间通过消息总线进行通信，如图 3-25 HMB 风格的系统示意图所示。

消息总线是系统的连接件，负责消息的分派、传递和过滤以及处理结果的返回。各个构件挂接在消息总线上，向总线登记感兴趣的消息类型。构件根据需要发出消息，由消息总线负责把该消息分派到系统中所有对此消息感兴趣的构件，消息是构件之间通信的唯一方式。构件接收到消息后，根据自身状态对消息进行响应，并通过总线返回处理结果。由

第 3 章　软件体系结构的风格 ｜ 63

于构件通过总线进行连接，并不要求各个构件具有相同的地址空间或局限在一台机器上。该风格可以较好地刻画分布式并发系统，以及基于 CORBA、DCOM 和 EJB 规范的系统。

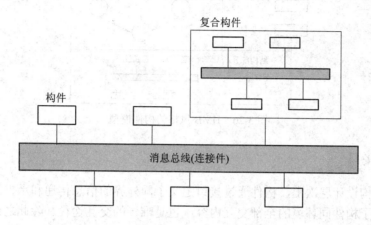

图 3-25　HMB 风格的系统示意图

如图 3-25 所示，系统中的复杂构件可以分解为比较低层的子构件，这些子构件通过局部消息总线进行连接，这种复杂的构件称为复合构件。如果子构件仍然比较复杂，可以进一步分解。如此分解下去，整个系统形成了树状的拓扑结构，树结构的末端结点称为叶结点，它们是系统中的原子构件，不再包含子构件，原子构件的内部可以采用不同于 JB/HMB 的风格，例如前面提到的数据流风格、面向对象风格及管道-过滤器风格等，这些属于构件的内部实现细节。但要集成到 JB/HMB 风格的系统中，必须满足 JB/HMB 风格的构件模型的要求，主要是在接口规约方面的要求。另外，整个系统也可以作为一个构件，通过更高层的消息总线，集成到更大的系统中。于是，可以采用统一的方式刻画整个系统和组成系统的单个构件。

下面详细讨论 JB/HMB 风格中的各个组成要素。

3.8.2　构件模型

系统和组成系统的成分通常是比较复杂的，难以从一个视角获得对它们的完整理解，因此一个好的软件工程方法往往从多个视角对系统进行建模，一般包括系统的静态结构、动态行为和功能等方面。例如，在 Rumbaugh 等人提出的 OMT(Object Modeling Technology) 方法中，采用了对象模型、动态模型和功能模型刻画系统的以上 3 个方面。

借鉴上述思想，为满足体系结构设计的需要，JB/HMB 风格的构件模型包括了接口、静态结构和动态行为 3 个部分，如图 3-26 所示。

在图 3-26 所示的构件模型中，左上方是构件的接口部分，一个构件可以支持多个不同的接口，每个接口定义了一组输入和输出的消息，刻画了构件对外提供的服务以及要求的环境服务，体现了该构件同环境的交互。右上方是用带输出的有限状态自动机刻画的构件行为，构件接收到外来消息后，根据当前所处的状态对消息进行响应，并可能导致状态的变迁。下方是复合构件的内部结构定义，复合构件是由更简单的子构件通过局部消息总线连接而成的。消息总线为整个系统和各个层次的构件提供了统一的集成机制。

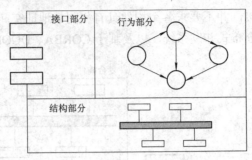

图 3-26　HMB 风格的构件模型

3.8.3　构件接口

在体系结构设计层次上，构件通过接口定义了同外界的信息传递和承担的系统责任，构件接口代表了构件同环境的全部交互内容，也是唯一的交互途径。除此之外，环境不应对构件做任何其他与接口无关的假设，例如实现细节等。

JB/HMB 风格的构件接口是一种基于消息的互联接口，可以较好地支持体系结构设计。构件之间通过消息进行通信，接口定义了构件发出和接收的消息集合。同一般的互联接口相比，JB/HMB 的构件接口具有两个显著的特点。首先，构件只对消息本身感兴趣，并不关心消息是如何产生的，消息的发出者和接收者不必知道彼此的情况，这样就切断了构件之间的直接联系，降低了构件之间的耦合强度，进一步增强了构件的重用潜力，并使得构件的替换变得更为容易。另外，在一般的互联接口定义的系统中，构件之间的连接是在要求的服务和提供的服务之间进行固定的匹配，而在 JB/HMB 的构件接口定义的系统中，构件对外来消息的响应，不但同接收到的消息类型相关，而且同构件当前所处的状态相关，构件对外来消息进行响应后，可能会引起状态的变迁。因此，一个构件在接收到同样的消息后，在不同时刻所处的不同状态下，可能会有不同的响应。

消息是关于某个事件发生的信息，上述接口定义中的消息分为两类：

(1) 构件发出的消息，通知系统中其他构件某个事件的发生或请求其他构件的服务。

(2) 构件接收的消息，对系统中某个事件的响应或提供其他构件所需的服务。接口中的每个消息定义了构件的一个端口，具有互补端口的构件可以通过消息总线进行通信，互补端口指的是除了消息进出构件的方向不同之外，消息名称、消息带有的参数和返回结果的类型完全相同的两个端口。

当某个事件发生后，系统或构件发出相应的消息，消息总线负责把该消息传递到对此消息感兴趣的构件。按照响应方式的不同，消息可分为同步消息和异步消息。同步消息是指消息的发送者必须等待消息处理结果返回才可以继续运行的消息类型。异步消息是指消息的发送者不必等待消息处理结果的返回即可继续执行的消息类型。常见的同步消息包括(一般的)过程调用，异步消息包括信号、时钟和异步过程调用等。

3.8.4　消息总线

JB/HMB 风格的消息总线是系统的连接件，构件向消息总线登记感兴趣的消息，形成构件–消息响应登记表。消息总线根据接收到的消息类型和构件–消息响应登记表的信息，定位并传递该消息给相应的响应者，并负责返回处理结果。必要时，消息总线还对特定的消息进行过滤和阻塞。图 3-27 给出了采用对象类符号表示的消息总线的结构。

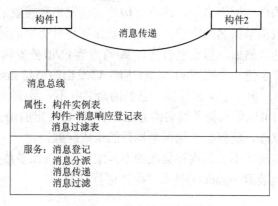

图 3-27　消息总线的结构

1．消息登记

在基于消息的系统中，构件需要向消息总线登记当前响应的消息集合，消息响应者只对消息类型感兴趣，通常并不关心是谁发出的消息。在 JB/HMB 风格的系统中，对挂接在同一消息总线上的构件而言，消息是一种共享的资源，构件-消息响应登记表记录了该总线上所有构件和消息的响应关系。类似于程序设计中的"间接地址调用"，避免了将构件之间的连接"硬编码"到构件的实现中，使得构件之间保持了灵活的连接关系，便于系统的演化。

构件接口中的接收消息集合意味着构件具有响应这些消息类型的潜力，缺省情况下，构件对其接口中定义的所有接收消息都可以进行响应。但在某些特殊的情况下，例如，当一个构件在部分功能上存在缺陷时，就难以对其接口中定义的某些消息进行正确的响应，这时应阻塞掉那些不希望接收到的消息。这就是需要显式进行消息登记的原因，以便消息响应者更灵活地发挥自身的潜力。

2．消息分派和传递

消息总线负责消息在构件之间的传递，根据构件-消息响应登记表把消息分派到对此消息感兴趣的构件，并负责处理结果的返回。在消息广播的情况下，可以有多个构件同时响应一个消息，也可以没有构件对该消息进行响应。在后一种情况下，该消息就丢失了，消息总线可以对系统的这种异常情况发出警告，或通知消息的发送构件进行相应的处理。

实际上，构件-消息响应登记表定义了消息的发送构件和接收构件之间的一个二元关系，以此作为消息分派的依据。

消息总线是一个逻辑上的整体，在物理上可以跨越多个机器，因此挂接在总线上的构件也就可以分布在不同的机器上，并发运行。由于系统中的构件不是直接交互，而是通过消息总线进行通信，因此实现了构件位置的透明性。根据当前各个机器的负载情况和效率方面的考虑，构件可以在不同的物理位置上透明地迁移，而不影响系统中的其他构件。

3．消息过滤

消息总线对消息过滤提供了转换和阻塞两种方式。消息过滤的原因主要在于不同来源的构件事先并不知道各自的接口，因此可能同一消息在不同构件中使用了不同的名字，或不同的消息使用了相同的名字。前面我们提到，对挂接在同一消息总线上的构件而言，消息是一种共享的资源，这样就会造成构件集成时消息的冲突和不匹配。

消息转换是针对构件实例而言的，即所有构件实例发出和接收的消息类型都经过消息总线的过滤，这里采取简单换名的方法，其目标是保证每种类型的消息名字在其所处的局部总线范围内是唯一的。例如，假设复合构件 A 符合客户/服务器风格，由构件 C 的两个实例 c1 和 c2 以及构件 S 的一个实例 s1 构成，构件 C 发出的消息 msgC 和构件 S 接收的消息 msgS 是相同的消息。但由于某种原因，它们的命名并不一致(除此之外，消息的参数和返回值完全一样)。我们可以采取简单换名的方法，把构件 C 发出的消息 msgC 换名为 msgS，这样无需对构件进行修改，就解决了这两类构件的集成问题。

由简单的换名机制解决不了的构件集成的不匹配问题，例如参数类型和个数不一致等，可以采取更为复杂的包装器(Wrapper)技术对构件进行封装。

3.8.5 构件静态结构

JB/HMB 风格支持系统自顶向下的层次化分解，复合构件是由比较简单的子构件组装而成的，子构件通过复合构件内部的消息总线连接，各个层次的消息总线在逻辑功能上是一致的，负责相应构件或系统范围内消息的登记、分派、传递和过滤。如果子构件仍然比较复杂，可以进一步分解。图 3-28 是某个系统经过逐层分解所呈现出的静态结构示意图，不同的消息总线分别属于系统和各层次的复合构件，消息总线之间没有直接的连接，我们把 JB/HMB 风格中的这种总线称为层次消息总线。另外，整个系统也可以作为一个构件，集成到更大的系统中。因为各个层次的构件以及整个系统采取了统一的方式进行刻画，所以定义一个系统的同时也就定义了一组"系统"，每个构件都可看作一个独立的子系统。

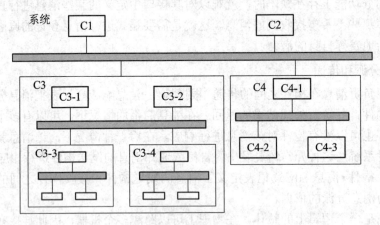

图 3-28   系统/复合构件的静态结构示意图

3.8.6 构件动态行为

在一般的基于事件风格的系统中，如图形用户界面系统 X-Window，对于同一类事件，构件(这里指的是回调函数)总是采取同样的动作进行响应。这样，构件的行为就由外来消息的类型唯一确定，即一个消息和构件的某个操作之间存在着固定的对应关系。对于这类构件，可以认为构件只有一个状态，或者在每次对消息响应之前，构件处于初始状态。虽然在操作的执行过程中，会发生状态的变迁，但在操作结束之前，构件又恢复到初始状态。无论以上哪种情况，都不需要构件在对两个消息响应之间保持其状态信息。

更通常的情况是，构件的行为同时受外来消息类型和自身当前所处状态的影响。类似一些面向对象方法中用状态机刻画对象的行为，在 JB/HMB 风格的系统中，我们采用带输出的有限状态机描述构件的行为。

带输出的有限状态机分为 Moore 机和 Mealy 机两种类型，它们具有相同的表达能力。在一般的面向对象方法中，通常混合采用 Moore 机和 Mealy 机表达对象的行为。为了实现简单起见，我们选择采用 Mealy 机来描述构件的行为。一个 Mealy 机包括一组有穷的状态集合、状态之间的变迁和在变迁发生时的动作。其中，状态表达了在构件的生命周期内，构件所满足的特定条件、实施的活动或等待某个事件的发生。

3.8.7　运行时刻的系统演化

在许多重要的应用领域中，例如金融、电力、电信及空中交通管制等，系统的持续可用性是一个关键性的要求，运行时刻的系统演化可减少因关机和重新启动而带来的损失和风险。此外，越来越多的其他类型的应用软件也提出了运行时刻演化的要求，在不必对应用软件进行重新编译和加载的前提下，为最终用户提供系统定制和扩展的能力。

JB/HMB 风格方便地支持运行时刻的系统演化，主要体现在以下 3 个方面：

(1) 动态增加或删除构件。

在 JB/HMB 风格的系统中，构件接口中定义的输入和输出消息刻画了一个构件承担的系统责任和对外部环境的要求，构件之间通过消息总线进行通信，彼此并不知道对方的存在。因此只要保持接口不变，构件就可以方便地替换。一个构件加入到系统中的方法很简单，只需向系统登记其所感兴趣的消息即可。但删除一个构件可能会引起系统中对于某些消息没有构件响应的异常情况，这时可以采取两种措施：一是阻塞那些没有构件响应的消息；二是首先使系统中的其他构件或增加新的构件对该消息进行响应，然后再删除相应的构件。系统中可能增删改构件的情况包括：当系统功能需要扩充时，往系统中增加新的构件；当对系统功能进行裁剪，或当系统中的某个构件出现问题时，需要删除系统中的某个构件；用带有增强功能或修正了错误的构件新版本代替原有的旧版本。

(2) 动态改变构件响应的消息类型。

类似地，构件可以动态地改变对外提供的服务(即接收的消息类型)，这时应通过消息总线对发生的改变进行重新登记。

(3) 消息过滤。

利用消息过滤机制，可以解决某些构件集成的不匹配问题。消息过滤通过阻塞构件对某些消息的响应，提供了另一种动态改变构件对消息进行响应的方式。

3.8.8　总结

以上讨论了 JB/HMB 风格的各组成要素，下面对 JB/HMB 风格的主要特点作一总结：

(1) 从接口、结构和行为方面对构件进行刻画。在 JB/HMB 风格中，构件的描述包括接口、静态结构和动态行为 3 个方面。

① 接口:构件可以提供一个或多个接口,每个接口定义了一组发送和接收的消息集合,刻画了构件对外提供的服务以及要求的环境服务,接口之间可以通过继承表达相似性。

② 静态结构:复合构件是由子构件通过局部消息总线连接而成的,形成该复合构件的内部结构。

③ 动态行为:构件行为通过带输出的有限状态机刻画,构件接收到外来消息后,不但根据消息类型,而且根据构件当前所处的状态对消息进行响应,并导致状态的变迁。

(2) 基于层次消息总线。消息总线是系统的连接件,负责消息的传递、过滤和分派,以及处理结果的返回。各个构件挂接在总线上,向系统登记感兴趣的消息。构件根据需要发出消息,由消息总线负责把该消息分派到系统中对此消息感兴趣的所有构件。构件接收到消息后,根据自身状态对消息进行响应,并通过总线返回处理结果。由于构件通过总线进行连接,并不要求各个构件具有相同的地址空间或局限在一台机器上,系统具有并发和分布的特点。系统和复合构件可以逐层分解,子构件通过(局部)消息总线相连。每条消息总线分别属于系统和各层次的复合构件,我们把这种特征的总线称为层次消息总线。在系统开发方面,由于各层次的总线局部在相应的复合构件中,因此可以更好地支持系统的构造性和演化性。

(3) 统一描述系统和组成系统的构件。组成系统的构件通过消息总线进行连接,复杂构件又可以分解为比较简单的子构件,通过局部消息总线进行连接,如果子构件仍然比较复杂,可以进一步分解。系统呈现出树状的拓扑结构。另外,整个系统也可以作为一个构件,集成到更大的系统中。于是,就可以对整个系统和组成系统的各层构件采用统一的方式进行描述。

(4) 支持运行时刻的系统演化。系统的持续可用性是许多重要的应用系统的一个关键性要求,运行时刻的系统演化可减少因关机和重新启动而带来的损失和风险。JB/HMB 风格方便地支持运行时刻的系统演化,主要包括动态增加或删除构件、动态改变构件响应的消息类型和消息过滤。

3.9 云体系结构风格

3.9.1 云体系结构风格概述

云体系结构风格也称为共享体系结构风格,是在当今云计算生态背景下发展起来的一种软件体系结构风格。所有采用云计算技术与应用云计算应用程序的软件均可视为使用了云体系结构风格。

云体系结构不是传统的软件体系结构,而是随着云计算生态环境的日趋成熟而逐渐凸显出来的一种体系结构风格,它是很多依托于云计算平台的软件所抽象出来的软件体系结构风格。由于云平台提供强大的计算能力与大数据处理能力,云体系结构风格也有望在将来逐渐成为一种成熟的软件体系结构风格。

利用非本地或远程服务器(集群)的分布式计算机为互联网用户提供服务(计算、存储、软硬件等服务),这使得用户可以将资源切换到需要的应用上,根据需求访问计算机和存储系统。云计算可以把普通的服务器或者 PC 连接起来以获得超级计算机的计算和存储能力，但是成本更低。云计算真正实现了按需计算，从而有效地提高了对软硬件资源的利用效率。云计算的出现使高性能并行计算不再是科学家和专业人士的专利，普通用户也能通过云计算享受高性能并行计算所带来的便利，使人人都有机会使用并行机，从而大大提高了工作效率和计算资源的利用率。在云计算模式中，用户不需要了解服务器在哪里，不用关心内部如何运作，通过高速互联网就可以透明地使用各种资源。

云计算是全新的基于互联网的超级计算理念和模式。实现云计算需要多种技术相结合，并且需要用软件实现对硬件资源的虚拟化管理和调度，形成一个巨大的虚拟化资源池，把存储于个人计算机、移动设备和其他设备上的大量信息和处理器资源集中在一起协同工作。

按照大众化、通俗的理解，云计算就是把计算资源都放到互联网上，互联网即是云计算时代的云。计算资源则包括计算机硬件资源(如计算机设备、存储设备、服务器集群、硬件服务等)和软件资源(如应用软件、集成开发环境、软件服务等)。摩尔定律与近年来处理器、存储器的相关研究表明，硬件效能的飞速发展为云体系结构的形成提供了良好环境。

云计算平台是一个强大的云网络，连接了大量并发的网络计算和服务，可利用虚拟化技术扩展每一个服务器的能力，将各自的资源通过云计算平台结合起来，提供超级计算和存储能力。通用的云计算平台如图 3-29 所示。

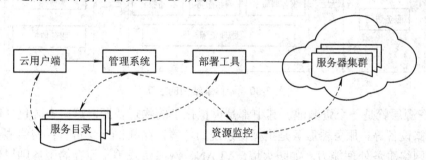

图 3-29　云计算平台

(1) 云用户端用于提供云用户请求服务的交互界面，也就是用户使用云的入口。云用户端可以让用户通过 Web 浏览器注册、登录及定制服务，配置和管理用户。在云用户端打开应用实例与本地操作系统桌面一样。

(2) 服务目录是云用户在取得相应权限(付费或其他限制)后可以选择或定制的服务列表，也可以对已有服务进行退订的操作。在云用户端界面生成相应的图标或列表的形式展示相关的服务。

(3) 管理系统和部署工具提供管理和服务，能管理云用户，能对用户授权、认证、登录进行管理，并可以管理可用计算资源和服务，接收用户发送的请求，并转发到相应的程序，调度资源智能地部署和应用，动态地部署、配置和回收资源。

(4) 资源监控用于监控和计量云系统资源的使用情况，以便系统作出迅速反应，完成节点同步配置、负载均衡配置和资源监控，确保资源能顺利分配给合适的用户。

(5) 服务器集群则是虚拟的或物理的服务器，由管理系统管理，负责高并发量的用户请求处理、大运算量计算处理、用户 Web 应用服务，云数据存储时采用数据切割算法，以并行方式上传和下载大容量数据。

(6) 用户可通过操作云用户端从列表中选择所需服务，其请求通过管理系统调度相应的资源，并通过部署工具分发请求、配置 Web 应用。

云体系结构以服务为核心，可以划分为 5 个层次：资源层、平台层、应用层、用户访问层和管理层，如图 3-30 所示。

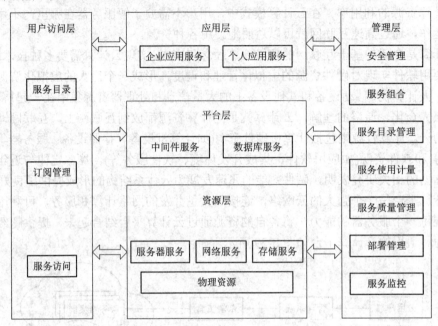

图 3-30　云体系结构的层次

(1) 资源层就是一个资源池。其中都是虚拟化了的物理资源，这些资源包括服务器、网络、存储设备等。服务器服务是指操作系统的环境，如 Linux 集群等；网络服务则指的是一定的网络事务处理能力，如防火墙、VLAN、网络负载等；而存储服务则提供大量的存储空间，底层物理存储介质与实现则被隐藏。所有这些物理资源都被虚拟化，并以服务作为接口提供给上层。

(2) 平台层则对上面提到的资源层的资源进行归纳整理，进行封装，使得用户在构建自己的应用程序时更加得心应手。平台层主要提供两种服务：一种是中间件服务，包括消息中间件或者事务处理中间件等；另一种是数据库服务，提供可扩展的数据库处理能力。

(3) 应用层作为最上层，直接面向用户。用户分为企业用户与个人用户，其各自应用场景也有所不同。企业应用服务提供包括财务管理、客户关系管理、商业智能等服务，个人应用服务则包括电子邮件、文本处理、个人信息存储等服务。

(4) 用户访问层是针对用户不同层次需求对每一层次提供的访问支撑服务接口。服务目录是系统提供的所有服务的清单，用户可以从中选择需要的服务；订阅管理是用户的服务管理功能，选择订阅或取消订阅哪些服务；服务访问针对每一层都提供接口，例如针对资源层可能是远程桌面或者 X Window，针对应用层可能就是 Web 服务。

(5) 管理层对整个云体系结构的运行进行监督管理，覆盖整个架构，贯穿始终。安全管理用于保护云体系结构服务与数据的安全性，包括用户认证、授权控制、审计、一致性检查等，防止数据的非法访问与服务的非法获取；服务组合可以对已有的服务进行组合，从而创建出新的更符合用户需求的新服务；服务目录管理对服务目录进行维护，管理员可以增加或删除目录中的服务，以确定是否将某服务提供给用户；服务使用计量主要用于对用户收费，用于计量用户的服务使用情况；服务质量管理对服务性能进行监督，以提供可靠、可拓展的良好的服务；部署管理在用户订阅服务后开始运行，生成新的服务实例对用户进行自动化部署与配置；服务监控对服务的健康状态进行记录。

云体系结构风格也是分层的，按照服务类型划分为应用层、平台层、基础设施层和虚拟化层，而每一层也都对应着一个子服务集合，如表 3-2 所示。

表 3-2　云体系结构风格的服务层次

层　次	对应的子服务集合
应用层	软件即服务
平台层	平台即服务
基础设施层	基础设施即服务
虚拟化层	硬件即服务

云体系结构的层次是按照服务类型划分的，不同于人们所熟悉的计算机网络 ISO/OSI 参考模型 7 层体系结构划分。计算机网络结构层次中的每一层次都与其上下层存在关联，为上层提供服务，同时是下层服务的使用者。然而在云体系结构风格中，每一层可以独立存在，各层没有相互的依存关系。

与此相同，还存在云体系结构的技术层次，划分为物理资源、虚拟化资源、服务管理中间件和服务接口 4 部分，如表 3-3 所示。

表 3-3　云体系结构风格的技术层次

技术层次	内　容
服务接口	服务接口、服务注册、服务查找、服务访问
服务管理中间件	用户管理、资源管理、安全管理、映像管理
虚拟化资源	计算机资源池、网络资源池、存储资源池、数据库资源池
物理资源	服务器集群、网络设备、存储设备、数据库

3.9.2　云体系结构风格优缺点

云体系结构风格具有以下显著的优点：

(1) 云体系结构提供安全可靠的数据存储中心，个人用户基本上可以不再担心数据丢失、病毒感染等风险。

(2) 云体系结构对用户端设备性能要求低，使用方便。

(3) 云体系结构可以轻松实现设备间的数据与应用共享。

(4) 云体系结构为人们使用网络提供了无限可能。

其不足之处主要表现在数据安全与网络延迟两个方面。越强大的共享能力就意味着越严重的数据安全问题。因为云体系结构是高度共享的，计算能力与数据均存在于云中，因此如何保证数据不会丢失以及数据不会被非法获取与访问就是两个重要问题。

当今的共享体系结构都是高度依托于互联网的，因此对于网络通信质量的要求也比较高。虽然现在远程网络访问的速度已经越来越快，但和局域网相比，依然存在延迟。一旦网络信道受到较强的干扰，服务将出现不可靠甚至不可用的情况。

3.9.3 云体系结构风格案例

MapReduce 是一个用来处理大数据集的编程模型，是云体系结构风格的良好实现。MapReduce 由 Map( )方法和 Reduce( )方法组成。前者对数据进行过滤与分类，并组成队列，后者对每个队列进行运算操作。MapReduce 系统可以协同组织分布式服务器，并行运行各种任务，管理系统不同部分间的通信与数据交互，并提供冗余与容错机制。

MapReduce 是一种计算模式，是通过拆解问题数据来进行分布式运算从而解决计算问题的模式。如图 3-31 所示，根据数据的局部性原理，一个问题的数据首先被划分为不同的数据块并输入到不同的运算处理系统内，这一拆解过程就称为 Map，即映射。每一个 Map 函数不断将<key, value>这一键值对映射成新的<key, value>键值对，也形成了一系列中间形式的键值对，然后将所得到的结果汇总整理，与具有相同中间形式的 key 相对的 value 被合并在一起，这一过程就是 Reduce，即归约，从而得到用户所需要的结果。

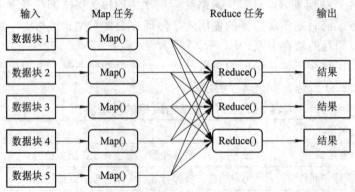

图 3-31　MapReduce 的处理流程

而实际上，Map 产生中间数据后并非直接将其写入磁盘，而是首先利用内存进行缓存，在内存中先进行预排序，优化整个进程。然后由 Reduce 过程分 3 个步骤：copy、sort、reduce，得出用户所需结果。数据复制完成后，先进行排序。由于是多个结果序列，因此很自然地想到了归并排序(merge sort)。

这个模型是受函数式编程中数据处理时频繁使用的 Map 与 Reduce 函数启发而产生的，即对数据分析采用划分—应用—结合的思想。MapReduce 的计算机集群采用无共享式架构，计算单元就近读取数据集，因此避免了大量的数据传输，提高了效率；同时分布式系统的思想也使得即使一部分计算机宕机对其他运算单元或者说整个运算系统也不会造成影响。MapReduce 的优势只有在进行多线程执行的时候才能得以显现。 MapReduce 的库有多种计算机语言版本，其中最流行的是谷歌的 Java 开源库 Apache Hadoop。

简单来说，Hadoop 是一个实现了 MapReduce 模型的开源的分布式并行编程框架，可用于处理大数据集，将单服务器服务升级为多服务器的并行系统。它由大量计算机集群组成，并且 Hadoop 中的每个模型都将硬件失效而需要系统自动处理这一情况视为前提假设与普遍原则。

Hadoop 的核心包含两部分：Hadoop Distributed File System(HDFS)分布式文件系统，用于数据存储；MapReduce 编程模型，用于数据处理。整个 Hadoop 架构还包含很多其他的部分，其结构如图 3-32 所示。Hadoop 运用数据局部性原理，将大的数据分块存储在集群中不同的节点上，每个节点运用自己的数据分别并行地进行运算，这样一来，运算效率甚至超过传统的、使用并行文件系统的超级计算机体系结构。

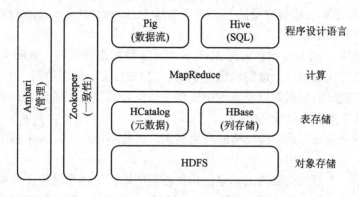

图 3-32　Hadoop 框架

许多 1T 企业都在云端架设了 Hadoop 服务器。Azure HDInsight 是微软公司部署的 Hadoop 服务，它使用 Hortonworks HDP 并且为 HDI 而开发，HDI 允许拓展至.NET 平台。HDInsight 也支持使用 Linux 的 Ubuntu 来创建 Hadoop 集群。HDI 允许用户只对自己真正使用到的计算与存储资源付费。除此之外，亚马逊公司还有 EC2/S3 服务以及 Elastic Map Reduce。同时在谷歌云平台(Google Cloud Platform)上也有多种运行 Hadoop 生态系统的方式，包括自管理和谷歌管理。

依托于 Hadoop，大数据的处理得以实现。淘宝数据魔方技术架构的海量数据产品，就是依托于云体系架构的海量数据处理成功的案例。

如图 3-33 所示，淘宝海量数据技术架构整体可以划分为 5 层：数据源、计算层、存储层、查询层和产品层。

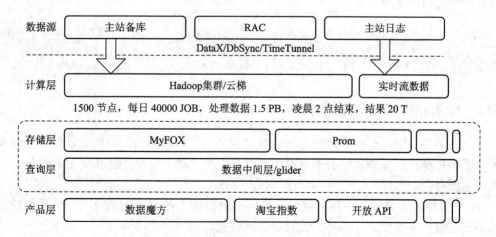

图 3-33　淘宝海量数据产品技术架构

数据源层保留了淘宝的原始交易数据，并通过 DataX 或 DbSync 或 TimeTunnel 等技术准实时地将数据送达下一层的云梯中。

计算层就是 Hadoop 集群，也称为云梯。该部分应用了 Hadoop 的核心 MapReduce 技术，随时不停地对数据源传来的数据进行计算。

存储层对计算层计算所得结果进行存储。这里采用了两种存储方式：MyFox 和 Prom。MyFox 是基于 MySQL 的分布式关系型数据库集群，而 Prom 则是一个用于存储非结构化数据的 NoSQL 存储集群。值得注意的是，后者是基于 Hadoop Hbase 技术的数据存储系统，这是 Hadoop 的核心组成部分之一。

查询层中使用了 glider。用户通过 MyFox 对所需数据进行查询，glider 以 HTTP 协议对外提供 RESTful 方式的接口，最终通过一个唯一的 URL 实现数据访问。

产品层基于底层的数据库以及查询层提供的数据获取服务，实现各种各样的应用，例如数据魔方、淘宝指数、开放 API 等。

由于这一部分是云体系结构风格的应用案例，因此不再对 Hadoop 技术及其关键数据存储技术 Hbase 和 Prom 加以介绍。

下面再展示一个新的重要的云体系结构风格的应用。云体系结构商业应用最出色的代表之一就是阿里云。自 2009 年建立以来，阿里云服务了超过 200 个国家的大量客户。阿里云致力于以在线公共服务的方式提供安全、可靠的计算和数据处理能力。

阿里云具有极强大的产品体系。阿里云超大规模的数据中心遍布全球，阿里云 CDN(内容分发网络)全称是 Alibaba Cloud Content Delivery Network，覆盖全球六大洲 30 多个国家和地区，有超过 1000 个全球节点。CDN 建立并覆盖在承载网之上，由分布在不同区域的边缘节点服务器群组成分布式网络，替代传统以 Web 服务器为中心的数据传输模式。CDN 将源内容发布到边缘节点，配合精准的调度系统，将用户的请求分配至最适合的节点，使用户可以以最快的速度取得所需的内容，能够有效解决 Internet 网络拥塞状况，提高用户访问的响应速度。

阿里云帮助环信公司解决安全稳定的问题，帮助旷世公司解决弹性扩展问题，帮助点点客公司节约成本，帮助 VOS 公司实现快速运维，这些都是阿里云应用的成功案例，更是云体系结构应用的典型代表。

3.10 异构结构风格

3.10.1 使用异构结构的原因

在前面的几节中，介绍和讨论了一些所谓的"纯"体系结构，但随着软件系统规模的扩大，系统也越来越复杂，所有的系统不可能都在单一的、标准的结构上进行设计，究其原因，主要有：

(1) 从最根本上来说，不同的结构有不同的处理能力的强项和弱点，一个系统的体系结构应该根据实际需要进行选择，以解决实际问题。

(2) 关于软件包、框架、通信以及其他一些体系结构上的问题，目前存在多种标准。

即使在某段时间内某一种标准占统治地位，但变动最终是绝对的。

(3) 实际工作中，我们总会遇到一些遗留下来的代码，它们仍有效用，但是却与新系统有某种程度上的不协调。然而在许多场合，将技术与经济综合进行考虑时，总是决定不再重写它们。

(4) 即使在某一单位中，规定了共享共同的软件包或相互关系的一些标准，仍会存在解释或表示习惯上的不同。在 Unix 中就可以发现这类问题：即使规定用单一的标准(ASCII)来保证过滤器之间的通信，但因为不同人关于在 ASCII 流中信息如何表示的不同的假设，不同的过滤器之间仍可能不协调。

因此，现有的许多系统不是纯的、单一的体系结构风格，而是几种不同风格的组合，这被称作异构的体系结构。

3.10.2　异构体系结构的组织

如何将不同体系结构风格组织到一起呢？可以使用以下 3 种方法：

(1) 通过层次结构。在单一体系结构风格的系统中，各个部件可以由一些完全不同风格的内部结构构成。例如，在 Unix 管道线中，单个部件可以使用任何风格，甚至包括另一个管道和过滤器系统。连接件也可以按层次结构进行分解，每层由不同结构风格构成。例如，一个管道连接件可以由一个 FIFO 队列实现。

(2) 在一个完全不同的体系结构风格中对每层的体系结构都作尽可能详细的说明。

(3) 允许一个单独的部件使用不同体系结构的连接件。例如，一个部件可以通过它的接口去访问一个仓库，同时通过管道与系统中的其他部件进行交互，并且能够通过其接口的另一部分接收控制信息。

3.10.3　异构体系结构的实例

B/S 与 C/S 混合软件体系结构是一种比较典型的异构体系结构。从前面几节的讨论中可以看出，传统的 C/S 体系结构并非一无是处，而新兴的 B/S 体系结构也并非十全十美。由于 C/S 体系结构根深蒂固，技术成熟，原来的很多软件都是建立在 C/S 体系结构基础上的，因此，B/S 体系结构要想在软件开发中起主导作用，要走的路还很长。C/S 体系结构和 B/S 体系结构还将长期共存，其结合方式主要有两种。下面分别介绍 C/S 和 B/S 混合软件体系结构的两个模型。

1. "内外有别"模型

在 C/S 与 B/S 混合软件体系结构的"内外有别"模型中，企业内部用户通过局域网直接访问数据库服务器，软件系统采用 C/S 体系结构；企业外部用户通过 Internet 访问 Web 服务器，通过 Web 服务器再访问数据库服务器，软件系统采用 B/S 体系结构。"内外有别"模型的结构如图 3-34 所示。

"内外有别"模型的优点是外部用户不直接访问数据库服务器，能保证企业数据库的相对安全；企业内部用户的交互性较强，数据查询和修改的响应速度较快。

"内外有别"模型的缺点是企业外部用户修改和维护数据时，速度较慢，较烦琐，数据的动态交互性不强。

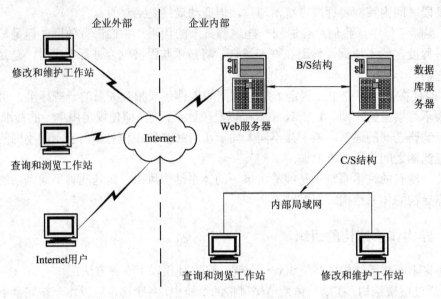

图 3-34　"内外有别"模型

2."查改有别"模型

在 C/S 与 B/S 混合软件体系结构的"查改有别"模型中,不管用户是通过什么方式(局域网或 Internet)连接到系统,凡是需执行维护和修改数据操作的,就使用 C/S 体系结构;如果只是执行一般的查询和浏览操作,则使用 B/S 体系结构。"查改有别"模型的结构如图3-35 所示。

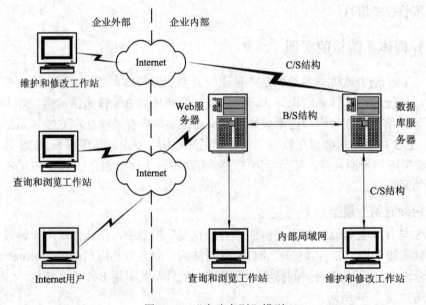

图 3-35　"查改有别"模型

"查改有别"模型体现了 B/S 体系结构和 C/S 体系结构的共同优点。但因为外部用户能直接通过 Internet 连接到数据库服务器,企业数据容易暴露给外部用户,给数据安全造成了一定的威胁。

3. 几点说明

(1) 因为我们在本节中只讨论软件体系结构问题，所以在模型图中省略了有关网络安全的设备，如防火墙等，这些安全设备和措施是保证数据安全的重要手段。

(2) 在这两个模型中，我们只注明(外部用户)通过 Internet 连接到服务器，但并没有解释具体的连接方式，这种连接方式取决于系统建设的成本和企业规模等因素。例如，某集团公司的子公司要访问总公司的数据库服务器，既可以使用拨号方式，也可以使用 DDN 方式等。

(3) 本节中对内部和外部的区分，是指是否直接通过内部局域网连接到数据库服务器进行软件规定的操作，而不是指软件用户所在的物理位置。例如，某个用户在企业内部办公室里，其计算机也通过局域网连接到数据库服务器，但当他使用软件时，是通过拨号的方式连接到 Web 服务器或数据库服务器，则该用户属于外部用户。

3.11　本章小结

软件体系结构风格是软件体系结构研究和应用的重要领域，它用于描述某一特定应用领域中系统组织方式的惯用模式。体系结构风格定义一个系统家族，即一个体系结构定义一个词汇表和一组约束。词汇表中包含一些构件和连接件类型，而这组约束指出系统是如何将这些构件和连接件组合起来的。

本章首先介绍了一些经典的软件体系结构风格：管道-过滤器风格、数据抽象和面向对象风格、基于事件的隐式调用风格、层次系统风格、仓库风格和黑板风格、MVC 风格、解释器风格和 C2 风格，指出各种风格的优缺点并给出典型的应用实例。然后通过两个案例来阐明怎样选择软件体系结构风格来解决不同的问题。KWIC 案例体现了对同一个问题使用不同的体系结构解决方案带来的不同好处；仪器软件案例总结了为工业产品族开发特定领域的体系结构风格的经验。

在接下来的几节中介绍了另外几种较常用的软件体系结构风格：C/S 风格、三层 C/S 风格、B/S 风格、正交软件体系结构风格、基于层次消息总线的体系结构风格和云体系结构风格，并对异构结构风格进行了讨论。

习　题

1. 层次系统风格和基于层次消息总线的体系结构风格有什么区别？
2. 试分析和比较 B/S、二层 C/S 和三层 C/S，指出各自的优点和缺点。
3. 在正交软件体系结构中，什么是完全正交结构？在实际使用时是不是必须严格遵守结构正交？
4. 在软件开发中，采用异构结构有什么好处？其负面影响有哪些？
5. 选择一个你熟悉的大型软件系统，分析其体系结构中用到的风格，以及表现出的特点(为什么要采用这种风格？带来了哪些优势？具有哪些不足？)。

第4章 软件体系结构描述

描述软件体系结构是研究软件体系结构的前提，是软件体系结构重要、活跃的研究领域。在目前通用的软件开发方法中，对软件体系结构的描述，通常采用非形式化的图和文本，它们不能描述系统构件之间的接口，也难于进行形式化分析和模拟，并且缺乏相应的支持工具帮助设计师完成设计工作，也不能分析其一致性和完整性等特性。因此，形式化的、规范化的体系结构描述对于体系结构的设计和理解都是非常重要的。

本章首先简单地介绍传统的软件体系结构描述方法和体系结构描述标准，然后再比较详细地讨论软件体系结构描述语言，最后讨论软件体系结构的"4+1"模型描述和 UML描述。

4.1 软件体系结构描述方法

1. 图形表达工具

对于软件体系结构的描述和表达，一种简洁易懂且使用广泛的方法是采用由矩形框和有向线段组合而成的图形表达工具。在这种方法中，矩形框代表抽象构件，框内标注的文字为抽象构件的名称；有向线段代表辅助各构件进行通信、控制或关联的连接件。图 4-1表示某软件辅助理解和测试工具的部分体系结构描述。

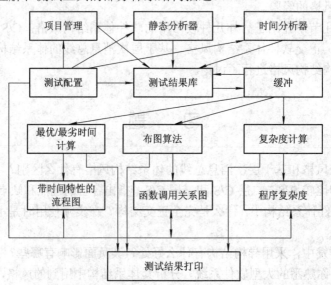

图 4-1 某软件辅助理解和测试工具部分体系结构描述

目前，这种图形表达工具在软件设计中占据着主导地位。尽管由于在术语和表达语义上存在着一些不规范和不精确，使得以矩形框与线段为基础的传统图形表达方法在不同系统和不同文档之间有着许多不一致甚至矛盾，但该方法仍然以其简洁易用的特点在实际的设计和开发工作中被广泛使用。

为了克服图形表达方法中所缺乏的语义特征，有关研究人员试图通过增加含有语义的图元素的方式来开发图文法理论。

2. 模块内连接语言

软件体系结构的第二种描述和表达方式是采用将一种或几种传统程序设计语言的模块连接起来的模块内连接语言(Module Interconnection Language，MIL)。由于程序设计语言和模块内连接语言具有严格的语义基础，因此能支持对较大的软件单元进行描述。例如，Ada语言采用 use 实现包的重用，Pascal 语言采用过程(函数)实现模块的交互。

MIL 方式对模块化的程序设计和分段编译等技术发挥了很大的作用。然而，由于这些语言处理和描述的软件设计开发层次过于依赖程序设计语言，因此，限制了它们处理和描述比程序设计语言元素更为抽象的高层次软件体系结构元素的能力。

3. 基于软构件的系统描述语言

软件体系结构的第三种描述和表达方式是采用基于软构件的系统描述语言。基于软构件的系统描述语言将软件系统描述成一种由许多以特定形式相互作用的特殊软件实体组成的系统。

例如，Darwin 最初用作设计和构造复杂分布式系统的配置说明语言，因具有动态特性，也可用来描述动态体系结构。

这种描述方式虽然也是一种以构件为单位的软件系统描述方法，但是它们所面向和针对的系统元素仍然是一些层次较低的以程序设计为基础的通信协作软件实体单元，而且这些语言所描述和表达的系统一般而言都是面向特定应用的特殊系统，这些特性使得基于软构件的系统描述仍然不是十分适合软件体系结构的描述和表达。

4. 软件体系结构描述语言

软件体系结构描述语言(Architecture Description Language，ADL)是参照传统程序设计语言的设计和开发经验，针对软件体系结构特点，重新设计、开发的描述方式。由于 ADL是在吸收了传统程序设计中的语义严格精确的特点基础上，针对软件体系结构的整体性和抽象性特点，定义和确定适合于软件体系结构表达与描述的有关抽象元素，因此，ADL 是当前软件开发和设计方法学中一种发展很快的软件体系结构描述方法。目前，已经有几十种常见的 ADL。

5. 软件体系结构描述框架标准

鉴于体系结构描述的概念与实践的不统一，IEEE 于 1995 年 8 月成立了体系结构工作组，综合体系结构描述研究成果，并参考业界的体系结构描述的实践，负责起草了体系结构描述框架标准，即 IEEE P1471，并于 2000 年 9 月 21 日通过 IEEE-SA 标准委员会评审。

IEEE P1471 适用于软件密集的系统，其目标在于：便于软件体系结构的表达与交流，并通过软件体系结构要素及其实践标准化，奠定质量与成本的基础。

IEEE P1471 仅仅提供了体系结构描述的概念框架、体系结构描述应该遵循的规范，并给出建立框架的思路，但在如何描述以及具体的描述技术等方面缺乏更进一步的指导。

在 IEEE P1471 推荐的体系结构描述的概念框架基础上，Rational 公司起草了可重用的软件资产规格说明，专门讨论了体系结构描述的规格说明，提出了一套易于重用的体系结构描述规范。

可重用的体系结构描述框架建议基于 RUP(Rational Unified Process)、采用 UML 模型描述软件体系结构，认为体系结构描述的关键是定义视点、视图以及建模元素之间的映射关系。可以从四个视点出发描述体系结构，这四个视点分别是需求视点、设计视点、实现视点和测试视点。并在此基础上提出了 7 个体系结构视图，分别是用例视图、域视图、非功能需求视图、逻辑视图、实现视图、过程视图和部署视图。然后，从系统建模的角度考虑多个视图之间的映射关系，并建议了这些视图的表示和视图之间的映射关系的表示。

与 IEEE P1471 相比，Rational 公司的描述方案涉及面比较窄，所注重的层次比较低，因而更具体。由于将体系结构的描述限于 UML 和 RUP，具有一定的局限性，但该建议标准结合了业界已经广泛采用的建模语言和开发过程，因而易于推广，可以有效实现在跨组织之间重用体系结构描述结果。

4.2 软件体系结构描述语言

4.2.1 软件体系结构描述语言构成要素

软件体系结构描述语言是一种形式化语言，它在底层语义模型的支持下，为软件系统的概念体系结构建模提供具体语法和概念框架。基于底层语义的工具为体系结构的表示、分析、演化、细化、设计过程等提供支持。其三个基本元素如下：

(1) 构件：计算或数据存储单元。

(2) 连接件：用于构件之间交互建模的体系结构构造块及其支配这些交互的规则。

(3) 体系结构配置：描述体系结构的构件与连接件的连接图。

下面对它的三个基本构成元素进行介绍。

1. 构件

构件是一个计算单元或数据存储单元。也就是说，构件是计算与状态存在的场所。在体系结构中，一个构件可能小到只有一个过程或大到整个应用程序。它可以要求自己的数据与/或执行空间，也可以与其他构件共享这些空间。作为软件体系结构构造块的构件，其自身也包含了多种属性，如接口、类型、语义、约束、演化和非功能属性等。

接口是构件与外部世界的一组交互点。与面向对象方法中的类说明相同，ADL 中的构件接口说明了构件提供的那些服务(消息、操作、变量)。为了能够充分地推断构件及包含它的体系结构，ADL 提供了能够说明构件需要的工具。这样，接口就定义了构件能够提出的计算委托及其用途上的约束。

构件作为一个封装的实体，只能通过其接口与外部环境交互，构件的接口由一组端口组成，每个端口表示了构件和外部环境的交互点。通过不同的端口类型，一个构件可以提供多重接口。一个端口可以非常简单，如过程调用，也可以表示更为复杂的界面，如必须以某种顺序调用的一组过程调用。

构件类型是实现构件重用的手段。构件类型保证了构件能够在体系结构描述中多次实例化，并且每个实例都可以对应于构件的不同实现。抽象构件类型也可以参数化，进一步促进重用。现有的 ADL 都将构件类型与实例区分开来。

由于基于体系结构开发的系统大都是大型、长时间运行的系统，因而系统的演化能力显得格外重要。构件的演化能力是系统演化的基础。ADL 是通过构件的子类型及其特性的细化来支持演化过程的。目前，只有少数几种 ADL 部分地支持演化，对演化的支持程度通常依赖于所选择的程序设计语言。其他 ADL 将构件模型看作是静态的。

2. 连接件

连接件是用来建立构件间的交互并支配这些交互规则的体系结构构造模块。与构件不同，连接件可以不与实现系统中的编译单元对应。它们可以以兼容消息路由设备实现(如C2)，也可以以共享变量、表入口、缓冲区、对连接件的指令、动态数据结构、内嵌在代码中的过程调用序列、初始化参数、客户服务协议、管道、数据库、应用程序之间的 SQL 语句等形式出现。大多数 ADL 将连接件作为第一类实体，也有的 ADL 则不将连接件作为第一类实体。

连接件作为建模软件体系结构的主要实体，同样也有接口。连接件的接口由一组角色组成，连接件的每一个角色定义了该连接件表示的交互参与者，二元连接有两个角色，如消息传递连接件的角色是发送者和接收者。有的连接件有多于两个的角色，如事件广播有一个事件发布者角色和任意多个事件接收者角色。

显然，连接件的接口是一组它与所连接构件之间的交互点。为了保证体系结构中的构件连接以及它们之间的通信正确，连接件应该导出所期待的服务作为它的接口。它能够推导出软件体系结构的形成情况。体系结构配置中要求构件端口与连接件角色显式连接。

体系结构级的通信需要用复杂协议来表达。为了抽象这些协议并使之能够重用，ADL 应该将连接件构造为类型。构造连接件类型可以将那些用通信协议定义的类型系统化，并独立于实现，或者作为内嵌的、基于它们的实现机制的枚举类型。

为完成对构件接口的有用分析，保证跨体系结构抽象层的细化一致性，强调互联与通信约束等，体系结构描述提供了连接件协议以及变换语法。为了确保执行计划的交互协议，建立其内部连接件依赖关系，强制用途边界，就必须说明连接件约束。ADL 可以通过强制风格不变性来实现约束，或通过接受属性限制给定角色中的服务。

3. 体系结构配置

体系结构配置或拓扑是描述体系结构的构件与连接件的连接图。体系结构配置提供信息来确定构件是否正确连接、接口是否匹配、连接件构成的通信是否正确，并说明实现要求行为的组合语义。

体系结构适合于描述大规模的、生命周期长的系统。利用配置来支持系统的变化，使不同技术人员都能理解并熟悉系统。为帮助开发人员在一个较高的抽象层上理解系统，需要对软件体系结构进行说明。为了使开发者与其有关人员之间的交流容易些，ADL 必须以简单的、可理解的语法来配置结构化信息。理想的情况是从配置说明中澄清系统结构，即不需研究构件与连接件就能使构建系统的各种参与者理解系统。体系结构配置说明除文本形式外，有些 ADL 还提供了图形说明形式。文本描述与图形描述可以互换。多视图、多场景的体系结构说明方法在最新的研究中得到了明显的加强。

为了在不同细节层次上描述软件系统，ADL 将整个体系结构作为另一个较大系统的单个构件。也就是说，体系结构具有复合或等级复合的特性。另一方面，体系结构配置支持采用异构构件与连接件。这是因为研究软件体系结构的目的之一是促进大规模系统的开发，即倾向于使用已有的构件与不同粒度的连接件，这些构件与连接件的设计者、形式模型、开发者、编程语言、操作系统、通信协议可能都不相同。另外一个事实是，大型的、长期运行的系统是在不断增长的。因而，ADL 必须支持可能增长的系统的说明与开发。大多数 ADL 提供了复合特性，所以，任意尺度的配置都可以相对简洁地抽象表示出来。

我们知道，体系结构设计是整个软件生命周期中关键的一环，一般在需求分析之后、软件设计之前进行。而形式化的、规范化的体系结构描述对于体系结构的设计和理解都是非常重要的。因此，ADL 如何能够承上启下将是十分重要的问题，一方面是体系结构描述如何向其他文档转移，另一方面是如何利用需求分析成果来直接生成系统的体系结构说明。

4.2.2　ADL 与其他语言的比较

按照 Mary Shaw 和 David Garlan 的观点，典型的 ADL 在充分继承和吸收传统程序设计语言的精确性和严格性特点的同时，还应该具有构造、抽象、重用、组合、异构、分析和推理等各种能力和特性。

(1) 构造能力指的是 ADL 能够使用较小的独立体系结构元素来建造大型软件系统。

(2) 抽象能力指的是 ADL 使得软件体系结构中的构件和连接件描述可以只关注它们的抽象特性，而不管其具体的实现细节。

(3) 重用能力指的是 ADL 使得组成软件系统的构件、连接件甚至是软件体系结构都成为软件系统开发和设计的可重用部件。

(4) 组合能力指的是 ADL 使得其描述的每一系统元素都有其自己的局部结构，这种描述局部结构的特点使得 ADL 支持软件系统的动态变化组合。

(5) 异构能力指的是 ADL 允许多个不同的体系结构描述关联存在。

(6) 分析和推理能力指的是 ADL 允许对其描述的体系结构进行多种不同的性能和功能上的多种推理分析。

根据这些特点，将下面这样的语言排除在 ADL 之外：高层设计符号语言、MIL、编程语言、面向对象的建模符号、形式化说明语言。ADL 与需求语言的区别在于后者描述的是问题空间，而前者则扎根于解空间中；ADL 与建模语言的区别在于后者对整体行为的关注要大于对部分的关注，而 ADL 集中在构件的表示上；ADL 与传统的程序设计语言的构成元素既有许多相同和相似之处，又各自有着很大的不同。

下面，给出程序设计语言和 ADL 的典型元素的属性和含义比较以及软件体系结构中经常出现的一些构件与连接件元素，见表 4-1 和表 4-2。

表 4-1　典型元素含义比较

程序设计语言		软件体系结构	
程序构件	组成程序的基本元素及其取值或值域范围	系统构件	模块化级别的系统组成成分实体,这些实体可以被施以抽象的特性化处理,并以多种方式得到使用
操作符	连接构件的各种功能符号	连接件	对组成系统的有关抽象实体进行各种连接的连接机制
抽象规则	有关构件和操作符的命名表达规则	组合模式	系统中的构件和连接件进行连接组合的特殊方式,也就是软件体系结构的风格
限制规则	一组选择并决定具体使用何种抽象规则来作用于有关的基本构件及其操作符的规则和原理	限制规则	决定有关模式能够作为子系统进行大型软件系统构造和开发的合法子系统的有关条件
规范说明	有关句法的语义关联说明	规范说明	有关系统组织结构方面的语义关联说明

表 4-2　常见的软件体系结构元素

系统构件元素		连接件元素	
纯计算单元	这类构件只有简单的输入/输出处理关联,对它们的处理一般也不保留处理状态,如数学函数、过滤器和转换器等	过程调用	在构件实体之间实现单线程控制的连接机制,如普通过程调用和远程过程调用等
数据存储单元	具有永久存储特性的结构化数据,如数据库、文件系统、符号表和超文本等	数据流	系统中通过数据流进行交互的独立处理流程连接机制,其最显著的特点是根据得到的数据来进行构件实体的交互控制,如 Unix 操作系统中的管道机制等
管理器	对系统中的有关状态和紧密相关操作进行规定与限制的实体,如抽象数据类型和系统服务器等	隐含触发器	由并发出现的事件来实现构件实体之间交互的连接机制,在这种连接机制中,构件实体之间不存在明显确定的交互规定,如时间调度协议和自动垃圾回收处理等
控制器	控制和管理系统中有关事件发生的时间序列,如调度程序和同步处理协调程序等	消息传递	独立构件实体之间通过离散和非在线的数据(可以是同步或非同步的)进行交互的连接机制, 如 TCP/IP 等
连接器	充当有关实体间信息转换角色的实体,如通信连接器和用户界面等	数据共享协议	构件之间通过相同的数据空间进行并发协调操作的机制,如黑板系统中的黑板和多用户数据库系统中的共享数据区等

4.3 典型的软件体系结构描述语言

目前已经有很多体系结构建模 ADL，见表 4-3。

表 4-3　各种 ADL 简况

ADL	研 发 组 织	负 责 人
ACME	Carnegie Mellon 大学	David Garlan
Aesop	Carnegie Mellon 大学	David Garlan
C2	Southern California 大学	Medvidovic
Darwin	Imperial 学院	Jeff Kramer 和 Jeff Magee
MetaH	Honeywell 公司技术中心	Steve Vestal
Rapide	Stanford 大学	David Luckham
SADL	SRI	Mark Moriconi
UniCon	Carnegie Mellon 大学	Mary Shaw
Weaves	Aerospace 公司	Gorlick
Wright	Carnegie Mellon 大学	David Garlan

有些 ADL 是面向特定领域的软件体系结构描述语言，有些可以作为通用的软件体系结构描述语言。主要的软件体系结构描述语言有 Aesop、MetaH、C2、Rapide、SADL、UniCon 和 Wright 等，尽管它们都描述软件体系结构，却有不同的特点：

(1) Aesop 支持体系结构风格的应用。

(2) MetaH 为设计者提供了关于实时电子控制软件系统的设计指导。

(3) C2 支持基于消息传递风格的用户界面系统的描述。

(4) Rapide 支持体系结构设计的模拟并提供了分析模拟结果的工具。

(5) SADL 提供了关于体系结构加细的形式化基础。

(6) UniCon 支持异构的构件和连接件类型并提供了关于体系结构的高层编译器。

(7) Wright 支持体系结构构件之间交互的说明和分析。

这些 ADL 强调了体系结构不同的侧面，对体系结构的研究和应用起到了重要的作用，但也有负面的影响。每一种 ADL 都以独立的形式存在，描述语法不同且互不兼容，同时又有许多共同的特征，这使设计人员很难选择一种合适的 ADL；大部分 ADL 都是领域相关的，不利于对不同领域的体系结构进行分析；一些 ADL 在某些方面大同小异，有很多冗余的部分。

下面对其中的几种 ADL 进行较详细的介绍，来了解 ADL 描述系统的体系结构的具体方法。

4.3.1　UniCon

UniCon 是一种围绕着构件和连接件这两个基本概念组织的体系结构描述语言。构件代表了软件系统中的计算和数据的处所，用于将计算和数据组织成多个部分。这些组成部分都有完善定义的语义和行为。连接件是代表构件间的交互作用的类，它们在构件之间的交互中起中介作用。

UniCon 的主要目的在于支持对体系结构的描述，对构件交互模式进行定位和编码，并且对需要不同交互模式的构件的打包加以区分。具体地说，UniCon 及其支持工具的主要目的有：

(1) 提供对大量构件和连接件的统一的访问。

(2) 区分不同类型的构件和连接件以便对体系结构配置进行检查。

(3) 支持不同的表示方式和不同开发人员的分析工具。

(4) 支持对现有构件的使用。

为了达到目的(1)，UniCon 提供了一组预先定义的构件和连接件类型，体系结构的开发者从中选择合适的构件或连接件。对于目的(2)，UniCon 区分所有类型的构件和连接件的交互点，并对它们的组合方式进行限制。根据这些限制，UniCon 工具可以对组合失配进行检查。对于目的(3)，特性列表的方法已经被 ACME 和 USC 开发的 Architecture Capture Tool 所采纳。对于已有的构件，通过利用 UniCon 的术语对其接口重新定义的方式，使得它们可以被 UniCon 使用。

在 UniCon 中，定义构件的语法如下：

<component>:==COMPONENT <identifier>

        <interface>

        <component_implementation>

     END <identifier>

可见，构件的定义主要包括两方面的内容，即接口和实现。

构件是通过接口来定义的。接口定义了构件所承担的计算任务，并规定了在使用构件时的约束条件。它还对构件的性能和行为做了要求。

UniCon 中定义接口的语法如下：

<interface>:==INTERFACE IS

        TYPE <component_type>

        <property_list>

        <player_list>

<component_type>:==Module|Computation|SharedData|SeqFile|Filter|Process|General

接口包括 3 方面的信息：构件类型、属性和参与者定义。

构件类型：表达了设计者所认为的构件所承担的功能种类。构件类型对参与者的数目、类型等做出了约束。

属性：属性列表用于对构件整体信息进行补充说明，以"特性－值"形式成对出现。在定义构件接口时，诸如运行某个进程的处理器的名字，或在运行环境中进程的优先级，都用属性说明。

参与者：它起到类似挂钩的作用，构件通过它与其他构件实现交互。在连接件把构件组织成系统时，实际上是参与者被关联了起来。

构件的实现有两种方式：原始的方式和合成的方式。

原始的实现方式由一个指向源文档的指针构成，该文档使用 UniCon 之外的语言，构件的实现包含在此源文档中。此源文档可以是某种程序设计语言编写的源代码，或 obj 文件，或二进制形式的可执行代码，或一段 Unix 下的 Shell 脚本等。

合成的实现方式是对构件和连接件配置的一种描述，这些构件和连接件也是用 UniCon 定义的。

UniCon 中定义构件实现的语法如下：

```
<component_implementation>:==
<primitive_implementation>|<composite_implementation>
<primitive_implementation>:==IMPLEMENTATION IS
                          <property_list>
                          <variant_list>
                  END IMPLEMENTATION
<composite_implementation>:==IMPLEMENTATION IS
                          <property_list>
                          <composite_statement_list>
                  END IMPLEMENTATION
```

软件系统中，构件与构件之间的交互有着不同的特点。按照这些特点，可以把构件间的交互分为不同的类型。这种不同类型的交互在连接件上的反映，就是不同的连接件类型。

UniCon 中定义连接件的语法如下：

```
<connector>:==CONNECTOR <identifier>
          <protocol>
          <connector_implementation>
          END <identifier>
```

连接件的定义主要包括两方面的内容，即协议和实现。

连接件用协议来定义。协议定义了多个构件之间所允许的交互，并为这些交互提供保障。它也包括 3 方面的信息：连接件类型、属性和角色定义。

连接件类型表达了设计者所认为的连接件所承担的构件交互种类，对可以定义的角色的数目、类型等做出了约束。

属性对连接件的整体信息进行补充说明，以"特性－值"形式成对出现，它们体现了协议所承担的交互任务。

角色是连接件中可视的语义单元。连接件通过角色在构件之间进行中介。当系统中的构件和连接件有交互时，构件的参与者和连接件的角色被关联起来。角色定义了连接件对参与者的需求和职责。

UniCon 中定义协议的语法如下：

```
<protocol>:==PROTOCOL IS
          TYPE <connector_type>
          <property_list>
          <role_list>
          END PROTOCOL
```

```
<connector_type>:==DataAccess|FileIO|Pipe
    |PLBundler|ProcedureCall
    |RemoteProcCall|RTScheduler
```

连接件的实现方式是 UniCon 语言内建的。UniCon 工具集提供了专门的实现方式。UniCon 不提供任何的机制用于支持用户自定义的连接件实现。与构件的实现类似,连接件的实现也有两种方式:原始的方式和合成的方式(但由于连接件的合成方式实现比较复杂,目前版本的 UniCon 还不支持)。

UniCon 中定义连接件实现的语法如下:

```
<connector_implementation>:==IMPLEMENTATION IS
                    BUILTIN
            END IMPLEMENTATION
```

下面是 UniCon 描述管道的一个例子,在这个例子中,两个连接由构件和连接件实例分开。

```
USES p1 PROTOCOL Unix-pipe
USES sorter INTERFACE Sort-filter
CONNECT sorter.output TO p1.source
USES p2 PROTOCOL Unix-pipe
CONNECT sorter.input TO p2.sink
```

再来看一个完整的体系结构描述的例子。假设一个实时系统采用客户/服务器体系结构,在该系统中,有两个任务共享同一个计算机资源,这种共享通过远程过程调用(Remote Procedure Call,RPC)实现。UniCon 对该体系结构的描述如下:

```
component Real_Time_System
    interface is
        type General
    implementation is
        uses client interface rtclient
            PRIORITY(10)
            ⋮
        end client
        uses server interface rtserver
            PRIORITY(10)
            ⋮
        end server
        establish RTM-realtime-sched with
            client.application1 as load
            server.application2 as load
            server.services as load
            algorithm(rate_monotonic)
            ⋮
```

```
                    end RTM-realtime-sched
                    estalbish RTM-remote-proc-call with
                            client.timeget as caller
                            server.timeget as definer
                            IDLTYPE(Mach)
                    end RTM-remote-proc-call
                            ⋮
            end implementation
    end Real-Time-System
    connector RTM-realtime-sched
            protocol is
                    type RTScheduler
                    role load is load
            end protocol
            implementation is builtin
            end implementation
    end RTM-realtime-sched
```

4.3.2   C2

C2 和其提供的设计环境(Argo)支持采用基于时间的风格来描述用户界面系统，并支持使用可替换、可重用的构件开发 GUI 的体系结构。

在 C2 中，连接件负责构件之间消息的传递，而构件负责维持状态、执行操作并通过两个名字分别为 "top" 和 "bottom" 的端口和其他的构件交换信息。每个接口包含一组可发送的消息和一组可接收的消息。构件之间的消息要么是请求其他构件执行某个操作的请求消息，要么是通知其他构件自身执行了某个操作或状态发生改变的通知消息。构件之间的消息交换不能直接进行，而只能通过连接件来完成。每个构件接口最多只能和一个连接件相连，而连接件可以和任意数目的构件或连接件相连。请求消息只能向上层传送，而通知消息只能向下层传送。通知消息的传递只对应于构件内部的操作，而和接收消息的构件的需求无关。

C2 要求通知消息的传递只对应于构件内部的操作，而和接收消息的构件的需求无关。这种对通知消息的约束保证了底层独立性，即可以在包含不同的底层构件(比如不同的窗口系统)的体系结构中重用 C2 构件。C2 对构件和连接件的实现语言、实现构件的线程控制、构件的部署以及连接件使用的通信协议等都不加限制。

下面是 C2 对构件的一个描述：

```
Component::=
    component component_name is
            interface component_message_interface
            parameters component_parameters
```

```
        methods component_methods
        [ behavior component_behavior ]
        [ context component_context ]
    end component_name ;
```
下面是 C2 对构件接口的描述：
```
component_message_interface ::=
    top_domain_interface
    bottom_domain_interface

    top_domain_interface ::=
        top_domain is
        out interface_requests
        in interface_notifications

    bottom_domain_interface ::=
        bottom_domain is
        out interface_notifications
        in interface_requests

interface_requests ::=
    {request；} | null；

interface_notifications ::=
    {notification；} | null；

request ::=
    message_name(request_parameters)

request_parameters ::=
    [to component_name][parameter_list]

notification ::=
    message_name[parameter_list]
```
下面以会议安排系统为例，详细讨论 C2 风格的描述语言。会议安排系统的 C2 风格体系结构如图 4-2 所示。

系统包含了三种功能构件，分别是一个 Meeting-Initiator、若干个 Attendee 和 Important-Attendee，三个连接件(MainConn、AttConn 和 Important AttConn)用来在构件之间传递消息，某些消息可由 MeetingInitiator 同时发送给 Attendee 和 ImportantAttendee，但还有某些消息只能传递给 ImportantAttendee。因为一个 C2 构件在 top、bottom 端分别只有一

个通信端口，且所有消息路由功能都与连接件相关，所以 MainConn 必须保证其 top 端的 AttConn 和 ImportantAttConn 分别只接收那些与它们相连的构件有关的消息。

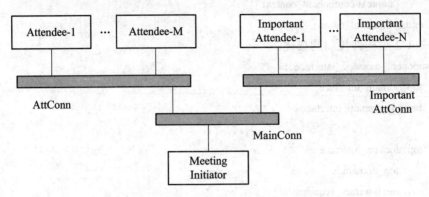

图 4-2　会议安排系统的 C2 风格体系结构

MeetingInitiator 构件通过发送会议请求信息给 Attendee 和 ImportantAttendee 来进行系统初始化。Attendee 和 ImportantAttendee 构件可以发送消息给 MeetingInitiator，告诉 MeetingInitiator 自己喜欢的会议日期、地点等信息。但不能向 MeetingInitiator 递交请求，因为在 C2 体系结构中，它们处在 MeetingInitiator 的 top 端。

MeetingInitiator 构件的描述如下：

```
component MeetingInitiator is
  interface
    top_domain is
    out
        GetPrefSet();
        GetExclSet();
        GetEquipReqts();
        GetLocPrefs();
        RemoveExclSet();
        RequestWithdrawal(to Attendee);
        RequestWithdrawal(to ImportantAttendee);
        AddPrefDates();
        MarkMtg(d:date；l:lov_type);
    in
        PrefSet(p:date_mg);
        ExclSet(e:data_mg);
        EquipReqts(eq:equip_type);
        LocPref(l:loc_type);
  behavior
    startup always_generate GetPrefSet，GetExclSet，GetEquipReqts，GetLocPrefs；
    received_messages PrefSet may_generate RemoveExclSet xor
```

RequestWithdrawal xor MarkMtg；

received_messages ExclSet may_generate AddPrefDates xor RemoveExclSet

xor RequestWithdrawal xor MarkMtg；

received_messages EquipReqts may_generate AddPrefDates xor

RemoveExclSet xor RequestWithdrawal xor MarkMtg；

received_messages LocPref always_generate null；

end MeetingInitiator；

Attendee 和 ImportantAttendee 构件接收来自 MeetingInitiator 构件的会议安排请求，把自己的有关信息发送给 MeetingInitiator。这两种构件只能通过其 bottom 端与体系结构中的其他元素进行通信。Attendee 构件的描述如下：

component Attendee is

interface

bottom_domain is

out

PrefSet(p:date_mg)；

ExclSet(e:date_mg)；

EquipReqts(eq:equip_type)；

in

GetPrefSet()；

GetExclSet()；

GetEquipReqts()；

RemoveExclSet()；

RequestWithdrawal()；

AddPrefDates()；

MarkMtg(d:date；l:loc_type)；

behavior

received_messages GetPrefSet always_generate PrefSet；

received_messages AddPrefDates always_generate PrefSet；

received_messages GetExclSet always_generate ExclSet；

received_messages GetEqipReqts always_generate EqipReqts；

received_messages RemoveExclSet always_generate ExclSet；

received_messages ReuestWithdrawal always_generate null；

received_messages MarkMtg always_generate null；

end Attendee；

ImportantAttendee 构件是 Attendee 构件的一个特例，它具有 Attendee 构件的一切功能，并且还增加了自己特定的功能(可以指定会议地点)，因此 ImportantAttendee 可以作为 Atendee 的一个子类型，保留 Attendee 的接口和行为。ImportantAttendee 构件的描述如下：

component ImportantAttendee is subtype Attendee(in and beh)

interface

```
            bottom_domain is
            out
                LocPrefs(l:loc_type);
                ExclSet(e:date_mg);
                EquipReqts(eq:equip_type);
            in
                GetLocPrefs();
        behavior
                received_messages GetLocPrefs always_generate LocPrefs;
    end ImportantAttendee;
```

有了上述 3 个构件的描述之后，就得到体系结构的描述如下：

```
    architecture MeetingScheduler is
        conceptual_components
            Attendee；ImportantAttendee；MeetingInitiator；
        connectors
            connector MainConn is message_filter no_filtering;
            connector AttConn is message_filter no_filtering;
            connector ImportantAttConn is message_filter no_filtering;
        architectural_topology
            connector AttConn connections
                    top_ports Attendee;
                    bottom_ports MainConn;
                connector ImportantAttConn connections
                    top_ports ImportantAttendee;
                    bottom_ports MainConn;
                connector MainConn connections
                    top_ports AttConn；ImportantAttConn;
                    bottom_ports MeetingInitiator;
    end MeetingScheduler;
```

当实例化构件时，可以指定体系结构的一个实例。例如，当有 3 个普通与会人员和 2 个重要与会人员时，会议安排应用对应的一个实例的描述如下：

```
    //C2 对会议安排系统的描述
    system MeetingScheduler_1 is
        architecture MeetingScheduler with
        Attendee instance Att_1，Att_2，Att_3;
        ImportantAttendee instance ImpAtt_1，ImpAtt_2;
        MeetingInitiator instance MtgInit_1;
    end MeetingScheduler_1;
```

4.3.3 Wright

Wright 的关键思想是把体系结构连接件定义为明确的语义实体。这些实体用协议代表了交互中的各个参与角色及其相互作用。

Wright 支持对构件之间交互的形式化和分析。连接件通过协议来定义，而协议刻画了与连接件相连的构件的行为。对连接件角色的描述表明了对参与交互的构件的"期望"以及实际的交互进行过程。构件通过其端口和行为来定义，表明了端口之间是如何通过构件的行为而具有相关性的。一旦构件和连接件的实例被声明，系统组合便可以通过构件的端口和连接件的角色之间的连接来完成。

Wright 的主要特点是：对体系结构和抽象行为的精确描述、定义体系结构风格的能力和一组对体系结构描述进行一致性和完整性的检查。体系结构通过构件、连接件以及它们之间的组合来描述；抽象行为通过构件的行为和连接件的胶水来描述。

在 Wright 中，对体系结构风格的定义通过描述能在该风格中使用的构件和连接件以及刻画如何将它们组合成一个系统的一组约束来完成。因此，Wright 能够支持针对某一特定体系结构风格所进行的检查。但是，它不支持针对异构风格组成的系统的检查。Wright 提供一致性和完整性检查的有：端口-行为一致性、连接件死锁、角色死锁、端口-角色相容性、风格约束满足以及胶水完整性等。

下面是用 Wright 对管道连接件进行描述的例子。在这个例子中，定义了 Pipe 连接件，该连接件具有两个角色，分别为 Writer 和 Reader。其中"→"表示事件变迁，"√"表示过程成功地终止，"□"表示确定性的选择。

```
connector Pipe=
    role Writer=write→Writer□close→√
    role Reader=
        let ExitOnly=close→√
        in let DoRead=(read→Reader□read-eof→ExitOnly)
        in DoRead□ExitOnly
    glue=let ReadOnly=Reader.read→ReadOnly
                □Reader.read-eof→Reader.close→√
                □Reader.close→√
    In let WrithOnly=Writer.write→WriteOnly□Writer.close→√
    In Writer.write→glue
        □Reader.read→glue
        □Writer.close→ReadOnly
        □Reader.close→WriteOnly
```

4.3.4 ACME

ACME 是由美国卡耐基梅隆大学的 Garlan 等人创建的一门体系结构描述语言，其最初目的是为了创建一门简单的、具有一般性的 ADL，该 ADL 能用来为体系结构设计工具转换形式和为开发新的设计与分析工具提供基础。

严格说来，ACME 并不是一种真正意义上的 ADL，而是一种体系结构变换语言，它提供了一种在不同 ADL 的体系结构规范描述之间实现变换的机制，可以把它作为体系结构设计工具的通用交换格式。

ACME 提供了描述体系结构的结构特性的方法，此外还提供了一种开放式的语义框架，使得可以在结构特性上标注一些 ADL 相关的属性。这种方法使得 ACME 既能表示大多数 ADL 都能描述的公共的结构信息，又能使用注解来表示与特定的 ADL 相关的信息。有了这种公共而又灵活的表示方法，再加上 ADL 之间关于属性的语义转换工具，就能顺利地实现 ADL 之间的变换，从而使 ADL 之间能够实现分析方法和工具的共享。

ACME 支持从四个不同的方面对软件体系结构进行描述，分别是结构、属性、设计约束、类型和风格。

1. 结构

在 ACME 中定义了七种体系结构实体，分别是构件、连接件、系统、端口、角色、表述和表述映射，其中前五种如图 4-3 ACME 描述的元素所示。

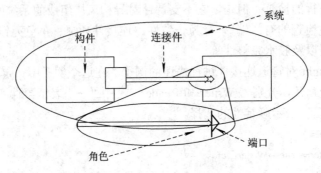

图 4-3　ACME 描述的元素

下面是用 ACME 描述的一个简单的 C/S 体系结构。其中，client 构件只有一个 sendRequest 端口；server 构件也只有一个 receiveRequest 端口；连接件 rpc 有两个角色，分别为 caller 和 callee。该系统的布局由构件端口和连接件角色绑定的 attachments 定义，其中 client 的请求端口绑定到 rpc 的 caller 角色，server 的请求处理端口绑定到 rpc 的 callee 端口。

```
System simple_CS = {
    Component Client = { Port sendRequest }
    Component Server = { Port receiveRequest; }
    Connector rpc = { Roles { caller, callee } }
    Attachments {
        Client.sendRequest to rpc.caller ;
        Server.receiveRequest to rpc.callee }
}
```

ACME 支持体系结构的分级描述，特别是每个构件或连接件都能用一个或多个更详细、更低层的描述来表示。在 ACME 中，每一个这样的描述被称为一个表述。通过使用多个表述，ACME 能表达体系结构实体的多种视图，如图 4-4 所示。

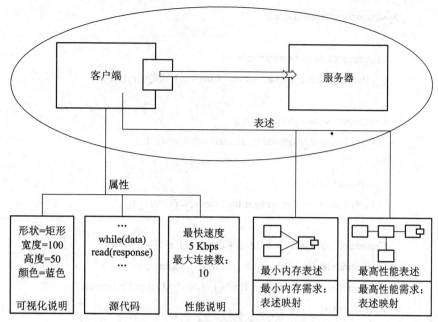

图 4-4　构件的表述和属性

　　当某个构件或连接件有体系结构表述，那就需要有一种手段来指出，在这个表述的系统内部和此表述所代表的构件或连接件的外部接口之间存在何种相关性。表述映射定义了这种相关性。在最简单的例子中，构件的表述映射仅提供内部端口和外部端口之间的联系，连接件的表述映射仅提供内部角色和外部角色之间的联系。

　　图 4-5 说明了细化后的 C/S 结构的表述的使用。在图中，server(服务器)构件由一个更详细的体系结构表述所细化。

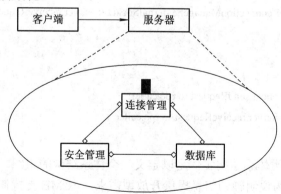

图 4-5　带有表述的 C/S 结构

使用 ACME 对图 4-5 中带有表述的 C/S 结构的描述如下：

```
System simple_CS = {
    Component client = { … }
    Component server = {
        Port receiveRequest;
        Representation serverDetails = {
```

```
System serverDetailsSys = {

    Component connectionManager = {
        Ports { externalSocket; securityCheckIntf; dbQueryIntf; } }

    Component securityManager = {
        Ports { securityAuthorization; credentialQuery; } }

    Component database = {
        Ports { securityManagementIntf; credentialQuery; } }

    Connector SQLQuery = { Roles { caller; callee } }
    Connector clearanceRequest = { Role {requestor; grantor } }
    Connector securityQuery = { Roles { securityManager; requestor } }
    Attachments {
        ConnectionManager.securityCheckIntf to clearanceRequest.requestor;
        SecurityManager.securityAuthorization to clearanceRequest.grantor;
        ConnectionManager.dbQueryIntf to SQLQuery.caller;
        Database.queryIntf to SQLQuery.callee;
        securityManager.credentialQuery to securityQuery.securityManager;
        database.securityManagerIntf to securityQuery.requestor; }
    }
    Bindings { connectionManager.externalSocket to server.receiveRequest; }
    }
}
Connector rpc = { … }
Attachments { client.sendRequest to rpc.caller;
              Server.receiveRequest to rpc.callee }
```

2．属性

ACME 定义的七类体系结构实体足以定义一个体系结构的组织，但为了记录体系结构的非结构属性，以及为说明辅助信息提供开放型需求，ACME 支持使用任意的属性列表对体系结构的结构进行注释。每个属性有名称、可选类型和值。ACME 定义的七类设计元素都可以用属性列表进行注释。属性可用来记录与体系结构相关分析和设计的细节。

在图 4-4 中，对三个属性进行了注释。下面给出一个带注释的 ACME 描述例子。

```
System simple_CS = {
    Component client = {
        Port sendRequest;
        Properties { requestRate : float = 17.0;
```

```
        sourceCode : externalFile = "CODE-LIB/client.c" }}


    Component server = {
        Port receiveRequest;
        Properties { idempotence : boolean = true;
                     maxConcurrentClients : integer = 1;
                     sourceCode : externalFile = "CODE-LIB/server.c" }}


    Connector rpc = {
        Role caller;
        Role callee;
        Properties { synchronous : boolean = true;
        maxRoles : integer = 2 }}


    Attachments {
        client.sendRequest to rpc.caller ;
        server.receiveRequest to rpc.callee }
    }
```

3. 设计约束

设计约束是体系结构描述的关键成分，它们决定体系结构设计是如何演化的。设计约束可以当作一种特殊的属性。但因为在体系结构中，设计约束起着核心作用，所以 ACME 提供了特定的语法来描述设计约束。

ACME 使用基于一阶谓词逻辑的约束语言来描述设计约束，在体系结构规格说明中，约束被当作谓词。例如，有决定两个构件是否有连接的谓词，有决定一个构件是否有特殊的属性的谓词等，如表 4-4 所示。

表 4-4 设计约束描述的例子

设计约束	说　　明
Connected (comp1, comp2)	如果构件 comp1 与 comp2 之间至少有一个连接件，则取 True，否则取 False
Reachable (comp1, comp2)	如果构件 comp2 处在 Connected (comp1, *)上，则取 True，否则取 False
HasProperty (elt, propName)	如果元素 elt 有一个属性，则取名为 propName
HasType (elt, typeName)	如果元素 elt 有一个类型，则取名为 typeName
SystemName.Connectors	连接件的集合在系统 SystemName 中
ConnectorName.Roles	角色的集合在连接件 ConnectorName 中

约束可以与 ACME 描述中的任何设计元素相关联，约束的范围取决于关联。例如，如果一个约束与一个系统相关联，则它可以引用包含在该系统中的任何设计元素(构件、连接

件的全部或部分)。另一方面,与一个构件相关联的约束只能引用该构件及其部分(端口、属性和表述)。例如,下面语句的约束与一个系统相关联:

>   connected (client, server)

如果名字为 client 的构件与名字为 server 的构件直接由一个连接件连接,则该约束取 True。

又如,约束

>   forall conn: connector in systemInstance.Connectors @ size(conn.roles) = 2

当系统中的所有连接件都是二元连接件时取 True。

约束可以定义合法属性值的范围,例如:

>   Self. throughputRate >= 3095

约束也可以表明两个属性之间的关系,例如:

>   comp.totalLatency = (comp.readLatency + comp.processingLatency + comp.writeLatency)

约束可以通过两种方式附加到设计元素,分别是 invariant 和 heuristic,其中 invariant 约束当作是不可违反的规则看待,heuristic 约束当作应该遵守的规则看待。对 invariant 约束的违反会使体系结构规格说明无效,而对 heuristic 约束的违反会当作一个警告处理。

下例说明了如何在 ACME 中使用约束。其中 invariant 约束描述合法缓冲的大小范围,heuristic 约束描述了期望的速度最大值。

>   System messagePathSystem = {
>   ⋮
>   Connector Messagepath = {
>   Roles { source; sink; }
>   Property expectedThroughput: float = 512;
>   Invariant (queueBufferSize >= 512) and (queueBufferSize <= 4096);
>   Heuristic expectedThroughput <= (queueBufferSize / 2);
>   }
>   }

4. 类型和风格

体系结构描述的一个重要能力就是能够定义系统的风格或族。风格允许我们定义领域特定或应用特定的设计词汇,以及如何使用这些词汇的约束,支持对领域特定的设计经验的打包,特定目的的分析和代码生成工具的使用,设计过程的简化,与体系结构标准一致性的检查等。

在 ACME 中,定义风格的基本构造块是一个类型系统,设计师可以定义三种类型,分别是属性类型、结构类型和风格。

(1) 属性类型。在前面已经讨论过属性类型,此处不再赘述。

(2) 结构类型。结构类型使定义构件、连接件、端口和角色的类型变得可能,每一个这样的类型提供了一个类型名称和一个所需要的子结构、属性和约束的列表。

下面是一个 Client 构件类型的描述例子。类型定义指明了任何构件如果是类型 Client 的任何一个实例,则必须至少有一个端口称作 Request 和一个浮点型的属性称作

request-rate。而且与类型关联的 invariant 约束要求每个 Client 构件都不得超过五个端口，构件的请求个数必须大于 0。最后，还有一个 heuristic 约束，要求请求的个数应该少于 100。

```
Component Type Client = {
    Port Request = {Property protocol: CSProtocolT};
    Property request-rate: Float;
    Invariant size (self.Ports) <= 5;
    Invariant request-rate >= 0;
    Heuristic request-rate < 100;
}
```

（3）风格。在 ACME 中，风格被称为族，如同结构类型代表一组结构元素一样，族代表一组系统。在 ACME 中，可通过指定三件事情来定义一个族，分别是一组属性和结构元素、一组约束、默认结构。属性类型和结构类型为族提供了设计词汇，约束决定了如何使用这些类型的实例，默认结构描述了必须出现在族中任何系统中的实例的最小集合。

下例是一个定义管道-过滤器族和使用该族的一个系统的实例。在这个族中，定义了两个构件类型、一个连接件类型和一个属性类型。该族唯一的 invariant 约束指定了所有连接件必须使用管道，没有默认的结构。系统 simplePF 作为族的一个实例来定义，这种定义允许系统使用族的任何类型，且必须满足族的所有 invariant 约束。

```
Family PipeFilterFam = {

    Component Type FilterT = {
        Ports {stdin; stdput};
        Property throughout:int;
    }

    Component Type UnixFilterT extends FilterT with {
        Port stderr;
        Property implementationFile: String;
    }

    Connector Type PipeT = {
        Roles {source; sink};
        Property bufferSize:int;
    }
    Property Type StringMsgFormatT = Record [size:int; msg: String];
    Invariant Forall c in self.Connectors @ HasType (c, pipeT);
}

System simplePF: PipeFilterFam = {
    Component smooth:FilterT = new FilterT;
```

```
Component detectErrors:FilterT;
Component showTracks:UnixFilterT = new UnixFilterT extended with {
    Property implementationFile:String = "IMPL_HOME/showTracks.c"
}

//Declare the system's connectors
Connector firstPipe:PipeT;
Connector secondPipe:PipeT;

//Define the system's topology
Attachments {
    smooth.stdout to firstPipe.source;
    detectErrors.stdin to firstPipe.sink;
    detectErrors.stdout to secondPipe.source;
    showTracks.stdin to secondPipe.sink;
}
```

从以上介绍中可以看出，这些 ADL 的共同目的都是以构件和连接件的方式描述软件体系结构，不同的只是底层的语法和语义。目前的 ADL 基本上都满足必需的语言标准，尤其是重用的重要性。为了更好地使用 ADL，通常需要一个配套的开发环境。这类环境通常提供以下工具：创建和浏览设计的图形化编辑器、体系结构一致性检查、代码生成器、模式仓储等。

4.4 可扩展标记语言

软件体系结构描述语言 ADL 是一种形式化语言，它在底层语义模型的支持下，为软件的概念体系结构建模提供了具体语法和框架。使用 ADL 描述软件体系结构虽然具有精确、完全的特点，但也导致专业术语过多、语义理论过于复杂等问题，使其不利于向产业界推广。而 XML(Extensible Markup Language，可扩展标记语言)简单和易于实现，并且由于其在工业界广泛使用，因此，若能用 XML 来表示软件体系结构，必能极大推动软件体系结构领域的研究成果在软件产业界的应用。

4.4.1 XML 标准

1. SGML 和 HTML 语言

20 世纪 60 年代产生的通用标记语言 SGML(Standard Generalized Markup Language)，是一种用来创建其他标记语言的语言，在 1986 年它成为定义标记语言的国际标准(ISO 8879)。SGML 的目的是使作者为语言中的每个元素和属性提供正式的定义以描述各种标记语言，从而使他们能够创建与内容相联系的标记。也就是说 SGML 语言是一种元语言。HTML 就是用 SGML 语言写成的。SGML 作为一门语言，虽然功能强大但很复杂，主要用于大量高度结构化数据的场合和其他各种工业领域。若没有保存在文件类型定义(DTD)中对标记语言的定义，则解释一个 SGML 文档就会十分困难。DTD 存放所有语言规则，如果不限定如何使用，就无法使用 SGML 创建自己的标记语言。

HTML(Hypertext Markup Language，超文本标记语言)作为 SGML 语言的一个应用，构成如今因特网世界的绝大部分内容。HTML 是一种用来制作超文本文档的简单标记语言。用 HTML 编写的超文本文档被称为 HTML 文档，它能独立于各种操作系统平台(如 UNIX、Windows 等)。自 1990 年以来，HTML 一直用于描述网页的格式设计和 WWW 上其他网页的链接信息。HTML 的优点是简单易用，比较适合 Web 页面的开发；它的缺点是标记相对较少，只有固定的一些标记集，不能支持特定领域的标记语言，如对数学、化学、音乐等领域的表示支持较少，开发者很难在 Web 页面上表示数学公式、化学分子式和乐谱。

2．XML 语言简介

鉴于 SGML 语言的复杂性和 HTML 语言的局限性，人们希望创建一种自己的标记符和标记符语言，并使之成为自描述性的语言，以便想标记什么，怎么标记都可以随心所欲。这种标记符语言首先应该没有 SGML 语言的复杂性，其次应该具有 SGML 语言基本的创建标记的功能，同时还应该具有 HTML 语言的表现能力，即 SGML 语言的简化版本或者说是其子集。XML 语言应运而生。

XML 由 XML 工作组(原 SGML 编辑审查委员会)开发，大小只有 SGML 的 1/5。它之所以被称为 Extensible Markup Language，是因为它不像 HTML 那样有一个固定的格式，XML 用户可以自己创建标记或使用其他人创建的标记来描述元素的内容。简单地说，XML 就是标记数据的一种方式，使得数据能够自我描述。

XML 使用一种可自我描述的简单的语法。下面对 XML 的语法作简单介绍。

(1) 一个 XML 文档的例子。

```
<?xml version="1.0" encoding="ISO-8859-1"?>

<note>

<to>Tove</to>

<from>Jani</from>

<heading>Reminder</heading>

<body>Don't forget me this weekend!</body>

</note>
```

此文档中的第一行定义了 XML 的版本和文档中使用的字符编码。在这个例子中，遵守的是 XML 1.0 规范，并使用了 ISO-8859-1 字符集。

接下来的一行描述了文档的根元素(就像是在说："本文档是一个便签")：

```
<note>
```

接下来的 4 行描述了根元素的 4 个子元素(to、from、heading 以及 body)：

```
<to>Tove</to>

<from>Jani</from>

<heading>Reminder</heading>

<body>Don't forget me this weekend!</body>
```

最后的一行定义了根元素的结尾:

    </note>

可以看到,这个 XML 文档包含了一个由 Jani 留给 Tove 的便签。由这个例子可以看出 XML 具有较好的自我描述特性。

(2) 所有元素都须有关闭标签。当使用 XML 时,省略关闭标签是非法的。

在 HTML 中,某些元素不一定要有关闭标签。在 HTML 中下面的代码是合法的:

    <p>This is a paragraph

    <p>This is another paragraph

在 XML 中,所有的元素都要有关闭标签:

    <p>This is a paragraph</p>

    <p>This is another paragraph</p>

注释:也许你已经从上面的例子中注意到 XML 声明没有关闭标签。这不是错误。声明不属于 XML 本身的组成部分。它不是 XML 元素,也不需要关闭标签。

(3) XML 标签对大小写敏感。和 HTML 不同,XML 标签对大小写敏感。在 XML 中,标签<Letter>和标签<letter>是不同的。所以必须使用相同的大小写打开并关闭标签:

    <Message>这是错误的。</message>

    <message>这是正确的。</message>

(4)   XML 必须被正确地嵌套。不正确的标签嵌套对 XML 是没有意义的。

在 HTML 中,某些元素可以不正确地彼此嵌套在一起,就像这样:

    <b><i>This text is bold and italic</b></i>

在 XML 中,所有的元素必须正确地彼此嵌套,就像这样:

    <b><i>This text is bold and italic</i></b>

(5)   XML 文档必须有根元素。所有的 XML 必须包含可定义根元素的单一标签对。所有其他的元素都必须处于这个根元素内部。所有的元素均可拥有子元素。子元素必须被正确地嵌套于它们的父元素内部:

    <root>

        <child>

          <subchild>...</subchild>

        </child>

    </root>

(6)   XML 的属性值须加引号。在 XML 中,省略属性值两旁的引号是非法的。

与 HTML 类似,XML 也可拥有属性(名称/值的对)。在 XML 中,XML 的属性值须加引号。请研究下面的两个 XML 文档。第一个是错误的,第二个是正确的。

    <?xml version="1.0" encoding="ISO-8859-1"?>

    <note date=12/11/2002>

    <to>Tove</to>

    <from>Jani</from>

    </note>

```
<?xml version="1.0" encoding="ISO-8859-1"?>

<note date="12/11/2002">

<to>Tove</to>

<from>Jani</from>

</note>
```

在第一个文档中，日期属性没有加引号。

这是正确的：date="12/11/2002"。这是错误的：date=12/11/2002。

(7) 在 XML 中，空格会被保留。在 XML 中，空格不会被截掉。这与 HTML 不同。在 HTML 中，像这样的一个句子：

```
Hello              my name is Tove,
```

会显示为这样：

```
Hello my name is Tove,
```

这是由于 HTML 会把多个连续的空格字符裁减为一个。

(8)　　XML 中的注释。在 XML 中书写注释的语法与 HTML 的语法类似：

```
<!-- This is a comment -->
```

(9) XML。XML 没什么特殊之处，它只是一些纯文本外加括在角形括号中的标签而已。

可处理纯文本文件的软件也可以处理 XML。在一个简单的文本编辑器中，XML 标签也可被显示出来，不会被特殊地对待。

3．XML 的设计目标

(1) XML 应该可以直接在因特网(Internet)上使用。

(2) XML 应该支持大量不同的应用。

(3) XML 应该与 SGML 兼容。

(4) 该容易编写处理 XML 文件的程序。

(5) XML 中的可选项应无条件地保持最少，理想状态下应该为 0 个。

(6) XML 文件应该有足够的可读性，能够让人直接阅读。

(7) XML 的设计应快速完成。

(8) XML 的设计应该是形式化的、简洁的。

(9) XML 文件应易于创建。

(10) 标记的简洁性是最不重要的设计目标。

4．XML 标准

XML 的广泛应用和巨大潜力使其在现在和将来成为不争的标准，随着越来越多的规范对 XML 的支持，使得 XML 的功能日趋强大，不仅在 Web 世界，而且在整个软件系统架构过程中都发挥出巨大的作用。

XML 存在多种标准，除基本 XML 标准以外，其他标准定义了模式、样式表、链接、Web 服务、安全性等其他的重要项目，主要包括 XML 规范、XML 模式、文档对象模型(DOM)、链接和引用、XSL、安全性标准等。

4.4.2 XML 的应用领域

虽然人们对 XML 的某些技术标准尚有争议，但是人们已经普遍认识到 XML 的作用和巨大潜力，并将 XML 应用到互联网的各个方面。考察现在的 XML 应用，可以大致将它们分成以下几类：

(1) 设计置标语言。设计置标语言是设计 XML 的初衷。设计 XML 的最初目的就是为了打破 HTML 语言的局限性，规范、有效、有层次地表示及显示原 HTML 页面所表示的内容。XML 是 SGML 语言的一个子集，作为一种元语言发挥作用。

(2) 数据交换。XML 除了能显示数据之外，还能作为一种数据的存储格式进行数据交换和传输。因为 XML 可以定义自己的标记，并给予这些标记一定的意义，从而使 XML 文档具有一定的格式，具有相同格式的文档即可进行数据交换。在此基础上发展起来的应用(如 EDI)为电子商务的发展提供了更加广阔、更加廉价的空间。

(3) Web 服务。目前 XML 最主要的应用就是构建 Web 服务(Web Service)。从技术上来说，Web 服务是"一个由可编程的应用逻辑装配的，可使用标准 Web 协议访问的构件"。它与构件很相似，但可以通过 Web 访问它的所有功能。几乎任何浏览 Web 的人都能查看并使用 Web 服务。因此，可以将 Web 服务看作一个接受客户(运行在 Web 客户端的某种程序)请求的黑盒子，它可以执行特定的任务，并返回该任务结果。例如，常用的搜索引擎本质上就是一种 Web 服务，它的工作原理是：用户提交一个搜索表达式，它就编译出一系列匹配的站点，然后将其返回浏览器。此外，Web 服务还应用于集成不同的数据源、本地计算、数据的多种显示、支持 Web 应用的互操作和集成等。

现在已经有几十种 ADL，但没有一种通用的 ADL。XML 的另一个重要的应用就是用作 ADL。因为 XML 有能力描述非文档信息模型，并且 XML 标准已经迅速且广泛地在全球展开，许多大公司纷纷表示要对 XML 进行支持，所以 XML 有能力和潜力消除各种 ADL 无法统一的局面，使现在及将来的应用可以操作、查找、表现、存储这些 XML 模型，并且在软件环境和软件工具经常变换的情况下仍然保持可用性和重用性。

4.5 基于 XML 的软件体系结构描述语言

由于 XML 在体系结构描述上的许多优点，研究者们已经开发出了不同的基于 XML 的体系结构描述语言，如 XADL2.0、XBA、XCOBA、ABC/ADL 等。

4.5.1 XADL2.0

XADL2.0 在所有的 ADL 中具有很多独特的性质。首先，XADL2.0 在结构上具有很好的扩展性；其次，XADL2.0 作为一个模型化的语言而建立，它并不是为了描述某一模型而建立的单一语言，而是一个对模型描述的集合；XADL2.0 能够随着模型的增加或者模型的扩展而发展成模型集。

XADL2.0 的所有模型是由各种 XML Schemas 构成的，这使得 XADL2.0 是一种基于 XML 的语言。所有的 XADL2.0 的文档(例如体系结构描述)是有效的、遵循 XADL2.0 模式的 XML 文档。下面给出一个用 XADL2.0 描述构件的例子。

```
<types:component xsi; type="types:Component" types:id="xArchADT">
    <types:description xsi; type="instance:Description"> xArchADT </types:description>
    <types:interface xsi; type="type:Interface" types:id="xArchADT.IFACE_TOP">
        <types:description xsi:type="instance:Description"> xArchADT Top Interface
            </types:description>
        <types:direction xsi: type="instance:Direction" > inout </types:direction>
        <types:type xsi: type="instance:XMLLink" xlink:type="simple" xlink:href=
            "#C2TopType"/>
    </types:interface>
    <types:interface xsi:type="types:Interface" types:id="xArchADT.IFACE_BOTTOM">
        <types:description xsi:type="instance:Description"> xArchADT Botton Interface
            </types:description>
        <types:dircetion xsi:type="instance:Direction"> inout </types:direction>
        <types:type xsi:type="instance:XMLLink" xlink:type="simple"    xlink:href=
            "#C2BottonType"/>
    </types:interface>
    <types:type xsi: type="instance:XMLLink" xlink:type="simple" xlink:href=
        "#sArchADT_type"/>
</types:component>
```

1. XADL2.0 的核心

XADL2.0 模式的核心是实例模式，在 instances.xsd 文件中定义了实例模式，该模式是由加州大学欧文分校和卡内基梅隆大学合作创建的。它定义了体系结构的构成的"最小公分母"和语义的中立者，因此，它不用逐步定义这些构成，以及行为的约束和规则。

在实例模式结构中定义了五个方面的内容，分别是构件实例(包括子体系结构)、连接件实例(包括子体系结构)、接口实例、链接实例和通用组。所有这些内容都归类在一个称为 ArchInstance 的顶层元素下。每一个 ArchInstance 元素对应一个概念上的体系结构单元。这些元素的 XML 关系如图 4-6 所示。

2. 实例模式的语义

一个体系结构实例是由一系列的构件实例、连接件实例和链接实例，以及它们之间的组合构成。每一个构件和连接件实例都有一个接口实例集。另外，在此对这些元素设置的等级关系做了一个假设，假设如下：

(1) 每一个构件和连接件实例都有一系列的接口实例。这些接口属于对应的构件和连接件实例，并为它们服务。也就是说，从一个构件或连接件实例到其他构件、连接件的数据传输必须通过这些接口。接口实例相当于构件、连接件实例的内部"网关"，这和面向对象观点的接口是不一致的。

(2) 链接实例端点存在于普通的 XML 链接内，是用于链接两个接口实例的。因此，一个链接可能链接一个构件实例的接口实例 A 的"输入"细节，也可能是构件实例的接口实例 B 的"输出"细节。

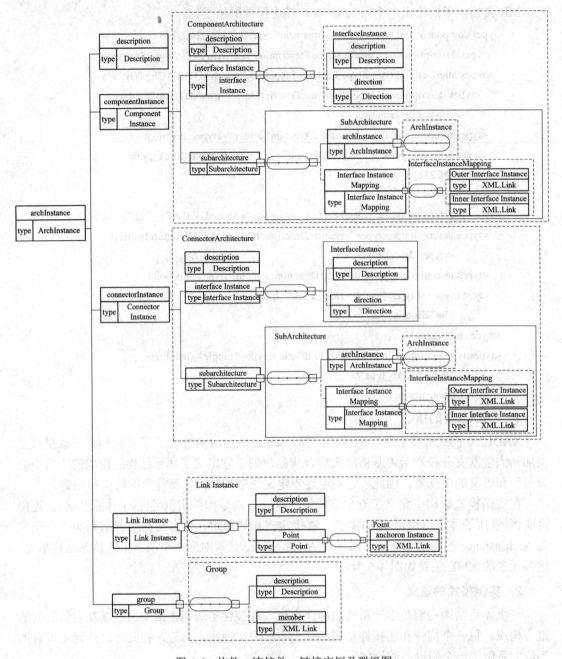

图 4-6　构件、连接件、链接实例及群组图

(3) 链接实例是不定向的,这和指向顺序是不相关的。定向的数据流通过一个链接是由接口实例的方向(如"输入""输出"等)决定的。

(4) 链接实例不能通过扩展把语义增加到链接上。如果链接已经具有语义,那么这个链接就是一个连接件。

构件、连接件、接口和链接的关系如图 4-7 所示。在图中,链接的端口是接口,接口是构件和连接件与外部联系的"网关"。

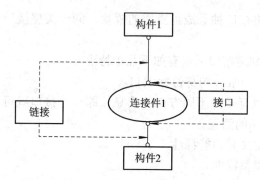

图 4-7 构件、连接件、接口和链接的关系

3. XADL2.0 的结构元素

XADL2.0 是一个具有高可扩展性的软件体系结构描述语言，它通常用于描述体系结构的不同方面。在 XADL2.0 中，对体系结构的描述主要由四个方面组成，分别是构件、连接件、接口和链接。

- 构件——系统的计算核心。
- 连接件——系统的通信核心。
- 接口——提供构件和连接件交互时的消息入口点和出口点。
- 链接——实现连接的构件和连接件的拓扑排列。

下面我们将分别介绍上述四种结构元素。

1) 接口 (Interface)

这里我们首先对接口元素加以介绍，因为在 XADL 2.0 中将构件接口和连接件接口抽象为一个独立的接口元素，在对构件元素和连接件元素定义中都需要用到接口元素。对接口元素的定义如图 4-8 所示。

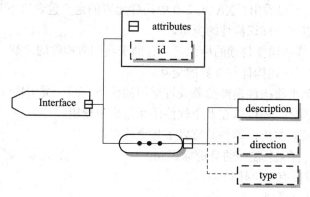

图 4-8 接口元素的定义

从图 4-8 可以看出，XADL2.0 对接口元素的描述包含以下几个方面：

- id 属性：用以唯一标识接口的身份。
- description：描述接口易读的标识符，有助于我们对接口的理解。
- direction：用以表示消息在接口上出现的方向。消息是指构件与连接件以及构件之间的交互信息。在 XADL 2.0 中认为消息在接口上出现的方向为以下四种之一："入""出""入出"和"无"。

• type：接口类型将接口抽象成可重用的模块，同一类型接口在一个构件或连接件中可以被多次实例化。

从上述定义中可以知道接口元素有如下几个特点：

(1) 一个接口只有一个唯一的身份标识 id。

(2) 一个接口上可以有多种不同方向的消息，即一个接口既可以有接收来自外界的消息，也可以有从接口发出的消息。

(3) 接口元素没有定义其功能特性。

(4) 接口本身具有类型特性。

2) 构件

在 XADL 2.0 中，构件是系统的计算核心，构件与外界的交互通过构件接口，但接口的数量不受限制，对构件元素的定义如图 4-9 所示。

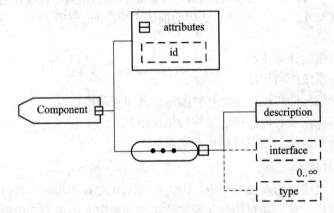

图 4-9   构件元素的定义

从图 4-9 中我们可以看出，XADL 2.0 中构件元素的定义包含以下几个方面：

• id 属性：用以唯一标识构件的身份。

• description：描述构件易读的标识符，有助于我们对构件的理解。

• interface：用以描述构件与外界的交互。

• type：构件类型将构件功能抽象成可重用的模块，同一类型构件在一个软件体系结构中可以被多次实例化，还可以在多个软件体系结构中使用。

从上述定义中可以得出，构件具有以下几个特点：

(1) 一个构件只有一个唯一的身份标识 id。

(2) 一个构件可以有多个接口。

(3) 构件本身具有类型。

(4) 构件本身没有定义其功能特性。

3) 连接件

在 XADL 2.0 中，连接件是系统的通信核心，连接件将各个构件连接起来并充当它们交互的中间件。广义上讲，消息路由、共享变量、入口表、缓存区等都可以作为连接件。连接件也要通过接口与构件或连接件相连，以便实现构件之间的交互，连接件的接口没有数量限制，只与所连接的构件或连接件的数量有关。对连接件元素的定义如图 4-10 所示。

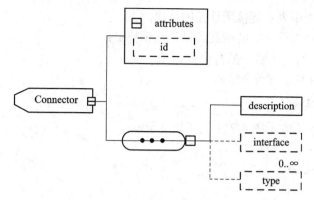

图 4-10　连接件元素的定义

从图 4-10 中我们可以看出，XADL 2.0 中连接件元素的定义包含以下几个方面：

- id 属性：用以唯一标识连接件的身份。
- description：描述连接件易读的标识符，可有助于我们对连接件的理解。
- interface：用以描述连接件与外界的交互。
- type：连接件类型将连接件功能抽象成可重用的模块，同一类型连接件在一个软件体系结构中可以被多次实例化，还可以在多个软件体系结构中使用。

从上述定义中可以得出，连接件具有以下几个特点：

(1) 一个连接件只有一个唯一的身份标识 id。
(2) 一个连接件可以有多个接口。
(3) 连接件本身具有类型。
(4) 连接件本身没有定义其功能特性。

4) 链接

实例模式中约定接口之间通过链接实现连接，正如图 4-7 中所示，链接的端点是接口，而且接口是构件和连接件通往外部世界的"门户"。对链接元素的定义如图 4-11 所示。

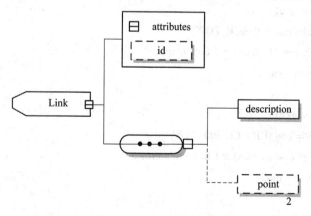

图 4-11　链接元素的定义

从图 4-11 中我们可以看出，XADL 2.0 中链接元素的定义包含以下几个方面：

- id 属性：用以唯一标识链接的身份。
- description：描述链接易读的标识符，有助于我们对链接的理解。

- point：端点用于表示链接所连接的接口。

从上述定义中可以得出，链接具有以下几个特点：

(1) 一个链接只有一个唯一的身份标识 id。

(2) 一个链接有且仅有两个端点。

4. XADL 2.0 实例

用 XADL 2.0 术语表示图 4-7 中例子如下所示：

```
archInstance{
    componentInstance{
        (attr)id="comp1"
        description="Component 1"
        interfaceInstance{
            (attr)id="comp1.IFACE_TOP"
            description="Component 1 Top Interface"
            direction="inout"
        }
        interfaceInstance{
            (attr)id="comp1.IFACE_BOTTOM"
            description="Component 1 Bottom Interface"
            direction="inout"
        }
    }
    connectorInstance{
        (attr)id="conn1"
        description="Connector 1"
        interfaceInstance{
            (attr)id="conn1.IFACE_TOP"
            description="Connector 1 Top Interface"
            direction="inout"
        }
        interfaceInstance{
            (attr)id="conn1.IFACE_BOTTOM"
            description="Connector 1 Bottom Interface"
            direction="inout"
        }
    }
    componentInstance{
        (attr)id="comp2"
        description="Component 2"
```

```
interfaceInstance{
    (attr)id="comp2.IFACE_TOP"
    description="Component 2 Top Interface"
    direction="inout"
}
interfaceInstance{
    (attr)id="comp2.IFACE_BOTTOM"
    description="Component 2 Bottom Interface"
    direction="inout"
}
}
linkInstance{
    (attr)id="link1"
    description="Comp1 to Conn1 Link"
    point{
        (link)anchorOnInterface="#comp1.IFACE_BOTTOM"
    }
    point{
        (link)anchorOnInterface="#conn1.IFACE_TOP"
    }
}
linkInstance{
    (attr)id="link2"
    description="Conn1 to Comp2 Link"
    point{
        (link)anchorOnInterface="# conn1.IFACE_BOTTOM"
    }
    point{
        (link)anchorOnInterface="# comp2.IFACE_TOP"
    }
}
}
```

4.5.2　XBA

XBA 是复旦大学计算机系的赵文耘教授和他的学生张志提出的一种基于 XML 的体系结构描述语言，它采用 XML Schema 作为定义机制。

作为一种体系结构描述语言，XBA 主要是把 XML 应用于软件体系结构的描述，通过对组成体系结构的基本元素进行描述，同时利用 XML 的可扩展性，对现有的各种 ADL 进行描述及定义。

XBA 主要围绕体系结构的三个基本抽象元素(构件、连接件和配置)来展开，它实现了一种切实可行的描述软件体系结构的方法。下面通过一个实例来对 XBA 进行说明。

图 4-12 给出了一个简单的客户机/服务器结构。在图中，客户机和服务器是两个构件，Rpc 为连接件，构件和连接件的实例构成了这个 C/S 系统的配置。

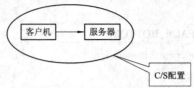

图 4-12　客户机/服务器结构

1. 构件(Component)

在 XBA 里，一个构件描述了一个局部的、独立的计算。对一个构件的描述有两个重要的部分：接口(Interface)和计算(Computation)。

一个接口由一组端口(Port)组成，每一个端口代表这个构件可能参与的交互。计算部分描述了这个构件实际所做的动作，计算实现了端口所描述的交互并且显示了它们是怎样被连接在一起构成一个一致的整体的。

端口定义了一个构件的接口，它指出了构件的两个方面的特征。首先，它指出了构件对外界提供的服务。其次，它指出了构件对它所交互的系统的要求。在有些 ADL 中，端口的以上两种作用分别被服务端口和请求端口所实现，但在 XBA 中，我们并不显式区分服务端口和请求端口，如果要显式说明这两种端口，可以从 Schema 扩展加入一个属性或元素来说明端口的类型。下面是 component 类型的 XML Schema 定义：

```
< complexType name= "componentType" >
  < sequence>
    < element name="Port" type= "portType" minOccurs="0" maxOccurs= "unbounded"/ >
    < element name= "Computation" type= "computationType" minOccurs=" 0" / >
  < /sequence>
  < attribute name="Name" type= "string" / >
< /complexType>


< complexType name= "portType" >
  < element name="Description" type= "string" minOccurs="0 "/ >
  < attribute name="Name" type= "string" / >
< /complexType>


< complexType name="computationType">
  < element name= "Description" type= "string" / >
  < attribute name="Name" type= "string" / >
< /complexType>
```

2．连接件(Connector)

一个连接件代表了一组构件间的交互。使用连接件的一个重要的好处是它通过结构化一个构件与系统其他部分交互的方式，增加了构件的独立性。一个连接件实际上提供了构件必须满足的一系列要求和一个信息隐藏的边界，这个边界阐明了构件对外部环境的要求。构件说明只需指明构件将要做什么，而连接件说明描述了在一个实际的语境中这个构件怎样与其他部分合作。连接件 Rpc 的 XBA 描述如下：

```
< Connector name= "Rpc" >
    < Role name= "Source" >
        < Description>
        get request from client
        < /Description>
    < /Role>
    < Role name="Sink" >
        < Description>
        give request to server
        < /Description>
    < /Role>
    < Glue>
    get request from client and pass it to server through some protocol
    < /Glue>
< /Connector>
```

一个连接件由一组角色(Role)和胶水(Glue)组成。每一个角色说明了一个交互中的一个参与者的行为。在连接件里 Glue 描述了参与者怎样一起合作来构成一个交互。Glue 说明了各个构件的计算怎样合起来组成一个规模更大的计算。就像构件中的计算部分一样，Glue 表示了连接件的动作。

3．配置(Configuration)

为了描述整个软件体系结构，构件和连接件必须合并为一个 Configuration。一个 Configuration 就是通过连接件连接起来的一组构件实例(Instance)。Client-Server 体系结构的 XBA 描述如下：

```
< Configuration name= "Client-Server" >
    < Component name="Client" / >
    < Component name="Server" / >
    < Connector name="Rpc" / >
    < Instances >
        < ComponentInstance >
            < ComponentName> MyClient< /ComponentName>
            < ComponentTypeName> Client< /ComponentTypeName>
        < /ComponentInstance>
```

```
            <! --etc.-->
            < ConnectorInstance>
                < ConnectorName> MyRpc< /ConnectorName>
                < ConnectorTypeName> Rpc< /ConnectorTypeName>
            < /ConnectorInstance>
        < /Instances>
        < Attachments>
            < Attachment>
                < From> MyClient.Request< /From>
                < To> MyRpc.Source< /To>
            < /Attachment>
            <! --etc.-->
        < /Attachments>
    < /Configuration>
```

因为在一个系统中对一个给定的构件或连接件可能会使用多次，所以我们把前面在介绍构件和连接件时所举的例子称为是构件或连接件的类型，也就是说，它们代表了构件或连接件的属性，而不是使用中的实例。为了区分一个 Configuration 中出现的每一个构件和连接件的不同实例，XBA 要求每一个实例都明确地命名，并且这个命名应唯一。

Attachments 通过描述哪些构件参与哪些交互定义了一个Configuration 的布局或称为拓扑(Topology)，这是通过把构件的端口和连接件的角色联系在一起来完成的。构件实现了计算，而端口说明了一个特别的交互。端口与一个角色联系在一起，那个角色说明了为了成为连接件所描述的交互的合法参与者那个端口所必须遵守的规则。如果每一个构件的端口都遵守角色所描述的规则，那么连接件的 Glue 定义了各个构件的计算怎样合并为一个单一的更大规模的计算。

4. 性能分析

通过利用 XML Schema 的扩展性机制，可以方便地通过 XBA 的核心 XML Schema 定义来获得新的可以描述其他 ADL 的 XML Schema。

XBA 利用 XML 的可扩展、自描述以及结构化等优点，围绕着构架的三种基本抽象元素 Component、Connector 和 Configuration 来展开，实现了一种切实可行的描述系统构架的方法。它具有以下优点：

(1) XBA 具有开放式的语义结构，继承了 XML 的基于 Schema 的可扩展性机制，在使用了适当的扩展机制之后，XBA 可以表示多种构架风格，而且可以利用 XML Schema 的 include 和 import 等机制来重用已经定义好的 XML Schema，实现 ADL 的模块化定义。

(2) 利用 XML 的链接机制(XLink)，可以实现体系结构的协作开发。可以先把体系结构的开发分解，由不同的开发者分别开发，然后再利用 XML 的链接机制把它们集成起来。

(3) 易于实现不同 ADL 开发环境之间的模型共享。可能会存在多种基于 XML 的 ADL 开发工具，尽管它们所使用的对 ADL 的 XML 描述会有不同，但通过 XSLT 技术，可以很方便地在对同一体系结构的不同 XML 描述之间进行转换。

(4) XML 有希望成为构件库中构件存储的标准，因此采用 XBA 有利于体系结构描述与构件库的结合。

4.5.3 XCOBA

湖南师范大学的张友生教授及其学生在基于构件运算的基础上提出了基于 XML 的体系结构描述方法 XCOBA，它采用 XML 的 Schema 作为定义机制。该方法描述的体系结构具有很多良好的性质，如可以动态地反映系统在运行时刻体系结构的相关信息，支持系统的逐步精化与演化，支持基于构件的软件开发方法和实现异构构件之间的相互通信等。

虽然现在对体系结构的定义还没达成一个共识，但几乎所有的定义中都有构件 (Component) 和连接件 (Connector)，都定义了构件和连接件之间的规约，即配置 (Configuration)。作为一种软件体系结构描述方法，XCOBA 包括了体系结构描述的三种基本元素：构件、连接件和配置。下面采用 XCOBA 方法描述这三种基本元素。

1. 构件

构件是软件系统的构成要素和结构单元，是软件功能设计、实现和寄居状态的承载体。所以，从系统的构成上看，任何在系统中承担一定功能、发挥一定作用的软件体都可以看作是构件。

一个构件描述了一个局部的、独立的计算，是系统中的功能单元和计算实体。在 XCOBA 里，对一个构件的描述有 4 个重要部分：对象集合 Objects、属性集合 Attributes、动作集合 Actions 和端口集合 Ports。对象集合 Objects 是用于描述构件所包含的各类对象，对象包括对象名、对象属性和对象方法；属性集合 Attributes 是用于描述构件的各种属性，比如版本、安全和负载等，属性包括属性名和属性的值；动作集合 Actions 是用于描述构件的各种行为属性，实现了端口所描述的交互，包括行为名、行为属性、返回类型和所带参数；端口集合 Ports 由一组端口组成，每个端口代表这个构件可能参与的交互，包括端口名、端口类型等。在 XCOBA 里，构件的描述如图 4-13 所示。

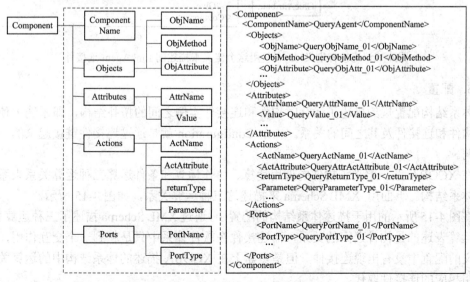

图 4-13　构件定义(左)和使用这个定义来描述的 QueryAgent 构件

2. 连接件

任何构件的独立存在并不能发挥和实现自己的功能，连接件是构件之间联系的特殊部分，实现了构件间的信息交换和行为关系。连接件也拥有其内部结构和外部接口，但是，构件可以在多个交互中扮演不同的角色，而连接件只能在一个交互中起作用，这种不同在接口上表现为：构件可以有若干个相互无关的接口，而连接件只能有一组相互关联的接口。

连接件具有连接的方向性和连接的角色性。前者是指连接件的任何一端可以进行单向或双向请求传递，后者是指参与连接一方的作用和地位，有主动和被动或请求和响应之分。

在 XCOBA 里，对一个连接件的描述有三个重要部分：角色集合 Roles 是连接件中角色进程所组成的集合，通常集合中有等于或多于两个的元素，包括角色名、角色的行为和角色的属性等；胶水集合 Glue 是胶水的集合，该集合中只有一个元素；端口集合 Ports 是实现与外部构件之间的通信，包括端口名和端口类型。在 XCOBA 里，连接件的描述如图 4-14 所示。

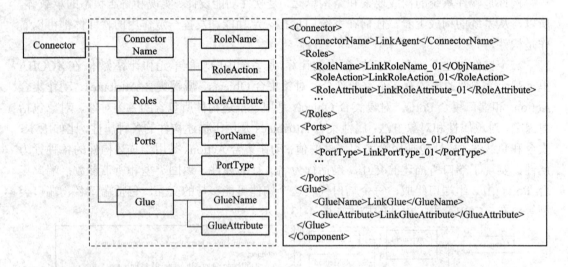

图 4-14　连接件定义(左)和使用这个定义来描述的 LinkAgent 连接件

3. 配置

体系结构配置规约描述了运行时构件和连接件实例之间的拓扑结构，即系统中使用了哪些构件和连接件及其之间的关系。一个 Configuration 就是通过连接件链接起来的一组构件实例。

在 XCOBA 里，定义了构件的调用运算、协作运算和条件运算三种运算关系来系统地描述体系结构。下面用 XML Schema 来描述这三种运算关系，如图 4-15 所示。

在图 4-15 所示的用于描述体系结构的配置中，通过 XML Schema 描述了三种运算关系，这些运算表述的是构件之间的关系，而连接件在软件体系中只是起到一个交互作用，所以在定义的配置中没有出现连接件，但是实际上在 XCOBA 描述的体系结构中的运算关系就可以用相应的连接件取代。

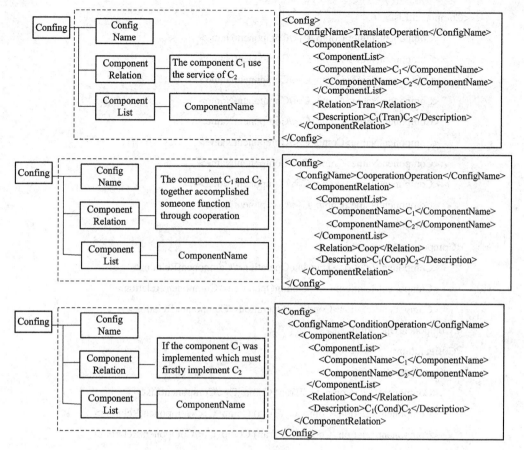

图 4-15 XMLSchema 描述的三种构件运算关系

4．实例研究

下面结合一个系统的例子对 XCOBA 描述体系结构的方法进行详细的说明。该系统由 9 个功能部分组成，相应的体系结构模型如图 4-16 某系统体系结构模型所示。

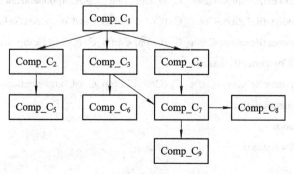

图 4-16 某系统体系结构模型

下面通过 XCOBA 方法描述该系统。

<ADM>XCOBA</ADM>

<ArchitectureName>SystemesArchitecture</ArchitectureName>

<ArchitectureDescription>

```
<ComponentList>
    <ComponentName>Comp_C₁</ComponentName>
    <ComponentName>Comp_C₂</ComponentName>
    <ComponentName>Comp_C₃</ComponentName>
    <ComponentName>Comp_C₄</ComponentName>
    <ComponentName>Comp_C₅</ComponentName>
    <ComponentName>Comp_C₆</ComponentName>
    <ComponentName>Comp_C₇</ComponentName>
    <ComponentName>Comp_C₈</ComponentName>
    <ComponentName>Comp_C₉</ComponentName>
</ComponentList>
<ComponentOperationList>
    <ComponentRelation>TranslateOperation</ComponentRelation>
    <ComponentRelation>CooperationOperation</ComponentRelation>
    <ComponentRelation>ConditionOperation</ComponentRelation>
</ComponentOperationList>
<Cofiguration>
  <ComponentRelation>
    <ComponentList>Comp_C₁ (Tran) Comp_C₂</ComponentList>
    <ComponentRelation>Comp_C₁ (Tran) Comp_C₃</ComponentRelation>
    <ComponentRelation>Comp_C₁ (Tran) Comp_C₄</ComponentRelation>
    <ComponentRelation>Comp_C₂ (Tran) Comp_C₅</ComponentRelation>
    <ComponentRelation>Comp_C₃ (Tran) Comp_C₆</ComponentRelation>
    <ComponentRelation>Comp_C₃ (Tran) Comp_C₇</ComponentRelation>
    <ComponentRelation>Comp_C₄ (Tran) Comp_C₇</ComponentRelation >
    <ComponentRelation>Comp_C₇ (Tran) Comp_C₉</ComponentRelation>
    <ComponentRelation>Comp_C₇ (Cond) Comp_C₈</ComponentRelation>
    <ComponentRelation>Comp_C₂ (Coop) Comp_C₃ (Coop) Comp_C₄
        </ComponentRelation>
    <ComponentRelation>Comp_C₆ (Coop) Comp_C₇</ComponentRelation>
  </ComponentRelation>
</Configuration>
</ArchitectureDescription>
```

5. 性能分析

XCOBA 具备了大多数 ADL 描述软件高层抽象的能力,通过采用 XCOBA 对体系结构基本元素及体系结构的描述,可以发现在该描述方法下的体系结构不管是在设计阶段、开发阶段还是在维护和演化阶段都表现出很多良好的性能,还可以实现异构构件之间的通信。下面对 XCOBA 的相关性能进行分析。

(1) XCOBA 支持系统的逐步精化与演化。

在 XCOBA 描述下的构件和连接件可以通过构件运算关系组装出复杂的、粗粒度可重用复合构件。例如，利用调用运算可以把几个元构件通过连接件组装为一个性能更强的粗粒度构件。设计人员在设计的初始阶段只要关注较大粒度的实体，随后再对这些大粒度的实体进行精化，使得整个设计过程变得更容易被控制。因此，XCOBA 支持系统设计的逐步精化。

软件演化在软件运行过程中是不可避免的，当前的体系结构描述方法对系统的演化描述都比较困难，但 XCOBA 能够反映系统的演化。由于 XML 本身就是数据交换的标准，那么使用 XCOBA 描述的设计阶段的体系结构和构件信息仍然可以保留在组装好的系统中，并在系统运行时被访问。这样，不管系统怎么变化，只要通过访问对应的文件修改相关的体系结构和构件信息，就能够把系统变化的信息相应地反映在体系结构模型中。因此，XCOBA 支持体系结构的演化，能动态反映体系结构信息。

(2) XCOBA 可实现异构构件之间的通信。

基于构件的软件开发方法是提高生产效率、软件产品质量的有效途径。一些软件厂商和组织提出了自己的构件架构，如 Microsoft 公司的 COM，Sun 公司的 EJB 和 CORBA 等，但构件的架构由不同厂商、组织定义，没有统一的标准，因此构件间的互通信能力很差。由于 XCOBA 使用 XML 的描述机制，对于请求构件，请求时将方法名和参数作为 XML 的数据文档条目，将格式要求用 DTD(Document Type Definition)来描述，构件服务代理程序分析出方法和参数并传送给被请求构件；对于被请求构件，通过接收服务程序传来的方法和参数进行应答，应答时将返回值作为 XML 的数据文档条目，将格式要求用 DTD 描述传给构件服务代理程序；构件服务代理程序再对其进行分析并把结果传送给请求构件。这样就能实现不同构件的通信。

(3) XCOBA 具有良好的扩展性。

通过利用 XML Schema 的扩展性机制，可以方便地通过 XCOBA 的核心 XML Schema 的定义来获得新的可以描述构件、连接件和配置的 XML Schema。例如，需要对构件进行新的定义，在新定义中除了本文中的定义外，还包括构件内部的依赖关系、动态语义等，那么就要扩展 XCOBA 的核心 Schema。如果 XCOBA 核心 Schema 的定义存放在 XCOBAStyle.xsd 中，而新的描述构件的 Schema 存放在 NewXCOBAStyle.xsd 中，则只要通过 XML NameSpace 更新 NewXCOBAStyle.xsd 即可实现 XCOBA 核心 Schema 的构件重新定义。

4.6　使用"4+1"模型描述软件体系结构

对于同一座建筑，住户、建筑师、内部装修人员和电气工程师有各自的视角。这些视角反映了建筑物的不同方面，但它们彼此都有内在的联系，而且合起来形成了建筑物的总体结构。

软件体系结构反映了软件系统的总的结构，它和建筑物一样，通过不同的角度来反映系统的体系结构。

当面对一个复杂的系统时，必须从多个角度来考虑问题。在处理体系结构时我们通常只考虑系统功能方面的需求，而实际上除了功能，物理分布、过程通信和同步等也必须在体系结构一级加以考虑。这些来自不同方面的需求就形成了软件体系结构的不同视角。每种不同的视角说明了系统中不同角色或参与者(Stakeholder)各自所关注的焦点。每个视角都可以看成是一幅软件蓝图，同时具有自己的标记方法，可以选择自己的体系结构风格。

当然，所有视角并不是完全独立的，不同视角之间的元素在一定的规则下是相关联的。

从 1990 年开始，Rational 公司的 Philippe Kruchten 对软件体系结构的不同视角进行了专门的研究，并于 1995 年在 IEEE 提出了用于体系结构描述的"4+1"视图模型(The 4+1 View Model of Architecture)。它们是逻辑视图(Logical View)、过程视图(Process View)、物理视图(Physical View)、开发视图(Development View)，另外加上场景(Scenarios)。"4+1"视图模型为理解复杂系统的软件体系结构提供了一个简单和易于理解的方式。它从 5 个不同的角度来描述软件，每个角度都显示了模型系统的一个具体方面。下面对该模型进行较详细的介绍。

"4+1"模型由 5 个视图组成，如图 4-17 所示。

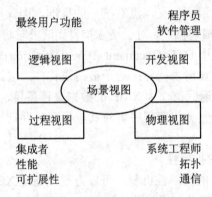

图 4-17 "4+1"视图模型

- 逻辑视图：当采用面向对象的设计方法时，逻辑视图即是对象模型。
- 过程视图：描述系统的并发和同步方面的设计。
- 物理视图：描述软件到硬件之间的映射关系，反映系统在分布方面的设计。
- 开发视图：描述软件在开发环境下的静态组织结构。

对体系结构进行的描述是围绕着以上 4 个视图展开的。然后，通过选择出的一些用例对体系结构加以说明。这些用例被称作场景，它们构成了第 5 个视图。实际上，体系结构在某种程度上是由场景演化而来的。

体系结构的概念在每个视图里面都可以独立应用。这就是说，可以在每个视图里面定义体系结构的各种组成元素，如构件、连接件等。对于不同的视图，还可以选择不同的体系结构风格，因此在同一个系统结构中可以使用多种风格。此外，在每一种视图里，我们使用该视图特定的符号。这避免了符号用法和意义的混乱。"4+1"视图模型是一个十分通用的模型：可以使用其他的符号表示法，也可以使用其他的设计方法，尤其是逻辑视图和过程视图的分解。

"4+1"模型实际上使得有不同需求的人员能够得到他们对于软件体系结构想要了解的东西。系统工程师先从物理视图，然后从过程视图靠近体系结构；最终使用者、客户、数据专家从逻辑视图看体系结构；项目经理、软件配置人员从开发视图看体系结构。

要指出的是，不是所有的软件体系结构都需要完整的"4+1"视图。没有用的视图在体系结构描述中可以被省略，例如对于非常小的系统，逻辑视图和开发视图有可能非常相似，以至于没有必要把它们分开描述。场景视图在各种环境下都是有用的。

下面将分别讨论这 5 种视图，考察每种视图所涉及的方面，所使用的符号表示，以及在描述和管理该视图时要用到的工具。下文中，将以简化了的专用自动交换分机系统和航空交通管制系统为例进行讨论。

4.6.1　逻辑视图的体系结构：面向对象的分解

逻辑视图主要支持功能需求——系统应当向用户提供什么样的服务。从问题域出发，采用面向对象的方法，按照抽象、封装、继承的原则进行分解，得到代表着系统的关键抽象表示的集合。这些抽象表示的具体形式就是对象和对象的类。这种分级不仅是为了功能分析，而且还担负着在系统的各部分中确定公共机制和设计元素的作用。

使用 Rational/Booch 方法，通过类图(Class Diagram)和类模板(Class Template)来表示逻辑体系结构。类图显示了类的集合和它们的逻辑关系：关联(Association)、组合(Composition)、使用(Usage)、继承(Inheritance)关系等。类模板则着眼于每个类的个体，强调类的主要操作，并确定对象的关键特征。当十分需要定义一个对象的内部行为时，要使用状态转换图(State Transition Diagram)，或者是状态表(State Chart)来完成定义。相关类的集合可以归到一起，称作类的种属(Class Category)。

正如前面介绍的，"4+1"视图模型是一个十分通用的模型。除了面向对象的方法，还可以使用其他形式的逻辑体系结构。例如，当所面对的应用具有很明显的数据驱动的特征时，可以使用 E-R 图。

1. 逻辑视图的符号表示法

逻辑视图体系结构的符号表示法(见图 4-18)是从 Booch 方法派生而来的。它被极大地简化了，尤其大量简化了在这个设计阶段作用不大的各种修饰，只考虑对于体系结构有重要意义的元素。在设计工具上，可以使用 Rational Rose 等 UML 建模工具。公共的机制和服务在类设施(Class Utilities)中定义。

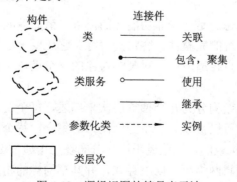

图 4-18　逻辑视图的符号表示法

2．逻辑视图的风格

逻辑视图也可以采用面向对象的风格。逻辑视图设计的主要准则是，要设法在整个系统中保持一个单一的、连贯的对象模型，避免类和相关机制按照场地或处理器过早地分化。

3．逻辑视图的例子

图 4-19(a)显示了一个专用自动交换分机的例子。

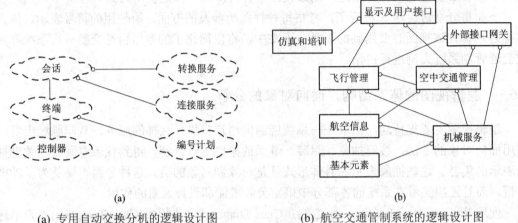

(a) 专用自动交换分机的逻辑设计图 (b) 航空交通管制系统的逻辑设计图

图 4-19 逻辑视图举例

专用自动交换分机用于在通信终端之间建立连接。通信终端可能是电话机、中继线(连接到中心室的线路)、专用线(专用自动交换分机和一般的交换分机之间的线路)、数据线、ISDN 线等。不同的线路需要不同的线路接口卡的支持。线路控制器对象负责从线路接口卡接收信号，以及向它发送信号，并完成信号和一系列的事件(如开始、结束、计数等)之间的转换。控制器还必须受到严格的实时要求的约束。为了适应不同的接口，这个类有许多子类。终端对象负责维护终端的状态，并代表所在的线路提供通信服务。会话对象代表在一个对话中涉及的终端的集合。会话对象使用转换服务(逻辑地址和物理地址之间的映射、路由等)和连接服务建立两个终端之间的语音连接。

和前一个系统相比，航空交通管制系统是一个规模大得多的系统。图 4-19(b)中显示的是一个包括 8 个类种属(即类的分组)的航空交通管制系统的最顶层的类图。

4.6.2 过程视图的体系结构：过程分解

过程视图体系结构考虑的是一些非功能性的需求，诸如性能、可用性等。它所要面对的问题有并发、分布、系统的完整性、容错能力等。它还要考虑怎样把过程视图体系结构与逻辑视图体系结构的要点相适应——对某个对象的某个操作实际上是在哪个控制线程上发生的。

可以把过程视图体系结构分为几个抽象层次来描述，每个层次考虑不同的方面。在最高层次上，过程体系结构可以被视为一个逻辑网络的集合。每个独立执行的逻辑网络都是由通信程序(即"过程")构成的。这些逻辑网络分布在一个通过 LAN 或 WAN 连接起来的硬件资源集合上。多个逻辑网络可能同时存在，并共享同样的物理资源。例如，逻辑网络的概念可用于区分在线处理系统和离线处理系统。

这里所说的过程，是指构成一个可执行单元的一组任务。过程代表了在何种层次上过程体系结构可以进行策略控制，如启动、恢复、重新配置和关闭。

软件被分为独立的任务的集合。每个任务是一个独立的控制线程，可以在一个处理节点上独立单独调度。因此可以将任务分为主任务和辅任务。主任务是需要单独解决的体系结构元素。辅任务是由于实现原因而在本地加入的附加任务(缓冲、超时等)，例如可以将它们实现为轻量级的线程。主任务通过一套完善定义的任务间通信机制进行通信：同步的或异步的基于消息的通信服务、远程过程调用、时间广播等。不应当假设通信中的主任务处于同一个过程中或处在同一个处理节点上。辅任务的通信可以采用共享内存的方式或其他双方约定的方式。

基于过程的体系结构设计图可以估计出消息流和过程负荷。

1．过程视图的符号表示法

这里介绍的过程视图体系结构符号表示法是从 Booch 为 Ada 任务分配提出的符号表示法扩展而来的。与逻辑视图的符号表示法类似，它也被极大地简化了，只考虑对于体系结构有重要意义的元素，如图 4-20 所示。

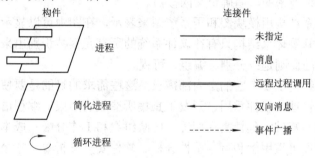

图 4-20　过程视图的符号表示法

在辅助工具的选择上，可以考虑使用 TRW 提供的 UNAS(Universal Network Achitecture Services)产品。它可用于把各种过程和任务构建并实现为过程的逻辑网络。UNAS 里面包含的一个工具 SALE(Software Architecture Lifecycle Environment)支持这样的符号表示法。SALE 允许过程体系结构的图形化描述，包括对可能的任务间通信路径的规格说明。然后，从这种规格说明可以自动生成相应的 Ada 或 C++语言源代码。

2．过程视图的风格

有多种风格适合过程视图体系结构，例如管道-过滤器、客户/服务器及其变体(多客户/单服务器、多客户/多服务器等)。

3．过程视图的例子

在图 4-21 所示的例子中，所有的终端是由单一的一个终端过程处理的。这个终端过程由输入队列中的消息驱动。控制过程由 3 个任务组成，控制对象在其中之一上执行。低速循环任务扫描所有的非激活终端(200 ms)，它将所有变为激活的终端放入高速循环扫描(10 ms)的扫描列表中；高速循环扫描探测扫描列表里终端的重要的状态改变，并将这种改变传输给主控任务；主控任务解读这种状态改变并通过消息与相关终端通信。这里，控制过程内部的消息通信是通过共享内存的方式实现的。

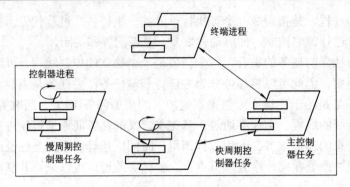

图 4-21　专用自动交换分机的过程设计图

4.6.3　开发视图的体系结构：子系统分解

开发视图关注的是在软件开发环境中软件模块的实际组织。软件被打包成可以由单个或少量程序员开发的各种小的部分：程序库或子系统。子系统被组织成层次化的体系，每层为上一层提供一个严密的、明确定义的接口。

系统的开发体系结构用模块图和子系统图来表示，在图中可以显示出"导入"和"导出"关系。完整的开发体系结构只有在软件系统的所有元素被识别出来之后才能被描述。控制开发体系结构的原则是：分割、编组、可视。

开发视图体系结构主要考虑的是内部需求，这些需求的目的是要使开发相关的活动更易于进行，如软件管理、软件重用、开发工具集所造成的约束、编程语言等。开发体系结构是许多开发活动的基础，包括需求配置、团队组织和工作分配、成本估算和成本规划、项目进度监控、软件可重用性和可移植性分析、软件安全分析等。它是建立软件产品线的基础。

1. 开发视图的符号表示法

与前面类似，开发视图的符号表示法采用 Booch 表示法的变体，并且只考虑对于体系结构有重要意义的元素，如图 4-22 所示。

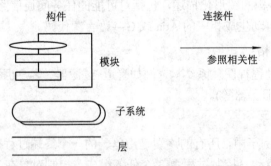

图 4-22　开发视图的符号表示法

Rational 公司的 Apex Development Environment 支持对开发视图的定义和实现，也支持上面描述的分层策略和对设计规则的执行。在 Rational Rose 中，可以绘制模块层和子系统层的开发体系结构图，还可以在逆向工程中从已经开发的源代码(Ada 或 C++)中得出系统的开发体系结构图。

2. 开发视图的风格

对于开发视图,我们建议采用分层风格,定义 4～6 层的子系统。每一层都有明确定义的责任。设计规则是,某一层的子系统只能依赖于本层或其下层的子系统。这样做的目的是使模块间相互依赖而构成的复杂网络最小化,并使得系统可以采用逐层的策略完成释放。

3. 开发视图的例子

图 4-23 用 5 个层次表示了航空交通管制系统产品线的开发组织。此开发体系结构是与图 4-19(b)中描述的逻辑体系结构相对应的。

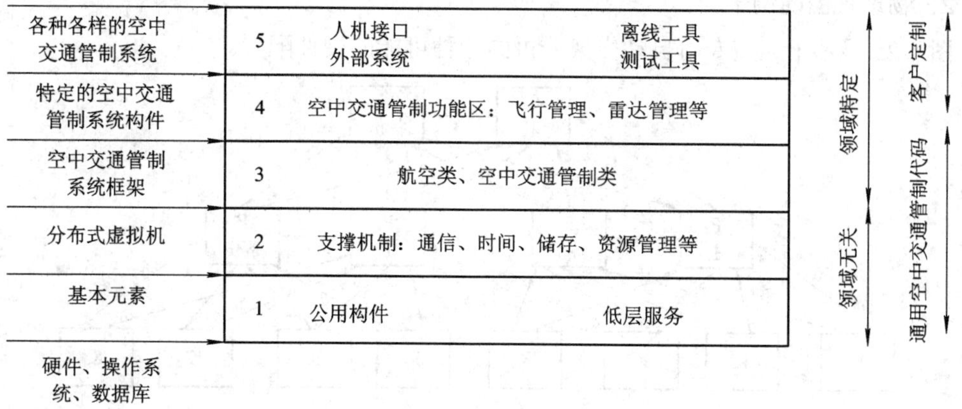

各种各样的空中 交通管制系统	5	人机接口 外部系统	离线工具 测试工具
特定的空中交通 管制系统构件	4	空中交通管制功能区:飞行管理、雷达管理等	
空中交通管制 系统框架	3	航空类、空中交通管制类	
分布式虚拟机	2	支撑机制:通信、时间、储存、资源管理等	
基本元素	1	公用构件	低层服务

硬件、操作系统、数据库

图 4-23 航空交通管制系统的 5 个层次

第 1、2 层是在软件产品线中常见的分布式系统基础结构。这两层独立于应用域,并将上层系统遮蔽起来,防止其受到硬件平台、操作系统、数据库等变化的影响。在这两层的基础上,第 3 层增加了一个航空交通管制(ATC)框架,成为一个用于特定应用领域的软件系统结构。使用这一框架,第 4 层构造了一系列的功能模块。第 5 层与用户和产品相关,包括大多数的用户界面与外部系统的接口。在这 5 层中,共分布着 72 个子系统,每层大约包括 10～50 个模块。

4.6.4 物理视图的体系结构:从软件到硬件的映射

物理体系结构主要考虑的是非功能性的系统需求,如系统的可用性、可靠性(容错性)、性能(信息吞吐量)和可扩展性。软件系统在计算机网络的各个处理节点上运行,各种被确定出的元素——网络、过程、任务和对象——需要映射到各种节点上去,将用到不同的物理配置,有些用于开发和测试,有些用于不同场所或不同用户。因此从软件到处理节点的映射需要高度灵活,并且最小限度地影响其本身的源代码。

1. 物理视图的符号表示法

图 4-24 所示为物理视图的符号表示法。大型系统中的物理视图可能非常凌乱。

TRW 公司的 UNAS 允许使用者采用数据驱动的方式将过程体系结构映射到物理体系结构,并允许在不修改源代码的情况下对这种映射做出多种改动。

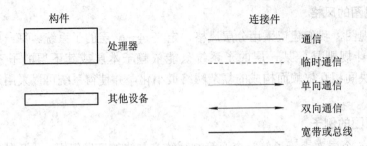

图 4-24 物理视图的符号表示法

2．物理视图的例子

图 4-25 显示了大型专用自动交换分机的一种可能的硬件配置。

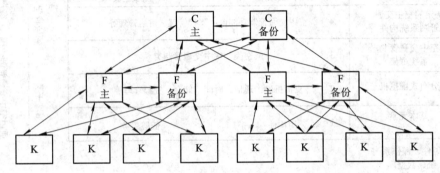

图 4-25 专用自动交换分机的物理体系结构

4.6.5 场景视图的体系结构：汇总

通过使用一些重要场景，4 个视图中的元素可以协调地共同工作。尽管这些场景是一个小集合，但是它们很重要。场景是更通用的概念——用例的实例。从某种意义上讲，场景是最重要的需求的抽象。场景的设计使用对象场景图(Object Scenario Diagram)和对象交互图来表示。

相对于其他的 4 个视图，场景视图是多余出来的(所以称为"4+1")，但是它承担着两个任务：

(1) 在下面要讲到的体系结构设计中，将以此视图为驱动来发现体系结构元素。

(2) 在体系结构设计结束后，此视图承担验证和描述的角色。它不仅用于书面记录，并且是体系结构原型测试的起始点。

1．场景视图的符号表示法

场景视图的符号表示法中，构件的表示与逻辑视图非常相似，但是连接件的表示使用过程视图中的方法。注意，对象的实例用细实线表示。在工具的使用方面，和逻辑体系结构类似，可以使用 Rational Rose 绘制和管理对象场景图。

2．场景视图的例子

图 4-26 为场景的雏形——本地呼叫选择阶段，显示了用于小型专用自动交换分机的场景的片段。

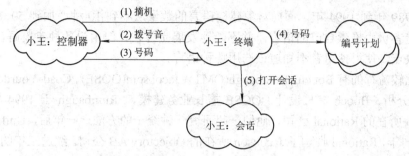

图 4-26 场景的雏形——本地呼叫选择阶段

(1) 小王的电话控制器检测和验证电话从挂机到摘机状态的转变，并且发送一个消息来唤醒相关的终端对象。

(2) 终端分配一定的资源，并通知控制器发出拨号音。

(3) 控制器收到所拨号码并将它们发送给终端。

(4) 终端使用编号计划分析号码。

(5) 当一个有效的拨号序列进入时，终端打开一个会话。

从以上分析可知，逻辑视图和开发视图描述系统的静态结构，而进程视图和物理视图描述系统的动态结构。对于不同的软件系统来说，侧重的角度也有所不同。例如，对于管理信息系统来说，比较侧重于从逻辑视图和开发视图来描述系统，而对于实时控制系统来说，则比较注重于从进程视图和物理视图来描述系统。

4.7 使用 UML 描述软件体系结构

4.7.1 UML 简介

1．UML 的概念

UML(Unified Modeling Language)是一种统一建模语言，下面对它进行解释。

统一：表示是一种通用的标准，它被 OMG(Object Management Group)认可，成为软件工业界的一种标准。UML 表述的内容能被各类人员所理解，包括客户、领域专家、分析师、设计师、程序员、测试工程师及培训人员等。他们可以通过 UML 充分理解和表达自己所关注的那部分内容。

建模：即建立软件系统的模型。为说明建模的价值，Booch 给出一个类比：盖一个宠物窝棚、修一个乡间别墅和建一座摩天大楼。建立一个简单的系统，例如盖一个宠物窝棚，模型可有可无；建立一个比较复杂的系统，例如修一个乡间别墅，模型的必要性增大；建立一个高度复杂的系统，例如建一座摩天大楼，模型必不可少。

语言：表明它是一套按照特定规则和模式组成的符号系统，它用半形式化方法定义，即用图形符号、自然语言和形式语言相结合的方法来描述定义的。

2．UML 的发展历史

公认的面向对象建模语言出现于 20 世纪 70 年代中期，到了 80 年代末发展极为迅速。

据统计，1989 年到 1994 年，面向对象建模语言的数量从不到 10 种增加到 50 多种。各类语言的创造者极力推崇自己的语言，并不断地发展完善它。但由于各种建模语言所固有的差异和优缺点，使得使用者不知道该选用哪种语言。

其中比较流行的有 Booch、Rumbaugh(OMT)、Jacobsom(OOSE)、Coad-Yourdon 等方法。OMT 擅长分析，Booch 擅长设计，OOSE 擅长业务建模。 Rumbaugh 于 1994 年离开 GE 加入 Booch 所在的 Rational 公司，他们一起研究一种统一的方法，一年后，Unified Method 0.8 诞生，同年，Rational 收购了 Jacobson 所在的 Objectory AB 公司。经过三年的共同努力，UML0.9 和 UML0.91 于 1996 年相继面世。

此后，UML 的创始人 Booch 等邀请计算机软件工程界的著名人士和著名的企业如 IBM、HP、DEC、Microsoft、Oracle 等对 UML 进行评论，提出修改意见。1997 年 1 月，Rational 公司向 OMG 递交了 UML1.0 标准文本。1997 年 11 月，OMG 宣布接受 UML，认定为标准的建模语言。UML 目前还在不断发展和完善。

4.7.2 UML 基本图符

UML 包含了一些图形元素，在进行系统分析和设计时需要这些图。UML 通过提供这些图，使得可以通过多个视图从不同角度来描述一个系统。

1．用例图(Use Case Diagram)

用例(Use Case)是从用户的观点对系统行为的一个描述。它从用户角度搜集系统需求，这样既可靠又不易遗漏需求。

这里先举一个简单的例子，假设一个人使用洗衣机来洗衣服，用 UML 用例图来描述洗衣过程如图 4-27 所示。

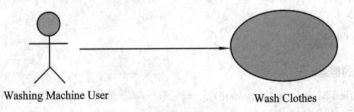

图 4-27 UML 用例图

其中，小人表示参与者(Actor)，它代表拟建系统外部和系统进行交互的某类人或系统；椭圆代表用例。用例定义一组相关的由系统执行的动作序列。

2．类图(Class Diagram)

一个类是一组具有类似属性和共同行为的事物。例如，属于洗衣机类的事物都有诸如品牌(Brand Name)、型号(Model Name)、序列号(Serial Number)和容量(Capacity)等属性，它们的行为包括加衣物(Add Clothes)、加洗涤剂(Add Detergent)、取出衣物(Remove Clothes)等操作。

图 4-28 UML 类图标是一个用 UML 表示法表示的洗衣机属性和行为的例子。矩形方框是 UML 中表示类的图标，它被分为 3 个区域：最上面是类名，中间是属性，最下面是操作。类图由这些类框和表明类之间关联的连线所组成。

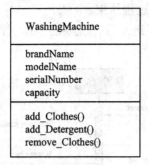

图 4-28　UML 类图标

3. 对象图(Object Diagram)

对象是一个类的实例，是具有具体属性和行为的一个具体事物。如洗衣机品牌为海尔或小天鹅，一次最多洗涤重量为 5 kg。

图 4-29 UML 对象图标说明了如何用 UML 来表示对象。使用 UML 描述对象时和类图类似，但在对象名下要加下划线，对象名后加冒号加类名。

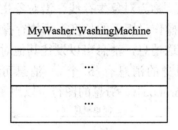

图 4-29　UML 对象图标

4. 顺序图(Sequence Diagram)

类图和对象图表达的是系统的静态结构。在一个运行的系统中，对象之间要发生交互，并且这些交互要经历一定的时间。UML 顺序图所表达的正是这种基于时间的动态交互。

仍以洗衣机为例，洗衣机的构件包括一个注水的进水管(Water Pipe)、一个用来装衣物的洗涤缸(Drum)和一个排水管(Drain)。这些构件也是对象。

当"洗衣服"这个用例被执行时，假设已完成了"加衣物""加洗涤剂"和"开机"操作，那么应执行以下步骤：

(1) 通过进水管向洗涤缸中注水。

(2) 洗涤缸保持静止状态。

(3) 水注满，停止注水。

(4) 洗涤缸往返旋转 15 分钟。

(5) 通过排水管排掉洗涤后的脏水。

(6) 重新开始注水。

(7) 洗涤缸继续往返旋转洗涤。

(8) 停止向洗衣机中注水。

(9) 通过排水管排掉漂洗衣物的水。

(10) 洗涤缸加快速度单方向旋转 5 分钟。

(11) 洗涤缸停止旋转，洗衣过程结束。

图 4-30 用一个顺序图说明了进水管、洗涤缸和排水管(由顺序图顶端的矩形图标代表)之间随时间变化所经历的交互过程。

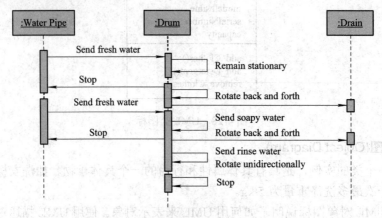

图 4-30　UML 顺序图

对象符号下方垂直的虚线，称为对象生存线。沿对象生存线上展开的细长矩形称为激活，表示该对象正在执行某个操作，矩形的长度表示执行操作的持续时间。

带箭头的水平实线表示发送消息，消息可以发往其他对象或自身对象。图中对象之间发送的消息有 6 个，发往自身的消息有 5 个。 消息可以是简单的(Simple)、同步的(Synchronous)或异步的(Asynchronous)。消息的图符可以用图 4-31 来表示。

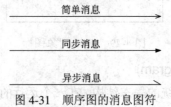

图 4-31　顺序图的消息图符

5．协作图(Collaboration Diagram)

系统的工作目标是由系统中各组成元素相互协作完成的，建模语言必须具备这种协作关系的表达方式。UML 协作图就是为此目的设计的。图 4-32 是协作图的一个例子。该图仍以洗衣机为例，在洗衣机构件的类集中又增加了一个内部计时器(Internal Timer)。在经过一段时间后，内部计时器控制进水管停止注水，然后启动洗涤缸往返旋转。图中的序号代表命令消息的发送顺序，内部计时器先向进水管对象发送停止注水消息，后向洗涤缸对象发送往返旋转消息。

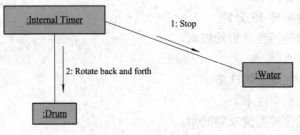

图 4-32　UML 协作图

6. 状态图(Statechart Diagram)

在任一给定的时刻，一个对象总是处于某一特定的状态。一个人可以是新生儿、婴儿、儿童、少年、青年、中年或老年。一个电梯可以处于上升、下降或停止状态。一台洗衣机可处于浸泡(Soak)、洗涤(Wash)、漂洗(Rinse)、脱水(Spin)或关机(Off)状态。UML 状态图如图 4-33 所示，说明洗衣机可以从一个状态转移到另一个状态。

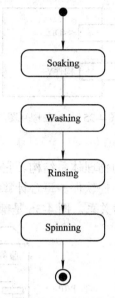

图 4-33　UML 状态图

状态在图中表述为圆角矩形，有两种比较特殊的状态：初始状态(实心圆点)和结束状态(实心圆点外加一个圆圈)。只能有一个初始状态，可能有多种结束状态。

7. 活动图(Activity Diagram)

活动图类似于流程图，用于描述用例中的事件流结构。图 4-34 显示了顺序图中步骤 4 到步骤 6 之间按顺序的 UML 活动图。

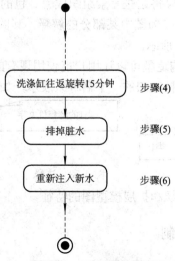

图 4-34　UML 活动图

8. 构件图(Component Diagram)

构件图和下一个要介绍的部署图将不再使用洗衣机作为例子来做说明，因为它们和整个计算机系统密切相关。

用图 4-35 来说明如何用 UML 表示软件构件。构件是软件系统的一个物理单元，例如数据表、可执行文件、动态链接库、文档等。

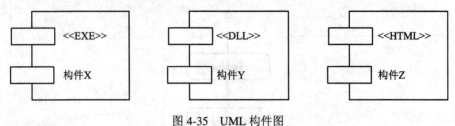

图 4-35　UML 构件图

9. 部署图(Deployment Diagram)

部署图显示了基于计算机系统的物理体系结构。它可以描述计算机和设备，展示它们之间的连接，以及驻留在每台机器中的软件。每台计算机用一个立方体来表示，立方体之间的连线表示这些计算机之间的通信关系。图 4-36 是部署图的一个例子。

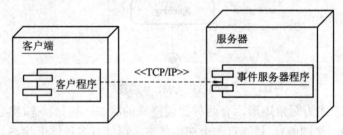

图 4-36　UML 部署图

10. 其他特征图

(1) 包(Package)。当需要将图中的组织元素分组，或者在图中说明一些类或构件是某个特定子系统的一部分时，可以将这些元素组织成包。包的表示法如图 4-37 所示。

(2) 注释(Note)。注释可以作为图中某部分的解释，其图标是一个带折角的矩形，矩形框中是解释性文字，如图 4-38 所示。

(3) 构造型(Stereotype)。构造型可以让用户能使用现有的 UML 元素来定制新的元素。构造型用双尖括号(Guillemets)括起来的一个名称来表示，如图 4-39 所示。

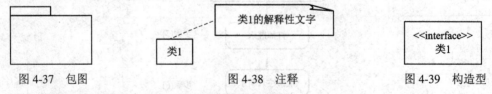

图 4-37　包图　　　　　　　图 4-38　注释　　　　　　　图 4-39　构造型

以上 3 种图都可以用来组织和扩展模型图的特征。

4.7.3　UML 的静态建模机制

UML 的静态建模机制包括用例图、类图、对象图、包、构件图和部署图。

1. 用例图

(1) 用例模型(Use Case Model)描述的是外部角色(Actor)所理解的系统功能。 用例模型适用于需求分析阶段，它是经过系统开发者和用户反复讨论后而建立的，说明了开发者和用户对系统功能和需求规格达成的共识。用例模型描述了待开发系统的功能需求，它将系统看作黑盒，从系统的外部用户角度出发，对系统进行抽象表示。用例模型驱动了需求分析之后各阶段的开发工作，不仅在开发过程中保证了系统所有功能的实现，而且被用于测试系统是否满足用户的需求和验证系统的有效性，从而影响到开发工作的各个阶段和 UML 的各个模型。用例视图是其他视图的核心和基础，其他视图依靠用例视图中所描述的内容来构造。

用例模型基本组成包括：用例、角色和系统。用例用于描述系统的功能，即从外部用户的角度观察系统应该支持的功能。用例宏观描述了系统功能，帮助分析人员理解系统的行为。每个系统中的用例都具体说明系统所具有的基本功能。角色是与系统进行交互的外部实体，可以是系统用户，也可以是与系统交互的任何其他系统或硬件设备。系统边界线以内的区域(即用例的活动区域)抽象表示系统能够实现的基本功能。

用例模型可以由若干个用例图组成。用例图用于显示若干角色以及这些角色与系统提供的用例之间的连接关系。通常一个实际的用例采用普通的文字描述，作为用例符号的文档性质。当然，实际的用例图也可以用活动图描述。用例图仅仅从角色使用系统的角度描述系统中的信息，也就是站在系统外部查看系统功能，它并不描述系统内部对该功能的具体操作方式。

(2) 用例(Use Case)。用例的表示法见图 4-27。从本质上讲，一个用例是用户与计算机之间的一次典型交互作用。在 UML 中，用例被定义成系统执行的一系列动作，动作执行的结果能被指定角色察觉到。

用例的特点如下：
- 用例捕获某些用户可见的需求，实现一个具体的用户目标。
- 用例由角色激活，并提供确切的值给角色。
- 用例可大可小，但它必须是对一个具体的用户目标实现的完整描述。

(3) 角色(Actor)。角色是与系统交互的人或事。所谓与系统交互，指的是角色向系统发送消息，从系统中接收消息，或是在系统中交换信息。只要使用用例，与系统互相交流的任何人或事都是角色。

角色是一个群体概念，表示一类能使用某个功能的人或事，并不是指某个个体。一个具体的个体在系统中可以具有多种不同的角色。角色都有名字，它的名字反映了该角色的身份和行为，但是不能将角色的名字表示成角色的某个实例，或表示成角色所需完成的功能。

角色与系统进行通信的收、发消息机制，类似于面向对象编程中的消息机制。角色是启动用例的前提条件。首先，角色发送消息给用例，当初始化用例后，用例再开始执行，在执行过程中该用例也可能向一个或多个角色发送消息。

(4) 用例之间的关系，包括扩展和使用等关系。

① 扩展关系。如果一个用例中加入一些新的动作后构成另一个用例，那么这两个用例

之间的关系就是扩展关系。后者通过集成前者的一些行为得来。前者通常称为通用化用例，后者常称为扩展用例。扩展用例可以根据需要有选择地集成通用化用例的部分行为。

② 使用关系。一个用例使用另一个用例时，这两个用例之间就构成了使用关系。通常，可以把用例中相同的行为提取出来单独做成一个用例，这个用例称为抽象用例。当某个用例使用该抽象用例时，就像这个用例包含了抽象用例的所有行为。

2. 类图、对象图和包

(1) 类图。在面向对象建模技术中，将客观世界的实体映射为对象，并归纳成类。类、对象和它们之间的关联是面向对象技术中最基本的元素。系统的类模型和对象模型描述了系统的结构。在 UML 中，类和对象模型分别由类图和对象图表示。

类图表示类和类之间的静态关系。不同于数据模型，它不仅显示了信息的结构，同时还描述了系统的行为。类图是定义其他图的基础，状态图、协作图等在这个基础上进一步描述了系统其他方面的特性。

类图是一种用类和它们之间的关系描述系统的图示。通常，类用长方形表示，分为上、中、下 3 个区域，如图 4-28 所示。上面的区域内标识类的名字，中间的区域内标识类的属性，下面的区域内标识类的操作(行为)，这 3 部分作为一个整体描述某个类。如果要描述有关约定规则，就有了额外的分栏。如果类图中存在多个类时，类与类之间的关系可以用表示某种关系的连线将它们连接起来。类图的另一种表示方法是用类的具体对象代替类，这种表示方法称作对象图。

类图必须含有公有属性或私有属性。公有属性用加号(+)表示，私有属性用减号(−)表示，在属性名称的左侧标识它们。当属性名称旁没有标识任何符号时，则表示该属性的可见性尚未定义。类图可以指定属性的默认值，这样当创建该类的对象时，对象的属性值便自动被赋予该默认值。

UML 规定类的属性的语法格式为：

　　　　可见性　属性名：类型 = 默认值 {性质串}

其中，属性名和类型是必需的。性质串列出该属性所有可能的取值，是用户对该属性性质的约束说明，例如"{只读}"说明该属性是只读属性。

类图描述了类和类之间的静态关系。在定义类之后，就可以定义类之间的各种关系。

(2) 关系。类之间的关系通常有关联、泛化(继承)、依赖等。

关联关系：关联用于描述类与类之间的连接。因为对象是类的实例，所以类与类之间的关联也就是其对象之间的关联。虽然类与类之间有含义各不相同的多种连接方式，但外部表示形式相似，统称为关联。关联关系通常都是双向的，即关联的对象双方彼此都能与对方通信。也就是，当某两个类的对象之间存在要互相通信的关系时，这两个类之间就存在关联关系。

泛化关系：又称继承关系，是指一个类(称为一般元素、基类元素或父元素)的所有信息(属性和操作)能被另一个类(称为特殊元素或子元素)继承。继承某个类的类中不仅可以有属于自己的信息，而且还拥有被继承类中的信息。泛化的优点是通过把一般的公共信息放在基类元素中，使得在处理具体情况时只需定义该情况的特殊信息即可，公共信息则从通用元素中继承得来，从而增强了系统的灵活性、易维护性和可扩充性，大大缩短了系统的维护时间。

　　具有泛化关系的两个类之间，继承通用类所有信息的具体类称为子类，被继承类称为父类。可以从父类中继承的信息有属性、操作和所有的关联关系。

　　(3) 对象图。类图表示类以及类和类之间的关系，对象图则表示在某一时刻这些类的实例之间的具体关系。由于对象是类的实例，因此，UML 对象图中的概念与类图中的概念完全一致，对象图可以帮助理解一个比较复杂的类图，也可以用于显示类图中的对象在某一点的连接关系。

　　对象的图示方法与类的图示方法几乎一样，主要差别在于对象的名字下面要加下划线(见图 4-29)。

　　(4) 包。包是一种组合机制，把各种模型元素通过内在的语义连在一起成为一个整体，形成一个高内聚、低耦合的集合，UML 中将这种分组机制称为包。构成包的模型元素称为包的内容。包通常用于对模型的组织管理，因此有时又将包称为子系统。

　　模型元素的分组方法可以是任意的。在 UML 中，最有用和强调最多的分组原则是依赖。包图主要显示模型元素的包以及这些包之间的依赖关系，有时还显示包和包之间的继承关系和组成关系。

3. 构件图和部署图

　　构件图和部署图显示系统实现的一些特性，包括源代码的静态结构和运行时刻的实现结构。构件图显示代码本身的结构，部署图显示系统运行时刻的结构。

　　(1) 构件图。构件图的表示法如图 4-35 所示。构件图显示系统构件之间的依赖关系，如图 4-40 所示。一般来说，系统构件就是一个实际文件，可以是源代码文件、二进制代码和可执行文件等，可以用来显示编译、链接或执行时构件之间的依赖关系。

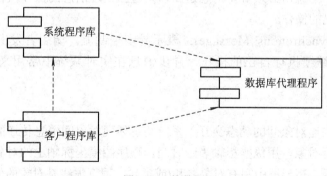

图 4-40　构件图

　　(2) 部署图。部署图描述系统硬件的物理拓扑结构以及在此结构上执行的系统。部署图可以显示计算节点的拓扑结构和通信路径、节点上运行的系统构件、系统构件包含的逻辑单元(对象、类)等。部署图常常用于帮助理解分布式系统。

　　① 节点和连接。节点代表一个物理设备以及其上运行的系统。节点表示为一个立方体，节点名放在左上角。与类和对象一样，节点可以用于表示类型和实例。当用该符号表示实例时，需要名字下面有一条下划线。节点之间的连线表示系统之间进行交互的通信路径，称为链接。通信类型放在链接旁边的<< >>之间，表示所用的通信协议或网络类型。

② 构件和界面。在部署图中，构件代表可执行的物理代码模块，它在逻辑上与类图中的包或类对应。因此，部署图中显示了运行时各个包或类在节点中的分布情况。在面向对象方法中，类和构件等元素并不是所有的属性和操作都对外可见。它们对外提供了可见操作和属性，称为类和构件的界面。界面表示为一头是小圆圈的直线。

③ 对象。一个面向对象系统中可以运行很多对象。因为构件可以看作与包或类对应的物理代码模块，所以构件中应包含一些运行的对象。如图 4-36 所示的部署图中的对象与对象图中的对象表示法一致。

4.7.4 UML 的动态建模机制

在面向对象技术中，对象间的交互是通过在对象间传递消息完成的。在 UML 的所有动态图(顺序图、协作图、状态图、活动图)中，消息被当作对象间的一种通信表示方式。一般情况下，当一个对象调用另一个对象中的操作时，即完成了一次消息传递。当操作执行后，控制便返回到调用者。对象通过相互间的通信(消息传递)进行合作，并在其生命周期中根据通信的结果不断改变自身的状态。

在 UML 中，消息的图形表示是用带有箭头的线段将消息发送者和接收者联系起来，箭头的类型表示消息的类型，如图 4-30 和图 4-31 所示。

简单消息(Simple Message)：表示普通的控制流。它描述控制是如何在对象间进行传递的，不考虑通信的具体细节。这种消息类型主要用于通信细节未知或不需要考虑通信细节的场合。

同步消息(Synchronous Message)：表示嵌套的控制流。操作的调用便是一种典型的同步消息。调用者发出消息后必须等待消息返回，只有当处理消息的操作执行完毕后，调用者才可继续执行自己的操作。

异步消息(Asynchronous Message)：表示异步控制流。调用者发出消息后不用等待消息的返回即可继续执行自己的操作。异步消息在实时系统中常用来描述其中的并发行为。

1. 顺序图

顺序图用来描述对象间的动态交互关系，侧重体现对象间消息传递的时间顺序。顺序图用横坐标轴表示对象，用纵坐标轴表示时间。顺序图横坐标轴上的对象用一个带有垂直虚线的矩形框表示，矩形框中写有对象名和/或类名。垂直虚线是对象的生命线，用于表示在某段时间内对象是否存在。对象间的通信用对象的生命线之间的水平消息线来表示。消息的箭头表示消息的类型，如同步消息、异步消息或简单消息。

如果收到消息，那么对象就立即开始执行活动，即对象被激活了。激活用对象生命线上的细长矩形框表示。消息可以用消息名称和参数来表示。消息可带有条件表达式，用以表示分支或决定是否发送消息。当条件表达式用于表示分支时，分支是互斥的，也就是说一次只能发送分支中的一个消息。

顺序图的左边可以有注释，用以说明消息发送的时刻、描述动作的执行情况以及约束信息等，如图 4-30 所示。

2．协作图

协作图用于描述相互合作的对象间的交互和链接关系(链接是关联的实例化)。尽管顺序图和协作图都用来描述对象间的交互关系，但侧重点并不一样。顺序图强调交互的时间顺序，而协作图则强调交互对象间的静态链接关系。

协作图表示对象与对象间的链接以及链接间如何发送消息。协作图中对象的外观与顺序图中的一样。对象间链接的表示方法类似于类图中的关联。通过链接上标以用消息串表示的消息(简单、异步或同步消息)来表达对象间的消息传递。

(1) 链接。链接用于表示对象间的各种关系，协作图中的各种链接关系与类图中的定义相同，在链接的端点位置可以显示对象的角色名和模板信息。

(2) 消息流。在协作图的链接线上，可通过用消息串表示的消息来描述对象间的交互，如图 4-32 所示。消息的箭头指明消息的流动方向。消息串中包含了发送的消息、消息的参数、消息的返回值以及消息的序列号等信息。

(3) 对象的生命周期。如果一个对象在消息的交互中被创建，则可在对象名称之后标以{new}。类似地，如果一个对象在交互期间被删除，则可在对象名称之后标以{destroy}。

3．状态图

状态图描述一个特定对象的所有可能状态以及引起状态转移的事件。状态图由一系列状态和状态之间的转移构成，通过状态图可以表示单个对象在其生命周期中的行为。

(1) 状态。每个对象都具有状态，状态是对象执行某个活动的结果。当发生某些事情后，结果将引起对象的状态的变化。通常将这些引起对象状态变化的事情称为"事件"。状态图可以有一个起点(初态)和多个终点(终态)。状态图的起点用一个黑圆点来表示，终点用黑圆点外加一个圆表示，状态用一个圆角矩形表示。

一个状态可以进一步细化为多个子状态，进一步细化的状态称作复合状态。子状态又可分为两种："或子状态"和"与子状态"。"或子状态"指在某一时刻仅可到达一个子状态，"与子状态"指在某一时刻可同时到达多个子状态(称为"并发子状态")。具有"并发子状态"的状态图称为"并发状态图"。

(2) 转移。状态图中用状态间带箭头的连线来表示状态的转移。状态的变化通常由事件触发，此时应在状态转移线上标出触发转移的事件表达式。如果状态转移线上未标明事件，则表示在源状态的内部活动执行完毕后自动触发转移，如图 4-33 UML 状态图所示。

一般情况，状态图是对类图的补充。实际上，并不需要为所有的类画状态图，仅需要为那些有多个状态且其行为受外界环境的影响而发生改变的类画状态图。

4．活动图

活动图可以描述操作(类的方法)中完成的工作，也可以描述用例和对象内部的工作过程。活动图由状态图变化而来，但它们的目的有所不同。活动图的主要目的是描述动作(将要执行的工作或活动)以及对象状态变化的结果。在活动图中，当一个活动结束后将立即进入下一个活动。但在状态图中，状态的变迁可能需要由事件触发。

(1) 活动和转移。一项操作可以用一系列相关的活动来描述。活动只有一个起始点，但结束点可以有多个。一个活动可以顺序地跟在另一个活动之后，这是简单的顺序关系。如果在活动图中使用一个菱形的判断标志，则表达条件关系，判断标志可以有多个输入和输出转移,但在活动的运作中只触发其中的一个输出转移。

活动图也可以表示并发行为。在活动图中,使用一个称为同步条的水平粗线可以将一条转移分为多个并发执行的分支,或将多个转移合为一条转移。此时,只有当输入的转移全部有效,同步条才会触发转移,进而执行后面的活动。

(2) 泳道。泳道用纵向矩形框表示,放在该矩形框内均属于某个泳道的所有活动;将对象和名称放在矩形框的顶部,表示该对象对泳道中的活动负责。所以,通过泳道可以将活动图的逻辑描述与顺序图、协作图的责任描述结合起来。

(3) 对象。在活动图中可以出现对象。对象可以作为活动的输入或输出,也可以仅表示某一活动对对象的影响。如果对象是一个活动的输入,那么用一个从对象指向活动的虚线箭头表示;如果对象是一个活动的输出,那么用一个从活动指向对象的虚线箭头表示;如果仅表示对象受到某一活动的影响,则可用不带箭头的虚线来连接对象与活动。

(4) 信号。在活动图中可以表示信号的发送与接收,分别用发送符号和接收符号表示。发送符号和接收符号也可与消息的发送对象和消息的接收对象相连。

4.7.5 UML 在软件体系结构建模中的应用实例

下面以 B/S(浏览器/服务器)的软件体系结构为例子,用 UML 的建模机制对简单的 B/S 体系结构进行建模,并说明该结构的构件交互及其交互模式的重用技术。

1. 用 UML 对构件交互模式进行静态建模

前面已经介绍 UML 的静态建模机制包括用例图、类图、对象图、包、构件图和部署图。在本节主要通过用例图和部署图两种图来对 B/S 体系结构进行静态建模。

经过对 B/S 风格的软件体系结构的分析可知,用户通过浏览器与服务器端的交互,用 UML 的部署图来表示,如图 4-41 所示。

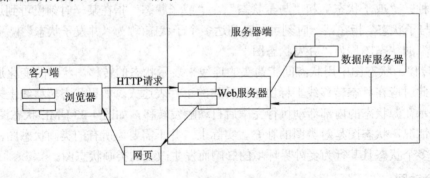

图 4-41 浏览器与服务器交互的部署图

浏览器是运行在客户端的应用程序,与网络上的服务器连接并请求获取信息页。当请求被满足,即浏览器得到所请求的信息页,连接就终止。浏览器指导怎样通过 HTTP 与 Web 服务器通信,以及怎样显示由 Web 服务器返回的格式化的信息(即以网页的形式返回)。

服务器端的 Web 服务器接收网页(静态的 HTML 或服务器页)的请求,根据请求,Web 服务器可能启动某个服务器端的处理(例如向数据库服务器发出 SQL 查询,然后将查询结果返回),再将得到的信息以网页(如 HTML 格式的网页)的形式返回,在客户端的浏览器中显示出来。

在 B/S 体系结构中，有各种构件和连接件。构件分为形成客户浏览器和服务器端的构件，服务器端构件包括 Web 服务器端和数据库服务器构件。

构件在这里可以看作是进行一定运算或其他操作的体系结构的实体，而连接件是用于提供构件间交互的体系结构实体。通过构件和连接件加上由构件之间形成的交互，就形成了一个完整的体系结构。其中，构件间的信息交互有同步和异步两种；而内部构件的通信分为同步、异步、代理和组通信等。连接件不但表示一个简单的交互操作(例如过程调用、共享变量的使用)，而且还表示复杂的交互(例如 TCP/IP 协议、数据库使用协议、异步事件列表、网络安全协议等)。

用 UML 的静态建模机制与扩展机制的构造型对构件间交互进行静态建模，如图 4-42 浏览器/服务器类图所示，其中<<构件>>、<<资源>>和<<连接件>>是构造型的。

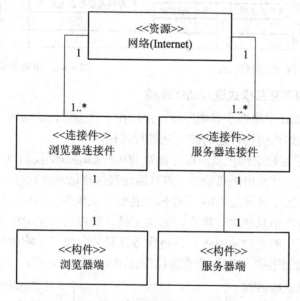

图 4-42 浏览器/服务器类图

构件用来描述终端客户的浏览器类和用于建立数据库链接并负责数据库存储和检索、响应请求数据查询、处理的服务器类。

资源代表支持构件与连接件的通信，而 Internet 就是一种资源，使得浏览器的连接件可以通过网络与服务器建立链接。

连接件可以表示简单的交互，也可以表示复杂的交互，它隐藏构件间的内部交互细节(例如同步或异步信息的传递)。从图 4-42 中描述可知，每一个服务器构件与浏览器端构件间是一对多关系，浏览器与浏览器连接件和服务器与服务器连接件都是一对一的关系，而网络资源与浏览器连接件、服务器连接件都是一对多的关系。

在 B/S 体系结构中，还可对连接件进一步细化为浏览器连接件和异步客户连接件。浏览器连接件也就是客户连接件，可以分为同步客户连接件和异步客户连接件。异步客户连接件是一个组合类，它由客户消息输入缓存类、客户请求端类和客户返回端类构成。用 UML 的类图表示如图 4-43 所示。

服务器连接件可以分为单线程和多线程服务器连接件。用 UML 类图表示如图 4-44 所示。

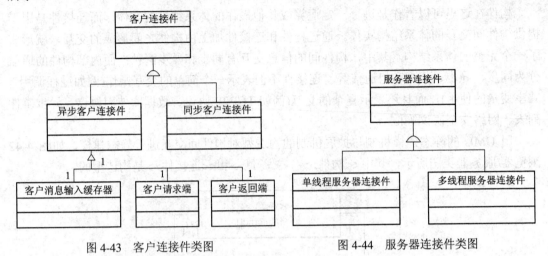

图 4-43　客户连接件类图　　　　图 4-44　服务器连接件类图

2. 用 UML 对构件交互模式进行动态建模

如前面所讲，UML 中动态图有顺序图、协作图、状态图、活动图。在本节中，主要利用协作图对 B/S 体系结构的构件之间的交互进行建模。

图 4-45 中显示了客户端浏览器与服务器端的构件的动态交互的协作图。首先，用户通过浏览器向浏览器连接件发出消息请求，浏览器连接件将请求进行打包形成消息包(消息包中包含相应的服务参数)，再通过网络资源(例如传输协议软件)将消息包发给服务器连接件，服务器连接件接收器将消息包进行检查，如果无错，就将它提交给服务器，服务器根据请求包中的请求完成相应的处理或服务，并将服务结果装配成一个响应包，再沿原路返回到浏览器端(中间服务器连接件与浏览器连接件都将消息包进行处理)，最后提交给用户。

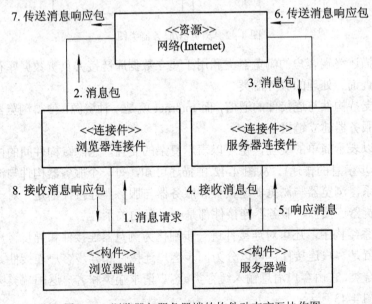

图 4-45　浏览器与服务器端的构件动态交互协作图

前面已经提出，浏览器连接件有同步与异步之分，那么它们如何请求与接收信息的程序？请参见图 4-46 与图 4-47。

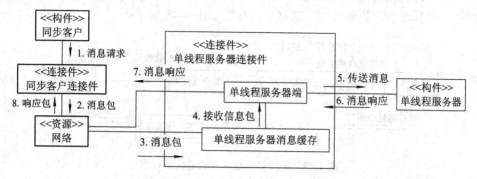

图 4-46　浏览器/服务器的单线程的同步消息通信协作图

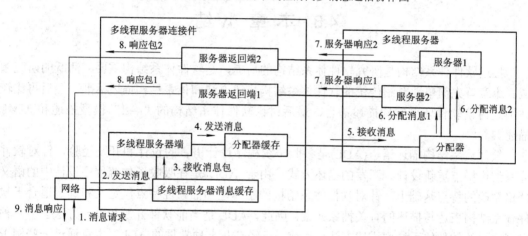

图 4-47　浏览器/服务器的多线程服务器连接件的通信协作图

图 4-46 描述了简单的浏览器/服务器的同步消息通信的协作图。同步客户构件通过静态绑定与一个单线程服务器构件通信。同步客户构件与一个同步客户连接件相连，单线程服务器构件与一个单线程服务器连接件相连，其中客户连接件与单线程服务器连接件里面都封装着与服务器交互的细节。同步客户连接件主要是整理打包消息后把消息包送给服务器连接件，同时也接收来自服务器的响应消息包，并解包后发给客户浏览器。

如果是多线程服务器端则比较复杂些，由于多线程服务器连接件与多线程服务器都是一个复杂的构件。客户可以静态或动态地绑定与它同步或异步的通信。当服务器连接件接收到消息包后就存入消息缓存中，然后由服务器端接收消息包(可以是单线程也可以是多线程)。

如果服务器是单线程，就将消息送给单线程服务器构件并等待响应；如果服务器端是多线程，就把消息放入分配器缓存中，再继续处理下一个消息包。当分配器接收到来自缓存的消息后，就逐步地将消息队列分配给空闲的服务器；服务器处理完毕，再打包形成消息响应包，按原路发送回给客户，详细情况请见图 4-47。

在图 4-46 中，当同步客户变成异步客户时，同步客户连接件也相应地变成异步客户连接件。它的通信复杂得多，就如同多线程通信比单线程通信复杂一样。主要的不同点是：

异步客户连接件在接收响应前还可以处理其他请求。异步客户连接件采用了并行端，客户请求端用来处理输出消息，客户返回端用来处理输入的响应，响应处理完后存入客户信息输入缓存，供异步客户构件读取。其通信协作图如图 4-48 所示。

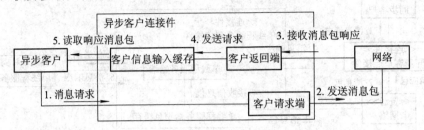

图 4-48　异步客户连接件的通信协作图

4.8　本章小结

描述软件体系结构是研究软件体系结构的前提，是软件体系结构重要、活跃的研究领域。本章首先简单地介绍传统的软件体系结构描述方法和体系结构描述标准，然后再比较详细地讨论软件体系结构描述语言，最后讨论软件体系结构的"4+1"模型描述和 UML 描述。

软件体系结构描述语言(ADL)是参照传统程序设计语言的设计和开发经验，针对软件体系结构特点重新设计、开发的描述方式。由于 ADL 是在吸收了传统程序设计中的语义严格精确的特点基础上，针对软件体系结构的整体性和抽象性特点，定义和确定适合于软件体系结构表达与描述的有关抽象元素，因此，ADL 是当前软件开发和设计方法学中一种发展很快的软件体系结构描述方法。目前，已经有几十种常见的 ADL。本章通过一些例子详细介绍了其中 4 种较为常见的、有代表性的 ADL：UniCon、C2、Wright 和 ACME。

使用 ADL 描述软件体系结构虽然具有精确、完全的特点，但也导致专业术语过多，语义理论过于复杂等问题，使其不利于向产业界推广。而且每一种 ADL 都以独立的形式存在，描述语法不同且互不兼容。XML 是可扩展标记语言，它简单并易于实现，因此被工业界广泛使用。若能用 XML 来表示软件体系结构，必能极大推动软件体系结构领域的研究成果在软件产业界的应用。由于 XML 在体系结构描述上的许多优点，研究者们已经开发出了不同的基于 XML 的体系结构描述语言，如 XADL 2.0、XBA、XCOBA 等。本章对它们的用法进行了较详细的介绍。

另外一种描述软件体系结构的方法是使用 Kruchten 提出的"4+1"模型进行描述。Kruchten 对软件体系结构的不同视角进行了专门的研究，并于 1995 年在 IEEE 提出了用于体系结构描述的"4+1"视图模型。它们是逻辑视图、过程视图、物理视图、开发视图，另外加上场景(Scenarios)。"4+1"视图模型为理解复杂系统的软件体系结构提供了一个简单和易于理解的方式。它从 5 个不同的角度来描述软件，每个角度都显示了模型系统的一个具体方面。

以 UML 为基础的软件体系结构由一组互相协作的构件组成，这些构件及其协作关系定义了应用系统的软件体系结构。UML 包含了一些可以相互组合图表的图形元素，它的静态建模机制包括用例图、类图、对象图、包、构件图和部署图，动态建模机制包括顺序图、协作图、状态图和活动图。本章简要介绍这些图的用法，并使用 UML 的建模机制对一个简单的 B/S 体系结构进行建模。

习　题

1. 软件体系结构描述有哪些方法？有哪些标准和规范？
2. 软件体系结构描述语言与程序设计语言有什么区别？
3. 尝试用自己的语言简要介绍 Krutchten 的 "4+1" 视图模型。
4. 和 ADL 相比，用 UML 描述软件体系结构有哪些优势和劣势？

5. 对一个你曾经开发过的软件系统进行考虑，如果要使用 ADL 对其体系结构进行描述，你会选择哪一种？为什么？这样选择的优点和缺点各有哪些？

第 5 章 软件体系结构设计

软件体系结构设计是软件开发的关键，随着软件规模的扩大和复杂性的增加，软件体系结构的设计越来越受到人们的重视。当前，对于软件体系结构设计的共识之一是，体系结构设计应当支持对软件系统质量的需求。例如，对健壮性、适应性、可重用性和可维护性的需求。这是因为，软件体系结构包括了早期的设计决定，体现了系统的全局结构，对于整个系统的质量有着决定性的影响。但是，正如软件体系结构的其他概念和方法一样，对于软件体系结构设计，人们也没有形成统一的认识。

5.1 软件体系结构设计的一般原理

参照软件工程、结构化程序设计和面向对象程序设计原理，结合软件体系结构设计本身的特点，总结出软件体系结构设计过程中用到的原理主要有以下几个。

1. 抽象原理

抽象是人们透过事务繁杂的表面现象，揭示事物本质特征的方法，也是软件体系结构设计中要用到的基本原理。抽象原理贯穿整个软件体系结构的设计过程，它是从许多事物中舍弃个别的、非本质的特征，抽取共同的、本质性的特征。

当人们在使用模块化的方法来解决问题时，一般通过在不同层次的抽象来描述问题的解决方案。在抽象的最高层，可以使用问题环境语言，以概括的方式叙述问题的解。在抽象底层，则采用更为过程化的方法，在描述问题的解时，面向问题的术语与面向实现的术语结合使用。最终，在抽象的最底层，可以用直接实现的方式来说明。

软件体系结构参照了软件工程中的解决方法。软件工程过程中的每一步，都是对软件解的抽象层次的一次细化。在系统定义的过程中，把软件作为计算机系统的一个元素来对待。在软件需求分析时，软件的解使用问题环境中常用的术语来描述。当从概要设计转入详细设计时，抽象的层次进一步减少。最后，当源代码写出时，也就到达了抽象的最底层。在软件体系结构设计中，抽象的原理被同样地应用，并且软件体系结构设计是处在高层次的抽象，不涉及具体的算法和数据结构。

抽象可以简单分成两类，一类属于过程抽象，另一类则属于数据抽象。过程抽象是指任何一个具体的操作序列，若它们完成一项逻辑意义上的功能，则其使用者都可把它看作一个单一的逻辑概念。过程抽象的例子，如一个门的"入口"，它隐含了一个很长的过程步的序列(走到门口，伸出手，握住门把，旋转门把和推门，走进门等)。运用过程抽象软件，开发者可以将一个较大的过程分解成一些子过程，这些过程都完成一些特定的功能。这就使得开发者可以在不同的抽象层次上考虑问题。数据抽象将数据类型和施加于该类型对象上的操作作为整体来定义，并限定了对象的值只能通过使用这些操作修改和观察。数据抽象的例子，如一个"工资单"，这个数据对象实际上是许多不同信息的集合(开始为单位、姓名、工资总额；接着就是扣除部分，如房租、水电费、取暖费等；最后才是实发金额)。在说明这个数据抽象名时，指的是所有数据。

抽象在众多的设计原理当中起着非常重要的作用：抽象是封装的基础；在处理系统复杂性方面，抽象起到了重要作用；抽象有助于减少部件耦合、接口和实现的分离等。

2．封装原理

封装是将事物的属性和行为结合在一起，并且保护事物内部信息不受破坏的一种方式。封装使不同抽象之间有了明确的界限。封装有利于非功能特性的实现，例如可变性和可重用性。

封装由内部构成和操作服务两个方面组成。例如，可以通过对象、模块设计和访问接口设计实现封装。

封装与信息隐藏有着密切的联系。事实上，人们对信息隐藏的认识来源于封装，封装则为信息隐藏提供了支持。封装保证了模块间的相对独立性，使得程序的维护和修改较为容易。对应用程序的修改仅限于类的内部，因而可以将应用程序修改带来的影响减小到最低限度。抽象和信息隐藏从两个不同的方面说明了模块化设计的特征。抽象帮助定义了构成软件的过程实体，而信息隐藏实施了过程细节的约束。这些对模块化设计带来了莫大的益处。

在软件体系结构的定义中，构件和连接件被公认为是体系结构的两大类构成部分。在这里，封装原理的应用起了关键作用。一般认为，构件是这样一种单位软件：它具有完整的语义、正确的语法和较高的可重用价值，是软件重用过程中可以明确辨识的系统；结构上，它是语义描述、通信接口和实现代码的复合体。简单地说，构件是具有一定的功能，能够独立工作或能同其他构件装配起来协调工作的软件实体，并且构件的使用与它的开发、生产无关。从抽象化的角度来看，面向对象技术已经达到了类级重用，但仍然是一种代码级的重用，它以类为封装的单位。这样的重用粒度还太小，不足以解决异构互操作和效率更高的重用。构件则是对一组类的组合进行封装，是一种更高层次的抽象，并代表完成一个或多个功能的特定服务，也为用户提供了多个接口。整个构件隐藏了具体的实现，只用接口提供服务。

3．信息隐藏原理

信息隐藏对用户隐藏了部件的实现细节。因此，可以用来更好地处理系统的复杂性和减少各模块之间的耦合。

信息隐藏的概念最初来源于面向对象中的设计，注重系统由具有对外隐藏信息的独立部件组合构成的思想，把系统的行为看作具有关联关系的部件间行为的作用。这样，减少了对设计知识的依赖，强化了设计单元与单元之间的关联性。该思想在结构设计方法中起到了关键的作用，它基于部件和部件之间的关联性，依赖特定的标准将系统划分成部件的集合，在面向对象中，这一概念又得到了新的发展。为了更好地应用，用户不需要知道的细节都应该被隐藏起来。封装原理经常被用来作为信息隐藏的具体实现方法。信息隐藏的实现也与接口和实现分离的原理有密切的关系。

然而，信息隐藏的内容也不是一成不变的，在不同的应用中模块所需隐藏的内容可能不一样，因为在一个应用中，客户不需要知道的方面或许在另一个应用中就需要看到。例如，在一个应用中为了提高运行性能，可能需要对某一部件的内部数据结构进行直接的访问；而在另外一个应用中，可能因为对其性能已经满意了，就不需要对其数据直接访问了。信息隐藏的原理指出：应该这样设计和确定一个模块，使得一个模块内包含的信息对于不需要这些信息的模块是不能访问的。

4. 模块化原理

模块化主要关心的是如何将一个软件系统分解成多个子系统和部件，主要任务就是决定怎样将构成应用的逻辑结构独立地分割成代码实体。模块化的作用是作为一个应用的功能和责任的物理容器。由此带来的复杂系统资源管理、维护和应用的逻辑和条理性，增加了应用设计的灵活性。

好的设计通常是很好地实现了模块化的，这样有利于系统的维护和升级。设计应该是由那些易于替换、自成体系的基本构件构成的，这样，可以大大有利于初期的开发和后期的维护。

在体系结构设计中，如果注重了模块化的概念就可以限制更改设计所造成的影响范围。也就是说，可以在不影响其他部件结构的情况下改变一个部件的设计。这种模块化只能容纳部件内部设计的变化，但是应该保证界面和行为与先前设计的一致。这样，程序员只需要熟悉部件本身就可以实施变更，而不需要了解整体。

很显然，无论从人员的分配还是从设计变更造成的影响来看，模块化对大系统的开发是十分重要的。从初始体系结构和高层设计出发建造系统，通常需要可以并行工作的大型设计队伍，以保证如期完成设计任务。因此，能够把整个系统分解成相互独立的模块就成为关键。否则，将会在工程的协调上花费太多的时间，影响相关任务的按时完成。此外，如果不能恰当地分解工作，就需要更多的人知道和理解更多的系统需求，从而延长了熟悉问题的时间，并且增加了犯错误的可能性。

类似地，在开发中和交付后，有时候也突然需要某些替换部件，应该允许在不影响其他设计的情况下重新设计一些部件。这里关心的是已完成系统的修改问题。例如，系统设计实现后，突然发现某个初始设计存在错误，或某个设计虽然尚未发现错误，但运行太慢而无法接受。对于这样的系统，模块化设计可以大大减少变更设计所造成的危害和付出的代价。

5. 注意点分离原理

不同的和无关联的责任应该出现在系统不同的部件中，让它们相互独立地分离开来。相互协作完成某一个特定任务的部件也应该和在其他任务中执行的计算部件分离开来。如果一个部件在不同的环境下扮演着不同的角色，在部件中这些角色应该独立且相互分离。

软件系统的部件应该具有单一的功能，它们或实现策略或处理问题，但一个部件不要同时具有两种功能。策略部件负责处理上下文相关的决策、信息的语义和解释的知识、把不相交计算组合形成结果、对参数值进行选择等问题。实现部件负责全面规范算法的执行，执行中不需要对上下文相关信息进行决策。

纯实现部件独立于特定的上下文环境，因此更容易重用和维护，而策略部件通常是与特定应用相关的，需要随着应用的变化而改变。如果不能将一个软件体系结构分解成策略和实现的不同部件，至少应该在一个部件内将策略和实现功能加以分离。

6. 耦合和内聚原理

耦合和内聚在结构化程序设计时期是作为结构化设计方法的部分原理而提出来的，在软件体系结构设计中同样是重要的原理之一。耦合一般强调具有相互平行关系的模块之间的特征，而内聚强调同一模块内部的特性。耦合反映了一个模块与另一个模块联系的紧密程度。紧密的耦合会使系统各部分的关系变得复杂，通过弱耦合部件的设计可以降低系统的复杂性。

模块耦合度反映了软件结构中各个不同模块之间互相关联的程度。耦合的强弱取决于模块间接口的复杂性、进入或调用模块的位置、通过界面传送数据的多少等。模块耦合度有以下 7 个等级：

(1) 非直接耦合。这种耦合关系是指两个模块之间不依赖对方就能独立工作，各模块间没有什么信息传递。

(2) 数据耦合。两个模块之间仅限于数据信息的交换，模块彼此之间通过数据参数来交换输入输出信息称为数据耦合。

(3) 特征耦合。在特征耦合中，两个模块之间交换的是数据结构。以这种方式耦合，当数据结构发生变化时本来无关的模块也要作相应的更改。

(4) 控制耦合。控制耦合指的是两个模块传递的信息含有控制信息(一些开关值或标志量)。控制耦合往往是一个模块依赖于另一个模块，这样会增加系统的复杂性。

(5) 外部耦合。如果若干个模块与同一个外部环境有相互作用，则称这种耦合为外部耦合。

(6) 公共耦合。公共耦合是指若干个模块(一组模块)通过全局的数据文件、物理设备等(全局变量、公用的内存、公共覆盖)环境相互作用。

(7) 内容耦合。内容耦合是指一个模块使用另一个模块内部的数据或控制信息，一个模块直接转移到另一个模块内部。

模块设计的基本原则是要尽量使用数据耦合，减少控制耦合，限制外部耦合和公共耦合，不使用内容耦合。

模块内聚度又称为模块聚合度，是指模块内各个部分之间的联系程度(块内联系)，也就是说模块内各元素结合的紧密程度，模块聚合度也有以下 7 个等级：

(1) 偶然性聚合。一个模块内各个成分之间只是在功能上具有相似性而组合在一起，它们相互之间的关系是松散的，模块是偶然分出来的。常见的现象是，当编写完一个程序之后，发现一组语句在两处或两处以上出现，为了节省空间，把这些语句提取出来组成一个模块(在这之前原本没有想到的)。

偶然聚合的模块各种元素之间并没有实质性的联系，所以往往在一种应用场合要修改这个模块，在另一种场合又不允许这种修改，从而陷入困境，不易修改。另一个缺点是模块实现的功能含义不易理解，难以命名，也难以测试。

(2) 逻辑性聚合。将逻辑上相关的多项任务组合在同一个模块中，或者在逻辑上把属于相同或相似的功能放在一个模块中，该模块称为逻辑性聚合。例如，模块 M 具有计算全班平均分和最高分的功能，调用时传递一个控制信号(开关量)到被调用模块，从而决定执行相对应的功能。程序中，对于多种情况判断，可能聚合多个功能在一个界面，这类模块的主要缺点也是不易修改。

(3) 时间性聚合。将几个必须在同一时间内执行的任务安排在一个模块中，称为时间性聚合。例如，系统初始化工作要求一次做完。

(4) 过程性聚合。将一些必须按特定的次序执行的、彼此相关的一组任务组成一个模块，称为过程性聚合。

(5) 通信性聚合。在模块中的成分，都将对数据结构的同一区域进行操作，以达到通信的目的，称为通信性聚合。

(6) 顺序性聚合。顺序性聚合指一个模块内的各种处理成分均与同一个功能相关，且这些处理必须按顺序执行。模块内各个元素(成分)是按顺序执行的，可能一个成分的输出是下一个成分的输入。

(7) 功能性聚合。模块内所有成分完成一个单一的、完整的功能，则称为功能性聚合。例如，求平方根、计算每小时工资、计算利息等。

模块设计聚合度的等级如下：

低聚合：(1)、(2)、(3)。

中聚合：(4)、(5)。

高聚合：(6)、(7)。

模块设计的要求是尽量地达到高聚合、低耦合。

7．接口和实现分离原理

在软件体系结构中，任何一个部件都包括了两个部分：接口与实现。

接口部分给出了部件所提供的功能定义，并对功能的使用方法进行了规范。该接口对部件的客户是可以访问的。该类型的输出接口是由函数原型构成的。

实现部分包括了实际代码，即对所提供功能的具体实现的描述。实现部分还可以包含只服务于部件内部操作的、另外的函数和数据结构。实现部分对部件客户来说是不可用的。

该原理要求只为客户提供部件的接口规范和使用方法，主要目的是为了防止部件的客户接触到实现的细节而造成意外的影响。另外，该原理还允许独立于其他部件的应用，而实现一个部件的功能。就像封装一样，接口和实现的分离也是一种用来获得信息隐藏的技术。该原理也强调"一个客户只应该知道他需要知道的东西"。

接口和实现的分离也支持可变性。也就是说，接口和实现分离的部件更容易在系统中进行改变。这种分离避免了客户直接受到部件变化的影响。该原理使部件行为和表示的改变特别容易，尤其是那些不影响接口的改变，例如对运行性能的提高。

8．分而治之原理

早在古代封建国家，君主为了有效地统治一个国家，往往使用分而治之的方法。在计算机科学中，这种思想得到了借鉴。分而治之是对问题进行横向分割，把大问题分解成许多小问题，把复杂的问题变成简单问题的组合思想。在软件体系结构中，该原理也得到大量运用。例如，自上而下设计将一个任务或部分分成可以独立设计的更小的部分。该原理经常被来作为注意点分离的方法。

9．层次化原理

人们对复杂事物的处理通常有两种方法，即将问题进行横向分割的分而治之的方法和纵向分割问题的分层次处理的方法。后者的处理方法是把一个问题分解成多个结构，这些结构是建立在基础概念和思想上的、多层次的、自底向上逐步抽象的分析和表达之上的，每一层处理该层次的问题，服务于该层次的要求。此外，还有充分性、完整性和原始性等。充分性是指部件应该把握住与其进行有意义和高效交互抽象的所有特性。完整性是指一个部件应该把握住所有与其抽象相关的特性。原始性是指部件所应该完成的操作都可以容易地得到实现。应用层次化原理设计体系结构的典型例子就是 OSI 网络体系结构的设计。

OSI 标准制定过程中采用的方法是将整个庞大而复杂的问题划分为若干个容易处理的小问题，这就是分层的体系结构方法。在 OSI 中，采用了三级抽象，即体系结构、服务定义、协议规格说明。相邻两层之间的关系如图 5-1 所示。

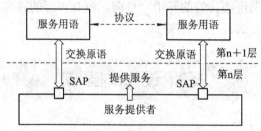

图 5-1　相邻两层之间的关系

OSI 七层的具体内容如下：

(1) 物理层：主要是利用物理传输介质为数据链路层提供物理连接，以便透明地传递比特流。

(2) 数据链路层：在通信实体之间建立数据链路连接，传送以帧为单位的数据，采用差错控制、流量控制方法。

(3) 网络层：通过路由算法，为分组通过通信子网选择最适当的路径。

(4) 传输层：向用户提供可靠的端到端服务，透明地传送报文。

(5) 会话层：组织两个会话进程之间的通信，并管理数据的交换。

(6) 表示层：处理在两个通信系统中交换信息的表示方式。

(7) 应用层：OSI 参考模型中的最高层，确定进程之间通信的性质，以满足用户的需要。

将计算机网络层次模型和各层协议的集合定义为计算机网络体系结构。该体系结构标准定义了网络互连的七层框架，即 OSI 开放系统互连参考模型。在这一框架中进一步详细规定了每一层的功能，以实现开放系统环境中的互连性、互操作性与应用的可移植性。OSI 标准制定过程中采用的方法是将整个庞大而复杂的问题划分为若干个容易处理的小问题，这就是分层的体系结构方法。

虽然 OSI 网络体系结构只是一个参考模型，但是它为人们展示了如何将一个庞大复杂的问题运用划分层次的原理来最终解决。利用层次化原理的优点主要有以下几点：

(1) 支持基于抽象程度递增的系统设计，使设计者可以把一个复杂系统按递增的步骤进行求解。各层实现技术的改变不影响其他各层。易于实现和维护。

(2) 支持功能增强。因为每一层至多和相邻的上下层交互，所以功能的改变最多影响相邻的上下层。

(3) 支持灵活的使用和重用。各层之间相互独立，各层都可以采用最合适的技术来实现，只要提供的服务接口定义不变，同一层的不同实现就可以交换使用。这样，就可以定义一组标准的接口，而允许各种不同的实现方法。

利用分层原理设计体系结构的不足之处在于：

(1) 并不是每个系统都可以很容易地划分为分层的模式，甚至即使一个系统的逻辑结构是层次化的。设计者出于对系统性能的考虑，往往把一些低级和高级的功能综合起来。

(2) 效率降低。分层风格构成的系统，效率往往低于整体结构。在上层中的服务如果有很多依赖于最底层，则相关的数据必须通过一些中间层的若干层次转化才能传到。

(3) 难以认可合适的、正确的层次抽象方法。层次太少，分层不能完全发挥这种风格的可重用性、可更改性和可移植性上的潜力；然而，如果层次过多，则会引入不必要的复杂性和层间隔离冗余以及层间传输的开销。目前，没有可行的、广为人们所认可的层粒度的确定和层任务的分配方法。

5.2 设 计 模 式

5.2.1 设计模式概述

设计模式的概念最早是由美国一位叫做 Christopher Alexander 的建筑理论家提出来的，他试图找到一种结构化、可重用的方法，以在图纸上捕捉到建筑物的基本要素。他把注意力放在建筑物和城镇的设计和结构上，可是他的思想逐渐地影响了软件研究，并在最近流行起来。Alexander 提出的模式是指经过时间考验的解决方案，使用模式可以降低解决问题的复杂度。在编程时，很多情况下代码都不是从头编写，而是经过模仿得到的，即从别处搬过来，再经过一定改造使之适应当前情况。设计模式可以视为这种模仿的一种抽象，包含一组规则，描述了如何在软件开发领域中完成一定的任务。

利用设计模式可以方便地重用成功的设计和结构。把已经证实的技术表示为设计模式，使它们更加容易被新系统的开发者所接受。设计模式帮助设计师选择可使系统重用的设计方案，避免选择危害到可重用性的方案。

在对软件体系结构进行设计时也可使用一些设计模式。我们先看一个例子：在开发人机界面软件时考虑使用 MVC(模型-视图-控制器)模式。

在要开发的软件中，用户界面承担着向用户显示问题模型、与用户进行操作、输入/输出交互的作用。用户希望保持交互操作界面的相对稳定，但更希望根据需要改变和调整显示的内容和形式。例如，要求支持不同的界面标准或得到不同的显示效果，适应不同的操作需求。这就要求界面结构能够在不改变软件功能的情况下，支持用户对界面结构的调整。要做到这一点，从界面构成的角度看，困难在于：在满足界面要求的同时，如何使软件的计算模型独立于界面的构成。而 MVC 正是这样的一种交互界面的结构组织模型，能够满足软件的要求，因此考虑使用该模式。

对于界面设计可变性的需求，MVC 把交互系统的组成分解成模型、视图、控制三种构件。其中模型构件独立于外在显示内容和形式，是软件所处理的问题逻辑的内在抽象，它封装了问题的核心数据、逻辑和功能的计算关系，独立于具体的界面表达和输入/输出操作；视图构件把表示模型数据及逻辑关系和状态的信息以特定形式展示给用户，它从模型获得显示信息，对于相同的信息可以有多个不同的显示形式或视图；控制构件处理用户与软件的交互操作，其职责是决定软件的控制流程，确保用户界面与模型间的对应联系，它接受用户的输入，将输入反馈给模型，进而实现对模型的计算控制，它是使模型和视图协调工作的部件。

模型、视图和控制器的分离，使得一个模型可以具有多个显示视图。如果用户通过某个视图的控制器改变了模型的数据，所有其他依赖于这些数据的视图都应反映出这些变化。因此，无论何时发生了何种数据变化，控制器都会将变化通知所有的视图，导致显示的更新。

从上面的例子中，我们可以导出软件体系结构模式的下列属性：

一个模式关注一个在特定设计环境中出现的重现设计问题，并为它提供一个解决方案。在我们的例子中，问题是支持用户界面的可变性，解决方案是使用 MVC 模式使模型和视图分离。

一个好的模式必须做到以下几点：

(1) 解决一个问题。从模式可以得到解，而不仅仅是抽象的原则或策略。

(2) 是一个被证明了的概念。模式通过一个记录，而不是通过理论或推测得到解。

(3) 解并不是显然的。许多解决问题的方法(例如软件设计范例或方法)是从最基本的原理得到解；而最好的方法是以非直接的方式得到解，对大多数比较困难的设计问题来说，这是必要的。

(4) 描述了一种关系。模式并不仅仅描述模块，它给出更深层的系统结构和机理。

(5) 模式有重要的人为因素。所有的软件服务于人类的舒适或生活质量，而最好的模式追求它的实用性和美学。

5.2.2 设计模式的组成

1. 设计模式的基本成分

一般来说，一个模式有四个基本成分：模式名称、问题、解决方案和后果。

1) 模式名称

模式名称通常用来描述一个设计问题、它的解法和后果，由 1～2 个词组成。模式名称的产生使我们可以在更高的抽象层次上进行设计并交流设计思想。因此寻找好的模式名称是一个很重要也很困难的工作。

2) 问题

问题告诉我们什么时候使用设计模式、解释问题及其背景。例如，MVC 模式关心用户界面经常变化的问题。在应用这个模式之前，也许还要给出一些该模式的适用条件。

模式的问题陈述用一个强制条件集来表示。模式组织使用"强制条件"来说明问题要解决时应该考虑的各个方面，例如：

- 解决方案必须满足的需求。例如，对等进程间通信必须是高效的。
- 必须考虑的约束。例如，进程间通信必须遵循特定协议。
- 解决方案必须具有期望的特性。例如，软件更改应该是容易的。

MVC 模式指出了两个强制条件：它必须易于修改用户界面，但软件的功能核心不能被修改所影响。一般地，强制条件从多个角度讨论问题并有助于设计师了解它的细节。强制条件可以相互补充或相互矛盾。例如，系统的可扩展性与代码的最小化构成了两个相互矛盾的强制条件。如果希望系统可扩展，那么就应倾向于使用抽象超类。如果想使代码最小化(例如：用于嵌入式系统)，就不能承受抽象超类的奢侈。但更重要的是，强制条件是解决问题的关键。它们平衡得越好，对问题的解决方案就越好。所以，强制条件的详细讨论是问题陈述的重要部分。

3) 解决方案

解决方案描述设计的基本要素，它们的关系、各自的任务以及相互之间的合作。解决方案并不是针对某一个特殊问题而给出的。设计模式提供有关设计问题的一个抽象描述以及如何安排这些基本要素以解决问题。一个模式就像一个可以在许多不同环境下使用的模板，抽象的描述使我们可以把该模式应用于解决许多不同的问题。

模式的解决方案部分给出了如何解决再现问题，或者更恰当地说是如何平衡与之相关的强制条件。在软件体系结构中，这样的解决方案包括两个方面：

第一，每个模式规定了一个特定的结构，即元素的一个空间配置。例如，MVC 模式的描述包括以下语句："把一个交互应用程序划分成三部分：处理、输入和输出"。

第二，每个模式规定了运行期间的行为。例如，MVC 模式的解决方案包括以下陈述："控制器接收输入，而输入往往是鼠标移动、点击鼠标按键或键盘输入等事件。事件转换成服务请求，这些请求再发送给模型或视图"。

值得注意的是：解决方案不必解决与问题相关的所有强制条件。可以集中于特殊的强制条件，而对于剩下的强制条件进行部分解决或完全不解决，特别是强制条件相互矛盾时。

4) 后果

后果描述应用设计模式后的结果和权衡。比较与其他设计方法的异同，得到应用设计模式的代价和优点。对于软件设计来说，通常要考虑的是空间和时间的权衡，也会涉及语言问题和实现问题。对于一个面向对象的设计而言，可重用性很重要。后果还包括对系统灵活性、可扩充性及可移植性的影响。明确看出这些后果有助于理解和评价设计模式。

另外，不同的观点会影响人们对设计模式的解释。某一个人的模式对另一个人来说可能只是一个基本的构造块。这里把设计模式处理到一定的抽象程度，它不用于直接编码或类重用，也不是复杂到可作为一个完整的应用或子系统的领域专用的设计，而是对一定的对象和类进行描述，进而可对其进行一定程度的修改使之可解决在一定条件下的通用设计问题。

设计模式命名、抽象并确定了一个普遍的设计结构的关键方面。这些方面有助于得到可重用的面向对象的设计。设计模式确定了参与的类和实例、它们的地位和协作，以及责任的分配。每一个设计模式都集中于特定的面向对象设计问题，描述了何时使用、是否能在其他设计约束条件下使用及使用后的结果和折中。

2. 设计模式的描述

如果我们要理解和讨论模式，就必须以适当的形式描述模式。好的描述有助于我们立即抓住模式的本质，即模式关心的问题是什么，以及提出的解决方案是什么。

模式也应该以统一的方式来描述，这有助于我们对模式进行比较，尤其是在我们为一个问题寻求可选择的解决方案时。那么，如何描述一个设计模式呢？仅仅依靠图示的方法是不够的。尽管图示的方法很重要也很有用，但它们只能把设计的最终结果表示成一些类和对象的关系。事实上，为了重用该设计，我们还应该记录下产生这个设计的决策和权衡过程。具体的实例也很重要，从中可以看到设计模式的运转过程。模式概念的创始者 Alexander 采用下面的格式来描述设计模式：

IF　　　　you find yourself in CONTEXT

　　　　　　For example EXAMPLES,

　　　　　　With PROBLEM,

　　　　　　Entailing FORCESS

THEN　　　for some REASONS,

　　　　　　Apply DESIGN FORM AND/OR RULE

　　　　　　To construct SOLUTION

　　　　　Leading to NEW CONTEXT and OTHER PATTERNS

Erich Gamma 博士等人采用下面的固定模式来描述，这也是目前最常用的格式。

(1) 模式名称和分类：模式名称和一个简短的摘要。

(2) 目的：回答下面的问题，即本设计模式的用处、它的基本原理和目的、它针对的是什么特殊的设计问题。

(3) 别名：由于设计模式的提取是由许多专家得到的，同一个模式可能会被不同的专家冠以不同的名字。

(4) 动机：描述一个设计问题的方案，以及模式中类和对象的结构是如何解决这个问题的。

(5) 应用：在什么情况下可以应用本设计模式，如何辨认这些情况。

(6) 结构：用对象模型技术对本模式的图像表示。另外，也给出了对象间相互的要求和合作的内在交互图。

(7) 成分：组成本设计模式的类和对象及它们的职责。

(8) 合作：成分间如何合作实现它们的任务。

(9) 后果：该模式如何支持它的对象；如何在使用本模式时进行权衡，即其结果如何；可以独立地改变系统结构的哪些方面。

(10) 实现：在实现本模式的过程中，要注意哪些缺陷、线索或者技术；是否与编程语言有关。

(11) 例程代码：说明如何用 C++ 或其他语言来实现该模式的代码段。

(12) 已知的应用：现实系统中使用该模式的实例。

(13) 相关模式：与本模式相关的一些其他模式，它们之间的区别，以及本模式是否要和其他模式共同使用。

在特定的软件开发领域中，可以用不同的描述方法。描述过程中，可以忽略这 13 个要素中的某些要素(例如，可以忽略"别名")，或者可以合并几个要素构成一个要素(例如，可以把"应用"和"已知的应用"合并)。

5.2.3 模式和软件体系结构

判断模式是否取得成功的一个重要准则是它们在多大程度上达到了软件工程的目标。模式必须支持复杂的、大规模系统的开发、维护以及演化。它们也必须支持有效的产业化的软件生产，否则它们就只是停留在概念上，对于构造软件没有什么用途。

1．模式作为体系结构构造块

我们已经知道，在开发软件时，模式是处理受限的特定设计方面的有用构造块。因此，对软件体系结构而言，模式的一个重要目标就是用已定义属性进行特定的软件体系结构的构造。例如，MVC 模式提供了一个结构，用于交互应用程序的用户界面的裁剪。

软件体系结构的一般技术，例如使用面向对象特征(如继承和多态性)的指南，并没有针对特定问题的解决方案。绝大多数现有的分析和设计方法在这一层次也是失败的。它们仅仅提供构建软件的一般技术，特定体系结构的创建仍然基于直觉和经验。

模式使用特定的面向对象问题的技术来有效补充这些通用的与问题无关的体系结构技术。注意，模式不会舍弃软件体系结构的现有解决方案，相反，它们填补了一个没有被现有技术覆盖的缺口。

2．构造异构体系结构

单个模式不能完成一个完整的软件体系结构的详细构造，它仅仅帮助设计师设计应用程序的某一方面。然而，即使正确设计了这个方面，整个体系结构仍然可能达不到期望的所有属性。为"整体上"达到软件体系结构的需求，需要一套丰富的、涵盖许多不同设计问题的模式。可获得的模式越多，能够被适当解决的设计问题也会越多，并且我们可以更有力地支持构造带有已定义属性的软件体系结构。

为了有效使用模式，需要将它们组织成模式系统(Pattern System)。模式系统统一描述模式并对它们分类，更重要的是说明它们之间如何交互。模式系统也有助于设计师找到正确的模式来解决一个问题或确认一个可选解决方案。

3．模式和方法

好的模式描述也包含它的实现指南，我们可将其看成是一种微方法(Micro-Method)，用来创建解决一个特定问题的方案。通过提供方法的步骤来解决软件开发中的具体再现问题，这些微方法补充了通用的但与问题无关的分析和设计方法。

4．实现模式

从模式与软件体系结构的集成中产生的另一个方面是用来实现这些模式的一个范例。目前的许多软件模式具有独特的面向对象风格。因此，人们往往认为，能够有效实现模式的唯一方式是使用面向对象编程语言，其实不然。

一方面，许多模式确实使用了诸如多态性和继承性等面向对象技术。策略(Strategy)模式和代理(Proxy)模式是这种模式的例子。另一方面，面向对象特征对实现这些模式并不是最重要的。例如，代理模式通过放弃继承性而失去了一小部分简洁性。在 C 语言中实现策略模式可以通过采用函数指针来代替多态性和继承性。

在设计层次，大多数模式只需要适当的编程语言的抽象机制，如模块或数据抽象。因此，可以用几乎所有的编程范例并在几乎所有的编程语言中实现模式。另外，每种编程语言都有它自己特定的模式，即语言的惯用法。这些惯用法捕获了现有的有关该语言的编程经验并为它定义了一个编程风格。

总之，我们可以说，没有单个的范例或语言可以用来实现模式。模式可以与构造软件体系结构用到的每一个范例进行集成。

5.2.4　设计模式方法分类

1．Coad 的面向对象模式

1992 年，美国的面向对象技术的大师 Peter Coad 从 MVC 的角度对面向对象系统进行了讨论，设计模式由最底层的构成部分(类和对象)及其关系来区分。他使用了一种通用的方式来描述一种设计模式：

(1) 模式所能解决问题的简要介绍与讨论。

(2) 模式的非形式文本描述以及图形表示。

(3) 模式的使用方针：在何时使用以及能够与哪些模式结合使用。

将 Coad 的模式划分为以下三类：

(1) 基本的继承和交互模式：主要包括 OOPL 所提供的基本建模功能，继承模式声明了一个类能够在其子类中被修改或被补充；交互模式描述了在有多个类的情况下消息的传递。

(2) 面向对象软件系统的结构化模式：描述了在适当情况下，一组类如何支持面向对象软件系统结构的建模。

(3) 与 MVC 框架相关的模式。

几乎所有 Coad 提出的模式都指明如何构造面向对象软件系统，有助于设计单个的或者一小组构件，描述了 MVC 框架的各个方面。但是，他没有重视抽象类和框架，没有说明如何改造框架。

2．代码模式

代码模式的抽象方式与 OOPL 中的代码规范很相似，该类模式有助于解决某种面向对象程序设计语言中的特定问题。主要目标在于：

(1) 指明结合基本语言概念的可用方式。

(2) 构成源码结构与命名规范的基础。

(3) 避免面向对象程序设计语言(尤其是 C++语言)的缺陷。

代码模式与具体的程序设计语言或者类库有关，它们主要从语法的角度对软件系统的结构方面提供一些基本的规范。这些模式对于类的设计不适用，同时也不支持程序员开发和应用框架，命名规范是类库中的名字标准化的基本方法，以免在使用类库时产生混淆。

3．框架应用模式

在应用程序框架"菜谱"中有很多"菜谱条"，它们用一种不太规范的方式描述了如何应用框架来解决特定的问题。程序员将框架作为应用程序开发的基础，特定的框架适用于特定的需求。"菜谱条"通常并不讲解框架的内部设计实现，只讲如何使用。

不同的框架有各自的"菜谱"。例如 Glenn E. Krasner 和 StephenT.Pope 在 1988 年出版的《A cookbook for using the Model-View-Controller user interface paradigm in Smalltalk-80》一书中，提出了如何使用 MVC 框架的"菜谱"；苹果公司在 1989 年提出的"菜谱"说明如何利用 MacApp 的 GUI 应用程序框架在 Macintosh 机器上开发应用系统。还有一些其他学者提出了建立图形编辑器框架的"菜谱"等。

实践证明，"菜谱"的概念非常适合于框架的应用，它覆盖了大部分典型的框架应用，但是这些"菜谱"基本上都是不完全的。在"菜谱"中说明的应用情况越多，就越不容易找到相应的"菜谱条"，并且有的应用可以用数种方案来解决，或者要用数种方案的结合来解决，这种交错结构的不清晰性使程序员很容易糊涂。为了避免这样的问题，"菜谱"应该由那些对框架本身有相当深入理解的人来撰写。最理想的情况是由框架的开发者来撰写。

4．形式合约

形式合约也是一种描述框架设计的方法，强调组成框架的对象间的交互关系。有人认为它是面向交互的设计，对其他方法的发展有启迪作用。但形式化方法由于其过于抽象，而有很大的局限性，仅仅在小规模程序中使用。

Richard Helm 等人是形式合约模式的倡导者，他们最先在面向对象系统领域内探索用抽象的方法来描述被他们称为行为合成的内容。他们所使用的规范符号有如下优点：

(1) 符号所包含的元素很少，并且其中引入的概念能够被映射成为面向对象程序设计语言中的概念。例如，参与者映射成为对象。

(2) 形式合约中考虑到了复杂行为是由简单行为组成的事实，合约的修订和扩充操作使得这种方法很灵活，易于应用。

形式合约模式的缺点有以下三点：

(1) 在某些情况下很难使用，过于繁琐。若引入新的符号，则又使符号系统复杂化。

(2) 强制性的要求过分精密，从而在说明中可能发生隐患(例如冗余)。

(3) 形式合约的抽象程度过低，接近面向对象的程序设计语言，不易分清主次。

5．设计模式目录的内容

Gamma 在他的《Design Patterns：Elements of Reusable Object-Oriented Software》一书中提出了 23 种设计模式，他用一种类似分类目录的形式将设计模式记载下来。根据模式的目标(所做的事情)，可以将它们分成创建性模式(Creational)、结构性模式(Structural)和行为性模式(Behavioral)。创建性模式处理的是对象的创建过程；结构性模式处理的是对象/类的组合；行为性模式处理类和对象间的交互方式和任务分布。其功能如下所述。

1) 创建性模式(Creational)

(1) Factory(工厂模式)：提供创建对象的接口，可认为是高级的 new。

(2) Abstract Factory(抽象工厂模式)：提供创建相关的或相互信赖的一组对象的接口，使我们不需要指定类。

(3) Prototype(原型模式)：用原型实例指定创建对象的种类，并且通过复制这些原型创建新的对象，即允许一个对象再创建另外一个可定制的对象，根本无需知道任何创建的细节。工作原理是：通过将一个原型对象传递给那个要发动创建的对象，这个要发动创建的对象通过请求原型对象复制它们自己来实施创建。

(4) Builder(建造模式)：将一个复杂对象的构建与它的表示分离，使得同样的构建过程可以创建不同的表示。Builder 模式是一步一步创建一个复杂的对象的，它允许用户可以只通过指定复杂对象的类型和内容就可以构建它们，而用户不知道内部的具体构建细节。

(5) Singleton(单例模式)：保证一个类只有一个实例，并提供一个访问它的全局访问点。

2) 结构性模式(Structural)

(1) Adapter(适配器模式)：将一个类的接口转换成用户希望得到的另一种接口，它使原本不相容的接口得以协同工作，需要有 Adaptee(被适配者)和 Adaptor(适配器)两个身份。

(2) Facade(门面模式)：为子系统中的一组接口提供一个一致的界面。

(3) Proxy(代理模式)：为其他对象提供一种代理以控制对这个对象的访问。

(4) Composite(组合模式)：将对象以树状结构组织起来，以达成"部分-整体"的层次结构，使得客户端对单个对象和组合对象的使用具有一致性。

(5) Decorator(装饰模式)：如果需要拓展的功能种类很多，那么势必增加系统的复杂性，而 Decorator 提供了"即插即用"的方法，在运行期间决定何时增加何种功能。

(6) Bridge(桥接模式)：将抽象和行为划分开来，各自独立，但能动态结合。

(7) Flyweight(享元模式)：避免大量拥有相同内容的小类的开销(如耗费内存)，使大家共享一个类(元类)。

3) 行为性模式(Behavioral)

(1) Template(模板模式)：定义一个操作中算法的骨架，将一些步骤的执行延迟到其子类中。

(2) Memento(备忘录模式)：保存另外一个对象内部状态复制的对象，这样以后就可以将该对象恢复到先前保存的状态。

(3) Observer(观察者模式)：在某个对象细节发生变化时，能够观察到这种变化，并能及时进行相关动作。

(4) Chain of Responsibility(反应链模式)：用一系列类试图处理一个请求，这些类之间具有松散的耦合，如果自己能完成，就不推诿给下一个，如果自己不能完成，则传送给下一个类。

(5) Command(命令模式)：这是一种两台机器之间通信联系性质的模式。将来自客户端的请求传入一个对象，而无需了解这个请求激活的动作或有关接受这个请求的处理细节。

(6) State(状态模式)：不同的状态，不同的行为；或者说，每个状态有着相应的行为。

(7) Strategy(策略模式)：主要是定义一系列的算法，把这些算法一个个封装成单独的类。

(8) Mediator(中介者模式)：用一个中介对象来封装一系列关于对象交互的行为。各个对象之间的交互操作非常多；每个对象的行为操作都依赖彼此，修改一个对象的行为，同时会涉及修改很多其他对象的行为。如果使用 Mediator 模式，可以使各个对象间的耦合松散，只需关心和 Mediator 的关系，使多对多关系变成了一对多的关系，可以降低系统的复杂性，提高可修改性。

(9) Interpreter(解释者模式)：定义语言的文法，并且建立一个解释器来解释该语言中的句子。

(10) Visitor(访问者模式)：作用于某个对象群中各个对象的操作。它可以在不改变这些对象本身的情况下，使定义作用于这些对象的新操作。

(11) Iterator(迭代器模式)：提供一种方法顺序访问一个聚合对象中的各个元素，而又无需暴露该对象的内部表示。

5.3 软件体系结构设计的元模型

元模型是对各种体系结构设计模型的抽象。使用这个模型对当前的各种体系结构设计方法进行分析和比较。元模型如图 5-2 所示。各种不同的体系结构设计方法都可以描述成图 5-2 所示的元模型的实例。每种方法在过程的顺序及概念的特定内容上有所不同。

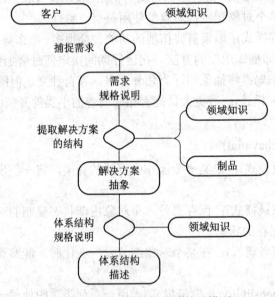

图 5-2 体系结构设计方法的元模型

图中用圆角矩形表示概念，用连线表示概念之间的关联，用菱形符号表示 3～4 个概念之间的关联。下面分别介绍其中的概念。

(1) 客户。客户的概念用于表示那些关心软件体系结构设计的系统相关人员。这些系统相关人员可能是客户、最终用户、系统开发人员、系统维护人员、销售人员等。

(2) 需求规格说明。需求规格说明的概念用于表示规格说明，该规格说明描述了所要开发的体系结构的系统需求。

在图 5-2 中，客户、领域知识和需求规格说明之间有三重关联关系。这一关系意味着在定义需求规格说明时，不仅用到了客户，还用到了领域知识。这一关联关系并没有定义处理的顺序，不同的体系结构设计方法可能有不同的处理顺序。

(3) 制品。制品的概念表示某一方法的制品描述。这是指诸如制品类、制品操作、制品属性等。一般来说，每种制品都有一套与之相关的试探法，用来标识相关的制品实例。

(4) 解决方案抽象。解决方案抽象的概念定义了体系结构中(子)结构的概念表示。

在需求规格说明、领域知识、制品和解决方案抽象之间，存在着四重关联关系。它描述了在导出解决方案抽象时这些概念相互之间的结构关系。

(5) 体系结构描述。体系结构描述的概念定义了软件体系结构的规格说明。在解决方案抽象、体系结构描述和领域知识之间存在着三重关联关系。该关联关系被称作体系结构规格说明，它使用以上三个概念表示体系结构的规格说明。

(6) 领域知识。领域知识的概念用于表示在解决某一问题中所应用的知识的范围。在元模型中，有三处用到了领域知识的概念。由于这一概念在各种体系结构设计方法中都扮演着基础角色，因此在这里对其进行详细说明。

在不同的方法中，"领域"这一术语有着不同的含义。区分以下几种特殊化的"领域"概念：问题领域知识、商业领域知识、解决方案领域知识、通用知识。领域知识概念的分类如图 5-3 所示。

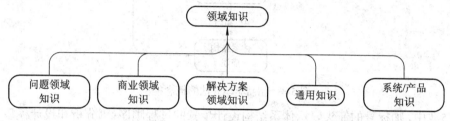

图 5-3　领域知识概念的分类

问题领域知识是指客户观点下与问题有关的知识。它包括需求规格说明文档、与客户面谈、客户发布的原型等。

商业领域知识是指商业过程观点下与问题有关的知识。它包括商业过程方面的知识，也包括用户调查、市场分析报告等。

解决方案领域知识是指提供领域概念的知识。这些领域概念用于解决问题，并独立于特定需求。解决方案领域知识还包括如何从这一解决方案领域生产软件系统。例如教科书、学术期刊、手册等，都包含有这类领域知识。

通用知识是指软件工程师的一般背景和经验。系统/产品知识这一概念是指关于一个系统、一个系统族或一个产品的知识。

5.4　体系结构设计方法的分析

为了获取对体系结构设计的抽象，人们已经提出了许多方法。人们把这些体系结构设计方法分类为：制品驱动(Artifact-Driven)的方法、用例驱动(Use-Case-Driven)的方法、领域驱动(Domain-Driven)的方法和模式驱动(Pattern-Driven)的方法。在下面的解释说明中，把每种方法都视为元模型的一种实现。

5.4.1　制品驱动的方法

制品驱动的体系结构设计方法从方法的制品描述中提取体系结构描述。制品驱动的体系结构设计方法的例子包括广为流行的面向对象分析和设计方法 OMT 和 OAD，图 5-4 给出了该方法的概念模型。

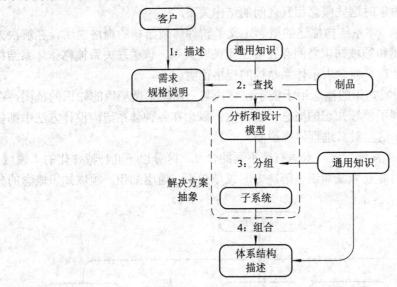

图 5-4   制品驱动方法的概念模型

图 5-4 中,加标号的箭头表示体系结构设计步骤的过程顺序:"分析和设计模型"和"子系统"的概念共同表示了图 5-2 元模型中的"解决方案抽象"概念;"通用知识"概念表示了图 5-2 中"知识领域"概念的特殊化。用 OMT 解释这一模型,可以把 OMT 认为是这一策略的适当代表。在 OMT 中,体系结构设计并不是软件开发过程中的一个明确阶段,而是设计阶段的一个隐含部分。

OMT 方法主要由分析、系统设计、对象设计三个阶段组成。

箭头线"1:描述"表示需求规格说明书的描述;箭头线"2:查找"表示对制品的查找,如系统分析阶段中需求规格说明的类。下面给出一个用于标识实验性类制品的启发式规则的例子。

if 需求规格说明中的一个实体是相关的,then 选择它作为一个实验性的类。

查找过程得到了软件工程师的通用知识的支持,也得到了构成制品的启发式规则的支持,这些制品是该方法的重要构成部分。"2:查找"的结果是一组制品实例,在图 5-4 中用"分析和设计模型"的概念来表示。

在 OMT 方法中,接下来是系统设计阶段。该阶段将制品分组为子系统,为单个软件系统的全局结构的开发定义整体体系结构。在图 5-4 中,这一功能被表示为"3:分组"。软件体系结构由子系统组合而成,在图 5-4 中被表示成"4:组合"。这一功能也用到了"通用知识"概念提供的支持。

下面介绍在制品驱动的体系结构设计方法中存在的一些问题。

在 OMT 中,体系结构抽象被表示为从需求规格说明导出的分组类。因此,提取体系结构抽象是困难的。为了解释这一问题,以用 OMT 描述的自动柜员机(ATM)为例进行说明,它与银行网络有关。银行计算机与 ATM 相连,客户可以通过 ATM 取款。此外,银行可以创建账户,并可以把钱从一个账户转入到另一个账户。更进一步的需求是,系统应当提供适当的记录能力和安全能力。系统还应当能够正确处理对同一账户的并发访问。

在体系结构开发方面，该方法存在以下问题：

(1) 文本形式的系统需求含糊不清，不够精确、完整。因此，将它作为体系结构抽象的来源作用是不够的。

在 OMT 中，对制品的查找是在文本形式的需求规格说明中进行的。制品被分组成子系统，这构成了体系结构构件。但是，文本需求常常是含糊的，不精确或不完整。因此，不适合作为严格定义的体系结构抽象的来源。

在前面提到的 ATM 的例子中，标识出了 3 个子系统：ATM 站、财团计算机和银行计算机。这些子系统对从需求规格说明得到的制品进行分组。该例中仅包含了一个称为事务的类制品，因为这是从文本形式的需求规格说明中可以标识出的唯一制品。事务处理系统方面的研究告诉人们，在设计事务系统时，要考虑到许多方面，如调度、恢复、死锁管理等。因此，可以预期会有比从需求规格说明得出的更多的类。

(2) 子系统的语义过于简单，难以作为体系结构构件。在给出的例子中，ATM 站表示一个子系统，即一个体系结构构件。子系统的概念基本上就是分组的概念，因此其语义非常简单。以 ATM 站子系统为例，无法为它定义体系结构属性，与其他子系统的体系结构约束，以及动态行为。子系统的这种简单语义使体系结构描述难以在软件开发过程的后继阶段中发挥出其应有的基础作用。

(3) 对子系统的组合支持不足。体系结构构件之间存在着协调、交互和协作，并相互结合。但是，OMT 对这些处理提供的支持不够充分。在前面给出的例子中，ATM 站、财团计算机、银行计算机 3 个子系统相互结合。尽管如此，结构过程的基本原则还是隐式给出的。该方法可以为组合子系统提供多种可能，但是这种方法对于组合和定义子系统之间的交互缺乏严格的指导原则。

5.4.2　用例驱动的方法

用例驱动的体系结构设计方法主要从用例导出体系结构抽象。一个用例是指系统进行的一个活动序列，它为参与者提供一些结果值。参与者通过用例使用系统。参与者和用例共同构成了用例模型。用例模型的目的是作为系统预期功能及其环境的模型，并在客户和开发者之间起到合约的作用。

统一过程(Unified Process)使用的是一种用例驱动的体系结构设计方法。它由核心工作流(Core Workflows)组成。核心工作流定义了过程的静态内容，用活动、工人和制品描述了过程。随时间变换的过程的组织被定义为阶段。图 5-5 给出了用统一过程描述的用例驱动的体系结构设计方法的概念模型。

图 5-5 中，用虚线圆角矩形表示图 5-2 中的概念。例如，"非形式化的规格说明"和"用例模型"的概念共同构成了图 5-2 中"需求规格说明"的概念。

统一过程由 6 个核心工作流组成：商业模型、需求、分析、设计、实现和测试。这些核心工作流的结果分别是：商业和领域模型、用例模型、分析模型、设计模型、实现模型和测试模型。

在需求工作流中，以用例的形式捕捉客户的需求，构成用例模型。这一过程在图 5-5中被定义为"1：描述"。用例模型和非形式化的需求规格说明共同构成了系统的需求规格说明。用例模型的开发得到了"非形式化的规格说明","域模型","商业模型"等概念的支持,在设置系统的上下文时这些概念是必需的。如前所述,"非形式化的规格说明"表示文本形式的需求规格说明。"商业模型"描述一个组织的商业过程。"域模型"描述领域上下文中最重要的类。从用例模型中可以选择出对于体系结构有重要意义的用例,并创建"用例实现",如图 5-5 中"2:实现"所述。用例实现决定了任务在系统内部是怎样进行的。用例实现受到相关制品的知识和通用知识的支持。这在图中被表示为分别从"制品"和"通用知识"引出的指向"2:实现"的箭头线。这一功能的输出是"分析和设计模型"概念,它表示在用例实现之后标识出的制品。

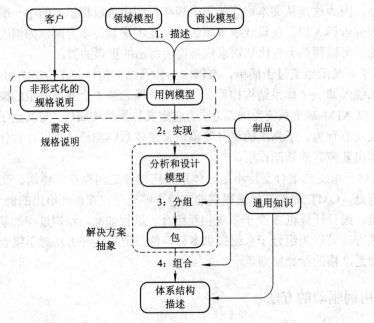

图 5-5 用例驱动方法的概念模型

然后,分析和设计模型被分组为包,这在图中被表示为"3:分组"。图中的"4:组合"代表定义这些包之间的接口,其结果是"体系结构描述"的概念。"3:分组"和"4:组合"这两个功能都受到"通用知识"概念的支持。

接下来介绍在用例驱动的体系结构设计方法中存在的一些问题。

在统一过程中,为了理解上下文,首先要开发商业模型和域模型。然后主要从非形式化的规格说明、商业模型和域模型中导出用例模型。从用例模型中选择用例实现,导出体系结构抽象。

在使用这一方法标识体系结构抽象时,必须处理下面几个问题:

(1) 难以适度把握域模型和商业模型的细节。该方法在定义用例模型之前进行商业模型和域模型的定义。这就带来了如何适度把握这些模型的细节的问题。在了解用例之前,很难回答这一问题,因为用例实际上定义了所要开发的是什么。

(2) 对于如何选择与体系结构相关的用例没有提供系统的支持。为了进行体系结构描述,需要选择与体系结构相关的用例。但在确定哪些用例是"体系结构相关"时,仅凭一些启发式规则和软件工程师的评估,缺乏客观标准。

(3) 用例没有为体系结构抽象提供坚实的基础。在选择出与体系结构相关的用例之后，对它们进行实现。这意味着分析和设计类是从用例中确定的。用例实现受到制品的启发式规则的支持，还受到软件工程师的通用知识的支持。制品是从文本形式的需求中得出的，这类似于制品驱动的方法。尽管用例对于理解和表示用户需求是实用的，但它并不能为导出体系结构设计抽象提供坚实的基础。用例主要关注的是系统的问题域和外部行为。在用例实现中，解决方案领域和内部系统中的透明或隐藏抽象将难以标识。因此，即使确定了所有的相关用例，从用例模型确定体系结构抽象仍将是较为困难的。

(4) 包的语义过于简单，难以作为体系结构构件。该方法中，分析和设计模型被分组为包。包类似于制品驱动方法中的子系统，主要也是分组机制，因此其语义也很简单。而且，在把分析和设计类分组成包以及把包组合为最终的体系结构等方面，该方法提供的支持也很有限，主要依靠软件工程师的通用知识来实现。这也可能带来错误定义的体系结构边界及其交互。

5.4.3 领域驱动的方法

在领域驱动的体系结构设计方法中，体系结构抽象是从领域模型导出的。这一方法的概念模型如图 5-6 所示。

领域模型是在领域分析阶段开发的，这在图中被表示为 "2：领域分析"。领域分析可以被定义成一个以重用为目标的，确认、捕捉和组织问题领域的领域知识的过程。图中 "2：领域分析" 以 "需求规格说明" 和 "解决方案领域知识" 的概念为前提，产生 "领域模型" 的概念作为结果。需要注意的是，图 5-6 中的 "解决方案领域知识" 和 "领域模型" 都属于图 5-2 中元模型的 "领域知识" 的概念。

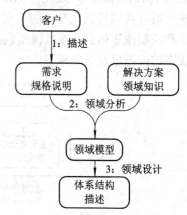

图 5-6 领域驱动方法的概念模型

领域模型可以有多种不同的表示方法，比如类、实体关系图、框架、语义网络、规则等。与此相应，领域分析方法也有多种。在这里，主要关注用领域模型导出体系结构抽象的方法。在图 5-6 中，这被表示为 "3：领域设计"。下面，考虑两种领域驱动的方法，它们从领域模型导出体系结构设计抽象。

1. 产品线体系结构设计

在产品线体系结构设计方法中，软件体系结构是为一个软件产品线而开发的。可以这样定义软件产品线：它是一组以软件为主的产品，具有多种共同的、受控的特点，能够满足特定市场或任务领域的需求。软件产品线体系结构是对一组相关产品的体系结构的抽象。产品线体系结构设计方法主要关注组织内部的重用，基本是由核心资源开发和产品开发这两部分组成的。核心资源库通常包括体系结构，可重用软件构件，需求、文档和规格说明，性能模型，方案，预算，以及测试计划和用例。核心资源库用于从产品线生成或集成产品。

产品线体系结构设计的概念模型如图 5-7 所示。其中,"1:领域工程"表示核心资源库的开发;"2:应用工程"表示从核心资源库开发产品。

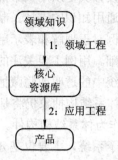

图 5-7 产品线体系结构设计方法的概念模型

需要注意的是,在进行产品线体系结构设计时,可以使用多种软件体系结构设计方法。

2.特定领域的软件体系结构设计

可以把特定领域的软件体系结构(Domain Specific Software Architecture,DSSA)看成是多系统范围内的体系结构,即它是从一组系统中导出的,而不是某一单独的系统。图 5-8 表示了 DSSA 方法的概念模型。DSSA 方法的基本制品是领域模型、参考需求(Reference Requirement)和参考体系结构(Reference Architecture)。DSSA 方法从领域分析阶段开始,面向一组有共同问题或功能的应用程序。这种分析以场景为基础,从中导出功能需求、数据流和控制流等信息。领域模型包括场景、领域字典、上下文图、实体关系图、数据流模型、状态转换图以及对象模型。

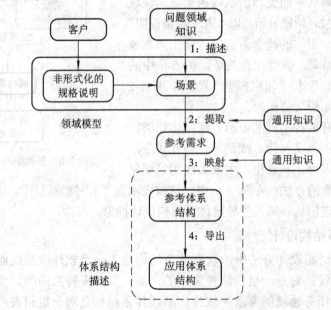

图 5-8 DSSA 方法的概念模型

从图中可以看出,除了领域模型之外,还定义了参考需求,它包括功能需求、非功能需求、设计需求、实现需求,而且它主要关注解决方案空间。领域模型和参考需求被用于导出参考体系结构。DSSA 过程明确区别参考体系结构和应用体系结构。参考体系结构被定义为用于一个应用系统族的体系结构，应用体系结构被定义为用于一个单一应用系统的体系结构。应用体系结构是从参考体系结构实例化或求精而来的。实例化/求精的过程和对参考体系结构进行扩展的过程被称为应用工程。

接下来我们介绍在领域驱动的体系结构设计方法中存在的一些问题。

由于对"领域"这一术语有着不同的解释，领域驱动的体系结构设计方法也有多种，其中存在的问题如下：

(1) 问题领域分析在导出体系结构抽象方面效果较差。一些领域驱动的体系结构设计方法把领域解释成问题领域。例如，DSSA 方法从非形式化的问题声明开始，并从基于场景的领域模型导出体系结构抽象。类似于用例那样，场景关注的也是问题领域和系统的外部行为。因此，可以看出，这些从问题领域导出体系结构抽象的方法，如 DSSA 方法，在导出正确的体系结构抽象的问题上效果更差。

(2) 解决方案领域分析不够充分。有些解决方案领域分析方法是独立于软件体系结构设计的，它们为确认潜在的可重用资源提供了系统的过程。正如前面描述的，在系统重用研究领域中，这一活动被称作领域工程。和系统工程、问题领域工程不同，解决方案领域分析所关心的内容超出单个系统的范围，它关心的是一个系统族或问题领域，以确认该解决方案领域的可重用资源。尽管解决方案领域分析提供了对整个领域建模的潜力，而且这种潜力对于导出领域体系结构是必需的，但是，这并不足以驱动体系结构设计过程。

造成这些问题有两方面的原因。首先，解决方案领域分析并不是为软件体系结构设计而定义的，而是为实现软件开发等活动中的系统资源重用而定义的。由于进行解决方案领域分析的范围可能非常广，往往导致领域模型过于巨大，包括了一些对于构造相关的软件体系结构而言并无必要的抽象。大型的领域模型将可能妨碍寻找体系结构抽象。其次是解决方案领域的内聚性可能不够强，不够稳定，因而难以为体系结构设计提供坚实的基础。在这些相关领域的概念上，人们还没有取得共识，这些研究领域还有待于进一步发展。显然，很难提供一个比来自于解决方案领域还要好的体系结构设计解决方案。这种情况下，全面的解决方案领域分析对于提供稳定的抽象也可能是不够充分的，因为解决方案领域中的概念自身也存在着波动。

5.4.4　模式驱动的方法

软件工业界已经广泛接受了软件设计模式的概念。软件设计模式的目的在于编制一套可重用的基本原则，用于开发高质量的软件系统。软件设计模式常常用在设计阶段，但是，人们已经开始在软件开发过程中的其他阶段定义并使用设计模式。比如，在实现阶段，可以定义从面向对象的设计到面向对象的语言构造的设计模式；在分析阶段，可以使用设计模式导出分析模型。近年来，也有研究者在软件开发过程中的体系结构分析阶段应用设计模式。

体系结构模式类似于设计模式，但它关心的是更粗粒度的系统结构及其交互。实际上，它也就是体系结构风格的另一种名称。体系结构设计模式是体系结构层次的一种抽象表示。

模式驱动的体系结构设计方法从模式导出体系结构抽象。图 5-9 描述了这一方法的概念模型。

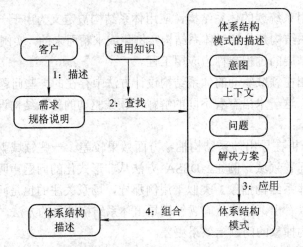

图 5-9　模式驱动的体系结构设计的概念模型

(1)　"需求规格说明"的概念表示对问题的规格说明,该问题可能通过模式得以解决。图中的"查找"表示为给出的问题描述查找适当模式的过程,它受到"通用知识"概念的支持。

(2)　"体系结构模式描述"的概念指的是对体系结构模式的描述。它主要由 4 个概念组成:意图、上下文、问题和解决方案。意图(Intent)表示使用模式的基本原则;上下文(Context)表示问题的产生环境;问题表示上下文环境中经常出现的问题;解决方案是以元素及其关系的抽象描述的形式来表示对问题的解决方案。

为了确认模式,要对各个可用模式的意图进行扫描。如果发现一个模式的意图和给出的问题相关,那么就分析它的上下文描述。这时,如果上下文描述仍然能够和给出的问题相匹配,则处理过程进入图 5-9 中的"3:应用",进而用"解决方案"这一子概念来提供所给出问题的解决方案。概念"体系结构模式"表示了"3:应用"的结果。最后,"4:组合"表示在导出体系结构描述时,体系结构模式之间的相互协作。

在许多体系结构设计方法中,都包括一个作为子过程的模式驱动的体系结构设计方法。尽管体系结构模式在构建软件体系结构时能够起到一定的作用,但是在选择模式、应用,以及把模式组成体系结构等问题上,当前的方法并不能提供足够的支持。下面将更详细地介绍这些问题。

(1)　在处理范围广泛的体系结构问题时,模式库可能不够充足。对于模式驱动的体系结构设计方法而言,必要的条件之一是有充足的模式库可用。当前已经存在众多的体系结构模式(风格)分类。尽管这些分类为软件体系结构设计提供了实用的工具,但是它们没有也无法覆盖所有范围内的体系结构开发问题。这一问题的原因在于,体系结构由表示对特定领域的抽象的概念和定义这些概念的组成方式及其相互联系的模式组成,由于应用领域中的软件系统千变万化,因此,也就有无数的体系结构抽象和体系结构模式。

(2)　对模式的选择仅依靠通用知识和软件工程师的经验。为了简化对模式的选择和管理,改进对模式的理解,人们通常把具有共同特点的模式分类到相同的组中。不同的体系结构设计方法可能有着不同的分类原则。这样,对于同一问题,可能有多种体系结构模式可供选择。但是,在如何确定优先次序、如何在不同模式间进行取舍和平衡等问题上,当前的体系结构设计方法并没有提供明确的支持。这妨碍了查找模式的过程，进而也妨碍了体系结构的确定。

(3) 模式的应用并不是一个简单直接的过程，它需要对问题进行全面的分析。在选择了模式之后，模式的应用也并不是一个简单直接的过程。可以把模式看成是一种模板，它由构件及其相互关系组成，在使用时，必须与问题领域的概念和概念之间的关系匹配。例如，对于一个给定的问题，选择使用管道-过滤器模式。在这种模式中，过滤器作为构件，管道作为连接件。过滤器接收输入数据，进行处理，提供输出数据；管道在一个过滤器的输出和另一个过滤器的输入之间发送数据。应用这种模式时，存在的问题有：应当把哪些领域概念表示成管道，把哪些领域概念表示成过滤器，它们的结构是怎样的等。当前，对于这一匹配过程并没有严格的方法可循，模式的应用仍然基于软件工程师的经验和通用知识。

(4) 对于模式的组合没有提供很好的支持。在开发软件体系结构时，常常要组合使用多种模式。这些模式通常并不是相互独立的，而是存在着相互联系。分别对这些模式进行定义并不能表示出模式之间的相关性。但是，当前并没有系统的方法或明确的原则说明应当如何组合模式。假设在某问题中，经过问题分析阶段之后，认为要组合使用分层模式、管道-过滤器模式和仓库模式，那么应当怎样组织这 3 种模式？哪种模式是基本的？它们之间有怎样的依赖关系？当前模式驱动的体系结构设计方法并不能为这些问题提供满意的答案。

5.5　体系结构设计实例分析

5.5.1　实例说明

这里以图书馆管理系统作为实例分析。图书馆管理系统是典型的信息管理系统(MIS)，其开发主要包括后台数据库的建立和维护以及前端应用程序的开发两个方面。对于前者，要求建立起数据一致性和完整性强、数据安全性好的库；而对于后者，则要求应用程序具有功能完备、易使用等特点。采用图书馆管理系统作为软件体系结构设计原理的分析实例原因如下：

(1) 具有较强的典型性和普遍性。

(2) 这一领域软件体系结构发展比较成熟。

(3) 采用的软件体系结构简单清晰，容易理解。

5.5.2　图书馆管理系统的体系结构设计与分析

1. 图书馆管理系统的总体需求分析

当决定要开发一个信息系统时，首先要对信息系统的需求进行分析。需求分析的任务是描述软件的功能和性能，确定软件设计的限制和软件同其他系统元素的接口细节，定义软件的其他有效性需求。其实现步骤主要包括 4 步(见图 5-10 软件开发过程)。

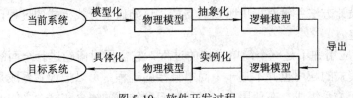

图 5-10　软件开发过程

(1) 获得当前系统的处理流程。在此，首先假设当前系统是手工处理系统。手工处理流程大致是这样的：读者将要借的书和借阅证交给工作人员，工作人员将每本书附带的描述书信息的卡和读者借阅证一起放在一个小格栏中，并在借阅证和每本书上贴的借阅条上填写借阅信息。这样借书过程就完成了。还书时，读者将要还的图书交给工作人员，工作人员根据图书信息找到它相应的书卡和借阅证，并填写相应的还书信息。在这里只对借书和还书流程作详细介绍。

(2) 抽象出当前系统的逻辑模型。在理解当前系统"怎么做"的基础上，抽取其"做什么"的本质，从而从当前系统的物理模型抽象出当前系统的逻辑模型。在物理模型中有许多物理因素，随着分析工作的深入，有些非本质的物理因素就成为不必要的负担，因而需要对物理模型进行分析，区分出本质的和非本质的因素，去掉那些非本质的因素即可获得反映系统本质的逻辑模型。

(3) 建立目标系统的逻辑模型。分析目标系统与当前系统逻辑上的差别，明确目标系统到底要"做什么"，从而从当前系统的逻辑模型中导出目标系统的逻辑模型。

对上述流程进行分析后，对新的图书处理流程进行整理，图书馆开架借书过程如下：

(1) 借书过程：读者从书架上选到所需图书后，将图书和借书卡交给管理人员，管理人员用条码阅读器将图书和借书卡上的读者条码信息读入处理系统。系统根据读者条码从读者文件和借阅文件中找到相应记录；根据图书上的条码从图书文件中找到相应记录，读者如果有下列情况之一的将不予办理借书手续：

① 读者所借阅图书已超过该读者允许的最多借书数目。

② 该读者记录中有止借标志。

③ 该读者还有已超过归还日期而仍未归还的图书。

④ 该图书暂停外借。

当读者符合所有借书条件时，予以借出。系统在借阅文件中增加一条记录记入读者条码、图书条码、借阅日期等内容。

借书过程数据流图如图 5-11 所示。

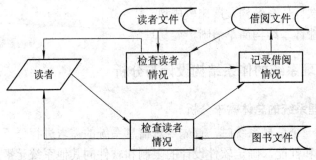

图 5-11　借书过程数据流图

　　(2) 还书过程：还书时读者只要将书交给图书管理人员，管理员将书上的图书条码读入系统，系统从借阅文件中找到相应记录，填上还书日期后写入借阅历史文件，并从借阅文件中删去相应记录。同时系统对借还书日期进行计算并判断是否超期，若不超期则结束过程，若超期则计算出超期天数、罚款数，并打印罚款通知书，记入罚款文件。同时在读者记录上作止借标志。当读者交来罚款收据后，系统根据读者条码查罚款文件，将相应记录写入罚款历史文件，并从罚款文件中删除该记录，同时去掉读者文件中的止借标志。

　　还书过程数据流图如图 5-12 所示。

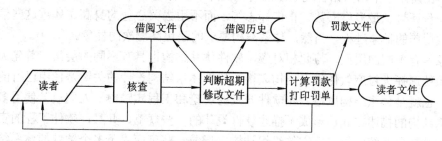

图 5-12　还书过程数据流图

　　为了对图书管理系统作完整的描述，还需要对上面得到的逻辑模型作一些补充。首先采用图形的方式描述图书管理系统的用户界面，这样做的目的是保证这个系统的用户界面的一致性，同时也有助于后续的开发人员更好地理解系统需要实现的功能。在这里就不罗列用户界面了。其次，说明图书管理系统的一些特殊性能要求，如借书、还书服务花费的时间一次不得大于 5 分钟等。

　　前面着重对借、还书流程进行了详细的阐述，以说明如何利用数据流图这一工具进行软件的分析，下面介绍图书馆管理系统的总体功能要求。图书馆管理系统拓扑结构如图 5-13 所示。

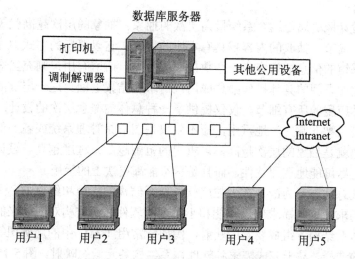

图 5-13　图书馆管理系统拓扑结构图

简单的图书馆管理系统主要包括以下功能：

• 借书处理：完成读者借书这一业务流程。

• 还书处理：完成读者还书这一业务流程。

- 罚款处理：解决读者借书超期的罚款处理。
- 新书上架：输入新书资料。
- 旧书淘汰：删除图书资料。
- 读者查询：根据读者号，查询读者借阅情况。

2．抽象原理的应用

如前面所述，抽象是从许多事物中舍弃个别的、非本质的特征，抽取共同的、本质性的特征。在设计一个图书馆管理系统的时候，考察读者这个对象时，只关心他的读者条码、姓名、身份证号、最多借书数、止借标志等，而不用去关心他的身高、体重这些信息。这就是一次简单的抽象过程。当然，体系结构要求的是更高层次的抽象。

抽象具有不同的层次，与此相对应，软件体系结构也具有不同的层次。首先为此图书馆管理系统选择大粒度软件体系结构风格。软件体系结构设计的关键是使用已有的组织结构模式，也就是体系结构风格。在软件开发的理论和工程实践中，人们设计使用多种表达软件体系结构的描述方式，形成了描述软件设计的一些规范，并且，软件工程的实践者从已有的成功软件系统中抽取出它的组织结构，形成一些可应用于多个领域的体系结构模式和风格。对这个信息管理类的应用问题，为其选择一个体系结构风格。本系统采用典型的 C/S 结构即客户端/服务器两层体系结构设计风格，如图 5-14 一级抽象(C/S 体系结构风格)所示。

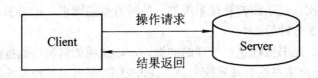

图 5-14　一级抽象(C/S 体系结构风格)

体系结构设计风格属于这个系统最高层次的抽象。抽象的层次越高就表示屏蔽了越多个别的非本质的细节，抽取的内容越具有本质的特征。它以概括的方式叙述了问题的解，将所有关于图书馆的信息抽象成为一个数据库服务器，而所有用户则充当客户的角色，将所有用户和数据库之间的具体操作抽象成用户请求和结果返回。这一层次的抽象屏蔽了包括某一方面具体应用的所有细节，仅仅提供了一种总体的概念层次的设计。这一层次的设计思想和方式可以被非常广泛地重用，而不仅仅是图书馆管理系统或者是信息管理系统这一类的应用，也就是抽象的层次越高，可重用的范围越广，程度越高。设计软件体系结构的目的之一即是尽可能地重用软件，而且是尽可能高层次上的重用。

以目标系统总体方案为准，在大粒度软件体系结构的指导和约束下，全面而深入地获取和表示系统需求，这些需求应该是能和小粒度的软件体系结构对应起来的，适合和方便从需求到软件体系结构各组成要素的映射，例如常常用 UML 中的用例图等表示需求，就是一种比较好的选择，易于完成需求到软件体系结构各元素的映射。图 5-15 清楚地显示了在 C/S 体系结构风格的总体指导下对图书馆管理系统的体系结构的进一步细化。这一步主要是根据构件完成的功能与系统其他构件的交互关系，补充在大粒度软件体系结构中没有详细刻画的构件，进一步明确系统所有组成构件之间的关系。

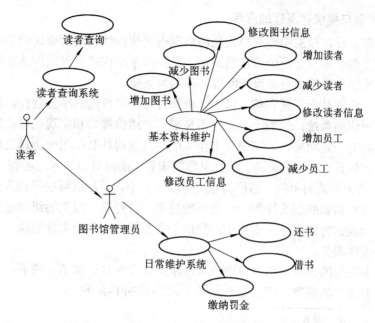

图 5-15　二级抽象(小粒度的体系结构/用例图)

　　学生借书子系统作为整个系统的重要组成部分，显然主要包括读者信息管理、借出、归还等模块。其中，读者信息可以进一步细化为读取信息(包括读者所在单位、用户类型、借书数量、借书日期、归还日期等)、违章信息处理等模块。这些比较粗的模块就组成了学生借书的软件体系结构，如图 5-16 所示。

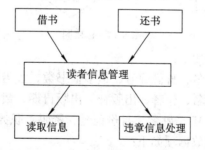

图 5-16　读者借书子系统软件体系结构

　　其中，读者要进行借书、还书，首先要得到读者信息，在本系统中就是通过扫描借书证的条形码，从而从数据库中获得读者基本信息，然后就可以完成各自的功能，通过对这些信息进行读取或修改，完成相应处理。图 5-16 中给出了各构件之间的包含和连接关系，用带箭头的实线表示各构件间的调用关系，被指向方即为被调用构件。一般来说，软件体系结构不易过分细化，图中只是示意出学生借书子系统的软件体系结构的主要组成以及构件间的关系。在实际设计中，往往随着设计人员采用的设计方法以及辅助设计工具的不同，软件体系结构细化和表达方式也不同，但本质上都是对需求的不同程度的抽象。

　　抽象使复杂的大系统分解成几个相对简单的子系统，子系统中又有自己的抽象结构。抽象的层次性使得软件体系结构的设计复杂性得到有效的控制，并使最终软件的实现更加容易。

3．信息隐藏与模块化原理的应用

和抽象原理一样，信息隐藏和模块化的原理也是软件体系结构设计的基本原理，所有体系结构的设计都会涉及这两个原理的应用。其在体系结构需求到软件体系结构各要素的映射和软件体系结构各组成要素设计阶段显得尤为重要。

一般认为，构件是指语义完整、语法正确和有可重用价值的单位软件，是软件重用过程中可以明确辨识的系统；结构上，它是语义描述、通信接口和实现代码的复合体。简单地说，构件是具有一定功能、能够独立工作或能同其他构件装配起来协调工作的程序体，构件的使用同它的开发、生产无关。从抽象程度来看，面向对象技术已达到了类级重用(代码重用)，它以类为封装的单位。这样的重用粒度还太小，不足以解决异构互操作和效率更高的重用。构件将抽象的程度提到一个更高的层次。它是对一组类的组合进行封装，并代表一个或多个功能的特定服务，也为用户提供了多个接口。整个构件隐藏了具体的实现，只用接口对外提供服务。

通过对图书系统的分析，可以得出该系统涉及 3 个实体：读者、图书、工作人员。通过对各实体数据关系的整理，可以画出如图 5-17 所示的 E-R 图。

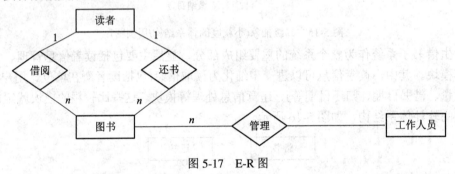

图 5-17　E-R 图

这些实体涉及的数据项如下：
- 读者：读者条码、姓名、身份证号、最多借书数、止借标志。
- 图书：图书条码、书名、作者、出版社、出版日期、数量、停借标志。
- 工作人员：工作人员 ID、姓名、身份证号、密码、职务。

实体之间的联系设计的数据项如下：
- 借阅文件：读者条码、图书条码、借出日期、归还日期、操作人员 ID。
- 罚款文件：读者条码、罚款天数、罚款数、罚款日期、解止日期(是指解除该读者止借标志的日期)、操作人员 ID。

如果将上述实体分别对应一个表，可以完成要实现的功能。但注意到在前面的分析中，强调要处理借书、还书的效率。在上面的表结构中，不难发现随着借阅记录的逐渐增多，借阅文件的查询效率会降低，势必影响还书处理的效率，因而建议将表结构改为如下形式：
- 读者文件：读者条码、姓名、身份证号、最多借书数、止借标志。
- 图书文件：图书条码、书名、作者、出版社、出版日期、数量、止借标志。
- 工作人员：工作人员 ID、姓名、身份证号、密码、职务。
- 借阅文件：读者条码、图书条码、借出日期、操作人员 ID。
- 借阅历史文件：读者条码、图书条码、借书日期、归还日期、借书操作人员 ID、还书操作人员 ID。
- 罚款文件：读者条码、罚款天数、罚款数、罚款日期、操作人员 ID。
- 罚款历史文件：读者条码、罚款天数、罚款数、罚款日期、解止日期。

根据前面对需求的分析，可以得到如图 5-18 所示的模块结构图。

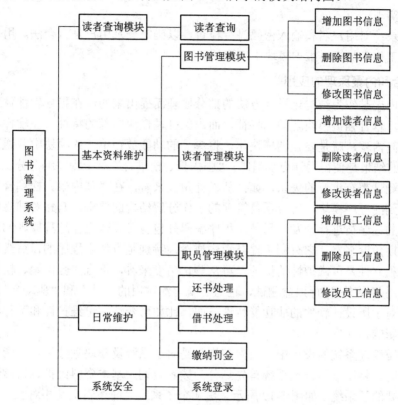

图 5-18　图书管理系统的模块结构

图书管理系统需要实现的功能主要有 4 大块：基本资料维护、日常维护、系统安全模块和读者查询模块。其中，基本资料维护和日常维护是整个系统的核心。基本资料维护包括对读者、工作人员和图书等信息的维护，主要有读者信息的增、删、改，对员工资料进行增、删、改和对图书资料进行增、删、改；日常维护包括借书处理、还书处理和缴纳罚金；系统安全模块只是实现了最简单的系统登录检查；读者查询模块也只实现了简单的查询功能。下面对各模块作具体的介绍。

借书处理的主要功能是扫描读者条形码，扫描图书条形码，在数据库中插入一条借书记录，该记录包括读者条形码、图书条形码、借出日期。

还书处理的主要功能是扫描图书条形码，在借阅文件中找到相应的记录，将该记录的相应数据插入到还书记录中，同时将借书记录删除。

缴纳罚金的主要功能是输入读者的条形码，显示该读者的姓名、罚款金额和过期天数，如果读者缴纳了罚金，则将该读者文件的允许借阅标志置为 Y。删除罚款文件中对该读者对应的记录，将这一记录同时插入到罚款历史文件中。

读者查询：允许读者根据自己的条形码或姓名查询自己的借书记录。

图书资料维护的功能主要包括输入新书资料、删除旧书资料、修改图书资料等。

读者资料维护的功能包括读者信息的输入、修改和删除。

工作人员信息维护主要包括工作人员信息的输入、修改和删除。

注销读者：将读者记录置止借标志，同时提供删除读者信息的功能(这部分在系统的原型中并没有实现)。

系统登录：对用户名和输入密码进行检查，以确定登录用户是否合法。用户名和密码的维护是在工作人员资料维护模块中实现的。

4．耦合和内聚原理的应用

耦合和内聚是作为结构化设计方法的部分原理而提出来的，在指导软件体系结构设计中同样适用。耦合强调模块之间的特征，而内聚强调模块内部的特性。在软件设计中，提倡低耦合和高内聚，就是要强调模块化，将单一的功能放在单一的模块中，通过接口来通信。这样做的结果是使得设计更加清晰。"强内聚、松耦合"对于程序编写分工、程序的可维护性以及测试都有重要的关系，如：从设计角度来看，在"强内聚、松耦合"的指导下进行设计得到的程序模块，符合项目管理的工作分解结构的要求，其相对独立的模块可以分配到具体的程序员进行开发，另外，程序编码外包也必须建立在这种原则的设计之下；从程序生命期角度来看，它有利于提高程序质量，特别是方便于程序的日后维护，即程序模块的相对独立性是可维护性的保证；再从测试角度来看，符合"强内聚、松耦合"的程序，易于对局部(模块)进行黑盒测试，也易于编写测试用的"桩"和"驱动"。耦合和内聚原理的应用对于所设计软件的非功能特性方面，比如可变性、可维护性和可移植性，都有比较重要的影响。

在图书馆管理系统的设计中，内聚和耦合是对子系统及模块划分的重要指导方向。在划分子系统时，将图书馆管理系统首先划分为读者查询、基本资料维护、日常维护和系统安全4个主要的子系统，如图5-19所示。这4个子系统之间逻辑上是相对独立的，每个子系统都完成单一的功能，这样的设计不但使结构清晰，使设计更易于理解，而且更重要的是高内聚低耦合的结构降低了各个子系统的相互影响。也就是说，具有高内聚和低耦合的子系统或模块可以做到以下几点：

(1) 可以独立预定、配置或交付。

(2) 可以独立开发(只要接口保持不变)。

(3) 可以在一组分布式计算节点上独立部署。

(4) 可以在不破坏系统其他部分的情况下独立地进行更改。

图 5-19　图书管理系统的子系统

当进一步对子系统进行设计时，同样也是依据强内聚松耦合的原理来设计每个模块和功能，以及每个类和函数的设计。内聚和耦合的原理在软件进入模块化阶段时就已经作为一条通用的、至关重要的设计原则。

　　有关图书馆管理系统的体系结构设计中所涉及的原理还有封装、接口和实现分离、分而治之等，这里就不再一一阐述。

　　许多软件体系结构的设计原理之间都有着密切的关联与互补性，例如信息隐藏是用户对封装性的认识，封装则为信息隐藏提供支持，封装保证了模块具有较好的独立性等。

5.6　基于关键质量属性需求的体系结构设计

　　基于关键质量属性的体系结构设计是目前业界在软件体系结构设计中非常关注的一个重要方向，它更多地指向满足实际体系结构设计的核心目标和本质需求，因而，发展出所谓的属性驱动的体系结构设计方法(Attribute Driven Design，ADD)。本节在介绍几个关键质量属性需求的概念之后，简单讨论了几种常见的关键质量属性需求及对体系结构的影响和对策。基于 ADD 方法的关键，首先是了解和理解关键需求的背景和场景，找对方法和对策，然后从模块分解、体系结构布局、协同设计三个体系结构设计的基本要素入手，设计出满足关键需求的软件体系结构，并加以实现。

5.6.1　理解体系结构设计中的关键质量属性需求

　　设计、实现、维护系统除了要满足系统的功能需求之外，同时还需要满足系统的性能、可维护性、灵活性、可扩展性等需求。这些需求是与用户功能不同的另一类需求，它们被统称为与应用系统有关的质量属性需求，有些甚至至关重要，因此也简称关键需求。对架构师而言，这些需求并不是用户的功能需求，但更为关键和重要，因为它们才是架构师设计系统的真正内在动力和驱动。满足关键质量属性需求是架构师进行架构设计的源头，也是近年来企业应用和架构设计实践所关注的重点。

1. 质量属性与软件体系结构

　　世界著名软件项目大师 Karl E. Wiegers 说，质量属性很难定义，但它经常可以区分产品是只完成了其应该完成的任务，还是使客户感到满意。

　　确实，早期的软件系统结构设计，一般都是从功能实现(功能划分、职责配合)的需要、系统软硬件部署的需要、运行的需要，甚至某些开发方式(人员分工、开发还是采购)的需要，来考虑如何切分应用系统模块，定义系统架构。由此，将这种基于"刚性"架构特性的系统设计，称为基于功能的架构设计。操作系统(OS)的架构、OSI 网络 7 层的架构、手机处理构件的流水线架构等，首先是从其自身的这些"刚性"的功能性因素出发，形成各自特定的系统架构。

　　但是，还应看到，诸如系统的性能、安全性、可用性、易用性、可修改性、可移植性、可测试性、可集成性、可重用性等，这些"柔性"的质量属性可能更能够让客户满意，并且它们与系统架构有着更紧密的联系。

　　所谓功能性需求，是系统必须实现的、对系统所期望的工作能力。实现功能性需求，可以有也可以没有内部构件和构件间的职责划分(在一个构件内实现)，可以有也可以没有构件与构件之间的配合与协作。可以不考虑系统的可扩展、可维护、可修改等特性。系统的功能实现,可能与体系结构如何设计毫无关系,即没有体系结构设计也可以开发出满足功能需求的系统。其实,学生在学校所完成的软件开发(按照严格意义上讲,可能都还不能称为系统,也不能称为项目),基本上没有自己特定的体系结构设计,甚至连体系结构设计的考虑都没有。

质量属性与体系结构的关系是:质量属性既与体系结构有关,也和具体实现有关。但体系结构是获取许多关键质量属性的基础,在体系结构设计过程中,就应考虑到这些质量属性,并在设计构思阶段,在体系结构层次上进行评审。

任何一种质量属性,都不可能在不考虑其他属性的情况下单独获取。一个质量属性的获取对其他质量属性可能产生正面或负面的影响。因为它们之间往往是相互关联的。例如,灵活性和可扩展往往表现为正相关性。但显然,这些可扩展的、灵活的设计涉及开发期工作量的增加,及运行(包括编译)时的载入,都导致系统的效率(包括开发工作效率)降低、维护困难,这是它们不得不付出的代价或称为"开销"。因此,灵活性与可扩展性与系统复杂程度和可维护度负相关。

2. 常见的质量属性需求

以下介绍几种常见的质量属性需求。

1) 可用性

可用性是指系统正常运行时间的比例,是通过两次故障之间的时间长度或在系统崩溃情况下能够恢复正常运行的速度来衡量的。具体可以用可用性 α 来度量,公式是:

$$\alpha = \frac{平均正常工作时间}{平均正常工作时间 + 平均修复时间}$$

例如:

(1) 虽然发生了故障,但系统自动恢复,没有影响使用,修复时间 = 0,$\alpha = 100\%$。

(2) 非实时的应用系统,每天只需要工作 2 h,在什么时间都可以用,不要求在特定的时间运行。即使某个时段有故障,一天 6 h 之内就能修复,$\alpha = 100\%$。

(3) 平均正常工作时间:24×7,如果需要修复时间,那么 $\alpha = ?$

2) 可修改性

对系统的更改一般是由于拥有该系统的组织的商业目的发生了变化,这些变化包括:

(1) 功能的扩展或改变;

(2) 删除/重组已有的功能;

(3) 适应新的操作环境。

可修改性是指能够快速地以较高的性能代价比对系统进行变更的能力。通常以某些具体的变更为基准,通过考察这些变更的代价来衡量可修改性。可修改性包含 4 个方面。

(1) 可维护性。这主要体现在问题的修复上,即在错误发生后"修复"软件系统。为可维护性做好准备的软件体系结构往往能做局部性的修改并使之对其他构件的负面影响最小化。

(2) 可扩展性。这一点关注的是使用新特性来扩展软件系统,以及使用改进版本来替换构件并删除不需要或不必要的特性和构件。为了实现可扩展性,软件系统需要松散耦合的构件。其目标是实现一种体系结构，它能使开发人员在不影响使用该构件客户的情况下替换构件。支持把新构件集成到现有的体系结构中也是必要的。

(3) 结构重组。这一点处理的是重新组织软件系统的构件及构件间的关系，例如通过将构件移动到一个不同的子系统而改变它的位置。为了支持结构重组，软件系统需要精心设计构件之间的关系。理想情况下，它们允许开发人员在不影响实现的主体部分的情况下灵活地配置构件。

(4) 可移植性。可移植性使软件系统适用于多种硬件平台、用户界面、操作系统、编程语言或编译器。为了实现可移植，需要按照硬件无关的方式组织软件系统。可移植性是系统能够在不同计算环境下运行的能力。这些环境可能是硬件、软件，也可能是两者的结合。在关于某个特定计算环境的所有假设都集中在一个或几个构件中时，系统是可移植的。如果移植到新的系统需要做些更改，则可移植性就是一种特殊的可修改性。

3) 性能

性能是指系统的响应能力，即要经过多长时间才能对某个事件做出响应，或者在某段时间内系统所能处理的事件的个数。经常用单位时间内所处理事务的数量或系统完成某个事务处理所需的时间来对性能进行定量的表示。

性能测试经常要使用基准测试程序(用以测量性能指标的特定事务集或工作量环境)。性能需要系统处于正常的工作状态(环境、负载等)下进行衡量。准确地说，需明确系统在多大的负载条件下，并且各个外部系统处于正常工作的状态，系统对某个具体请求类型的响应时间。

例如，非节假日期间，12306 网站的访问性能可以控制在 2～3 s 内，然而在春节或国庆等节假日前夕，12306 网站几乎难以得到正常的响应。因此，单独描述 12306 网站的性能，需要增加一个访问量的限制。同时，在高峰期访问 12306 也需要区分访问请求，对于车次查询等相对静态的数据查询，12306 仍可以较快速度进行响应，然而对订票等复杂、动态的请求，12306 响应很慢。因此，一般在描述性能时，还需要区分请求类型。

4) 安全性

安全性是指系统在向合法用户提供服务的同时能够阻止非授权用户使用的企图即拒绝服务的能力。

安全性又可划分为机密性、完整性、不可否认性及可控性等特性。其中，机密性保证信息不泄露给未授权的用户、实体或过程；完整性保证信息的完整和准确，防止信息被非法修改；不可否认性是指正确认定发送者，使之不能否认已发送过的数据的过程；可控性保证对信息的传播及内容具有控制的能力，防止为非法者所用。

5) 可靠性

可靠性是软件系统在应用或系统错误面前，在意外或错误使用的情况下维持软件系统的功能特性的基本能力。可靠性是很重要的软件特性，通常用它衡量在规定的条件和时间内，软件完成规定功能的能力。可靠性通常用平均失效时间(Mean Time To Failure，MTTF)(指软件在失效前正常工作的平均统计时间)和平均失效间隔时间(Mean Time Between Failure，MTBF)来衡量。在失效率为常数和修复时间很短的情况下，MTTF 和 MTBF 几乎相等。

$$MTBF = MTTF + MTTR (平均修复时间)$$

可靠性可以分为两个方面:

(1) 容错。其目的是在错误发生时确保系统正常运行,并进行内部"修复"。例如在一个分布式软件系统中失去了一个与远程构件的连接,容错能力使系统恢复了连接。在修复这样的错误之后,软件系统可以重新或重复执行进程间的操作直到错误再次发生。

(2) 健壮性。其是保护应用程序不受错误使用和错误输入的影响,在遇到意外错误事件时确保应用系统处于已经定义好的状态。和容错相比,健壮性并不是在错误发生时软件可以继续运行,它只能保证软件按照某种已经定义好的方式终止执行。软件体系结构对软件系统的可靠性有巨大的影响。例如,软件体系结构通过在应用程序内部包含冗余,或集成监控控件和异常处理构件来支持可靠性。

6) 可测试性

可测试性是指通过测试使软件显现出缺陷的容易程度,即假设软件中至少有一个缺陷,在下次测试运行时,缺陷暴露的可能性。

系统的可测试性涉及如下几个方面。

(1) 体系结构级别上文档编制的水平;

(2) 对问题的隔离;

(3) 信息隐藏原理应用的程度。

7) 易用性

易用性可分为如下几个方面。

(1) 可学习性;

(2) 效率;

(3) 可记忆性;

(4) 错误避免;

(5) 错误处理;

(6) 满意度。

8) 可重用性

可重用性是指要合理地设计系统,使系统的结构或其某些构件能够在以后的应用开发中重复使用。体系结构的各个构件就是重用的单位,一个构件的可重用程度依赖于它与其他构件的耦合程度。因此,可重用性是指体系结构设计时力求每个构件都尽可能是外部独立的(至少是松耦合)。

可重用性与体系结构密切相关,它还可以看作是可修改性或可集成性的特例。这相当于一个硬币的两面:建立的系统可修改导致了系统可重用。

9) 可集成性

可集成性是使独立开发的系统构件能够协同运行的能力,集成性依赖于:

(1) 构件的外部复杂性;

(2) 构件之间的交互机制和协议;

(3) 构件功能划分的清晰程度;

(4) 构件接口的定义是否完整、合理。

可集成性表明了一个系统内各构件之间相互协作的能力，而互操作性衡量的则是一个系统与另一个系统的协作能力。

3. 质量属性需求的场景描述

体系结构设计一定是在充分分析关键需求的基础上，做出的设计方案与设计决策，因此，准确分析、表述、记录关键质量属性需求，是体系结构设计的前提。而质量需求与功能需求相比，具有更难于清晰梳理、难于准确表达的特点，使得这一环节显得尤为重要。

从一个架构师的角度看，有关质量属性的讨论中存在以下 3 个问题。

(1) 需求描述充满二义性，且不可操作；

(2) 由于这些需求的相关性，不同描述可能关注的是同一问题。

(3) 术语不一致。

能否用规范的形式来描述质量属性，使得体系结构的设计者、开发者和使用者在理解和实现该需求时，能够得到一致的信息？可以借助于一套规范的"质量属性场景"表达形式来描述质量属性。如图 5-20 所示，所谓"场景"，就是对某个实体与系统的一次交互的简要描述，质量属性场景是一个有关质量属性的特定需求。

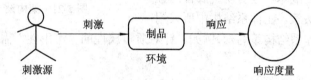

图 5-20 质量属性的场景描述

实际上，这种"质量属性场景"简要描述了某个实体与系统的一次交互，在交互过程中，反映了一个有关质量属性的特定需求。

质量属性场景由以下 6 个要素组成。

(1) 刺激源。这是某个生成该刺激的实体，可能是用户、计算机系统或任何其他可以起到刺激作用的实体。

(2) 刺激。刺激源对系统的影响，可以看作是一个导致刺激的事件。

(3) 环境。与刺激相关的上下文条件，相当于系统当前运行的状态。当刺激发生时，系统可能处于过载，或者正在正常运行，也可能是其他情况。

(4) 制品。接收刺激的实体，是系统中对事件做出反应的部分，可能是整个系统，也可能是系统的一部分。

(5) 响应。响应是在刺激到达后所采取的行动。

(6) 响应度量。对反应结果提供某种形式的衡量，例如系统如果有自动纠错和恢复机制，提供的类似故障恢复效果和时间等衡量指标。

生成这样的质量属性场景的目的，是用来帮助架构师描述有意义的质量属性需求，并使质量属性需求的描述规范化。场景描述提出：因为什么？发生了什么？影响了什么？如何处置？结果是什么的问题。

如何生成质量属性场景？

(1) 先使用与质量属性有关的表格创建一般场景；

(2) 根据一般场景，有选择地创建与特定系统有关的场景。

5.6.2 基于关键质量属性需求的体系结构设计对策

上节讨论了关键质量属性的场景表示方式，本节将介绍几个常见关键需求的一般对策方法，介绍需求的现状与对策，进而获得可满足需求的设计方案和体系结构的实现方法。

1. 应对关键需求的对策思路

1) 需求与对策

是什么使系统具有可移植性、可扩展性、可集成性？当外部或内部用户向架构师提出灵活性、可用性需求的时候，是拍脑袋决策？还是有依据、有方法、有策略地做出合理明确的设计决定，并使架构决策是可持续的？在架构设计决策时，如图 5-21 所示的思维图也许可以给你一点启示。

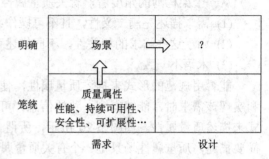

图 5-21 架构设计对策与思路

应对关键需求的战术，是对质量属性的控制产生影响的设计决策。在体系结构中所采用战术的集合称为"体系结构策略"。例如，针对质量属性的"可用性"需求，可以采取的策略如下。

(1) 设计决策：冗余。

(2) 决策代价：复杂的同步。

从某种意义上说，每一种战术都是一种设计选择，是思想。而系统设计就是实现这些设计选择，是实现。

2) 战术的特点

显然，作为一种战术，应具有以下特点。

(1) 一种战术可以分解为其他战术的组合，如冗余战术可进一步求精为数据冗余或计算冗余，并可以按照求精的程度，组织成递进的层次形式。

(2) 模式可以把战术打包，如冗余战术通常还会使用同步战术。打包是一种战术的抽象化，如设计模式。

以下采用"刺激—战术—响应"的形式，具体介绍几个常见的需求和战术。

2. 可用性战术

1) 需求

当系统不能提供与规范一致的服务时，即发生了故障或错误。为此，可用性战术要达到的目的是屏蔽故障或修复错误，如图 5-22 所示。

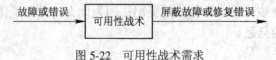

图 5-22 可用性战术需求

2) 基本战术

对付故障的手段可以是屏蔽，如掉电后，暂时无法立即修复，则采用备用电源，并屏蔽掉有故障的供电电路。对付错误的手段是修复，如数据库异常或损害时，采用备份数据进行恢复或修复。屏蔽是代替战术，修复是改正战术，这是两种不同的战术思路。

3) 体系结构实现

不论是屏蔽还是修复，体系结构上要达到可用的目标，首先需要实现的是发现错误。

(1) 错误检测。错误检测用于发现错误，用于检测错误的两个战术如下。

① 外部检测：采用回声/心跳技术，用一个进程周期性地检测另一个进程，以检查并发现错误，这是依靠外部进行的错误检测。

② 自我检测：依靠进程本身的自我错误发现机制(如采用高可靠性系统、高可信软件)，发现自己的错误，这对系统而言是更高的要求。

(2) 屏蔽。采用双机热备份是实现故障屏蔽战术的具体方法。在双机备份系统中，心跳网络是其关键部件。心跳网络是用来检测双机中"对方"进程是否正确运行的一种机制，如图 5-23 所示。

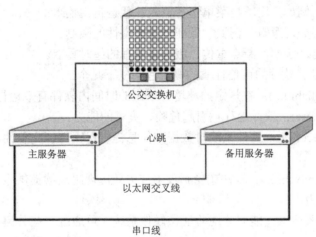

图 5-23　双机备份系统的心跳机制

图 5-24 所示是由这样的心跳网络构成的图书馆管理系统的高可靠双机双阵列实时异地容灾系统。

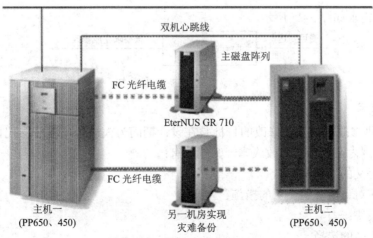

图 5-24　图书馆管理系统的高可靠双机双阵列实时异地容灾系统

在上述应用系统中,不但由主机、存储设备、网络等硬件设备提供了双机备份的条件,而且,软件系统设计也需要做出相应变化。首先,心跳系统是为双机备份的故障发现和系统"切换"所特别开发的;其次,对于实时业务系统,保持正在处理的业务交易的完整性的机制也是必不可少的;再者,有关数据同步、回退等一套数据转换机制,也应有所考虑,双机备份不仅仅是硬件的事。

(3) 错误恢复。用于错误恢复的战术有:

① 表决;

② 主动冗余/被动冗余;

③ 备件/备份;

④ shutdown 操作/重启/状态再同步;

⑤ 检查点/回退。

(4) 错误预防。用于错误预防的战术有:

① 规范输入,例如,用下拉菜单选择输入,代替自由输入;

② 严格的事务处理逻辑,例如,保证交易完整性的限制;

③ 进程监视器,例如,断点重传、服务器管理的超时重启。

(5) 高可信软件。软件的可信性质的概念包括以下几个。

① 可靠性(Reliability):在规定的环境下规定的时间内软件有效运行的能力。

② 安全性(Safety):软件运行不引起危险、灾难的能力。

③ 保密性(Security):软件系统对数据和信息提供保密性、完整性、可用性、真实性保障的能力。

④ 生存性(Survivability):软件在受到攻击或失效出现时连续提供服务并在规定时间内恢复所有服务的能力。

高可信软件系统要求:能充分地验证该软件系统,可通过一些关键方式,提供所需的服务(可信性)。

3. 可修改性战术

1) 需求

可修改性需求如图 5-25 所示。

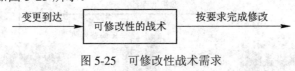

图 5-25　可修改性战术需求

2) 基本战术

(1) 局部化修改。局部化修改的目标是在设计期间为模块分配责任,把预期的变更限制在一定的范围内,以降低修改成本,其战术有:

① 维持语义的一致性;

② 预留应对可能发生变更的措施;

③ 泛化模块;

④ 限制可能的选择。

(2) 防止连锁反应。防止修改产生连锁反应,是指此修改没有直接影响到的模块,不需要被改变，这是为了防止由于模块间存在依赖关系，导致修改的"连锁反应"。这种依赖关系有：

① 语法；

② 语义；

③ 顺序；

④ 模块 A 的一个接口的身份；

⑤ 模块 A 运行时的位置；

⑥ 模块 A 提供的服务/数据的质量；

⑦ 模块 A 的存在；

⑧ 模块 A 的资源行为。

防止连锁反应的战术有：

① 信息隐藏；

② 维持现有的接口，或者

• 添加接口；

• 添加适配器；

③ 提供一个占位程序 A；

④ 限制通信路径；

⑤ 仲裁者的使用；

• 数据语法

• 服务语法；

• A 的接口身份。

(3) 推迟绑定时间。推迟绑定可以允许另一组开发人员进行修改，也可以延迟部署时间，其战术有：

① 运行时注册——支持即插即用；

② 配置文件——启动时设置参数；

③ 多态——允许方法调用的后期绑定；

④ 构件更换——允许载入时间绑定；

⑤ 遵守通用的接口协议——允许独立进程的运行时绑定。

4．性能战术

1) 需求

性能需求如图 5-26 所示。

图 5-26　性能战术需求

一般而言，影响响应时间的两个基本因素是：

(1) 资源消耗。

(2) 闭锁时间：

① 资源的可用性；

② 资源争用；

③ 对其他计算的依赖性。

2) 基本战术

(1) 资源需求。减少等待时间的一种战术是减少处理一个事件流所需要的资源，如：

① 提高计算效率；

② 减少计算开销。

减少等待时间的另一种战术是减少所处理事件的数量，如：

① 管理事件率；

② 控制采样频率。

或者，控制资源的使用，如：

① 限制执行时间；

② 限制队列的大小。

(2) 资源管理。用于资源管理的战术有：

① 引入并发；

② 维持数据或计算的多个副本；

③ 增加可用资源。

(3) 资源仲裁。对资源进行仲裁管理，常见的调度策略有：

① 先进/先出；

② 固定优先级：

• 语义重要性；

• 时限时间单调；

• 速率单调。

③ 动态优先级调度：

• 轮转；

• 时限时间最早优先。

④ 静态调度。

5.6.3 关键质量属性需求驱动的体系结构设计

1. 影响体系结构设计的关键因素

1) 不确定性需求导致系统体系结构必须具备"灵活性"和"可扩展性"

需求来自用户的实际生产活动，而用户的环境和需求，无时无刻不在发生变化。所以任何"确定的需求"只能是某一需求的"切面"，是暂时的。例如，银行早期为用户的信用卡提供打印并邮寄纸质账单服务，但目前，根据用户的选择，可以通过发送电子账单的方式进行。未来是否有更方便、简洁的发送模式，目前还不知道。但银行系统必须保持用户数据与账单提供形式的无关性，看起来这在系统实现上并不存在什么问题。但是，如果进一步需要根据这些用户信息开展更有价值的用户数据分析和挖掘运用，以了解用户的消费行为模式，则可能会考虑更为有效的数据结构和组织。用户目前还停留在只要求提供纸质账单的需求层面，其他需求并没有考虑。

项目团队必须在这样"部分需求"的基础上，进行体系结构设计和编码。这个用户会长久存在，这个系统的大部分代码必须保持并运行相当长一个时期。但需求会一直变化下去，所以，修改是永无止境的。这就是体系结构设计"灵活性"和"可扩展性"的关键质量属性需求的来源，从而也是引导体系结构设计走向的原动力。

用户不会某一天一切都发生了变化，系统同样不会所有代码都"报废"。

哪些是未来可能发生变化的地方？这些变化预期什么时候发生？这些都会影响到体系结构的设计。

2) 与体系结构设计有关的一些约束和限制

(1) 影响物理架构的设计约束。在一个应用系统中，与物理架构有关的设计约束是最明显的，往往用户也会在需求中明确提出。例如，是 C/S 架构还是 B/S 架构，服务器的个数，每个服务器 CPU 的个数和处理能力数(mips)、存储容量、数据备份方案、客户端数和同时在线的用户数、进程数、服务请求数等，这些指标决定了系统的体系结构，更决定了系统的规模和造价。

(2) 影响开发架构的设计约束。采用什么样的开发平台，是开发架构的主要约束因素。是 Windows 平台还是 Unix 平台，是 IOS 还是 Android，再细分下去，从开发语言、中间件、再到数据库，都需要确定下来。

另一个影响开发架构的设计约束是所谓的"异构"系统，即把不同平台下的软件系统整合在一起。由于平台不同，平台之间的"接口"是比构件接口更复杂的链接关系。

(3) 影响逻辑架构的设计约束。例如，可重用和可迭代是影响逻辑架构的两个主要设计约束。

可重用是提高软件开发效率和质量的一个好方法，也是软件从业人员的不懈追求。不论是重用别人开发好的构件，还是重用自己开发的构件，都对项目开发团队有重用的要求。那么什么是重用的约束？

最主要的重用约束，当然是构件功能的合理抽象和接口标准的规范化。功能抽象合理，才有可能提供给别人用或别人愿意用，而接口规范，则别人更容易使用。

可迭代与可重用不同，它对架构设计的影响虽然也体现在功能逻辑划分上，但它体现的是前一个开发周期完成一部分功能，后一个开发周期(迭代阶段)完成另一部分功能。前一个周期完成的功能是可交付、可使用(部分)的，后一个周期继续完成该功能，但并不废弃前一周期的工作，否则就不是迭代。所以，迭代对架构的影响，更多体现在功能逻辑设计和接口的灵活性和可扩展性上。

(4) 其他设计约束。其他一些约束可能是非技术性的，例如，时间约束、人员与资源约束、软件过程管理约束等，这些约束虽然不是技术性的，但它们有可能比技术要求还要严重地影响项目团队的行为。在高度压力之下，人的心理和行为都可能发生连自己都无法预料的变化。体系结构设计师更多地要靠前瞻的预计、周密的计划、合理的组织，在技术上有充分的准备，包括灵活性、可扩展性、稳定性、可靠性等，来应对这样的压力。

3) 影响体系结构设计的关键机制

体系结构的设计必须能够响应关键质量属性需求并受设计约束限制，但是，关键质量属性需求与功能需求不同，不能通过添加一个或多个功能模块来实现和满足。关键质量属性，需要依靠特定体系结构机制的设计来实现。从体系结构的定义可以知道，体系结构是由构件、连接件和连接关系三个要素构成的，因此，影响体系结构的关键因素或关键机制，也离不开这三个要素。

(1) 模块划分方法是影响体系结构的第一关键要素。软件系统概要设计阶段的任务是：模块的划分，将系统的主要任务和责任逐个地分解到更小的任务单位。无疑，划分方法将直接影响到系统总体任务是如何由各个子任务实现的。站在体系结构设计师的角度看，这显然是影响系统体系结构的第一关键要素。

与考虑任务和责任划分不同，体系结构设计师应针对需求的"不确定性"而导致的"灵活性""可扩展性"需求，考察这些关键需求的具体背景是什么，"灵活性"和"可扩展性"涉及哪些模块，然后，还需要将这些模块挑出来一一加以考察。

(2) 连接方式是影响体系结构的第二关键要素。体系结构设计不是模块一"切"了事，划分的同时，就已经考虑了模块之间的连接件和连接关系。即在任务职责上它们是如何既分工又合作，在软件实现上，它们是通过什么方式发生联系并实现协同的。

在模块划分完成之后，如何将它们连接起来，并形成合适的系统架构布局，以满足如"灵活性"和"可扩展性"的第二个关键要素呢？

以不同的网络结构形态为例：C/S 架构和 B/S 架构都是客户/服务器模式，两者最大的不同是 C/S 架构的客户端采用的是 Windows 下的客户端代码程序，而 B/S 架构则使用 IE 浏览器作客户端。单服务器的简单运用与多服务器群(如包括接入服务器门户验证服务器、不同应用分类服务器等，备份，负载平衡)的应用，在灵活性与可扩展性方面，有很大的不同。但它们之间的连接方式是基本相同的，即主要通过网络(物理)和 HTTP 等协议(信息交换)方式，建立连接。

同一主机内部，消息机制、进程通信、过程调用等，是它们主要的连接方式。

(3) 连接关系是影响体系结构的第三关键要素。面向对象的设计模式是提供模块之间灵活性的最主要的思路和战术方法。

2．关键质量属性需求驱动的体系结构设计方法

所谓关键质量属性驱动的设计(Attribute Driven Design，ADD)，是把一组关键质量属性需求作为输入，体系结构设计师利用对关键质量属性需求与体系结构设计和实现之间关系的了解，对体系结构进行设计的方法。

ADD 作为一种定义软件体系结构的方法，将从模块分解开始的体系结构设计过程，建立在软件必须满足的关键质量属性之上，并且是一个递归的分解过程。在每个设计阶段，都选择某个或某一组战术和体系结构模式，来满足一组质量属性需求。然后，对功能进行分配，以实例化由该模式所提供的模块类型。

在生命周期中，ADD 位于需求分析之后。ADD 的结果是体系结构的模块分解视图和其他视图的最初的几个层次，不是视图的所有细节都是通过 ADD 得到。这很容易理解，关键质量属性的需求是高度抽象的，例如"灵活性"和"可扩展性"。响应该需求的第一步，首先也将是"战略性"的，而非"战术性"的。

系统被描述为功能和功能之间交互的一组容器。ADD 的结果是粗粒度的，由 ADD

得到的体系结构和已经为实现做好准备的体系结构之间的区别是，需要做出更详细的设计决策。

3．基于 ADD 体系结构设计的步骤

(1) 作为体系结构设计师，首先需要在需求分析阶段，关注关键质量属性需求。

(2) 开始考虑并建立软件系统的概念性体系结构，包括搞清楚影响系统关键质量属性的那些关键机制(模块划分、连接、连接关系)是什么。

(3) 软件体系结构的细化设计，包括：

① 从具体的质量属性需求和功能需求集合中选择体系结构驱动因素，如灵活性、可扩展性等。

② 选择满足体系结构驱动因素的体系结构模式，根据可以用来实现驱动因素的战术创建或选择模式，确定实现这些战术所需要的子模块。如在需要有多种灵活显示界面的应用需求时，采用 MVC 风格。

③ 实例化模块并根据用例分配功能，使用多个视图进行表示。

④ 定义子模块的接口。该步骤提供了模块和对模块交互类型的限制，并将该限制信息编写在每个模块的接口文档中。

⑤ 验证用例和质量场景并对其进行求精，使它们成为子模块的限制。这一步验证了重要内容没有被遗忘，并为子模块进一步分解或实现做好准备。

⑥ 对需要进一步分解的每个模块重复上述步骤。

5.6.4　ADD 方法实例

下面以一个简单的例子说明 ADD 方法如何在实际项目中使用。项目基本需求如下：煤矿的生产安全是亟待人们解决的重要问题，关乎矿井工作人员的生命安全。矿井中可能存在各种气体，这些气体浓度一旦高于某个阈值可能导致爆炸或者危害人们的正常呼吸。因此，本项目拟开发一套支持安全生产的通信业务系统。其基本需求是能够利用传感器等获得煤矿中的瓦斯浓度，并且实施报警。报警包括短信报警和电话报警等多种方式。同时，外部存在一个现有的安监系统，要求本项目接入该安监系统。具体性能要求是，当平均浓度到达阈值时，3 s 之内发出警报，2 s 之内告知安监系统。要求对该系统按照 ADD 方法进行分解和体系结构设计。

首先需要明确该系统的需求：

(1) 传感器数据获取能力。

(2) 向外部系统发送数据的能力。

(3) 对传感器数据进行存储的能力。

(4) 动态判定是否应该进行告警的能力。

(5) 数据分析能力。

根据上述需求，可得到图 5-27~5-30 的用例图。

传感器数据获取及存储用例如图 5-27 所示，包括获取不同类型的传感器数据。该用例需适配不同类型的传感器，从这些传感器中获取所需的数据格式及内容。同时，为了便于今后对系统行为的重现，需要将相关传感器的值实时存储到相应数据库之中。

告警功能的用例如图 5-28 所示,包含了告警过滤、设置告警规则、告警触发三个用例。其中告警过滤主要依据相关告警规则,对收到的信息进行判断,屏蔽不需要的告警信息。设置告警规则用例主要提供给管理人员进行告警规则的设置,这些告警规则将包括告警过滤规则以及告警触发的规则。告警触发,主要对告警进行触发动作,依照相关的规则对告警触发的目标、方式进行选择。

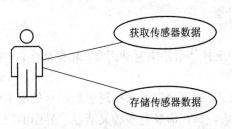

图 5-27 传感器数据获取与存储用例

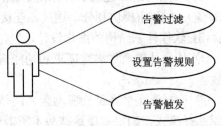

图 5-28 告警功能用例

告警数据分析用例如图 5-29 所示,包含了告警聚类分析、告警数据预处理、告警数据筛选以及告警数据关联分析 4 个用例。其中告警数据预处理包括对数据格式的验证和对不符合格式数据的清洗等过程。在此基础上,告警数据筛选包括对告警数据特征的选择,通过选择合适的特征有助于告警数据挖掘。告警数据聚类分析主要对告警数据进行聚类分析,聚类分析的特征来源于告警数据筛选。告警数据关联分析主要对告警数据内部的关联关系进行分析,从而发现潜在关联关系。

告警发布的用例如图 5-30 所示。告警发送和告警上报都是将告警数据向外部进行发布的过程。告警发送主要利用短信、电话、Web 消息推送等方式向个人用户进行告警消息的散布。告警上报则是向外部系统进行消息的上报。告警上报将包含比告警发送更为详细、原始的告警信息。

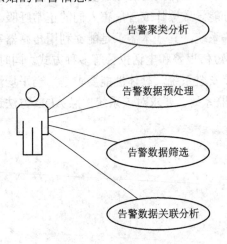

图 5-29 告警数据分析用例

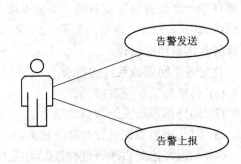

图 5-30 告警发布的用例

通过上述简单的分析,已经对当前系统有了一定的理解,可以进行 ADD 的分析。在进行 ADD 分析时,首先需要明确 ADD 分析过程的输入,这些输入包括表 5-1 所示的内容。

表 5-1　ADD 输入

本层次 ADD 的输入	相 关 说 明
功能需求(一般表示为用例)	需求分析中的用例
限制	目标系统与现有安监程序处于不同机器 目标系统自身需分布式部署 目标系统必须采用 Java 语言 目标系统的平台、各依赖软件版本 数据库品牌及版本
质量需求	相应质量属性场景

1．选择要分解的模块

分解通常从系统开始，然后将其分解为子系统，再进一步将子系统分解为子模块。

通过分析该系统，很容易分析该系统的上下文关系图，如图 5-31 所示。需实现的目标系统与现有的安监程序之间互相独立。目标系统需将现有数据信息上报安监程序，安监程序可以查询相关数据。因此，目标系统须具备与安监程序进行通信的通道。

系统上下文图是分析系统的第一个重要的图，它将为开发人员提供该系统对外的视图，通过该视图开发人员真正了解该系统对外部的作用，明确相关的编程界限与界面。此处的界面不是指 GUI，而是指相关的接口等与外部沟通的途径。通过系统上下文图，开发人员可以首先明确自身系统对相关系统的作用，从而更加明确本系统的外部特征。

在本例子中，上下文图明确了目标系统与现有安监程序之间互不隶属，目标系统作为独立系统可向现有安监程序发送相关告警信息，同时接受安监程序的主动查询。在明确了目标系统的功能界限之后，需对目标系统进行系统整体架构图的设计。

整体架构图，主要需要划分相关的主要功能模块或者子系统。在划分模块时主要依据功能以及功能之间的关联关系进行。图 5-32 所示为体现了不考虑体系结构时的简单整体架构图。

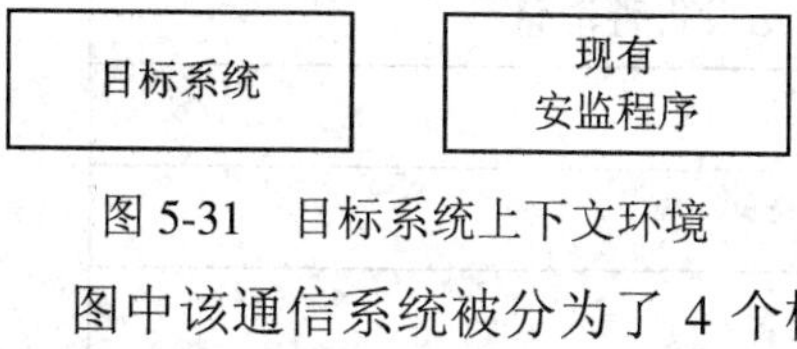

图 5-31　目标系统上下文环境 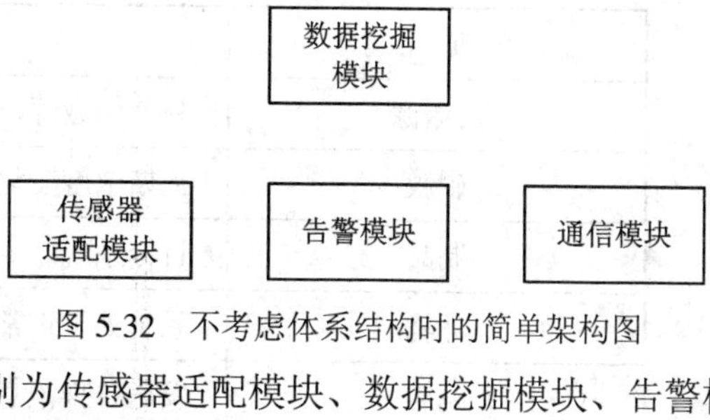　　　　图 5-32　不考虑体系结构时的简单架构图

图中该通信系统被分为了 4 个模块，分别为传感器适配模块、数据挖掘模块、告警模块及通信模块等。

• 通信模块：负责提供基础的通信功能，这些通信功能包括为系统内部模块间提供相关通信功能，也包括为系统外部模块提供相关通信支持。通过通信模块可屏蔽不同的通信协议，从而达到对不同通信协议的支持，如对 RPC、Web Service 等协议的支持。

• 数据挖掘模块：通过分析相关数据，利用数据挖掘的方法分析出当前数据的特征，便于上层决策使用。

- 传感器适配模块：主要用于适配不同类型的传感器，这些传感器可以是不同厂商、不同型号、功能类似的，也可以是功能不同的传感器。该模块为每个功能的传感器提供一套统一的接口访问形式。

- 告警模块：支持多种方式的告警形式，包括短信、声音等多种方式。这些方式可能需要同时告警，同时也支持向外部系统发送告警消息。告警模块需支持告警规则设置和告警阈值设置等功能。

上述模块的划分主要依据功能需求进行，是一般开发时采用的方法。然而，上述体系结构中缺乏与质量属性相关的设计。接下来，我们将详细描述结合质量属性的设计，从而进入 ADD 方法的第二个步骤。

2. 选择体系结构驱动因素

从具体的质量场景和功能需求集合中选择体系结构驱动因素，这一步确定出了对该分解很重要的事物。所谓的体系结构驱动因素，实质是功能、质量需求和限制的组合。它们三者对体系结构均有一定的影响，因此需统筹考虑。原则上，先抓住主要的功能、质量要求以及限制，而后再考虑其他次要的功能及质量要求。功能决定系统实际向外提供的服务，质量需求则保障该服务的正常、可靠提供，限制则约束了该系统服务提供的形态、环境等。

寻找一个系统的体系结构驱动因素可遵循一定的顺序，建议大家可以以功能为主线，在功能上寻找相应的质量需求及限制，从而形成一系列的"功能—质量—限制"的组合。主要功能需求很容易从用户给的需求中获知，因此问题转化为如何寻找主要功能的主要质量需求。一般来说，质量需求可通过对功能需求的理解而获得。本例中的系统对性能、可用性和可修改性等均有一定的要求。

基于质量属性场景描述的 6 个要素，并结合当前系统的特点，可得到有关性能、可用性和可修改性的质量属性场景的描述。

一个典型的性能描述场景如表 5-2 所示。

表 5-2　发送警告的一个典型性能场景

场 景 元 素	具 体 说 明
刺激源	外部刺激源，外部的有害气体
刺激	瓦斯浓度变化超过阈值，引发告警消息
制品	目标系统
环境	系统处于正常运行状态
响应	发送警报消息给警告接收者
响应度量	衡量相应的时间是否小于阈值

该质量属性场景表明，当前系统外部刺激源为外部有害气体。当这些有害气体的浓度大于某个阈值时，传感器接收到该数值。该数值被接入到正常运行的系统后，系统将产生相关的报警信息。这些报警信息会被发送到对应的警告接收者。需要保障自气体浓度超标至警告接收者接收到警报时的时间间隔应小于阈值。

系统可用性的典型质量属性场景如表 5-3 所示。该场景表明，刺激源是系统的某个模块或者系统本身。当这个模块失效或者工作不正常时，是否有其他模块接替原来模块，当前系统能否处于正常运行状态，如果能够正常运行下去，则衡量相关的失效时间比率。

表 5-3　系统可用性的一个典型质量属性场景

场 景 元 素	具 体 说 明
刺激源	内部模块，或者系统本身
刺激	内部模块失效
制品	目标系统
环境	系统处于正常运行状态
响应	是否有其他模块接替原来模块
响应度量	测量和评估其他模块接替原有模块所需的时间，以及系统宕机时间

系统的可修改性质量属性场景如表 5-4 所示，该场景的刺激源是外部用户，外部用户要求增加新的传感器和决策算法等。开发人员对上述修改需求进行响应，增加了相关适配器的代码及新决策算法的代码。当这些更改完成之后，需要评估当前系统为满足该需求所做修改的影响范围，人力和时间等成本。判断这些成本或者影响范围是否超出预期。

表 5-4　可修改性的一个典型质量属性场景

场 景 元 素	具 体 说 明
刺激源	外部用户
刺激	增加相关传感器 增加决策算法
制品	目标系统
环境	系统处于正常运行状态
响应	增加相关传感器修改过程 增加相关决策算法的修改过程
响应度量	测量和评估修改过程所需的人力、物力、时间等成本 评估修改过程对其他模块的影响 修改自身涉及的修改面

由于当前系统的主要功能是用于矿井中对相应气体的告警，重点围绕告警功能所需的相关质量属性，因此告警的及时性直接关系着系统功能的有效性。由于当前系统是矿井安全的重要组成系统之一，系统的可用性直接关乎着矿井工作人员的人身安全。该系统对性能与可用性的需求大于可修改性，因此在整个体系结构设计中重点将性能与可用性作为体系结构驱动因素。

3．选择体系结构模式

应对关键需求的战术，是对质量属性的控制产生影响的设计决策。我们通过组合选定

的战术(Tactics),满足体系结构驱动因素,构造系统体系结构模式。在该系统中需要考虑以下场景:

- 采集数据的性能。
- 发送警报。
- 数据筛选的速度。
- 系统可用性。
- 关键模块的可用性。
- 适配不同的传感器。
- 适配不同的决策算法。
- 适配不同的告警通知方式。

上述几个质量属性场景是系统中需要解决的主要场景。这些场景分别归属于性能、可用性和可修改性几个方面。当前急需在这些场景的基础上对相关战术进行选择。这些战术选定后可帮助开发人员选择相应的体系结构模式。

下面分析可选取的性能战术。

- 降低事件频度:通过采样等手段实现。本例中,传感器数据的采集频度直接影响着传感器数据到达的时间间隔,将影响后续模块实现。因此,降低事件频率不符合本项目需求。
- 降低单个事件的处理时间:通过精心设计提高效率来实现。对于关键模块,可以采用本战术以提升运算速度,从而达到提高效率的要求。
- 并发战术:引入多线程、多进程。在本项目中可能需要采集多个点的传感器,这些传感器的数据如能同时被处理可大大提升整个系统的处理效率,因此可采用并发战术。
- 维持数据或计算的多个副本:用以降低依赖程度。本项目暂时无多个地方同时计算相同数据,或者多个计算进行相似计算的需求,因此此战术不适用。
- 增加可用资源战术:增加需要的资源。在本系统设计时对各个系统资源的预留、分配可统筹安排,暂时不存在增加可用资源的战术。
- 先进先出战术:采用队列等方式保障先来先服务。
- 固定优先级策略:基于优先级的调度。由于告警的等级可能有相应的差异,本系统可能需要优先考虑高优先级的告警,因此采用固定优先级策略。
- 动态优先级战术:实行动态优先级以减少低优先级的等待时间。本系统需保障高优先级的请求优先得到处理,甚至可以忽略低优先级告警。

通过上述分析,在本项目中可用的性能战术包括以下3种。

- 降低单个事件的处理时间。
- 并发战术。
- 固定优先级策略。

下面来分析相关可用性战术。

- ping 与 Echo 战术:监控端向被监控对象发 Ping 消息请求,被监控对象通过回复 Echo 表明自己当前处于正常情况。
- Heartbeat 战术:被监控对象通过向监控端以一定时间间隔发送心跳消息,表明被监控对象自身状态处于正常状态。

- Exception 战术：通过添加异常处理机制，对发生错误的代码段进行捕获，从而进行后续操作。
- Voting 战术：采用多个表决器同时进行计算，最终给一个多数的表决结果。
- 主动冗余：主、备两个系统同时接收请求并进行处理，通常仅由主系统对外返回结果；当主系统出问题时，由备用系统接替工作。
- 被动冗余：备用系统平常不进行工作，主系统将相关的状态信息同步到一个外部存储。备用系统可定时或者按需去同步相关的状态信息。当出现故障时，备用系统需完整同步相关状态信息而后接管后续操作。
- 备件系统：备件系统平常不启动，只有当主系统出现故障时才启动备件系统。
- Shadow 操作：将系统降级运行，系统仅提供 Shadow 模式下定义的相关操作。
- 状态再同步：实质是对状态进行同步，用以解决相关已保存状态的恢复问题。
- 检查点：设置几个检查点，并将这几个检查点的状态记录下来。当某个检查点以后出现错误时，可将系统状态回归到该检查点状态。
- 进程监控器：通过一个简单的模块监测系统进程。当系统出现或即将出现故障时，该模块将启动新的系统或模块以替代原有的，从而保障系统的可用性。
- 从服务中删除：删除错误的模块，并启动新的模块，从而保障系统的正常运行。
- 事务：将一系列操作标记为一个原子操作，要么全部成功，要么全部失败。一旦事务失败，所做的所有操作均被撤销。

可供使用的可用性战术有以下 3 种。
- 进程监控器。
- 被动冗余。
- 事务。

下面来分析可选的修改战术。
- 抽象通用服务：将各个功能进行细化，将功能中的公共依赖的部分抽出。将这部分公共的功能形成通用服务。这样可以减低各个模块间的开发量和依赖关系。
- 预期期望的变更：在考虑系统体系结构设计时，预先预期未来可能的变化点，并且为这些变化点提供相关的设计预留，使得真正的变更需求到来时，开发人员可以以较低的代价进行适配。
- 泛化模块战术：将模块的功能通用化，使得模块的适用性更为广泛。泛化模块要求用户在设计模块时需要考虑接口的泛化，或者使用相关泛型等支持泛化模块的实现。
- 信息隐藏：将外部用户无需了解或对外功能无关的数据、接口等进行隐藏，仅给用户发布满足其需求的最小接口集合。通过信息隐藏可使外部用户与模块间的依赖关系降低到最低层面。
- 维持现有接口：在系统需要进行更改时，若增加或修改了某些接口，则保持原接口不变，而仅将新的变化由相应的新接口予以体现。
- 添加新接口或适配器：在不改变原有接口的前提下增加新接口和适配器以完成新的功能。
- 限制通信路径：模块之间的互相调用，将产生相关的调用链。为了更好支持未来模块的更改以及后续更好地维护，需要将复杂的或者长的调用链缩短。

- 仲裁者：通过仲裁者进行中介，屏蔽仲裁者两端的各种依赖关系。
- 运行时注册：在运行的时候，动态获得相关的引用。
- 配置文件：利用配置文件将一些启动时或者启动之后需要使用的参数进行动态配置，从而避免重新编译代码。
- 多态：利用多态，拖延相关类型的绑定时间，从而支持相关的修改性。
- 构件替换：动态替换相关的构件，使得构件的变更变得更为容易。

在本项目中可用的修改战术有以下 3 种。

- 信息隐藏。
- 维持现有接口。
- 构件替换。

在选定了相关的战术之后，这些战术之间可能存在一定的冲突情况，从而抵消了相关战术的效果。因此，需要统筹考虑上述相关的战术组合，保障整体上的战术最优。在本例中，为事务战术所做的锁机制可能降低相关的性能战术的效果。

在分析了相关选用战术之后，开始进行模块实例化等工作。

4．实例化模块并使用多个视图分配功能

根据应用自身对质量属性等的需求，将系统划分为几个部分：用户接口、可用性相关的计算、一般计算、性能相关的计算或算法模块、与性能相关的通信等。

划分这几个部分的依据主要是依靠对需求的理解。

(1) 用户接口：负责安监通信程序与外部系统的互联互通，此处的接口包括对外提供的接口与使用的外部接口。

(2) 可用性相关的计算：作为一个安全生产的监控程序，对自身可用性有一定要求，需要增加相关的可用性支持模块。

(3) 由于安监通信程序需要及时将相关事件通知外部系统，因此对性能有一定的要求。在性能方面，还包括性能相关的计算，如告警决策的计算，也包括性能相关的通信操作即及时的通知。

(4) 一般计算则统指其他不需要对性能有特殊要求的计算操作。

通过上述分析，容易导出如图 5-33 所示的安监程序的体系结构划分，本系统中包括用户接口、一般计算、可用性相关的计算、性能相关的计算、性能相关的通信等多个组成部分。图中规划出相关的体系结构驱动因素的模块集合，这些模块集合与之前架构图的模块之间可能是一对多的关系。

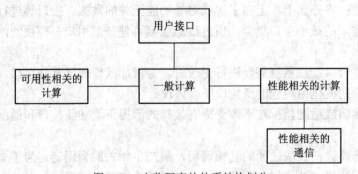

图 5-33　安监程序的体系结构划分

根据上述简单的体系结构划分结合之前设计的总体架构图，用户可将相关的功能分配到体系结构划分图。如图 5-34 所示，其中每个组成部分存在如下的对应关系。

- 可用性相关的计算：需要高可用性的模块设计。
- 性能相关的计算：包括告警决策。
- 性能相关的通信：包括传感器适配和通信模块等。

如图 5-34 所示，是将系统架构图与体系结构图结合起来而形成的，该图中告警决策、通信、传感器适配等模块都被赋予了性能要求。高可用性仍然没有分配，主要由于高可用性是对整个系统而言。

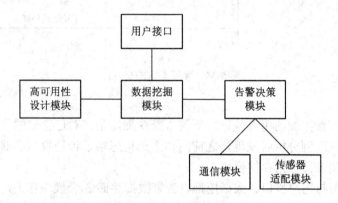

图 5-34　指派了功能的体系结构图

规格说明中性能的要求需要由上述几个模块共同完成。这几个模块需要分别对数据采集、数据决策、数据传输等几个方面进行优化。因此，这几个模块还将被重新赋予新的性能指标要求。由于 2 s 之内需要告知安监系统，因此要求获取传感器数据 + 简单的判定+向外发送消息 3 个动作需在 2 s 完成，每个方面都需在总体约束的前提下进行细化。

在完成了相关体系结构功能分配之后，需要对分配的功能进行验证。功能验证的方法主要利用相关场景验证每个场景的流程是否可以正常完成。

5．场景用例验证

针对上述步骤所得到的体系结构图，需回归到最初的需求场景，并针对相应的场景进行验证。验证的目的是发现当前体系结构中是否存在遗漏或者其他问题。在本次的场景用例验证过程中，将通过警报上报、告警挖掘、告警查询等典型场景进行验证。

1）警报上报

根据如图 5-35 所示的警报上报的交互图，可以了解整个警报上报的过程包含了传感器适配、通信模块、告警决策等几个模块的相互调用，具体过程如下所述。

- 传感器适配模块接收到传感器数据，通过通信模块发送给告警决策模块。
- 告警决策模块接收到传感器数据后进行告警决策。
- 告警决策模块判断当前传感器数据需进行告警操作，通过通信模块发送告警信息。
- 通信模块将告警信息发送到外部系统完成告警。

通过上述分析，可以发现当前的模块划分可以满足相关警报上报的功能。

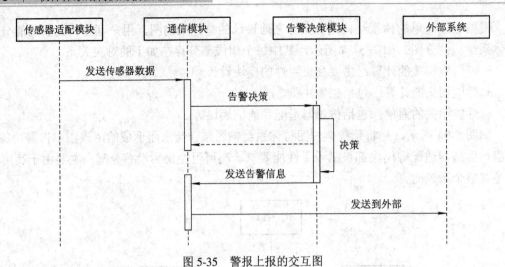

图 5-35 警报上报的交互图

2) 告警挖掘

接下来进行告警挖掘的用例验证。所谓告警挖掘，是针对已存储的告警数据进行挖掘的过程。在进行该用例分析时发现，之前的体系结构忽略了告警数据存储的模块，因此需在体系结构中增加告警数据存储模块。

告警挖掘用例与用户接口、数据挖掘、告警数据存储 3 个模块相关，具体的交互图如图 5-36 所示。该交互图工作流程如下所述。

• 用户通过用户接口发送告警挖掘请求，用户接口转而向数据挖掘模块发送告警挖掘请求。

• 数据挖掘模块通过告警数据存储模块获得所需的告警数据。

• 数据挖掘模块进行告警数据的挖掘。

• 数据挖掘模块返回相关的数据挖掘结果。

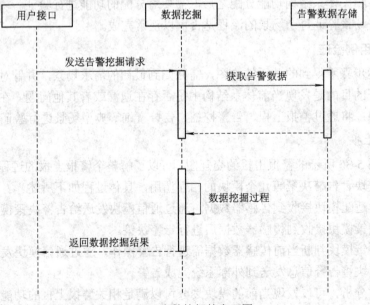

图 5-36 告警挖掘的交互图

3) 告警查询

告警查询的交互图如图 5-37 所示。告警查询是由用户接口访问告警数据存储模块，该模块向用户接口返回相关告警信息的过程。

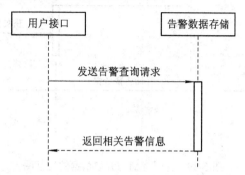

图 5-37 告警查询的交互图

6．并发视图

并发视图有多种形式的画法，其中一种较为直观且典型的画法可以使用交互图，在交互图上标注相关的并发点。如图 5-38 所示的并发接收传感器数据交互图中，在通信模块、告警决策模块等都需要对相关的请求进行并发处理，因此在系统设计时需要考虑上述模块的并发处理机制。在之前的体系结构分析中，图中的并发点也刚好都是性能战术需要实施的地方。

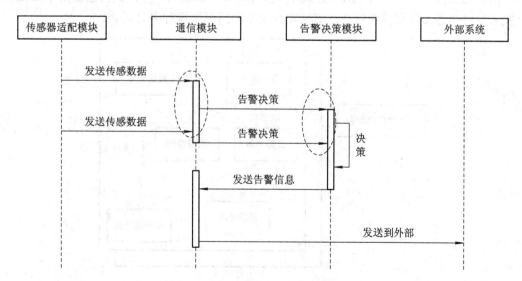

图 5-38 并发接收传感器数据的交互图

并发进行数据存储及读取的过程，可以由如图 5-39 所示的交互图展示。由图中可见，告警数据存储模块需同时支持相关的数据存储、数据查询等操作。显然，在告警数据存储模块需做好锁的操作，这也对数据库的设计提出了要求。

并发视图主要从并发角度分析系统的动态行为，从而使设计人员可以针对相应的并发点采用相关的设计战术或者架构。

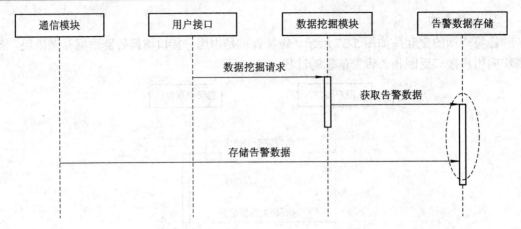

图 5-39　并发存储与读取数据的交互图

7．部署视图

系统的部署视图同样也是设计系统时需要考虑的。部署视图体现了各个模块最终的分布情况。在之前的模块图、交互图、并发视图等都不体现模块的最终物理位置，而部署视图则将体现各模块相互间的位置关系。一个系统的部署视图不是唯一的，可有多种形式，以本系统为例，一种最为简单的单节点＋冗余的部署方式，如图 5-40 所示。图中描述了系统的所有模块均可以部署在同一个节点之上，通过一个可用性监控倒换模块针对多个节点进行倒换的支持。显然，这种部署方式相对简单。实际部署时，考虑到传感器的个数较多，可能需要将传感器适配模块以及通信模块作为单独的模块进行多处部署。

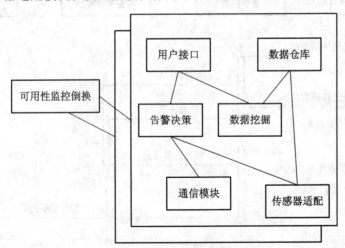

图 5-40　一种基于进程监控器保障可用性的系统部署图

8．其他步骤及迭代

在上述几个步骤的基础上，可以对每个模块进行细化，细化包括每个模块的功能、职责等。其中职责需要继承体系结构图中的职责要求。所有模块的职责叠加应该等于最初的质量属性要求。在未来对模块进行分解时，仍然按照 ADD 方法进行迭代分解，在此不再赘述。

5.7　本 章 小 结

软件体系结构的设计是软件开发的关键，随着软件规模的扩大和复杂性的增加，软件体系结构的设计越来越受到人们的重视。

本章首先介绍了一些软件体系结构设计的一般原理，包括抽象原理、封装原理、信息隐藏原理、模块化原理、耦合和内聚原理等，并采用图书馆管理系统作为软件体系结构设计原理的实例进行了分析；然后对设计模式的概念和组成进行了介绍。一个模式关注一个在特定设计环境中出现的重现设计问题，并为它提供一个解决方案。利用设计模式可以方便地重用成功的设计和结构。

在后几节中介绍了体系结构设计的元模型，并使用这一模型分析、比较和评估了多种体系结构设计方法。这些方法被分类为制品驱动的、用例驱动的、模式驱动的以及领域驱动的。在制品驱动的方法中，体系结构抽象被表示为分组的制品，它们是从需求规格说明导出的；用例驱动的体系结构设计方法从用例模型导出体系结构抽象，用例模型表示了系统预期要实现的功能；模式驱动的体系结构设计方法试图通过从已定义的模式库中选择体系结构模式来开发体系结构；领域驱动的体系结构设计方法从领域模型导出体系结构抽象。

对每种方法，我们在介绍其特点的同时也指出了其不足之处。总的说来，这些问题可以总结为以下几点：

(1) 在规划体系结构设计阶段所遇到的困难。

在软件开发过程中，对体系结构设计阶段进行规划是一个两难问题。一般来讲，体系结构的确定应当在分析和设计阶段之前或之后完成。如果把这一过程放在分析和设计模型被确定之后，体系结构的定义可以更为准确，因为体系结构的边界将受到影响。但是，这可能会带来项目的不可管理性，因为项目的许多开发过程将无法得到体系结构的指导。另一方面，如果把这一过程放在分析和设计模型被确定之前，又会带来其他问题。因为这时对于分析和设计模型没有足够的知识，难以确定体系结构的适当边界。

(2) 客户需求不是体系结构抽象的稳固基础。

对于要开发的软件系统，客户需求不同于体系结构设想。客户需求提供的是对系统中问题的设想，而体系结构的目标是提供能用来实现系统的解决方案的设想。这二者之间差异巨大，从客户需求并不能显而易见地导出体系结构抽象。除此之外，需求自身也有可能被不正确地描述，既有可能提出过度要求，也有可能要求不足。因此，有时采用客户需求导出体系结构并不可取。

(3) 难以适度控制领域模型。

领域驱动的方法和用例驱动的方法在构造软件体系结构时都用到了领域模型。不受控制的领域工程可能导致领域模型缺乏实际使用时所需要的恰当细节。这一问题的一种极端情况是领域模型过于庞大，包括了许多冗余的抽象；另一种极端是领域模型过小，缺少基本的体系结构抽象。甚至可能出现领域模型既缺乏某些基本的体系结构抽象，同时又包含许多冗余信息的情况。适度地控制领域模型的抽象细节是一件非常困难的任务。

(4) 体系结构抽象的语义能力不足。

在这些方法中,常常用类似于制品的分组(又被称为子系统、包等)来描述软件体系结构的构件,而这些构造没有足够丰富的语义。同简单的分组机制相比,体系结构抽象有着复杂得多的内涵。由于缺乏体系结构构件的语义,因此,难以理解体系结构设想,也难以进行后续的分析和设计模型转换。

(5) 对组合体系结构抽象的支持不足。

体系结构构件之间存在着交互、协作,并且和其他体系结构构件相组合。但是,这里所评估的体系结构设计方法对体系结构的组合并不提供明确的支持。

在本章的最后,我们介绍了关键质量属性需求驱动的体系结构设计方法。基于关键质量属性的软件体系结构设计是目前业界在软件体系结构设计中非常关注的一个重要方向,它更多地指向满足实际体系结构设计的核心目标和本质需求。本节在介绍几个关键质量属性需求的概念之后,讨论了几种常见的关键质量属性需求及对体系结构的影响和对策。对属性驱动的体系结构设计方法(ADD)进行了较详细的介绍,并通过一个简单的例子说明了ADD方法如何在实际项目中使用。

习　题

1. 设计模式的基本成分有哪几个?请简单介绍其各个基本成分。

2. 选择一个你熟悉的软件系统,分析其在体系结构设计中用到了哪些原理?为什么要用到这些原理?

3. 请选择你感兴趣的体系结构设计方法,阅读相关文献,并从体系结构设计的角度分析文献中的详细例子。其中,制品驱动的体系结构设计方法参见参考文献[50],用例驱动的体系结构设计方法参见参考文献[51],领域驱动的体系结构设计方法参见参考文献[52]。

4. 常见的质量属性需求有哪些?为什么说关键质量属性需求是架构师设计系统的真正内在动力和驱动?

5. 如何对质量属性需求的场景进行描述?

第6章　基于体系结构的软件开发过程

　　本质上，软件体系结构是对软件需求的一种抽象解决方案。在引入了体系结构的软件开发中，应用系统的构造过程变为"问题定义→软件需求→软件体系结构→软件设计→软件实现"，可以认为软件体系结构架起了软件需求与软件设计之间的一座桥梁。而在由软件体系结构到实现的过程中，借助一定的中间件技术与软件总线技术，软件体系结构将易于映射成相应的实现。

　　但是，一直以来人们对基于体系结构的软件开发过程仍然没有明确、统一的认识。例如，面向对象研究者曾提出一个基于用例集合分析的体系结构开发过程模型，它主要用来确定系统中的对象及其交互关系，并没有提供一个清晰的方法来定义体系结构，SEI 的 Shaw 也曾提出过一个基于体系结构风格的过程模型，但并没有讨论如何再对这些风格信息进行抽象和利用。

　　在本章中，我们介绍 Bass 等人提出的一种基于体系结构的软件开发过程。在以体系结构为中心的系统开发过程中，除了开发出一组功能需求，还要开发一种体系结构需求。本章描述了这些体系结构需求的来源，以及它们怎样严密地构成系统设计。此外，还讲述了体系结构的文档编写(或称为文档化)、评估、实现和维护。

6.1　概　　述

　　在软件系统的开发中，体系结构的开发是一个关键环节。尽管如此，定义和维护体系结构的过程仍然是含糊不清的。例如，面向对象研究者曾经以用例集合分析为基础提出过一个体系结构开发过程。这一过程可用来确定系统及其交互中存在的对象，但是，它并没有为定义体系结构提供一个清晰的方法。某些体系结构研究者也曾经提出以那些具有已知属性的体系结构风格为基础构造体系结构，但并没有讨论如何处理风格之外的信息。尽管这两种对体系结构开发过程的描述都不是错误的，但它们也并非完全正确。或者说，这两种描述都没能正确地反映实际的体系结构开发过程。

　　按照 Bass 等人的观点，基于体系结构的开发就是：将以软件体系结构为核心的方法应用于软件产品的开发中。研究领域包括：如何定义和表达体系结构；需求的收集、建模及其与体系结构的联系；构件的开发及其与体系结构的联系；体系结构与传统系统的联系；体系结构和产品规划的联系；所有以上和软件产品相关的工具和技术。在本章中，我们介绍 Bass 等人提出的这一导出体系结构的过程。

　　基于体系结构的开发过程来自于对一些大型系统的总结，尤其是来自于这些系统的体系结构设计师。这些系统或者应用于大型企业，或者应用于军事。所有的系统规模都在 100

KSLOC(Thousands Source Lines Of Code，千代码行)以上。

本过程由以下步骤组成：

(1) 导出体系结构需求。

(2) 设计体系结构。

(3) 文档化体系结构。

(4) 分析体系结构。

(5) 实现体系结构。

(6) 维护体系结构。

其中的每个步骤都包括：

• 输入，包括收集此信息的手段。

• 验证活动。

• 输出。

该过程的各个步骤如图 6-1 所示。

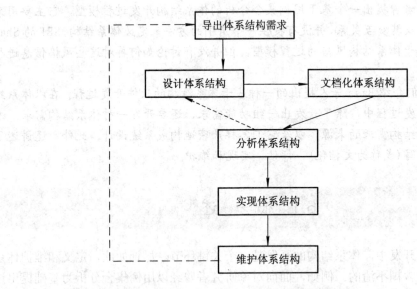

图 6-1　基于体系结构的开发过程的步骤

需要说明的是，设计、文档化和分析这 3 个步骤构成了一个迭代的过程。一旦达成了一个可接受的体系结构，它紧接着就被实现，并必须得到维护。

6.2　导出体系结构需求

图 6-2 提供了对导出体系结构需求的过程的概述。它显示，体系结构需求由开发组织创建，并受技术环境和体系结构设计师个人经验的影响。我们把该步骤的输入放在下面的部分中讨论。该步骤的输出有 3 个：列举功能需求(通过用例具体描述)；列举特定体系结构需求；列举质量场景集合，它为体系结构需求提供具体测试。

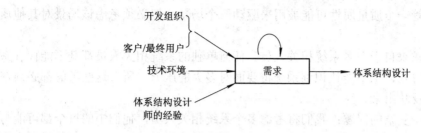

图 6-2 导出体系结构需求

可以把需求细分为与系统功能相关的和与体系结构相关的。由于本章的重点在于设计的体系结构方面，我们将不讨论功能需求的组织。但需要注意的是功能需求往往为数众多，可以分成多个不同的抽象层次，并具体表示为用例。在后续步骤中，我们将假设有一个相对较小的功能类的列表可用。我们首先将明确地讨论体系结构需求，然后处理怎样把它们具体化的问题。

6.2.1 体系结构需求

常常可以为将要设计的系统确定少量的"体系结构驱动器"。例如，在某一领域有经验的体系结构设计师可以这样考虑需求：体系结构必须适用于一个软件产品线，并确定 4 或 5 个对于所要设计的这类系统都很重要的体系结构变更点。一个体系结构设计师可能注意到一个系统重视在数据库方面的功能需求，从而意识到该系统会用到数据库，并可能因此采用标准的三层数据库体系结构风格。定义体系结构需求的第一步是确定体系结构驱动器。

下一步是列举体系结构需求。这些需求就是列举体系结构驱动器序列，并产生其他重要的体系结构需求。仍然用前面给出的两个例子说明：在体系结构驱动器是对产品线的要求的例子中，体系结构需求可能是对体系结构变更点的列举和对性能与可靠性需求的列举；在数据库的例子中，需求可能是对数据库管理系统的变更点(或不变点)的列举，可以是系统可能要进行的更改的类型的列举，还可以是一些性能需求。

体系结构需求从如下 3 个来源之一导出：系统的质量目标，系统的业务目标，或将在该系统上工作的人员的业务目标。后者的例子可以是这样的一个组织，他们希望建立一个由熟悉 C++图形用户界面的人员组成的核心小组，这里的需求就可以是使用 C++。

体系结构需求的数量通常没有功能需求多，最多大约有 20 条。

6.2.2 质量场景

设计过程的前提之一是，认为系统的体系结构需求和行为需求是同样重要的。两种需求都用场景或用例的形式具体表示。有多种不同类型的场景可用。普通的用例被用于单个产品的行为需求。抽象场景被用于产品线的行为需求。

基于质量的体系结构需求通过特定质量场景来表示，在下面将详细描述它。特定质量场景在考虑可更改性时是修改场景，在考虑安全性时是威胁场景，在考虑性能时是响应时间场景，在考虑可靠性或可用性时是错误处理或性能降级(某些设备失效)场景。

但是，特定质量场景也会对多个质量产生影响。例如，考虑下列修改场景："修改系统，为客户端增加一个缓冲区"，它是合法的，但同时对于性能、安全性、可靠性等方面的影响也是强制性的。尽管一个质量属性可能被用来驱动一个场景，但必须考虑该场景对其他质量属性的影响。

更进一步，需求来自于许多系统相关人员。任何单独的系统相关人员都既不能代表系统所有可能的使用方式，也不能认识到系统将要面对多大的压力。所有这些考虑都必须在我们收集的场景中反映出来。

但在这里有一个复杂的问题：我们将考虑多个系统相关人员，他们中的每个都可能与多个场景相关。他们应当会要求体系结构能够满足所有这些场景。同时，某些场景对多个质量属性产生影响，诸如可维护性、性能、安全性、可修改性、可用性等。

我们要把这些场景反映在体系结构构造及其文档中。此外，我们必须能够理解这些场景对体系结构的影响。更进一步，我们要追踪从一个场景到另一个场景、到我们创建的体系结构分析模型、到体系结构本身的链接。这样做的结果是，我们对体系结构能够满足场景的程度的理解，依赖于一个帮助我们提出适当的关于体系结构的问题的框架。

为了适当地使用场景，并为了确保完善地考虑到它们的影响，我们通常从 3 个正交的维度进行考虑，即：系统相关人员、质量属性、场景，如图 6-3 所示。

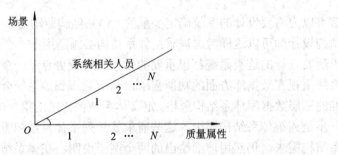

图 6-3　导出场景的三维矩阵

该三维矩阵中的元素是特定的场景。这一特点允许我们在管理场景时不仅能够针对特定的需求，而且能验证后续的体系结构设计。最初可以在设计步骤中考虑使用特定质量场景，但是在分析阶段该质量属性对其他质量的影响也很重要。

1．抽象场景

在软件产品线中，体系结构是作为产品线实例的各个不同系统之间最核心的可重用资源。对产品线的需求不同于传统的单一应用系统的需求的集合。考虑下面的场景例子：数据库更新在限定的时间内传递到客户端。

这一场景——把数据库更新传递到客户端，体现了一个仅用间接方式定义的需求(即在限定的时间内)。这种缺乏具体的指定是必要的，因为场景应用于一个系统族，而不是某一个系统。这样，对于硬件平台、系统运行环境、其他竞争资源的任务等，几乎不可能做出什么假设。要想给定系统族固有的变化，系统相关人员必须凭借通用的需求，这就要用"抽象场景"来表示。传统的采用"系统应该如此这般"形式的需求通常对于系统族并不适宜。它们被抽象场景所取代，后者可以带有适当的参数，能够代表整个特定系统场景类。使用抽象场景有如下一些重要影响：

(1) 产品线体系结构必须确定一些基础机制用来保证场景能够满足各种一般要求。例如，保证性能需求的机制可以包括性能监视、任务调度(隐含着对多调度策略的支持)以及设置任务优先级和清空任务的能力。在产品线体系结构中，这些机制是必要的，因为其他形式的在单个系统中适用的性能限制标准并不能用于系统族。

(2) 从最初的声明对抽象场景进行跟踪，经过一个特定版本的体系结构实现，到一个单独的系统实现，这一跟踪过程和对传统的单应用体系结构进行的类似跟踪过程比起来，要复杂得多。但是，我们需要维护这个抽象层次上的场景，因为只有在这里，需求成为体系结构的约束，而不是某一特定系统的目标——体系结构是可重用资源，而某一特定系统的目标可以通过诸如代码优化或手动负载均衡来实现。

2．特定质量场景

产品线的质量需求是通过质量场景体现出来的。质量，一般情况下，对于在设计中直接应用而言过于抽象。例如，每一个系统都易于进行某种类型的修改，而难以进行其他某些类型的修改，所以，尽管在许多文档中出现"应当是可修改的"等声明，但这类声明实际上是没有意义的。

通常考虑如下几种质量属性：

(1) 可修改性：在这种情况下的场景是一个修改场景。由于我们是讨论软件系统产品线的体系结构开发，在体系结构内部已经考虑到了常见的变动，但仍然有许多类型的修改没有被考虑到。

(2) 性能：在这种情况下的场景是对工作负荷和延迟时间的说明，或是对吞吐量的需求。说明的形式依赖于系统的类型。在一个交互系统中，规格说明的形式可能是用户数量和响应期限；在一个嵌入式实时系统中，说明的形式可能是输入事件和相关时间期限。

(3) 安全性：在这种情况下的场景是特定的威胁类型和系统对此威胁的响应。例如，一个未经授权的用户试图使用系统，这应当造成某些消息。另一个例子是未经授权的用户试图绕开认证系统，这应该引起一个入侵报警。

(4) 可靠性：在这种情况下的场景是一个异常而失败的场景，以及所需的系统行为。例如，如果发生了某些类型的失败，那么应该能够在一种降级的模式下对系统进行操作。

6.2.3　验证

完成场景集合的验证有两个步骤：

(1) 在系统相关人员的广泛范围内，进行场景的集体讨论；

(2) 把场景映射到体系结构需求，并进而映射到业务目标和人员目标。

6.3　设计体系结构

一个体系结构设计师在开发体系结构时，先作出一些设计决定，然后通过考虑不同的体系结构构造和视图来对这些设计决定进行分析。体系结构需求被用来驱动和调整设计决定，不同视图被用来表示和质量目标有关的信息，质量场景被用来分析和验证设计决定。设计决定通常来自于体系结构风格或设计模式方面的知识，或是使用特定的工具(Sockets、RPC、CORBA 等)。图 6-4 给出了体系结构设计步骤的抽象表示。

图 6-4　体系结构设计

　　体系结构设计是一个迭代的过程，首先作出某些决策并进行分析，然后重新考虑并重新作决定，直到设计到达封闭。通过描述不同的构造和视图怎样满足需求，以及怎样使用场景分析各种质量属性，我们对这一过程进行了讨论。这里所提出的概念和本书在第 4 章中介绍的"4+1"模型的概念有所不同。这里，体系结构设计师迭代地做出决策，并同时使用多个视图；而 Kruchten 提出的方法则是顺序地使用视图，用每个视图获得体系结构的特定方面，然后转到下一个视图处理体系结构的另一方面。这是因为，Len Bass 和 Rick Kazman 认为，根据他们的观察，体系结构设计师在具体工作中同时使用所有的视图对设计进行求精，他们会推迟对某些视图的重要决定直到有更多部分的体系结构被定义。

6.3.1　体系结构的构造和视图

　　在软件体系结构中一个构造是在类型上相似的节点构成的一个集合，它们之间通过关系相连接。在使用体系结构的术语进行描述时，节点就是我们所说的构件，关系就是我们所说的连接件。这些构件和连接件还被标注以其他信息，我们称之为属性。属性被用来区分不同类型的构件，并为各种体系结构分析(如性能，安全性，可靠性分析)提供有用信息。

　　许多软件构造都很有意义，但有 5 种基础构造最为重要，它们共同完整描述了一个体系结构。注意，在本章中，直到现在我们仍没有给出视图或构造的精确定义。体系结构构造是体系结构信息的基本表示，它描述了我们设计或编码的基本制品：类、函数、对象、文件、库等。视图是从这些表示派生出来的，它来自于选取构造的子集或把多个构造的信息融合起来。依赖于开发环境，这些基本构造的详细顺序可能存在着不同。我们在这里所讨论的 5 个构造是从 Kruchten 的"4+1"视图派生出来的。

　　(1) 功能构造：功能构造与对系统功能的分解有关。构造是功能(领域)实体，连接件是"使用"或数据传输。这一构造对于理解问题空间中的实体间的相互作用很有用，还有利于进行功能规划和理解领域可变性。

　　(2) 代码构造：代码构造与关键代码的抽象有关，系统就是从这些关键代码抽象构建起来的。构件可能是包、类、对象、过程、函数、方法等，所有这些都是把功能封装在不同的抽象层次的工具。连接件包括"传递控制到……""传递数据到……""和……共享数据""是……的实例"、调用、使用等。代码构造对于把握系统的可维护性、可修改性、可重用性和可移植性都具有重要意义。例如，怎样把代码分解成子系统及其接口？中间件的使用会对这一分解造成什么样的影响？

　　(3) 并发构造：并发构造和逻辑并发有关。这一构造中的构件是最终细化为进程和线程的并发单元，连接件包括"和……同步""优先级高于……""发送数据到……""不能在缺少……的情况下运行""不能在……情况下运行"等。和此构造相关的属性包括优先级、可占先性和执行时间。这一构造对于理解性能是关键的，对于可靠性和安全性也非常重要。这一视图中包括的信息的例子有数量、执行次数、系统的进程或线程的优先级。

（4）物理构造：物理构造和硬件有关，包括 CPU、内存、总线、网络和输入/输出设备。和物理构造相关的属性包括可用性、容量、带宽。例如，是否提供任何冗余硬件或网络？

（5）开发构造：开发构造与文件和目录有关。这一构造对于管理和控制系统的成长很重要，它包括工作团队的分组以及配置管理。

体系结构设计师同时使用多个视图的原因之一是每个视图都显露一些信息并隐藏其他信息。例如，当分析系统的功能和系统的可修改性时，分布问题不是要考虑的主要内容。经过代码构造的抽象，分布问题被略过。另一方面，当分析性能问题时，分布是要考虑的主要问题，而系统的功能变成了第二位的，因此，这时考虑并发构造更为适当。

表 6-1 总结了体系结构构造和它们所支持的对质量属性的分析之间的关系。

表 6-1　对不同质量属性有用的构造

质量属性	有用的体系结构构造
性能	并发构造，物理构造
安全性	并发构造，代码构造
可靠性/可用性	并发构造，物理构造
可修改性/可维护性	功能构造，代码构造，开发构造

6.3.2　开发过程

开发环境将决定适当的开发过程。如果要开发的系统的很多部分都能够从现有的系统导出，那么采用现有系统的视图的开发过程将是合适的。在本部分，我们给出一个用于未成熟领域的开发过程，即假设将要开发的这个系统并不受其所在领域中已经开发的构件的影响。体系结构设计师决定任何要使用的构件，没有预先指定的约束，甚至在设计的最初阶段，不指定开发构造和代码构造，因为设计单元还没有被确定。

首先，假设有一个体系结构需求列表和一个从功能需求派生而来的功能类的列表。第一步的目标是开发一个候选子系统的列表。从功能需求派生来的所有的功能类自动成为候选的子系统。我们从体系结构需求导出其他的候选子系统。

对于每个体系结构需求，我们列举能够满足该需求的可能的体系结构选项。例如，如果需求允许改变操作系统，那么满足该需求的体系结构选项之一是一个虚拟操作系统适配器。一些体系结构需求可能有多个可能的选项，而另一些可能只有一个选项。这一列举来自于设计模式、体系结构风格和体系结构设计师的经验。

在这一可能的选项列表中进行选择，使得所有的体系结构需求都能够被满足，而且列表的选项要相互一致并在总量上最小。这里的最小指的是：如果一个选项能够满足两个体系结构需求，那么就应当选择这个选项，而不是选择两个分别满足一个需求的选项。选项越少，构件也就越少，在实现和维护时所要做的工作也就越少，而且一般来说，出错的机会也就越少。经过本步骤，每一个选项被加入到候选子系统的列表中。

本过程的下一步是选择子系统。每个候选子系统被归类成一个实际的子系统，或一个更大的子系统中的构件。然后，我们在功能构造中记录实际的子系统。

一旦生成了具体的子系统列表，下一步就是组建并发构造。组建并发构造是在参考子系统的情况下对分布单元和并行单元进行分析来完成的。每个子系统可能被分布到多个物理节点上，在这种情况下，分布单元被标识为子系统所属的构件。通过分析子系统的线程和线程的同步来对并行单元进行标识。如果所有的子系统驻留在单个处理器上，线程被称作是"虚拟线程"，因为它们标识并行元素。当考虑物理构造时，有可能确定出虚拟线程转换为物理线程的位置，以及从这一转换派生出的必要的网络消息。

在这一设计过程结束时，子系统及其并发行为已经被确定下来。然后，对此步骤进行验证并对子系统进行求精，再次标识出系统的并发行为，等等。当然，验证的步骤可能导致重新做出决定，所以决定和验证之间的实际过程可能是高度迭代的。

6.3.3 验证

质量场景通常是首选的验证机制。通过质量场景对所提交的构造进行检查，来判定当前的设计层次是否达到了场景的要求。如果答案是肯定的，那么可以继续进行设计的下一步求精；否则，就要重新考虑当前求精层次的设计。

本章描述的每一个迭代实际上是进行一次小型的体系结构分析。基于场景的分析可被用于设计或者用于评估设置中。场景决定分析的结构，描述并优化线程、操作失败、安全威胁、预期的系统修改。这些场景到适当的体系结构构造和视图的映射告诉我们要分析什么。例如，我们通常不愿分析系统的整体性能，因为那样太含混不清而且需要考虑太多的因素。通常我们希望预测平均的数据吞吐量或最差情况下的响应时间或其他类型的量，这些量是特定使用场景导出并驱动的。

体系结构设计完成之后，由开发者之外的人员对体系结构进行评估将是有益的。这种外部人员进行的分析将使设计结果能被观察、管理，并强制性地保证了体系结构的文档化。

6.4 文档化体系结构

体系结构的文档是为支持程序设计人员和分析人员而设计的。它是加深各种系统相关人员之间通信交流程度的有效工具，并能从中导出体系结构需求。创建并维护体系结构文档(如图 6-5 所示)是长期性的软件体系结构取得成功的关键因素之一。

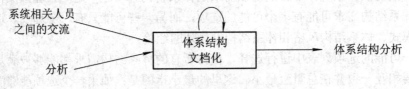

图 6-5 体系结构文档化

大多数体系结构构造是抽象的，由分组的构件组成，它们具有概念一致性。例如，任何程序设计语言中都不存在层的概念，而软件体系结构的主要应用之一是作为系统相关人员的交流工具。所以，我们称：除了在其文档中，软件系统的体系结构并不真正存在。因此文档的完整性和质量是体系结构成功的关键因素。至少应当按照 6.3.1 节中介绍的体系结构构造完成体系结构的文档。

对于体系结构的文档化，我们主要有如下一些建议：

(1) 文档应当是完整的、灵活的，即对于有经验的软件工程师来说，尽管他事先对于这一体系结构并不熟悉，但通过阅读文档可以掌握它。文档应当有一个明显的起始点，把系统描述成互联的子系统的集合；应当单独命名各个子系统，确定它们各自的责任和功能以及它们的互联的本质；还应当为读者提供索引，引导他们进一步阅读子系统的文档，然后是构件的文档。在每一步骤中，应当清楚地确定子类、数据流、控制流、并行过程等各部分之间的连接的本质。

在这个意义上，文档并没有完整包含所有方面的细节。但是，它应当完整地包括概念、顶层结构和重要的底层细节。它仍有可能变化，但是在以上几个方面它应当总保持完整。同时，应当明确说明它没有完整包含的方面，这样用户就可以知道在完成文档之后还应当考虑哪些方面的信息。

(2) 在编写体系结构文档时，必须要把基础结构——体系结构的通信机制和协调机制的总和——作为体系结构的单独部分来处理。如果体系结构是为产品线准备的，基础结构是一个常量(在基础构造之上的任何功能都有可能在将来发生变化)，并在确定了特定功能的情况下提供预测、度量和确保系统质量属性的手段。基础结构还能被所有的子系统重用，只要这些子系统符合基础结构中的抽象，并能从这些抽象中推导而来。

因为基础结构被所有的子系统重用，所以仅知道能从消息序列图(它没有包括基础结构作为其序列)中得出的逻辑数据和控制流是不够的。我们需要知道这些逻辑关系是怎样通过使用基础结构来实现的。例如，一个消息序列图可能指出 A 发送一个消息给 B。我们需要知道这个消息是怎样发送的，是通过 RPC、事件/通知、超文本传输协议(HTTP)，或其他方式，还需要知道哪些基础结构构件会对这一发送过程产生影响。

(3) 作为体系结构文档的一部分，各种用例必须被映射到体系结构表示上，而且这种映射的细节要足够详细，使得软件工程师能够理解怎样实现系统功能。这些场景表示了系统的主要使用，并体现了少量基础结构构件和它们所满足的大量应用需求之间的平衡关系。

(4) 必须使用一组约束把体系结构和它在目标系统中的应用绑定起来，这些约束作用于各种机制上，包括通信、对数据分布的资源管理、时间管理以及其他基本结构服务。应当有一个用于基础结构的预定义的应用程序框架和一个预定义的通信机制数的最小值。任何既不使用应用程序框架也不使用特定的通信机制的体系结构部分应当提供一个索引，这个索引负责分析在没有使用标准机制的情况下该部分的性能、容错能力、可维护性、安全性以及其他质量属性。这样做的原因在于，如果没有一组相互一致的设计约束，将很难度量这些系统质量，并难以确定其他替代方案是否会有所改进。

(5) 所有的文档应当公开。这些体系结构文档对于所有的系统相关人员都应当是可用的。

此外，体系结构构造和视图的开发，以及从用例和质量场景到各种视图的映射，包括了大量的详细信息。为了管理这些信息，工具支持是必要的。这能够保持不同视图的一致性，保持文档能够反映最新的更改。在下面的部分中，我们将描述与工具支持相关的考虑。

6.5 分析体系结构

设计、文档化、小型的体系结构分析是一个迭代的过程，直到主要的体系结构决策确定下来。这时，应当进行一次重要的体系结构评估，并应当有外部评估人员的参与。这次评估的目的是，分析体系结构，确定潜在的风险，验证所给出的设计能够处理所提出的质量需求。之所以要求外部评估人员的参与，是为了确保能够毫无偏见地进行检查，并保证评估结果的可信性。图 6-6 显示了对体系结构分析过程的抽象。

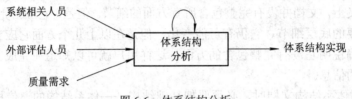

图 6-6 体系结构分析

在某些组织中，例如 AT&T/朗讯，体系结构评估工作已开展了 10 年以上。而且大型的、高风险的系统越来越需要体系结构评估。因为它对体系结构文档化提出了强制性的要求，能对风险领域进行早期考察，并且能够改进体系结构。

对于体系结构评估，存在着多种不同的类型和风格。在进行体系结构评估时，有两个重要问题：谁参与评估(参与者)和怎样进行评估(评估技术)。接下来我们分别讨论这两个问题。

1. 参与者

显然，任何体系结构评估都需要体系结构设计师的参与。对于一个大型系统，参与人员还应当包括主要子系统的主要设计人员，还可能包括测试人员、维护人员、集成人员、系统管理员、最终用户、客户以及管理人员。简而言之，任何与系统的成功运作相关的人员都有可能被包括进来。

评估小组是另一部分必须参与进来的人员。为了公正性和思维的开放性，评估小组的人员应当来自于开发小组之外，它必须包括体系结构方面的专家，还必须包括所开发系统的问题领域的专家。

最后，评估人员中要包含有各种系统相关人员的代表。在评估过程中，一些问题来自于需求问题。系统相关人员对于处理这类问题有重要作用，因为我们并不能要求评估小组理解应用领域的所有问题和所有业务问题。

2. 评估技术

评估技术或者是基于问题的，或者是基于定量分析的。

基于问题的评估是在一个问题列表或场景列表上进行的。这一列表或者是在评估阶段生成的，或者来自于以前的经验。比如，一个组织可能对于某种类型的系统提出一些与之相关的问题："怎样处理被 0 除的情况？"，"怎样在不同的数据库备份之间进行即时的切换？"，"在峰值负荷的情况下系统响应将会怎样？"等等。这些问题代表了在开发特定类型的系统的过程中积累下来的经验，所以在设计阶段应当把它们提供给开发小组。其他问题是在评估阶段提出的，是针对所开发的特定系统的。

另一类评估技术是基于定量分析的，以特定的质量属性为基础。例如，性能已经被研究的很充分，可以创建一个性能模型。其他可以在分析中建立模型的属性有可靠性、安全性、可用性等。

6.6 实现体系结构

当把一个体系结构转变成代码，要考虑到各种常用的软件工程和项目管理知识：详细设计、编码实现、测试、配置管理等。但是，基于体系结构的开发所特有的工作之一是对结构的组织。尤其要易于把开发团队的组织结构映射到软件体系结构，反之也是一样。Conway 早在 30 多年前就充分地论述了这一映射的必要性："取系统中任意的两个节点 x 和 y。它们或是通过分支相连，或者不相连。即它们或者以一种对系统操作有意义的方式相互通信，或者没有相互通信。在有分支的情况下，设计 x 和 y 两个节点的两个设计组 X 和 Y 必须相互协商，并在结构规格说明上达成一致，这样两个节点才能够相互通信。另一方面，如果 x 和 y 之间没有分支，那么两个子系统之间没有通信，两个开发组也就没有必要相互协商。"

Conway 描述的是怎样从系统结构的角度评估组织结构，但是，组织结构和系统结构之间的关系是双向的，而且必然是双向的。体系结构对于开发组织的结构的影响是显而易见的。一旦对要开发的体系结构达成共识，各个开发组就会被分配到不同的主要构件上展开工作。这样，就形成了反映不同开发组的工作划分。对于大型系统，不同的开发组可能分属于不同的子合同承包商。不同的组也可能有着不同的工作方式，包括电子公告板、文件命名约定、版本控制系统等。所有的这些都可能随着开发组的不同而变化，尤其是在大型系统中。更进一步，将为每个组分别建立质量保证和测试过程，并且每个组都将需要建立和其他组的联络和协调机制。

因此，在开发小组内部，需要有高带宽的网络通信，因为需要共享大量的表示为详细设计形式的信息；而在开发小组之间，较低的通信带宽就已经足够(当然，这里假设系统的设计和构件的划分是合理的)。

实际上，开发小组的结构和对开发小组间的交互的控制常常成为影响大型项目成功的最大因素之一。如果小组之间需要复杂的交互，这就意味着或者他们所创建的构件存在着不必要的复杂性，或者对那些构件的需求没有能够在开发开始之前最终确定下来。这时，开发小组之间的通信需要较高的带宽。开发小组类似于软件系统，应当尽量减少相互的耦合度，提高内部的聚合度。

6.7 维护体系结构

我们已经讨论了怎样对体系结构进行设计、编写文档、分析和实现，也讨论了它和质量属性之间的关系。但是，对于体系结构来说，良好的文档、良好的发布和良好的维护都非常重要。如果缺少任何一方面的活动，那么体系结构将不可避免地偏离其初始的原则。这就带来了风险：如果存在多种偏离(由多个开发人员进行的修改)，而它们相互又不是一致的，或者它们没有遵循最初的设计决策中的基本原则，那么通过仔细的设计和分析才在质量属性方面得到的进展将被损坏。因此，我们面临的问题是，怎样才能确保体系结构在设计、建造和维护的过程中保持一致。

对体系结构和设计之间的一致性进行手动评估是一项单调而又易于出错的任务。因此，在过去的几年中，人们越来越倾向于使用软件工具从建造的系统中抽取体系结构，再把它和系统的体系结构设计做对比检查。尽管得到了工具支持，这一工作仍然不是简单易行的。有如下几个原因：

(1) 在工程实践中，软件体系结构的文档化往往被忽视。

(2) 在存在体系结构文档的情况下，文档常常含混不清、模棱两可。

(3) 在存在体系结构文档的情况下，它们常常没有得到维护。

在程序员实际创建和维护的开发工作中，许多体系结构的构造并没有被实现。在一个典型的代码库中，无论是头文件或是代码文件，都不会含有层、子系统、功能组、类策略等体系结构构造。这些概念通常只存在于体系结构设计师和某些程序设计人员的意识中，它们到具体的开发制品的映射是模糊的。因此，在体系结构重构造的过程中，通常有一个解释的步骤，即体系结构设计师把某些命名规范、文件或目录结构、结构约束等，与一个体系结构构造关联起来。例如，一个层可能被实现为任何直接访问数据库的函数；一个子系统可能是被 I/O 目录中的所有文件定义的。尽管如此，我们希望能够支持这些有用的抽象，并使其在系统的整个生命周期中得到维持。

还有其他方面的原因要求我们抽取现有系统的软件体系结构，比如：

(1) 一个组织可能想要对现存系统进行再工程，所以它需要了解当前系统中的资源，以便对再工程进行规划，并确定哪些现存资源已不值得重用。

(2) 一个组织可能想要挖掘现有的资源来构成可重用库或产品线核心，所以它需要了解系统中的资源存在着什么样的依赖关系。

(3) 一个组织可能出于对未来系统的考虑，希望分析现有系统。比如系统的增长潜力，对与其他系统相集成的适应能力以及可扩展性。对这些分析而言，准确的体系结构表示是必要的前提。

为此，人们开发了一些专门工具来帮助分析人员从现有系统中提取信息，比如卡耐基梅隆大学的 Dali Workbench，所提取的信息范围很广泛，包括代码、编译文件、对执行的跟踪、文件结构等。这样，分析人员需要与体系结构设计师协同工作，定义出描述这种映射的模式。通常情况下，这是一个迭代、解释的过程。模式先被定义，然后被应用于提取出的制品，再由体系结构设计师进行检查和重新定义。一旦这样的模式被定义下来，它们就成为定义体系结构的规则集合，可用它来检查系统的体系结构与创建时的体系结构之间的一致性。

实际上，体系结构反向工程和一致性测试已经成为软件体系结构研究中的重要问题之一。在本章中，我们只介绍和基于体系结构的开发过程相关的内容，对此方面问题的更详细的讨论可以参考文献[68]。

6.8 本 章 小 结

软件体系结构是对软件需求的一种抽象解决方案。在引入了体系结构的软件开发中，应用系统的构造过程变为"问题定义→软件需求→软件体系结构→软件设计→软件实现"，软件体系结构架起了软件需求与软件设计之间的一座桥梁。

基于体系结构的软件开发过程包括以下步骤：

(1) 导出体系结构需求。

(2) 设计体系结构。

(3) 文档化体系结构。

(4) 分析体系结构。

(5) 实现体系结构。

(6) 维护体系结构。

其中，体系结构的设计、文档化和分析需要反复迭代才能完成。

本章中，我们讨论了基于体系结构的开发中的各个步骤。这一过程不同于传统的开发，因为它从软件体系结构的角度出发，关注系统的设计和维护。做出这种改变的动机在于，软件体系结构对于系统质量有重要意义，如系统性能、可修改性、安全性和可维护性。体系结构不仅允许设计者理性地控制大型、复杂的软件系统，而且影响开发过程本身，指示开发小组之间的任务分配、集成规划和测试规划，还影响着配置管理和文档管理。

总而言之，体系结构是软件开发周期中所有活动的蓝图，我们需要对围绕体系结构的开发过程详加考察。

习 题

1. 引入了软件体系结构以后，传统软件过程发生了哪些变化？这种变化有什么好处？

2. 简述基于体系结构的软件开发过程的各个步骤。各个步骤的必要性何在？或者说，它们在软件生命周期中都起到了什么作用？

3. 结合你开发过的或熟悉的一个软件系统，从基于体系结构的开发过程的角度讨论其各个步骤。你认为可以在哪些步骤上对原来的系统加以完善？为什么？

第7章 软件体系结构评估

7.1 软件体系结构评估概述

7.1.1 评估关注的质量属性

软件体系结构的设计是整个软件开发过程中关键的一步。对于当今世界上庞大而复杂的系统来说，如果没有一个合适的体系结构而要有一个成功的软件设计几乎是不可想象的。不同类型的系统需要不同的体系结构，甚至一个系统的不同子系统也需要不同的体系结构。体系结构的选择是一个软件系统设计成败的关键。但是，怎样才能知道为软件系统所选用的体系结构是否恰当？如何确保按照所选用的体系结构能顺利地开发出成功的软件产品呢？要回答这些问题，需要使用专门的方法对软件体系结构进行分析和评估。

体系结构评估可以只针对一个体系结构，也可以针对一组体系结构。在体系结构评估过程中，评估人员所关注的是系统的质量属性，所有评估方法所普遍关注的质量属性有以下几个：可用性、性能、可修改性、可靠性、安全性、可测试性、易用性、可重复性、可集成性等。具体关于质量属性的介绍可参考本书 5.6.1 节。

7.1.2 评估的必要性

Barry Boehm 说过，"匆忙之中选择某个体系结构，闲暇之时就会深深懊悔"。糟糕的体系结构实际上宣判了项目的死刑。关于评估的必要性有以下三点：

(1) 软件体系结构反映了系统最初始的设计决策，对同样一个问题，在初始阶段纠正所带来的花费和在测试或部署阶段纠正导致的开销不在一个数量级。毕竟在体系结构视图上一个符号改动比后期大规模的代码改动工作量要少得多，这样，巨大的额外开销就避免了。有了对体系结构的完整描述，退一步讲即使是部分描述，也能模拟系统运行时的行为，对一些设计思想进行探讨，并推断体系结构应用于系统时的潜在影响。而所有这些工作只不过需要整个项目周期中的几天时间。

(2) 评估是挖掘隐性需求并将其补充到设计中的最后机会。由于缺乏充分的交流和不能对软件项目透彻理解，许多涉众并不知道自己到底想要什么。在需求获取阶段，他们会列出自认为最重要的几项要求。但是评估之后，这些观点可能会变动很大。有些起初重视的方面可能并不是那么重要，而另一些本来看上去无关紧要的东西却被发现需要花更多精力来处理。在评估过程中，涉众会感受到群体力量的强大，同时对自己的参与带来的正面影响也很振奋。而架构师会在此阶段的活动中了解涉众的各种想法，调整初始设计以做出权衡(也可能是对候选体系结构的对比和选择)。对架构师来讲，这也是加深对待建系统理解的好机会。总之，体系结构评估清除了涉众的沟通障碍。其最直接的结果就是得到各方满意的系统蓝图，而这至少意味着项目成功了一半。

(3) 体系结构是开发过程的中心，它决定了团队组织、任务分配、配置管理、文档组织、管理策略，当然还有开发进程安排。不良体系结构往往带来一塌糊涂的效果，因为它在被使用过程中必须被修改以适应新的考量，或者去弥补那些在开发早期阶段没有考虑到的缺陷，在这些方面进行修改需要花费大量成本。更糟糕的是，团队会面临着项目失控的可怕境遇：改了旧错误带来了更多的新错误；过时的体系结构会破坏现有的开发团队结构，而这又进一步干扰了开发工作；客户、管理层和开发者都急切地盼望着噩梦结束，但谁都不知道这样的日子何时到来。如果在这些发生之前充分分析一下体系结构就可以部分避免这些问题的发生。

因此，体系结构想要付诸实践的话，就必须被评估。

7.2　软件体系结构评估的主要方式

7.2.1　主要评估方式简介和比较

从目前已有的软件体系结构评估技术来看，某些技术通过与经验丰富的设计人员交流获取他们对待评估软件体系结构的意见；某些技术对针对代码质量度量进行扩展以自底向上地推测软件体系结构的质量；某些技术分析把对系统的质量的需求转换为一系列与系统的交互活动，分析软件体系结构对这一系列活动的支持程度等。尽管看起来它们采用的评估方式都各不相同，但基本可以归纳为三类主要的评估方式：基于调查问卷或检查表的方式、基于场景的方式和基于度量的方式。

1. 基于调查问卷或检查表的评估方式

卡耐基梅隆大学的软件工程研究所(CMU/SEI)的软件风险评估过程采用了这一方法。调查问卷是一系列可以应用到各种体系结构评估的相关问题，其中有些问题可能涉及体系结构的设计决策；有些问题涉及体系结构的文档，例如体系结构的表示用的是何种 ADL；有的问题针对体系结构描述本身的细节问题，如系统的核心功能是否与界面分开。检查表中也包含一系列比调查问卷更细节和具体的问题，它们更趋向于考察某些关心的质量属性。例如，对实时信息系统的性能进行考察时，很可能问到系统是否反复多次地将同样的数据写入磁盘等。

这一评估方式比较自由灵活，可评估多种质量属性，也可以在软件体系结构设计的多个阶段进行。但是由于评估的结果很大程度上来自评估人员的主观推断，因此不同的评估人员可能会产生不同甚至截然相反的结果，而且评估人员对领域的熟悉程度、是否具有丰富的相关经验也成为评估结果是否正确的重要因素。

尽管基于调查问卷与检查表的评估方式相对比较主观，但由于系统相关人员的经验和知识是评估软件体系结构的重要信息来源，因而它仍然是进行软件体系结构评估的重要途径之一。

2．基于场景的评估方式

场景是一系列有序的使用或修改系统的步骤。基于场景的方式由 SEI 首先提出并应用在体系结构权衡分析方法(Architecture Tradeoff Analysis Method，ATAM)和软件体系结构分析方法(Software Architecture Analysis Method，SAAM)中。这种软件体系结构评估方式分析软件体系结构对场景、也就是对系统的使用或修改活动的支持程度，从而判断该体系结构对这一场景所代表的质量需求的满足程度。例如，用一系列对软件的修改来反映易修改性方面的需求，用一系列攻击性操作来代表安全性方面的需求等。

这一评估方式考虑到了包括系统的开发人员、维护人员、最终用户、管理人员、测试人员等在内的所有与系统相关的人员对质量的要求。基于场景的评估方式涉及的基本活动包括，确定应用领域的功能和软件体系结构的结构之间的映射，设计用于体现待评估质量属性的场景以及分析软件体系结构对场景的支持程度。

不同的应用系统对同一质量属性的理解可能不同，例如，对操作系统来说，可移植性被理解为系统可在不同的硬件平台上运行，而对于普通的应用系统而言，可移植性往往是指该系统可在不同的操作系统上运行。由于存在这种不一致性，对一个领域适合的场景设计在另一个领域内未必合适，因此基于场景的评估方式是特定于领域的。这一评估方式的实施者一方面需要有丰富的领域知识以对某一质量需求设计出合理的场景，另一方面，必须对待评估的软件体系结构有一定的了解，以准确判断它是否支持场景描述的一系列活动。

3．基于度量的评估方式

度量是指为软件产品的某一属性所赋予的数值，如代码行数、方法调用层数、构件个数等。传统的度量研究主要针对代码，但近年来也出现了一些针对高层设计的度量，软件体系结构度量即是其中之一。代码度量和代码质量之间存在着重要的联系，类似地，软件体系结构度量应该也能够作为评判质量的重要的依据。赫尔辛基大学提出的基于模式挖掘的面向对象软件体系结构度量技术、Karlskrona 和 Ronneby 提出的基于面向对象度量的软件体系结构可维护性评估、西弗吉尼亚大学提出的软件体系结构度量方法等都在这方面进行了探索，提出了一些可操作的具体方案。我们把这类评估方式称作基于度量的评估方式。

基于度量的评估技术都涉及三个基本活动：首先需要建立质量属性和度量之间的映射原则，即确定怎样从度量结果推出系统具有什么样的质量属性；然后从软件体系结构文档中获取度量信息；最后根据映射原则分析推导出系统的某些质量属性。因此，这些评估技术被认为都采用了基于度量的评估方式。

基于度量的评估方式提供更为客观和量化的质量评估。这一评估方式需要在软件体系结构的设计基本完成以后才能进行，而且需要评估人员对待评估的体系结构十分了解，否则不能获取准确的度量。自动的软件体系结构度量获取工具能在一定程度上简化评估的难度，例如 MAISA 可从文本格式的 UML 图中抽取面向对象体系结构的度量。

4．三种评估方式比较

经过对三类主要的软件体系结构质量评估方式的分析，表 7-1 从通用性、评估者对体系结构的了解程度、评估实施阶段、评估方式的客观程度等方面对这三种方式进行简单的比较。

表 7-1 三类评估方式比较表

评 估 方 式	调查问卷或检查表		场景	度量
	调查问卷	检查表		
通用性	通用	特定领域	特定系统	通用或特定领域
评估者对体系结构的了解程度	粗略了解	无限制	中等了解	精确了解
实施阶段	早	中	中	中
客观性	主观	主观	较主观	较客观

7.2.2 基于场景的评估方法概念介绍

最著名的体系结构评估方法均是基于场景的。场景是系统使用或改动的假定情况集合。各种场景可以抽象成包含 6 个部分的一般形式,以方便后期的评估。

(1) 刺激源:这是某个生成该刺激的实体(人、计算机系统或任何其他可以起到刺激作用的实体)。

(2) 刺激:刺激源对系统的影响。

(3) 环境:与刺激相关的上下文条件。当刺激发生时,系统可能处于过载,或者正在运行,也可能是其他情况。

(4) 制品:接收刺激的实体。可能是整个系统,也可能是系统的一部分。

(5) 响应:是在刺激到达后所采取的行动。

(6) 响应度量:当响应发生时,应该能够以某种方式对其进行度量,以对需求进行测试来确定其是否能被满足。

场景的一个优点就在于它是针对特定系统的,也就是说它不会被领域所限。场景可以充分自由地表达刺激源导致的系统响应。更重要的是场景可以将多个涉众的建议统一起来。不同的涉众可以对相似的情况从各自的角度作出解释,然后这些解释就可以在删除冗余信息后整合到一个场景里。

若干知名的评估方法均使用场景,例如 SAAM、ATAM、SAEM 等。下面对其中的 SAAM 和 ATAM 方法进行较详细的介绍。

7.3 SAAM 软件体系结构分析方法

SAAM 是最早精心设计并形成文档的分析方法。它出现于 1993 年,发表于 1994 年(Kazman,1994)。后来 Kazman 对其进行改进,在参考文献[72]中对其提供了几个深入的案例研究。

SAAM 是一种直观的方法,它试图通过场景来测量软件的质量,而不是泛泛的不精确的质量属性描述。SAAM 也比较简单,仅仅考虑场景和体系结构的关系,也不涉及太多的步骤和独特的技术。于是,它成为体系结构评估初学者的理想入门方法。SAAM 最初是为了评估体系结构的可修改性而设计,不过经过演化和实际应用,在许多其他常见的质量属性评估方面也展现了威力,并成为其他一些评估方法的基础,比如 ATAM。利用预先定义的场景，SAAM 可以检查出被评估体系结构的潜在风险，并对几个候选体系结构进行比较。

另外，SAAM 可以为很多涉众进行(可能是项目启动后的第一次)讨论提供平台。这样大家就有机会用人人都懂的语言来说出各自关心的问题，了解别人所关心的，并看到这些问题又是如何在蓝图中处理的。在此过程中，理解上的偏差和不正确的设计都将被发现。

7.3.1　SAAM 的一般步骤

SAAM 的一般步骤看上去非常简单直观，图 7-1 揭示了评估的一般步骤，每个阶段能得到什么，各个阶段的关系如何。

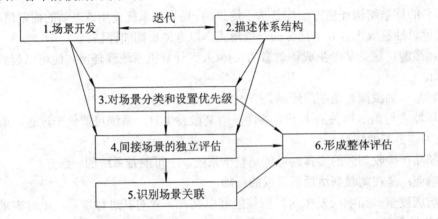

图 7-1　SAAM 的活动和依赖

从图 7-1 可以清楚地看到 SAAM 的输入、输出。为了开始评估，必须提供一个体系结构描述，该描述可以是所有参与者能接受并理解的任何形式。根据特定评估的对象和关注点，描述的详细程度和范围可能不同，有时也需要进行更新或补充。多种不同的候选体系结构的描述都可以拿来评估以便对比和选择。

场景是体系结构描述之外的另一个关键输入。基于场景的评估方法的基本要点就是检查当前的体系结构能否直接满足期望的质量需求，并在不能满足时看看可以怎样改动。我们几乎不可能对质量属性进行精确测量，可又希望质量属性对评估有意义，所以必须以一种更实在的形式来表述它。这就是场景为什么这么重要的原因。有些场景可能可以在功能性需求中提取出来，不过大多数都是源自涉众的讨论和头脑风暴。当然，待评估的体系结构起码得支持需求说明中的所有功能。而评估过程的关键是搞清楚体系结构是否能在满足需求的情况下拥有良好的质量属性。

SAAM 主要是以评估报告的形式输出。如果是评估单个体系结构，那么报告的内容将包括该体系结构设计不能满足质量需求的缺陷；多个体系结构情况下将报告哪个候选体系结构能最好地满足场景。由不适当分解或过分复杂导致的不良设计也会在报告中被指出。最后，SAAM 可以估计修改导致的费用和范围，以避免盲目的修改。

除此之外，SAAM 还有一些优点。它增强了涉众对体系结构的理解，强制对体系结构更好的编档，澄清系统将来演化最可能的方向。通过涉众广泛的讨论，业务目标的优先级和潜在的场景也得以澄清。

下面详细介绍 SAAM 每个阶段的活动和技术。

7.3.2 场景生成

场景生成是各种涉众参与讨论和头脑风暴的过程。每个参与者都有自己的视角，并提供基于此的场景。对于某个修改，项目投资方关注其导致的费用，程序员在意哪些模块将受到影响，买主关心价格，最终用户关心由修改带来的好处。有关联的，甚至是相互矛盾的场景可能在这个过程中出现并被编档。评估过程中最重要的是保证一个可以自由进行评论的氛围。生成的所有场景都应该认真记录到列表中以便涉众之后审查。对那些缺乏评估经验的人，可能需要一个指导教程，这样才能保证"好"的场景生成。所谓"好"场景，是指这些场景反映了系统主要用例、潜在修改或更新，或系统行为必须符合的其他质量指标。

此阶段可能会迭代进行几次。收集场景的时候，参与者可能会在当时的文档中找不到需要的体系结构信息。而补充的体系结构描述反过来又会触发更多的场景。场景开发和体系结构描述是互相关联、互相驱动的。

7.3.3 体系结构描述

体系结构文档包括了需要评估的信息，当然大多数信息都是在评估前就必须准备好的。为了更好地进行评估，体系结构描述应该以一种参与者都能接受的形式表达，对构件、连接件、模块、配置、依赖、部署等概念要区分清楚。只要能清晰无歧义，自然语言、框图、数据表或者形式化模型等任何形式都可以用来表达体系结构。如上节所述，场景生成和体系结构描述阶段可能会迭代进行几次，它们互相关联、互相驱动。

7.3.4 场景的分类和优先级确定

SAAM 中的场景分为两类：直接场景和间接场景。直接场景指当前体系结构不经修改即可支持的场景。如果一个场景能在原始需求(该需求在设计当前体系结构时已经被考虑)找到类似的内容，那么显然该场景很容易被满足。架构师可以引入一系列的响应行为来证明这些场景确实得到满足。通常，直接场景虽然对揭示体系结构缺陷没有帮助，却可以提高涉众对体系结构的理解程度，有助于对其他场景的评估。

间接场景不能直接被当前体系结构支持。为了满足间接场景，就需要对体系结构进行某种修改，比如添加一个或多个构件、取出间接层、用更合适的模块替代、改变或增强接口、重定义元素间关系或者上述情况组合。间接场景是 SAAM 后续活动最关键的驱动器。通过充分考虑各种间接场景，可以在很大程度上预测系统将来的演化，尽管这种预测可能很模糊。

有了架构师的帮助，对场景分类就很容易了。纵然如此，场景还是可能会多到无法一一仔细评估。由于时间和资源有限，就需要通过设置优先级的方法来选择最关键的场景。CMU SEI 建议以涉众范围内投票的方式决定哪些是"关键"的。每个人都拿到固定数量的选票，大概是场景总数的 30%。投票策略是只要每个人投票总数不超过手中的选票总数，他可以为任何场景投任何数目的票。然后按照得到选票数目的顺序对所有场景进行排序，并根据具体情况选择一定数目的排序靠前的场景。有时候，排序后的列表可能会有一个泾渭分明的分界，一边是得票数很多的场景，另一边得票数很少(如图 7-2 所示)的场景，那么直接选择得票多的场景即可。其他时候，可以计算一下评估多少场景比较适合，或者估计一下评估时间内能完成多少。典型的比如说，一整天可以评估完 8 个场景而计划两天的时间进行场景的单个评估，那么选择 15 或 16 个比较合适。要注意的是即使根据预先定好的规则某些场景是应该放弃的，但如果它们的提出者仍然坚持而其他人又不反对的话，那么也可以添加到"关键"列表中。

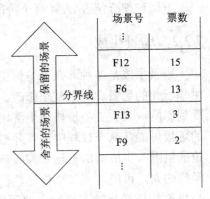

图 7-2　选择关键场景

7.3.5　间接场景的单独评估

涉众最关心的信息莫过于间接场景会怎么影响当前的候选体系结构。需要做什么修改？修改是否在项目预期的费用、时限和范围内？如果是，那么到底需要多少额外的工作？如果不是，有没有替代方案？这些问题在评估的这个阶段都需要回答。对于每个候选体系结构，都要评估一下在每个间接场景下的表现。在此，体系结构的元素被映射到具体的质量属性。

间接场景都要求改动当前体系结构。大多数时候，架构师负责解释需要的变更。如果连他们都没法说清楚该如何处理这些变更，评估前体系结构描述的完整性就值得怀疑了。具体来说，这种解释包括改动涉及的范围、该范围内具体的元素和估计的工作量。一般这些信息都要以表 7-2 的形式进行总结。

表 7-2　SAAM 间接场景单个评估表

场景编号	场景描述	所需改动	需改动元素数	估计工作量
F4	允许同其他系统交换数据	数据序列化模块,数据交换接口	2	12 个工作日
F8	加入上下文相关的帮助	上下文相关的 UI 控制，帮助文档	2	30 个工作日
F9	支持多个 DBMS	数据管理抽象	1	3 个工作日
…	…	…	…	…

表 7-2 给出了后续变更工作的启动基础。涉众根据此表就可以决定哪些工作是最紧急并需要尽快进行，哪些工作应该延迟一段时间，还有哪些工作因其完成的可能性不高不应该在当前项目中实施。如果一个场景需要过多修改，可以认为有设计缺陷，可能需要在修改发生处做重新设计。

7.3.6　对场景关联的评估

如果不同的场景都要求对同一个体系结构元素进行修改，则称这些场景关联于此元素。场景关联意味着原始设计的潜在风险。这里需要强调的一点是，所谓场景"不同"是指场景的语义有差异，该语义由涉众决定。在分类和设置优先级处理之前，有共同点的场景可以被归为一组或合并以避免评估冗余，最终保留那些反映典型用例、典型修改或其他质量属性而又很少重叠的场景。语义不同的场景影响同一体系结构元素(比如，同一个构件)的情况表明设计不良。场景关联的程度高意味着功能分解不良，当然如果某些经典体系结构模式的工作方式就是如此，就可以当例外来处理。一般说来，场景关联可能是灾难的种子，因为将来系统演化的时候该关联会导致混乱的修改。虽然无需认定所有的场景都是灾难之源，但它们必须得到足够的重视。

不过在识别场景关联时要小心一些伪关联。有时体系结构文档表明某个构件参与了某个关联，但是实际上是该构件内部分解良好的子构件独立处理了不同的"关联"场景。这时可以返回到步骤 2——体系结构描述，检查一下文档的详细程度是否满足关联识别所需。

7.3.7　形成总体评估

SAAM 的最后一步是形成总结报告。如果候选体系结构只有一个，那么总体评估要做的就是审查前面步骤的结果并总结成报告。修改计划将基于此报告。

如果有多个候选体系结构，就需要进行一番比较。为此需要根据各个关键场景和商务目标的关系来决定每个关键场景的权重。比较体系结构时会发现，某个体系结构在某些场景下表现突出，而另一个体系结构在另一些场景下最好。有时简单的根据候选体系结构在哪些场景下具有优势很难做出最好的选择。而事实上，即使同样叫做关键场景，场景的重要性也是不同的。这可以通过设置权重来体现。多年来，出现了几种决定权重的策略。其中一种方式是利用涉众的讨论，有时是争论来得到相对权重。或者，如果有历史记录，则是很好的参考资料。

直接场景也影响总体评估结果。不同的候选体系结构几乎总是有各自不同的直接场景。回忆一下，直接场景是不经修改就被体系结构支持的那些场景。所以支持更多直接场景的体系结构也暗示着这是一个更好的候选。有时，也会把直接场景的重要性放到总体评估这里一起考虑。

最后，架构师对每个关键场景下各个候选体系结构打分。一般来说，打分采用相对值的方法，比如"1，0，–1"(或"2，1，0""+，0，–"等)。1 表示体系结构在该场景下表现很好；–1 相反；0 则表示体系结构对该场景无关紧要。根据需要把范围定到 5 或者 10 也没问题。有了场景权重和体系结构的得分，就可以画一个类似表 7-3 的表格。然后把该表格和独立场景评估、场景关联评估和直接场景分析的结果结合起来，选择一个最好的体系结构作为下一步开发的基础。

表 7-3　SAAM 总体评估示例

场 景 编 号	权重	候选 1	候选 2
F4	8	1	–1
F5	8	1	–1
F8	5	1	0
F10	7	–1	1
F13	10	0	1
F14	6	0	1
…	…	…	…
总体评估得分		45	67

7.4 ATAM 体系结构权衡分析方法

ATAM 方法可看作 SAAM 方法的增强版。从名字可以看出，ATAM 方法除了能暴露被评估体系结构的潜在缺陷和风险外，还能使我们更好地理解和权衡多个相关的，甚至是不一致的质量需求或目标。

ATAM 的基础来自 3 个领域：体系结构风格、质量属性分析组(包含丰富的质量属性和体系结构对应关系的库)和 SAAM。

下面首先按照历史顺序回顾一下 ATAM 在各个发展阶段的大概步骤，然后介绍 ATAM 主要步骤要做的工作以及在这些步骤中采取的技术。

7.4.1 最初的 ATAM

大多数设计都是对目标进行权衡。如果不需要权衡，那么实际上也没必要做设计，因为只要根据需求做些固定的计算就行了。大多数的权衡源自非技术的原因。比如说，为了保证系统的可伸缩性，可能需要更多的间接层，从而导致更多的编程和测试工作，也意味着整个项目需要更多的花费，可能也需要更多的时间。再比如，两个涉众持有截然相反的需求，结果开发进程受阻。

架构师的职责是进行设计，方式是采集需求并把需求映射到软件的结构和行为描述中去。不过除此之外，他们更重要的责任是从技术和社会学的视角做权衡。ATAM 就是做此类权衡的合适工具。ATAM 和其他评估方法或技术有着根本的不同，它明确考虑多个质量属性之间的关联，并可以对这些关联必然导致的权衡进行原则上的推理。为了达到这个目标，最初的 ATAM 分成 4 个阶段，内含 6 个步骤，如图 7-3 所示。

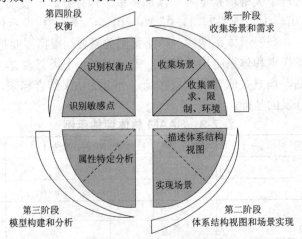

图 7-3 ATAM 的步骤

螺旋模型源自 Boehm(1986)，该文引入了一个描述软件开发的类似的螺旋模型。图 7-3 把评估集成到了整个设计过程中。6 个步骤，即收集场景，收集需求、限制、环境，描述体系结构视图和实现场景，属性特定分析，识别敏感点和识别权衡点，构成了一轮迭代。

完成上述步骤后如果评估结果表明当前体系结构能满足期望的质量需求，就可以进行详细设计或实现了。否则，可以制定修改计划更新已有设计，新的设计将进入第二轮 ATAM 的迭代。值得注意的是，这些步骤并不需要按照线性顺序操作。每个步骤都可能会触发任何其他步骤的改进，正如图 7-3 所示。又如，属性特定分析可能需要收集更多的场景来保持各个属性的均衡。

在进行一次迭代时，第一阶段关注场景输入。第一步仅仅关注"使用场景"，尽量增进参与者对体系结构的理解。这样沟通的基础就建立了。第二步是收集质量相关信息，也是以场景的形式表达。这些场景可以被看作是质量需求假设，是后续步骤的基础。得到需求之后，就可以利用需求的限制开始第一阶段的设计。设计出来的体系结构被编档以备评估。

接下来评估就开始了。首先独立分析每个质量属性，这时候不必考虑场景关联。单独评估可以使得各个质量属性方面的专家最大限度地利用属性特定的技术或模型进行分析。比如，马尔科夫模型擅长可用性分析，而 SPE(即软件性能工程)分析性能特别方便。属性特定分析的结果以特定模型中数据的测量值来表述，例如"最坏情况下请求必须在 500 ms 内得到响应"，或者"在理想环境下系统的可用性为 99.99%"。

最后要做的是识别敏感点和权衡点。在解释这两个步骤之前，先定义一下"体系结构元素"。体系结构元素是指任何构件、构件属性或构件关系的属性，只要它们对质量属性有影响。敏感点是指会由于体系结构元素的修改而发生显著变化的系统模型参数。例如，基于 C/S 的系统，服务器的冗余度影响整个系统的可用性。增加一个后备服务器会把平均每年的系统崩溃时间降低一个数量级。这里系统平均崩溃时间就是一个敏感点。一个权衡点是指与多个敏感点有关的体系结构元素。就是说，如果一个构件、构件属性或关系属性变化了，若干质量属性会大幅度地变得更好或更坏。例如，C/S 系统中服务器冗余度就是一个权衡点，因为它的改动将导致可用性、费用、安全性等属性的显著变化，这些特性有些是互相冲突的。权衡点揭示了架构师需要密切关注的问题。

7.4.2　改进版 ATAM

1999 年，ATAM 在几个实际项目中应用后，有了升级和增强。ATAM 的原有步骤有的进行了合并，另外又补充了几个其他的步骤(如图 7-4 所示)。比如，增加了"场景分组和设置优先级"，这个步骤和 SAAM 中类似。有几个步骤被浓缩成一个，如"体系结构介绍"。

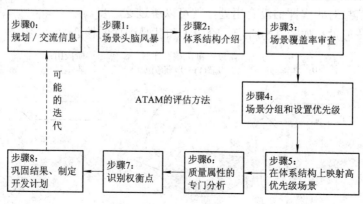

图 7-4　改进版 ATAM 的步骤

对改进版 ATAM 主要有两点值得注意。第一点是怎样才知道什么时候停止场景生成比较合适。从图 7-4 可以看到第 3 步进行场景覆盖检查。CMU SEI 专门为此步骤定义了一套针对特定质量属性的问题,回答这些问题可以帮助评估者找到遗漏的有用场景并补充进来。

另外一点就是引入了很多 ABAS(基于属性的体系结构风格)。ABAS 是一种分析辅助工具,可以帮助涉众识别体系结构风格的质量属性,比如性能、可用性、安全性、可测试性、可修改性等。简言之,ABAS 就是带有属性值以反映质量信息的体系结构风格。ABAS 的著名例子是用于多个并发进程的性能分析。如果软件系统使用多个进程,每个进程都竞争有限的计算资源,该系统就可以称作性能 ABAS。对此 ABAS 应当进行以下相关参数信息的质询,比如进程优先级、同步位置、排队策略和估计执行时间。但是,仅仅知道性能相关的信息并不足够,还需要把这些信息输入到分析框架以便分析。例如,单调速率分析是实时系统的一个有效分析框架。

对比两个版本的 ATAM,可以看到一个趋势,就是更多实际的技术和关注点被加入进来。第一版建立在螺旋开发模型之上,理论的味道很浓。在第二版,步骤进行了重新调整以更好地符合实际需要。除此之外,也引入了一些需要的辅助技术,尽管其中有些从评估的角度看并不能算是核心技术。简单地说,这些变化试图为如下问题提供答案:怎样帮助涉众知道做什么和怎么做,从而为评估过程做贡献?怎样引导涉众精确清晰地理解待评估的体系结构?怎样生成对评估有益的场景,同时避免忽略某些必需的场景,并从所有场景中选出最重要的?怎么把场景映射到体系结构,以便识别敏感点和权衡点?最后,怎样对特定的质量属性进行具体的评估并生成负责规划后续活动的评估报告?这些问题是大多数评估方法的共同问题。尽管经历了众多项目的实际应用和数以千计的架构师、设计人员和软件工程师的改进,ATAM 仍在不断调整以追求更好的评估效果。

下一节我们将介绍 ATAM 现在的情况,看看又有什么新技术被引入进来。

7.4.3 ATAM 的一般过程

当前 ATAM 的完整过程包括 4 个阶段,共 9 个主要步骤。在此,步骤仍然不必是线性执行的。实践上,评估负责人可以决定应该执行哪些步骤,或者直接跳到本应在若干步之后才实施的步骤。这些都视情况而定。步骤仅仅表明评估中间制品的生成顺序。顺序靠后的步骤总需要靠前步骤的制品作为输入。因此,如果评估团队已经有了某一步骤生成的信息,或者这些信息对此次评估没有用处,就可以跳过这一步。

ATAM 的一般过程如图 7-5 所示。阶段 I 和 II 是评估的核心。

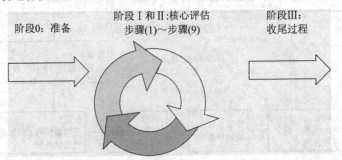

图 7-5 ATAM 的一般过程

阶段 0 是准备阶段。考虑到 ATAM 评估的范围、时间和费用，有必要就评估时间表、费用计划、参与者组织等问题进行讨论，甚至签署严格的合同协定。评估前首先应该搞清楚进行评估是否可行、谁参与评估、评估的对象是什么、评估结果提交给谁、评估后又该做什么。为了避免核心评估阶段中断，上面提到的每个问题都需要仔细考虑和计划。然后，需要建立一个评估团队(如果准备评估的组织没有专职评估团队的话)，负责接下来的工作。该团队中需要定义几个角色，包括团队领导、评估领导、书记员、计时者、提问者、监督员等。同一个人可以扮演多个角色。通常，在阶段 0 会开一个评估团队会议以明确责任并为下一阶段做好准备。

阶段Ⅲ是评估收尾阶段。这时有两项任务必须要做。首项任务是要产生最终报告，记录核心评估阶段的过程、信息和基于此的结论。另一项任务是进行总结以便改进今后的评估。评估收尾阶段进行的总结，一方面，可以询问评估成员或者其他参与者感觉哪些活动好，哪些不好，为什么。可以收集关于本次评估的花费和收益的信息。这种数据挖掘可能会有利于找到各种活动的可改进之处。另一方面，可以整理本次的场景和相关的问题，以备下次评估类似项目选用。在领域特定的开发中，这项活动因其强大的可重用性而非常有效。

阶段Ⅰ和阶段Ⅱ是核心评估阶段，共有 9 个步骤，和前面小节曾讲的步骤类似。这些步骤又进一步分为如下 4 个子阶段：

1．介绍

(1) 介绍 ATAM：介绍 ATAM 的步骤、活动和技术。

(2) 介绍商业动机：介绍商业目标以识别主要质量需求。

(3) 介绍体系结构：解释当前体系结构如何满足商业动机。

2．研究和分析

(4) 识别体系结构方法：找到建立体系结构所用的方法。

(5) 生成质量属性效用树：以树的形式产生反映系统效用的带有优先级的场景。

(6) 分析体系结构方法：对支持关键场景的体系结构方法进行分析，并识别风险、非风险、敏感点和权衡点。

3．测试

(7) 头脑风暴和给场景指定优先级：由更多的涉众生成更多的场景。

(8) 分析体系结构方法：同步骤(6)，不过采用的场景来自步骤(7)。

4．报告

(9) 报告结果：产生评估报告。

实际上，主要阶段Ⅰ和Ⅱ分别是上述步骤的一次迭代，当然包括的具体步骤和参与者范围有所不同，如表 7-4 所示。主要阶段Ⅱ需要更多类型的涉众参与场景生成和分析讨论。主要阶段Ⅰ则试图利用几个原则识别主要的质量属性，为后续评估打好基础。主要阶段Ⅰ只包含步骤(1)～(6)。当然，不必机械式地执行这两次迭代。实际应用时评估团队可以调整迭代这些步骤的时间计划，并可以自行决定每次迭代的参与者。

表7-4 核心评估的两次迭代

子阶段	评 估 步 骤	主要阶段Ⅰ	主要阶段Ⅱ
介绍	(1) 介绍 ATAM		
	(2) 介绍商业动机		
	(3) 介绍体系结构		
研究和分析	(4) 识别体系结构方法		
	(5) 生成质量属性效用树		
	(6) 分析体系结构方法		
测试	(7) 头脑风暴和设定场景优先级	无	
	(8) 分析体系结构方法		
报告	(9) 提供评估结果		

读者可能会看到一些不熟悉的概念，如"效用树"、"风险"或者"非风险"，也可能会问为什么步骤(6)看上去和步骤(8)一样。这些问题在后面的小节中将有详细介绍。

7.4.4 介绍

这个子阶段的目标是界定哪些行动是有益的，而哪些不是。该阶段引导参与者致力于系统设计并能做出贡献。同时，后续步骤所需的输入也由此阶段提供。

步骤(1)——介绍 ATAM。

这一步回答了"什么是 ATAM？"和"ATAM 参与者都做些什么？"的问题。这是因为除了专业的评估团队，其他涉众可能是第一次参与评估。评估负责人需要向参与者介绍 ATAM，回答他们的相关问题。在此过程中，评估负责人的工作集中在场景确定优先级、效用树构建等操作的步骤、概念和技术，评估的输入输出及其他有关信息。

步骤(2)——介绍商业动机。

项目领导人(项目主要管理者或类似人员)需要向所有参与者解释主要的商业动机。毕竟，场景开发和特定的评估需要此类信息。这项介绍的主题应该包括：主要商业目标，需求说明中已文档化的主要功能，来自技术、管理、经济、政策方面的有关限制，还有涉众的重要质量需求。注意"涉众"这个概念，在不同主要阶段，涉众的范围不同，这就使得关注点会有所偏重。这种差异也能作为一个参照，以便暴露那些没被考虑的问题。

步骤(3)——介绍体系结构。

首席架构师介绍已有的体系结构，通常采用多视图的形式。大多数项目需要展示静态逻辑结构的分解视图、运行时结构的构件-连接件视图、逻辑结构和物理实体之间映射的分布视图和描述期望行为的行为视图。不过特定情况下，架构师有权决定使用其他视图展示系统某个特定区域，以此提供与关键质量属性对应的体系结构信息。体系结构介绍的详细程度直接影响后续的分析。根据在准备阶段设定的评估的期望效果，架构师有义务选择一个对评估比较合适的详细程度。当然在评估时，如果需要的体系结构信息未被提供，涉众

可以向架构师询问。最后，一个重要任务就是列出明确使用的体系结构方法，为下一步做
准备。

7.4.5   研究和分析

在这个子阶段，涉众开始将体系结构与质量属性对应起来。不过和前述 ATAM 的其他
版本相比，在此使用的具体方法更加出色。这里捕获分析的不是体系结构元素，而是体系
结构方法；用于场景生成的不是头脑风暴一类的办法，而是采用效用树。在效用树中，每
个场景的优先级由二维估计值来测量。评估中，要识别风险、非风险、敏感点和权衡点，
不过这些识别是分析的开始而非结束。

步骤(4)——识别体系结构方法。

识别体系结构方法的原因是这些信息提供了体系结构构建背后的基本原则。简言之，
一个体系结构方法是指根据功能或质量需求而做的设计决定。

众所周知，软件体系结构风格和模式包含了大量的有用信息，这些信息与进行特定设
计的原理紧密相关。体系结构模式描述了必要的抽象元素、这些元素的结构和相关的一些
约束。每个体系结构模式的优缺点和基本原理都有成千上万次的使用作基础。ATAM 第二
版中提到的 ABAS 尤其有用。和 ABAS 相联系的属性值暴露了主要的质量属性目标，也能
用来分析能否满足这些目标。

但是并不是所有的体系结构方法都可以用体系结构风格或模式的形式表达。如果是这
样，架构师就需要用自然语言解释为什么做出这样的设计，或为什么设计会以期望的方式
运行。架构师应该能讲清楚使用的每个体系结构方法。这样，对于那些架构师觉得很基础，
但是对评估非常重要的体系结构方法(如果不是被明确地问到，架构师不会做特别说明)，
让其他评估参与者也有机会理解。

尽管这一步骤需要清晰的解释，但是不需要对方法的分析，那是步骤(6)中的任务。

步骤(5)——生成质量属性效用树。

本步骤将识别关键质量属性目标，参与者是评估团队和核心项目成员，如管理者、客
户代表和首席架构师等。这里主要的目标是避免在评估中造成时间和费用的浪费。如果参
与者不能决定出关键的质量属性目标或就此达成一致，评估就无法得到应有的效果。质量
属性效用树是达到此目标的强大工具。

质量属性效用树(Quality Attribute Utility Tree，QAUT)以树的形式表现质量属性的细化。
QAUT 的根是效用，接下来是质量属性层，典型的有可用性、可修改性和安全性等。再接
着下一层是质量属性具体描述分类，也就是把某个质量属性分成几个主题。第四层也是最
后一层，是具体的场景，精确定义了质量需求以允许后续分析。一般来说，QAUT 把系统
的期望效用翻译成了场景。

每个场景有两维度量：

(1) 此场景对系统成功的重要程度。

(2) 架构师所估计的支持此场景的开发难度。测量所用的标度可以定为类似高、中、
低这样范围为 3 的序数尺度，范围为 5 或者 10 等也可以。标记好度量后，场景就可以排出
优先级了，最上面的是参与者希望得到的最关键的质量属性目标。

图 7-6 质量属性效用树示例是 QAUT 的一个例子。实际上，真实项目中生成的场景比此例复杂得多。最终 QUAT 生成了带有优先级的场景列表，顺序应该是(H，H)、(H，M)、(M，H)……(L，L)。这个优先级清楚地揭示了各种涉众的全面关注。也许有人认为性能是关键需求，而另一些人坚持可用性需要更多的关注。但是在建立 QAUT 之前，每个人的想法可能都是凌乱的。QAUT 引导并澄清系统的质量需求及其相对重要性。于是，评估的时间和成本不够时就可以省略优先级低的场景。因为分析不重要或者很简单的场景没什么意义。

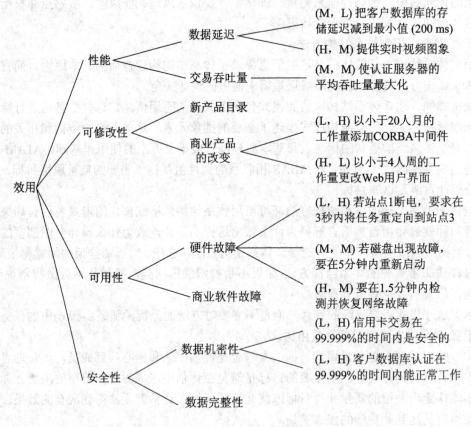

图 7-6   质量属性效用树示例

步骤(6)——分析体系结构方法

QAUT 指明了评估的方向，之后就该分析体系结构方法处理高优先级场景的机制了。在这一步骤，评估团队和架构师一道识别在那些和重要场景相关的方法中存在的风险、非风险、敏感点和权衡点。

风险是已经做出的但是在特定的可能情况下出现潜在问题的决策。而非风险正好相反。可能有人会说风险应该受到更多关注，因为它们是将来的问题之源。不过，非风险也一样重要，因为它们暗示了哪些体系结构方法值得保留和坚持。更重要的是，当上下文变化的时候，非风险可能会转变成风险。因此，显式地列出非风险是有用的。

敏感点是指会被某些体系结构元素显著影响的系统模型的属性值。权衡点是系统内与几个敏感点都相关的地方。在步骤(4)和步骤(5)中这些需要的信息应该就准备好了。不过若评估团队感到有什么信息缺失，可以询问架构师。

为了识别风险、非风险、敏感点和权衡点，全体参与者都要完成下述工作：

(1) 识别出试图支持重要场景的体系结构方法并弄清楚这些方法在当前体系结构中是怎么实例化的。

(2) 分析每个方法，考虑其明显的优点和缺点，判断其是否对质量属性带来负面影响。这项工作可以利用询问一系列附属于这种体系结构方法的特定问题来完成。

(3) 在回答这些问题的基础上，识别风险、非风险、敏感点和权衡点并分别记录在文档中。

这一步骤结束，主要阶段 I 就完成了。如果一切顺利，评估团队应该对体系结构有了大致的了解，也清楚了其优缺点。

7.4.6　测试

这一阶段的目的是对到目前为止所作的分析进行测试。会有更多种类的涉众就系统质量需求给出建议。讨论的范围被扩大了，因而会有额外的问题和关注点出现来对系统需求进行补充。

步骤(7)——头脑风暴和设定场景优先级。

在步骤(5)中，场景表示为 QAUT，表明项目决策者心目中的体系结构该是什么样子。不过在这一步，评估团队的范围更大了。这里得到更多场景的有效方法是头脑风暴，就像 SAAM 的场景生成采用的方式。这种环境容易激发创造性的想法和新颖的建议。按性质场景可以分为以下 3 类：

(1) 用例场景：描述被评估体系结构所在的系统在最终用户的特定操作下如何动作和响应。

(2) 增长式场景：描述被评估体系结构所在的系统怎样支持快速修改和演化的，比如添加构件、平台移植或者与其他系统集成。

(3) 探索式场景：探索被评估体系结构所在系统的极端增长情况。如果说增长式场景试图揭示期望中的和可能的修改，那么探索式场景使评估参与者有机会知道重大变更后系统会发生什么。比如说，性能必须提高 5 倍，或可用性需要提高一个数量级。根据这类场景，额外的敏感点和权衡点将会暴露，评估测试可基于此。

头脑风暴后，利用投票为场景设置优先级，这和 SAAM 类似。显然步骤(5)和本步骤生成的场景有显著差异。利用 QAUT 生成场景是细化的过程，看起来是自顶向下的风格。评估团队和核心项目决策人通过 QAUT 找到当前体系结构的主要质量驱动。而头脑风暴生成的场景需要几乎所有涉众的合作。测试时，本步骤生成的场景将和 QAUT 的结果比对。新的场景成为 QAUT 已有分支的叶子节点，也可能原来就完全没有相应的质量属性分支。评估测试的目的也正是如此，即暴露二者之间的差异，补充未考虑到的场景。

步骤(8)——分析体系结构方法。

这一步使用的方法和技术同步骤(6)，主要差别在于，在此涉众分析的是步骤(7)产生的体系结构方法。如果一切顺利，那么架构师只需要解释是如何用那些被捕获的方法来实现场景的。但是如果存在某些场景不能被直接支持，那么评估团队应该记录在档以便制定修改计划。

7.4.7　报告

步骤(9)——提供评估结果。

这是 ATAM 一轮迭代的最后一步，包括已收集在原始体系结构文档内的、涉众生成的和分析得到的所有信息都要体现在评估报告中。最重要的内容或者说 ATAM 的输出，包括文档化的体系结构方法(包括这些方法附属的问题)、带优先级的场景、QAUT、关键质量需求、风险、非风险、敏感点和权衡点。所有涉众一起讨论来解决当前体系结构的问题，尤其是风险和权衡点。

7.5　SAAM 方法评估实例

我们在本节介绍一个使用 SAAM 方法的实例。我们使用 SAAM 方法对第 3 章介绍过的 KWIC(在文章中查找和重组关键词)系统中的不同场景进行评估。

1．定义角色和场景

KWIC 系统感兴趣的角色有两个，分别是最终用户和开发人员。使用四个场景，其中两个场景经过了不同的最终用户的讨论，即

(1) 修改 KWIC 程序，使之成为一个增量方式而不是批处理的方式。这个程序版本将能一次接受一个句子，产生一个所有置换的字母列表。

(2) 修改 KWIC 程序，使之能删除在句子前端的噪音单词(例如前置词、代名词、连词等)。

使用的另外两个场景是经过开发人员讨论，但最终用户不知道的，即

(1) 改变句子的内部表示(例如，压缩和解压缩)。

(2) 改变中间数据结构的内部表示(例如，可直接存储置换后的句子，也可存储转换后的词语的地址)。

2．描述体系结构

第 2 步就是使用通用的表示对待评估的体系结构进行描述，这种描述是为了使评估过程更容易，使评估人员知道体系结构图中的框或箭头的准确含义。这里对两种体系结构风格进行评估。

1) 共享内存的解决方案

在第一个待评估的体系结构中，有一个全局存储区域，被称作 Sentences，用来存储所有输入的句子。其执行的顺序是：输入例程读入句子→存储句子→循环转换例程转换句子→字母例程按字母顺序排列句子→输出。当需要时，主控程序传递控制信息给不同的例程。图 7-7 描述了这个过程，不同计算构件上的数字代表场景编号，在这一步中可忽略(将在后面用到)。

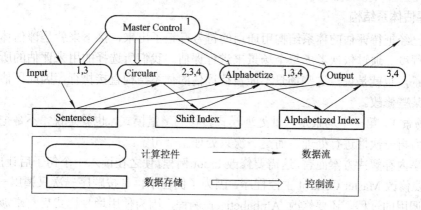

图 7-7　共享内存的解决方案示例

2) 抽象数据类型解决方案

待评估的第 2 个体系结构使用抽象数据类型(Abstract Data Type，ADT)，如图 7-8 所示。其中每个功能都隐藏和保护了其内部数据表示，提供专门的存取函数作为唯一的存储、检索和查询数据的方式。ADT Sentences 有两个函数，分别是 set 和 getNext，用来增加和检索句子；ADT Shifted Sentences 提供了存取函数 setup 和 getNext，分别用来建立句子的循环置换和检索置换后的句子。

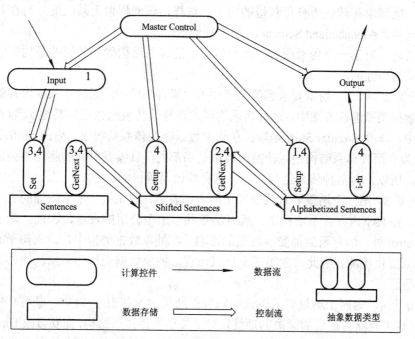

图 7-8　抽象数据类型解决方案示例

ADT Shifted Sentences 使用 ADT Sentences 的 getNext 函数来重新存储输入的句子。ADT Alphabetized Sentences 提供了一个 setup 函数和一个 i-th 函数，setup 函数重复调用 Shifted Sentences 的 getNext 函数，以检索已经存储的所有行并进行排序，i-th 函数根据参数 i，从存储队列中返回第 i 个句子。

3. 评估体系结构

既然已经把待评估的体系结构用通用的符号标记了出来，接下来就是评估体系结构满足场景的程度。通过依次考虑每个场景来进行评估。我们所选择的用来评估的所有场景都是间接场景，也就是说，这些场景不能被待评估的体系结构直接执行，因此评估依赖于体系结构的某些修改。

(1) 场景 1。第一个场景是从批处理模式转移到增量模式，也就是说，不是把所有句子都输入完后再一次性进行处理，而是一次只处理一个句子。

对共享内存解决方案而言，这需要修改 Input 例程，使之在读入一个句子后让出控制权，同时，也要修改 Master Control 主控程序，因为子例程不再是按顺序一次只调用一个，而是一个迭代调用的过程。还要修改 Alphabetizer 例程，因为使用增量模式后，牵涉到插入排序的问题。我们假设 Circular Shift 例程一次只处理一个句子，且输出函数只要被调用，就可以输出。

注意，我们所作的假设只是针对共享内存解决方案而言的，一般来说，判断的准确性取决于不同的计算构件的内部工作知识。这也是为什么要期望评估人员中，既有具有计算构件一般知识的人，也有具有特定构件知识的人。

对抽象数据类型解决方案而言，Input 函数需要修改，使之在被调用时，一次只输入一行。假设 Sentence 当存储了输入之后放弃控制权，则无需改变。也假设当 Shifted Sentences 被调用时，能请求和转换所有可获得的句子，这样，该例程也无须改变。与在共享内存解决方案中一样，Alphabetized Sentences 也必须修改。

综上所述，对第一个场景而言，两个待评估的体系结构受到的影响是均等的，因此，我们判定其为中性的。

(2) 场景 2。第二个场景要求删除句子中的"噪音"单词。无论在共享内存解决方案还是在抽象数据类型解决方案中，这种需求均可通过修改转换函数很容易地实现(在共享内存体系结构中，修改 Circular Shift 函数；在抽象数据类型体系结构中，修改 Shifted Sentences 函数)。因为在两种体系结构中，转换函数都是局部的，且噪音单词的删除不会影响句子的内部表示，所以，对两种体系结构而言，这种修改是等价的。

(3) 场景 3。第三个场景要求改变句子的内部表示，例如从一个未压缩的表示转换到压缩的表示。在共享内存体系结构中，所有函数共享一个公用的表示，因此，除了主控函数 Master Control 外，所有函数都受该场景的影响。在抽象数据类型中，输入句子的内部表示由 Sentence 提供缓冲。因此，就第三个场景而言，抽象数据类型体系结构比共享内存的体系结构要好。

(4) 场景 4。第四个场景要求改变中间数据结构的内部表示(例如，既可直接存储置换后的句子，也可存储转换后的词语的地址)。对于共享内存体系结构，需要修改 Circular Shift、Alphabetize 和 Output 三个例程。对于抽象数据类型体系结构，需要修改抽象数据类型中的 Shifted Sentences 和 Alphabetized Sentences。因此，抽象数据类型解决方案所受影响的构件数量要比共享内存体系结构解决方案的少。

(5) 比较分析。图 7-7 和图 7-8 都标记了反映每个场景的影响。例如，在图 7-7 中，Master Control 构件中的"1"反映了该构件必须修改以支持场景 1。检查待评估体系结构，看其有多少个构件受场景的影响，每个构件最多受多少个场景的影响。从这方面来看，抽象数据类型体系结构要比共享内存体系结构好。在共享内存体系结构和抽象数据类型体系结构中，两者都有 4 个构件受场景的影响，但是，在共享内存体系结构中，有两个构件(Circular Shift 和 Alphabetize)受三个场景的影响，而在抽象数据类型体系结构中，所有构件最多只受两个场景的影响。

(6) 评估结果。表 7-5 概括了评估的结果，其中 0 表示对该场景而言，两个体系结构不分好坏，在实际的评估中，还需要根据组织的偏好设置场景的优先级。例如，如果功能的增加是风险承担者最关心的问题(就像第 2 个场景一样)，那么这两个体系结构是不相上下的，因为在这一点上，它们之间没有什么区别。

表 7-5　评估结果概要

	场景 1	场景 2	场景 3	场景 4	比较
共享内存体系结构	0	0	—	—	—
抽象数据类型体系结构	0	0	+	+	+

但是，如果句子内部表示的修改是风险承担者最关心的问题(就像第 3 个场景一样)，那么抽象数据类型体系结构显然是要首选的体系结构。

使用 SAAM 方法评估系统的结果通常容易理解，容易解释，而且和不同组织的需求目标联系在一起。开发人员、维护人员、用户和管理人员会找到对他们关心的问题的直接回答，只要这些问题是以场景的方式提出的。

7.6 本章小结

体系结构评估，是指对系统的某些值得关心的属性进行评价和判断。评估的结果可用于确认潜在的风险，并检查设计阶段所得到的系统需求的质量。体系结构评估可以只针对一个体系结构，也可以针对一组体系结构。在体系结构评估过程中，评估人员所关注的是系统的质量属性。本章首先介绍了几个几乎所有评估方法都普遍关注的质量属性：性能、可靠性、可用性、安全性、可修改性、功能性等，然后从三个方面讨论了体系结构评估的必要性。

从目前已有的软件体系结构评估技术来看，尽管它们采用的评估方式都各不相同，但基本可以归纳为三类主要的评估方式：基于调查问卷或检查表的方式、基于场景的方式和基于度量的方式。最著名的体系结构评估方法均是基于场景的。场景是系统使用或改动的假定情况集合。本章详细介绍了两个最著名的基于场景的评估方法——SAAM 和 ATAM。SAAM 本质上是一个寻找受场景影响的体系结构元素的方法，而 ATAM 建立在 SAAM 基础上，关注对风险、非风险、敏感点和权衡点的识别。

SAAM 和 ATAM 表现了大多数基于场景评估方法的共同特性。它们以场景和体系结构描述作为输入，评估判断当前体系结构(或候选体系结构)能否满足期望质量属性。潜在的缺陷和风险被识别，这是修改工作启动的基础。最后，原始的评估得到的数据被收集起来以备后用，例如用作进一步开发时的提示信息，或者积攒起来作为重用时重要的历史数据。

习 题

1. 为什么要评估软件体系结构？从哪些方面评估软件体系结构？

2. 软件体系结构评估的主要方法有哪三种？请简单解释每种方法。

3. ATAM 评估方法的基本步骤是什么？

4. 选择你所熟悉的一个软件系统，给出 4～5 种质量属性。在该系统中，设计者最为关心哪些质量属性？这些质量属性是如何定义的？需要实现到什么程度？

5. 分别使用 SAAM 方法和 ATAM 方法，对上题中的系统的体系结构进行分析和评估。

第8章 基于服务的体系结构

8.1 SOA 概 述

8.1.1 SOA 的定义

类似于软件体系结构还没有统一的定义，面向服务的体系结构(Service-Oriented Architecture，SOA)也还没有一个公认的定义。许多组织从不同的角度和侧面对 SOA 进行了描述，较为典型的有以下三个。

(1) W3C 的定义：SOA 是一种应用程序体系结构，在这种体系结构中，所有功能都定义为独立的服务，这些服务带有定义明确的可调用接口，可以以定义好的顺序调用这些服务来形成业务流程。

(2) Service-architecture.com 的定义：SOA 本质上是服务的集合，这些服务是精确定义、封装完整、独立于其他服务所处环境和状态的函数。服务之间需彼此通信，这种通信可能是简单的数据传送，也可能是两个或更多的服务间协调进行的某些活动。服务之间需要某些方法进行连接。

(3) Gartner 的定义：SOA 是一种客户端/服务器模型的软件设计方法，SOA 与大多数通用的客户端/服务器模型的不同之处，在于它着重强调软件构件的松散耦合，并使用独立的标准接口。

8.1.2 SOA 模型

SOA 是一种在计算环境中设计、开发、部署和管理离散逻辑单元(服务)模型的方法。图 8-1 描述了一个完整的 SOA 模型。

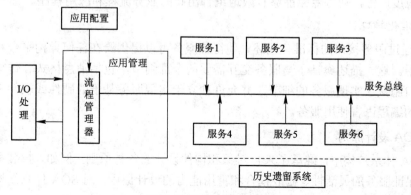

图 8-1 SOA 模型示例

在 SOA 体系结构模型中，所有的功能都定义成了独立的服务。服务之间通过交互和协调完成业务的整体逻辑。所有的服务通过服务总线或流程管理器来连接。这种松散耦合的体系结构使得各服务在交互过程中无需考虑双方的内部实现细节，以及部署在什么平台上。

1. 服务的基本结构

一个独立的服务其基本结构如图 8-2 所示。

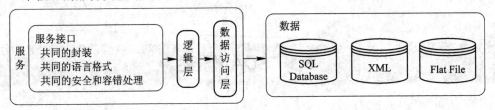

图 8-2　单个服务内部结构

由图 8-2 可以看出，服务模型的表示层从逻辑层分离出来，中间增加了服务对外的接口层。通过服务接口的标准化描述，使得服务可以提供给任何异构平台和任何用户接口使用 。这允许并支持基于 Web 服务的应用程序成为松散耦合、面向构件和跨技术实现。在此，服务请求者很可能根本不知道该服务在哪里运行，是由哪种语言编写以及消息的传输路径。只需要提出服务请求，然后就会得到答案。

2. SOA 的特征

SOA 是一种粗粒度、松耦合的服务体系结构，其服务之间通过简单、精确定义的接口进行通信，不涉及底层编程接口和通信模型。这种模型具有以下特征：

1) 松散耦合

SOA 是松散耦合构件服务，它将服务使用者和服务提供者在服务实现和客户如何使用服务方面隔离开来，服务实现能够在不影响服务使用者的情况下进行修改。

2) 粗粒度服务

服务粒度指的是服务所公开功能的范围，一般分为细粒度和粗粒度，其中，细粒度服务是那些能够提供少量商业流程可用性的服务。粗粒度服务是那些能够提供高层商业逻辑的可用性服务。选择正确的抽象级别是 SOA 建模的一个关键问题。设计中应该在不损失或损坏相关性、一致性和完整性的情况下，尽可能地进行粗粒度建模。通过一组有效设计和组合的粗粒度服务，业务专家能够有效地组合出新的业务流程和应用程序。

3) 标准化接口

SOA 通过服务接口的标准化描述，使得该服务可以提供给在任何异构平台和任何用户接口中使用。这一描述囊括了与服务交互需要的全部细节，包括消息格式、传输协议和位置。该接口隐藏了实现服务的细节，并允许独立于实现服务基于的硬件或软件平台和编写服务所用的编程语言使用服务。

3. SOA 设计原则

在 SOA 体系结构中，继承了来自对象和构件设计的各种原则，例如，封装和自我包含等。那些保证服务的灵活性、松散耦合和重用能力的设计原则，对 SOA 体系结构来说同样是非常重要的。关于服务，一些常见的设计原则如下：

1) 明确定义的接口

服务请求者依赖于服务规约来调用服务，因此，服务定义必须长时间稳定，一旦公布，不能随意更改；服务的定义应尽可能明确，减少请求者的不适当使用；不要让请求者看到服务内部的私有数据。

2) 自包含和模块化

服务封装了那些在业务上稳定、重复出现的活动和构件，实现服务的功能实体是完全独立自主的，可独立进行部署、版本控制、自我管理和恢复。

3) 粗粒度

服务数量不应该太多，依靠消息交互而不是远程过程调用，通常消息量比较大，但是服务之间的交互频度较低。

4) 松耦合

服务请求者可见的只是服务的接口，服务的位置、实现技术、当前状态和私有数据等，对服务请求者而言是不可见的。

5) 互操作性、兼容性和策略声明

为了确保服务规约的全面和明确，策略成为一个越来越重要的方面。这可以是技术相关的内容，例如，一个服务对安全性方面的要求；也可以是与业务有关的语义方面的内容，例如，需要满足的费用或者服务级别方面的要求，这些策略对于服务在交互时是非常重要的。

4．SOA 的实现方法

SOA 只是一种概念和思想，需要借助于具体的技术和方法来实现它。从本质上来看，SOA 是用本地计算模型来实现一个分布式的计算应用，也有人称这种方法为"本地化设计分布式工作"模型。CORBA、DCOM 和 EJB 等都属于这种解决方式，也就是说，SOA 最终可以基于这些标准来实现。

从逻辑上和高层抽象来看，目前，实现 SOA 的方法也比较多，其中主流方式有 Web Service、企业服务总线和服务注册表。我们在本章以 Web Service 为例，较详细地介绍了其实现方式。

8.2　Web Services 概述

Web Services 技术是一套标准，它定义了应用程序如何在 Web 上实现互操作，从而建立可互操作的分布式应用的新平台。用户可以使用任何语言，在不同的平台下编写 Web Services，然后通过 Web Services 的标准来对这些服务进行注册、查询和访问。利用 Web Services 能够创建出供任何人在任何地方使用的功能强大的应用程序，因而极大扩展了应用程序的功能，并实现了软件的动态提供。

8.2.1　Web Services 的定义、特点和组成

简单来说，Web Services 就是一个向外界暴露出的、能够通过 Internet 进行调用的 API

或者说应用程序。我们能够用一般的编程方法通过 Internet 来调用这些 Web Services 应用程序。调用这些 Web Services 的应用程序被称作客户。例如，如果你想创建一个 Web Service 应用程序，它的作用是返回当前的天气情况，那么你可以建立一个页面，它接受邮政编码作为查询字符串，然后返回一个用逗号隔开的字符串，该字符串中包含当前的气温和天气情况。要调用这个页面，客户端需要发送一个 HTTP GET 请求，然后就可以返回天气情况的数据，这个页面可以算作是最简单的 Web Service 了。当然，Web Services 远不止这么简单。

下面是对 Web Services 更为精确的解释。

Web Services 是一种部署在 Web 上的对象，它们具有对象技术所承诺的所有优点，同时，Web Services 建立在以 XML 为主的、开放的 Web 规范技术基础上，因此具有比任何现有的对象技术更好的开放性，是建立可互操作的分布式应用程序的新平台。Web Services 平台是一套标准，它定义了应用程序如何在 Web 上实现互操作性，我们可以用任何语言在任何平台上编写所需要的 Web Services。Web Services 可以有以下定义：

(1) 自包含的、模块化的应用程序，它可以在网络中被描述、发布、查找以及调用。

(2) 基于网络的、分布式的模块化构件，它执行特定的任务，遵守具体的技术规范，因而能与其他兼容的构件进行互操作。

(3) 由企业发布的能完成其特别业务需求的在线应用服务，其他企业和应用软件能够通过 Internet 访问来使用这些应用服务。

对于外部的 Web Services 使用者而言，Web Services 实际上是一种部署在 Web 上的对象或者构件，它们具备以下特征：

(1) 良好的封装性。Web Services 既然是一种部署在 Web 上的对象，自然具备对象的良好封装性，而对于使用者而言，仅能看到该对象提供的功能列表。

(2) 松散耦合。当一个 Web Service 的内部发生变更的时候，调用者是不会感觉到的。对于调用者来说，只要 Web Services 的调用接口(界面)不变，Web Services 实现的任何变更对它们来说都是透明的。

(3) 使用标准协议规范。作为 Web Services，其所有公共的协约完全需要使用开放的标准协议进行描述、传输和交换。同时，相比一般对象而言，其界面调用更加规范化，更易于机器理解。

(4) 高度可集成能力。由于 Web Services 采取简单的、易理解的标准协议作为构件界面描述，所以完全屏蔽了不同软件平台的差异。无论是 CORBA、DCOM 还是 EJB 都可以通过这种标准的协议进行互操作，实现在当前环境下高度的集成性。

早在几十年前函数这个概念就被提出了。我们通过给函数提供一些参数，供函数执行并返回我们需要的计算结果。随后，出现了对象的概念。每个对象不仅有一些它可以执行的函数，而且还有自己的专用数据变量，不再依靠以前所采用的外部系统范围内的数据变量来存储数据。当应用程序进入网络时代后，对于对象而言，定义标准的通用接口变得更为重要，只有这样，才能使位于不同平台上的用不同语言编写的对象方便地进行通信。如今，Web Services 采用基于 XML 的接口和通信技术，只要 Web Services 符合相应的接口就可以将任何两种应用程序组合在一起，并自由地创建和更改应用程序。因此，掌握 Web Services 技术，就能够实现以下功能：

(1) 与任何平台上用任何语言编写的应用交互。

(2) 将应用程序功能概念化成任务，从而形成面向任务的开发和工作流程。

(3) 允许松散耦合，这意味着当某个或多个服务在设计或实现中发生变更时，应用程序之间的交互作用不会因此而中断。

(4) 使现有的应用程序能适应不断变化的业务和客户需要。

(5) 向原有的软件应用程序提供服务接口，而无需改变原来的应用程序，从而使这些应用程序完全可以运行在原本的软硬件环境下。

我们知道，任何平台都有它自己的数据表示方法和类型系统，所以要实现应用程序之间的互操作性，Web Services 平台必须提供一套标准的类型系统，以用于沟通不同平台、编程语言和构件模型中的不同类型系统。在传统的分布式系统平台中，提供了一些方法来描述界面、方法和参数(例如，COM 和 CORBA 的 IDL 语言)。同样，在 Web Services 平台中也必须提供一种标准来描述这些 Web Services，使得客户可以得到足够的信息来调用这些 Web Services。此外，还必须有一种方法来对这些 Web Services 进行远程调用，这种方法实际上是一种远程过程调用协议(RPC)。为了达到互操作性，这种 RPC 协议还必须与平台和编程语言无关。

从总体上说，Web Services 平台主要采用以下四种技术：

(1) XML。XML(eXtensible Markup Language，可扩展标记语言)是 Web Services 平台中表示数据的基本格式，它解决了数据表示的问题，但它没有定义怎样扩展这套数据类型。例如，整型数到底代表什么？16 位，32 位，还是 64 位？而 W3C 制定的 XML Schema 就是专门解决这个问题的一套标准，它定义了一套标准的数据类型，并给出了一种语言来扩展这套数据类型，Web Services 平台就是用 XML Schema 作为其数据类型系统的。

(2) SOAP。SOAP(Simple Object Access Protocol，简单对象访问协议)提供了标准的 RPC 方法来调用 Web Services。SOAP 规范中定义了 SOAP 消息的格式，以及怎样通过 HTTP 协议来使用 SOAP。SOAP 是基于 XML 语言和 XSD 标准的，其中 XML 是 SOAP 的数据编码方式。

(3) WSDL。WSDL(Web Services Description Language，Web 服务描述语言)是一种基于 XML 的，用于描述 Web Services 及其操作、参数和返回值的语言。因为是基于 XML 的，所以 WSDL 既是机器可阅读的，又是人可阅读的，这是一个优点。一些最新的开发工具既能根据 Web Services 来生成 WSDL 文档，又能通过导入 WSDL 文档，生成调用相应 Web Services 的代码。

(4) UDDI。UDDI(Universal Description Discovery and Integration，统一描述、发现和集成协议)是由 Ariba、IBM、微软等公司倡导的，其目的是在网上自动查找 Web Services。UDDI 包含白页(地址和联系人)、黄页(行业分类)和绿页(服务描述)。一旦 Web Services 注册到 UDDI，客户就可以很方便地查找和定位到所需要的 Web Services。

8.2.2 Web Services 的应用场合与局限

Web Services 的主要目标是实现跨平台的互操作，为了达到这一目标，Web Services 是完全基于 XML、XSD 等独立于平台、软件供应商的标准，它是创建可互操作的分布式应用程序的新平台。在下面几种场合使用 Web Services 将会带来极大的好处。

1．跨防火墙的通信

如果应用程序有成千上万的用户，而且分布在世界各地，那么客户端和服务器之间的通信将是一个非常棘手的问题。因为客户端和服务器之间通常会有防火墙或者代理服务器。在这种情况下，使用 .COM 就不是那么简单，而且通常也不便于把客户端程序发布到数量如此庞大的每一个用户手中。传统的做法是，选择浏览器作为客户端，编写出 ASP 页面，把应用程序的中间层暴露给最终用户。但是这样做的结果是增加开发难度，使程序很难维护。

举例来说，在应用程序里加入一个新页面，必须先建立好 Web 页面，并在这个页面后台加入相应的业务逻辑的中间层构件，至少还要再建立一个 ASP 页面，用来接受用户输入的信息，调用中间层构件，把结果格式化为 HTML 形式，最后还要把"结果页"送回浏览器。要是客户端代码不再如此依赖于 HTML 表单，那么客户端的编程就简单多了。如果中间层构件换成 Web Services 的话，就可以从用户界面直接调用中间层构件，从而省掉建立 ASP 页面的步骤。而要调用 Web Services，可以直接使用 SOAP 客户端，也可以使用自己开发的 SOAP 客户端，然后把它和应用程序链接起来，这样不仅缩短了开发周期，减少了代码复杂度，还能够增强应用程序的可维护性。

从经验来看，在一个用户界面和中间层有较多交互的应用程序中，使用 Web Services 这种结构，可以在用户界面编程上节省20%左右的开发时间。另外，这样一个由 Web Services 组成的中间层，完全可以在应用程序集成等场合下重用，通过 Web Services 把应用程序的逻辑和数据"暴露"出来，还可以让其他平台上的客户重用这些应用程序。

2．应用程序集成

企业级应用程序的开发者都知道，在企业里经常要把用不同语言写成的、在不同平台上运行的各种应用程序集成起来，而这种集成通常需要花费很大的开发力量。应用程序经常需要从运行在 IBM 主机上的程序中获取数据，或者把数据发送到 UNIX 主机的应用程序中去。即使在同一个平台上，不同软件厂商生产的各种软件也常常需要集成。通过 Web Services，应用程序可以用标准的方法把功能和数据"暴露"出来，供其他应用程序使用。

例如，有一个订单录入程序，用于接受从客户处发来的新订单，包括客户信息、发货地址、数量、价格和付款方式等内容；还有一个订单执行程序，用于实际货物发送的管理，这两个程序来自不同的软件厂商。一份新订单到来之后，订单接受程序需要通知订单执行程序发送货物。我们可以通过在订单执行程序上面增加一层 Web Services，订单执行程序就可以把 Add Order(添加订单)函数"暴露"出来。这样每当有新订单到来时，订单接受程序就可以调用这个函数来发送货物了。

3．B2B 的集成

Web Services 是 B2B 集成的捷径，通过 Web Services，公司可以把关键的商务应用"暴露"给指定的供应商和客户。例如，可以把电子订单系统和电子发票系统"暴露"出来，客户就可以在线发送订单，供应商则可以在线发送原料采购发票。当然，这并不是一个新的概念，因为 EDI(电子文档交换)早就实现这样的功能了。但 Web Services 的实现要比 EDI 简单得多，而且 Web Services 运行在 Internet 上，在世界任何地方都可以轻易访问，其运行成本相对来说较低。不过，Web Services 并不像 EDI 那样是文档交换或 B2B 集成的完整解决方案，它只是 B2B 集成的一个高效实现技术，还需要许多其他的部分才能实现集成。

用 Web Services 来实现 B2B 集成的最大好处是可以轻易实现互操作性，只要把商务逻辑"暴露"出来，成为 Web Services，就可以让任何指定的合作伙伴调用这些商务逻辑，而不管它们的系统在什么平台上运行，使用什么开发语言，这样就大大减少了花在 B2B 集成上的时间和成本，让许多原本无法承受 EDI 的中小企业也能实现 B2B 集成。

4．软件和数据重用

软件重用是软件工程的核心概念之一。软件重用的形式很多，重用的程度有大有小，最基本的形式是源代码模块或者类一级的重用，另一种形式是二进制形式的构件重用。当前，像表格控件或用户界面控件这样的可重用软件构件，在市场上都占了很大的份额，但是这类软件的重用有一个很大的限制，就是仅限于重用代码，不能重用数据，原因是发布构件甚至源代码都比较容易，但要发布数据就很困难，除非是不会经常变化的静态数据。

Web Services 在重用代码的同时，还可以重用代码背后的数据。使用 Web Services，再也不必像以前那样，要先从第三方购买、安装软件构件，再从应用程序中调用这些构件，而是只需要直接调用远端的 Web Services 就可以了。举个例子，要在应用程序中确认用户输入的地址是否正确，只需把这个地址发送给相应的 Web Services，这个 Web Services 就会帮你查阅街道地址、城市、省区和邮政编码等信息，确认这个地址是否在相应的邮政编码区域。Web Services 的提供商可以按时间或使用次数来对这项服务进行收费。而这样的服务要通过构件重用来实现是很困难的，在这种情况下必须下载并安装好包含街道地址、城市、省区和邮政编码等信息的数据库，并且保证对数据库进行实时更新。

另一种软件重用的情况是，把几个应用程序的功能集成起来。例如，我们要建立一个局域网上的门户站点应用，让用户既可以查询联邦快递包裹，查看股市行情，又可以管理自己的日程安排，还可以在线购买电影票。现在 Web 上很多应用程序供应商都在其应用中实现了这些功能。只要它们把这些功能都通过 Web Services"暴露"出来，就可以非常容易地把所有这些功能都集成到我们的门户站点中，为用户提供一个统一的、友好的界面。

从以上论述可以看出，Web Services 在需要通过 Web 进行互操作或远程调用的情况下最适用。不过，在下面的情况中，Web Services 根本不能带来任何好处。

(1) 单机应用程序。目前，企业和个人还使用着很多桌面应用程序，其中一些只需要与本机上的其他程序通信，在这种情况下，就没有必要使用 Web Services，只要用本地的 API 就可以了。COM 非常适合于在这种情况下工作，因为它既小又快；运行在同一台服务器上的服务器软件也是如此，最好直接用 COM 或其他本地的 API 来进行应用程序间的调用。当然 Web Services 也能在这些场合使用，但这样不仅消耗大，而且不会带来任何好处。

(2) 局域网的同构应用程序。在许多应用中，所有的程序都是用 VB 或 VC 开发的，都在 Windows 平台上使用 COM，都运行在同一个局域网上。例如，有两个服务器应用程序需要通信，或者有一个 Win32 或 WinForm 的客户程序要连接局域网上另一个服务器的程序，在这些程序里，使用 DCOM 会比 SOAP/HTTP 有效得多。与此相类似，如果一个 .NET 程序要连接到局域网上的另一个 .NET 程序，应该使用 .NET Romoting。在 .NET Remoting 中，也可以指定使用 SOAP/HTTP 来进行 Web Services 调用。不过最好还是直接通过 TCP 进行 RPC 调用，那样会有效得多。

8.3 Web Services 体系结构介绍

在本节中，首先介绍面向服务的 Web Services 的体系结构，然后分析 Web Services 协议栈中每一层的功能及其工作原理。

8.3.1 Web Services 体系结构模型

Web Services 体系结构基于三种角色(即服务提供者、服务注册中心和服务请求者)之间的交互。交互涉及发布、查找和绑定操作，这些角色和操作一起作用于 Web Services 构件，即 Web Services 软件模块及其描述。在典型情况下，服务提供者托管可通过网络访问的软件模块，定义 Web Services 的服务描述并把它发布到服务注册中心；服务请求者使用查找操作来从服务注册中心检索服务描述，然后使用服务描述与服务提供者进行绑定并调用 Web Services 实现或同它交互。下面我们来看一个 Web Services 的体系结构——面向服务的体系结构(SOA)，如图 8-3 所示。

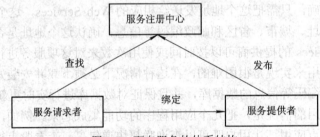

图 8-3 面向服务的体系结构

从图 8-3 可以看出，SOA 结构中共有三种角色。

(1) 服务提供者：发布自己的服务，并且对服务请求进行响应。

(2) 服务注册中心：注册已经发布的 Web Services，对其进行分类，并提供搜索服务。

(3) 服务请求者：利用服务注册中心查找所需的服务，然后使用该服务。

SOA 体系结构中的构件必须具有上述一种或多种角色，这些角色之间使用三种操作。

(1) 发布操作：使服务提供者可以向服务注册中心注册自己的功能及访问接口。

(2) 查找操作：使服务请求者可以通过服务注册中心查找特定种类的服务。

(3) 绑定操作：使服务请求者能够真正使用服务提供者提供的服务。

为支持结构中的三种操作，SOA 需要对服务进行一定的描述。这种服务描述应具有下面几个重要特点：

(1) 它要声明服务提供者提供的 Web Services 的特征。服务注册中心根据某些特征将服务提供者进行分类，以帮助查找具体服务。服务请求者根据特征来匹配那些满足要求的服务提供者。

(2) 服务描述应声明接口特征，以访问特定的服务。

(3) 服务描述还应声明各种非功能特征，如安全要求、事务要求、使用服务的费用等。接口特征和非功能特征也可以用来帮助服务请求者查找服务。

注意，服务描述和服务实现是分离的，这使得服务请求者可以在服务提供者的一个具体实现正处于开发阶段、部署阶段或完成阶段时，对具体实现进行绑定。另外，SOA 中的构件之间必须能够进行交互，才能进行上述三种操作。因此，Web Services 体系结构的另一个基本原则就是使用标准的技术，包括服务描述、通信协议以及数据格式等。这样一来，开发者就可以开发出平台独立、编程语言独立的 Web Services，从而能够充分利用现有的软硬件资源和人力资源。

最后，SOA 体系结构没有对 Web Services 的粒度进行限制，因此，一个 Web Services 既可以是一个构件(小粒度)，也可以是一个应用程序(大粒度)。

8.3.2 Web Services 的协议栈

要以一种互操作的方式执行发布、发现和绑定这三个操作，必须有一个包含每一层标准的 Web Services 协议栈。图 8-4 展示了一个概念性 Web Services 协议栈。上面的几层建立在下面几层提供的功能之上，垂直的条表示在协议栈的每一层中必须满足的需求，左边的文本表示协议栈的那一层所应用的标准技术。

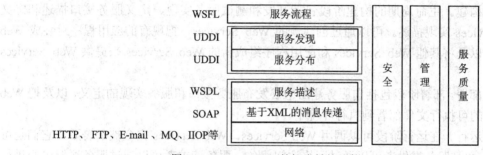

图 8-4　Web Services 的概念性协议栈

Web Services 协议栈的基础是网络层。Web Services 要被服务请求者调用，就必须通过网络访问。因特网上可供访问的 Web Services 必须使用普遍部署的网络协议，而 HTTP 凭借其普遍性，成为因特网可用的 Web Services 真正的标准网络协议。Web Services 还可以支持其他因特网协议，包括 FTP、SMTP、MQ(消息排队)、IIOP(因特网 ORB 间协议)上的远程方法调用(Remote Method Invocation，RMI)、E-mail 等，应使用哪种网络协议和应用程序的具体需求有关。

最简单的协议栈包括网络层的 HTTP，基于 XML 的消息传递层的 SOAP 协议以及服务描述层的 WSDL。所有企业间或公用 Web Services 都应该支持这种可互操作的基础协议栈。图 8-5 描述了可互操作的基础协议栈。

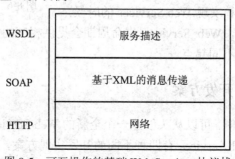

图 8-5　可互操作的基础 Web Services 协议栈

图 8-5 中描述的基础协议栈提供了互操作性，它使 Web Services 能够利用现有的因特网基础结构，而且其灵活性不会因为互操作需求而降低。图 8-4 所示的概念性协议栈的最下面三层保证了一致性和互操作性，而它们上面的两层，即服务发布和服务发现，可以用多种解决方案来实现。

8.4 Web Services 的开发

本节对 Web Services 的开发生命周期和开发方法作一些简单的介绍，然后介绍当前几种主要的 Web Services 开发平台。

8.4.1 Web Services 的开发周期

Web Services 的开发生命周期包括设计、部署以及运行时对服务注册中心、服务提供者和服务请求者每一个角色的要求。一般说来，开发生命周期有以下四个阶段：

(1) 构建。生命周期的构建阶段包括开发和测试服务实现、定义服务接口描述和定义 Web Services 实现描述。可以通过创建新的 Web Services、把现有的应用程序封装成 Web Services 以及将其他 Web Services 和应用程序组成新的 Web Services 来提供 Web Services 的实现。

(2) 部署。部署阶段包括向服务注册中心发布服务接口和服务实现的定义，以及把 Web Services 的可执行文件部署到执行环境中。

(3) 运行。在运行阶段可以调用 Web Services。Web Services 完全被部署后，它们是可操作的，并且服务提供者可以通过网络访问服务，服务请求者可以通过服务注册中心进行查找、发现 Web Services，并根据规范实现绑定、调用操作。

(4) 管理。管理阶段包括持续的管理和经营 Web Services 应用程序。比如，要解决安全性、可用性、性能、服务质量和业务流程问题。

创建 Web Services 的过程与创建其他任何类型的应用程序的过程别无二致。事实上，它是"设计与实现→部署与发布→发现与调用"的一个周期，如图 8-6 所示。

图 8-6　Web Services 开发生命周期

这个生命周期内的每一阶段都有一些特有的步骤，要想成功完成一个阶段并继续下一阶段，必须执行这些步骤。在使用工具箱实现 Web Services 的时候，根据四种独立的开发方案，Web Services 生命周期会提供相应的定义清楚的向导。每种方案代表实现过程中的一个不同起点。

8.4.2 Web Services 的开发方案

在实现 Web Services 时，可以从头创建一个全新的 Web Services，也可以将现有的代码包装进 Web Services。Web Services 有四种不同的开发实现方案，下面进行介绍。

1. 零起点

在零起点方案中，开发者一切从头开始，不仅要创建 Web Services，而且要创建 Web Services 公开的应用程序功能，零起点方案如图 8-7 所示。

图 8-7　零起点开发方案

对于这种方法，我们要先从实现希望 Web Services 提供的功能开始，然后使用 Axis 提供的工具创建 WSDL 服务描述和部署描述符(这个构件用于把 Web Services 部署到 Axis 环境中去)。一旦这几项工作都完成，就可以部署和发布 Web Services 了，并且随时可以调用它们。

2. 自底向上

自底向上方案的思路同零起点一样，不同之处在于 Web Services 公开的功能已经存在。对于那些致力于将它们现有的应用程序迁移到 Web Services 体系结构中去的企业开发者来说，这也许是最为常用的方案。自底向上开发方案如图 8-8 所示。

图 8-8　自底向上开发方案

自底向上方法中的步骤与零起点的步骤极为相似。利用现有的 Java 类，使用工具箱中提供的工具创建它的 Web Services 描述，然后再使用相同的工具部署并发布 Web Services。

3. 自顶向下

自顶向下方案略有不同，这种方法从已经存在的 Web Services 接口描述开始，创建能够实现这个接口的应用程序功能。自顶向下开发方案如图 8-9 所示。

图 8-9　自顶向下开发方案

要理解自顶向下方案，就必须理解 Web Services 实现的功能和其他服务同该功能交互所使用的接口的描述之间存在很大的差异。这一差异类似于 Java 接口与 Java 类之间的区别：接口提供对一些方法的抽象描述，而类则提供这些方法背后的实际代码。通过使用 WSDL 抽象服务接口，Web Services 支持相同的基本概念，WSDL 文档能够描述抽象的操作集合(叫做 portType)和特定 Web Services 的具体实现细节。在自顶向下方案中，我们从抽象的 WSDL portType 开始并编写实现它的代码，接下去就可以完全照搬自底向上和零起点方法所采用的部署、发布以及调用 Web Services 的基本步骤。

4．中间相遇

中间相遇方法是自底向上和自顶向下两种方案的组合。在这种方案中，既有现成的 Web Services 接口(抽象的 WSDL)，也有现成的应用程序代码(Java 类、COM 对象等)。我们需要将两者结合使用才能创建 Web Services。不过，如果现成的抽象接口不能完全映射到实现代码所公开的各种操作，就可能会出现问题。在这种情况下就必须在两者之间建立起桥梁。中间相遇的开发方案如图 8-10 所示。

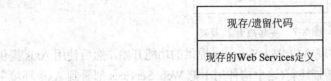

图 8-10　中间相遇开发方案

8.4.3　Web Services 的开发平台

1．Microsoft.NET

Microsoft.NET 是概念上和技术上的双料冠军，其涵盖面和复杂程度是首屈一指的，这也反映了 Microsoft 在 XML Web Services 领域的领导地位。.NET 的框架如图 8-11 所示。

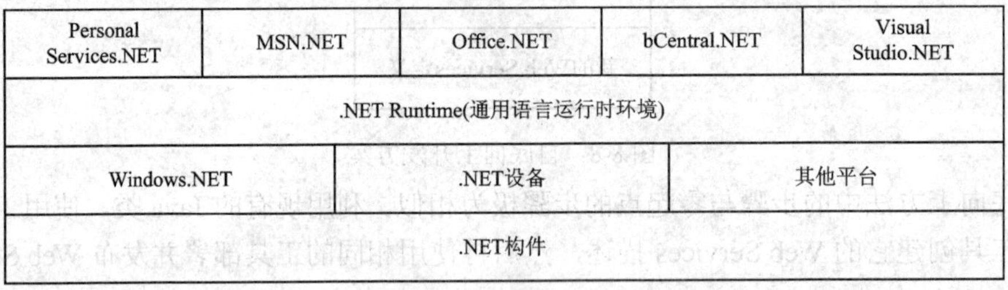

Personal Services.NET	MSN.NET	Office.NET	bCentral.NET	Visual Studio.NET
.NET Runtime(通用语言运行时环境)				
Windows.NET		.NET设备		其他平台
.NET构件				

图 8-11　.NET 框架

Microsoft 的 Web Services 的全套平台和工具无疑是优秀的，但是其缺点也是明显的：无法在 Windows 之外的平台上使用，不过 Microsoft 宣称在今后 .NET 的运行平台 .Net Runtime 将会陆续支持 FreeBSD、Linux 以及 UNIX。

2．IBM Web Services

IBM 在 Web Services 领域的拓展积极进取，在 Web Services 的规范上，Microsoft 是 IBM 的主要合作伙伴，诸如 SOAP、WSDL 和 UDDI，IBM 和 Microsoft 都是绝对的技术先入者。而在内部实现技术方面，IBM 采用 J2EE 架构，除了依靠自己的 alphaWorks 的力量外，还博采各类开放源代码组织的成果(如 Apache SOAP 和 JUDDI 等)，在自身的 Websphere 平台上提供了完整而且领先的 Web Services 开发工具，这些软件包和工具主要有：

- Web Services Toolkits
- Web Services Development Toolkits
- Web Services PMT
- Apache SOAP
- Websphere Application Development

3．Sun ONE

Sun 在发明了划时代的 Java 之后，似乎逐渐失去了创造性。全球最大的基于 Java 平台的软件开发商是 IBM，而不是 Sun；全球 Web 技术最领先的软件开发商是 Microsoft，也不是 Sun。Sun 在经历了 Microsoft 和 IBM 在 Web Services 领域的迅速领先，以及这两家公司在 Web Services 领域的密切合作之后，终于明白 Web Services 是 Java 不得不面对的新的系统架构模式。然后 Sun 推出了在 Web Services 时代的解决方案 Sun ONE。不过 Sun ONE 更像是一个 Sun 提供的加入了 Web Services 特性的 J2EE 平台，而不像是一个纯粹的 Web Services 的开发平台。同时它最主要的缺点是对 Web Services 的描述和发现的两个标准 (WSDL 和 UDDI)的支持尚不完善。

8.5　Web Services 核心技术

8.5.1　XML

1．XML 的基本元素

1) 标记

XML 标记负责提供和描述一个 XML 文件或数据包的内容结构，它们由不同部分的标记(tag)组成，负责提供对特殊符号和文本宏的引用，或者将特殊指令传递给应用软件，以及把注释传递给文档编辑器。XML 元素的结构与 HTML 基本相同，XML 也使用尖括号来界定标记，即以小于号(<)开始，以大于号(>)结尾。与 HTML 不同的是，几乎所有的 XML 标记都是大小写敏感的，其中包括元素的标记名和属性值。之所以大小写敏感，主要是为了满足 XML 国际化的设计目标和简化处理过程的需要。

2) 字符

由于 XML 是要在全球范围内使用的，所以不能局限于 7 位的 ASCII 码字符集。XML 指定的字符均在 16 位的 Unicode2.1 字符集中定义，这是相对较新的标准，但是当今世界还有许多文字没有编入统一码当中。由于它被设计为大多数现有字符编码的超集，所以遗留的内容向 Unicode 的转换也是很简单的。例如，把 ASCII 码转换成 Unicode 只需要把 16 位字符的前 8 位填充为 0(而保留后 8 位)即可。

3) 命名

在 XML 中使用的结构几乎都是有名称的。所有 XML 命名都必须以字母、下划线(_)或者冒号(：)开头，后面是有效命名字符。有效命名字符除了前面所说的字母、下划线和冒号以外，还包括数字、连字符(-)和句点(.)。在实际应用中不应该使用冒号，除非是用作命名空间的间隔符。记住，字母并非局限于 ASCII 码，因为不说英语的人也可以把自己的语言用在标记当中。在命名方面另一个限制是它们不能由字符串"XML"或任何以此顺序排列的这三个字母的各类组合(例如"XML"或"Xml")开头。W3C 保留对以这三个字母开头的命名的使用权。下面就是一些合法的命名：

Book

BOOK

Wrox：Book_Catalog

ΑΓΔ

Conseil_Européen_pour_la_Recherche_Nucléaire_(CERN)

注意，前两个命名并不等同，这一点我们前面已经讨论过，XML 的命名是大小写敏感的。第三个是使用建议的命名空间分隔符(冒号)的典型例子。最后两个例子提醒大家注意，希腊语和法语同英语一样，都可以用作 XML 的命名。下面是一些非法的命名：

-Book

43book

AmountIn $

E=mc^2

XmlData

XML_on_Next_machine

前两个例子开头使用的字母("-"和"4")虽然是合法的命名字符，但它们作为首字母却是非法的。第三个和第四个例子的字符是非法字符("$"和上标"2")。最后两个例子违反了"XML 是保留字符"的限制。在这种情况或前两个例子中，如果开头字母是下划线(例如，"_43book""_Xml"或"_XML")，这些命名就成为合法的了。

4) 文档组成

一个格式正规的 XML 文档由三个部分组成：可选的序言(Prolog)、文档的主体(Body)以及尾声(Epilog)。文档的主体由一个或多个元素组成，其形式为一个可能包含字符数据(Character Data)的层次树。尾声(Epilog)包括注释、处理指令(Processing Instruction，PI)或紧跟元素树后面的空白。

5) 元素

元素是 XML 标记的基本组成部分。元素可以包含其他的元素、字符数据、字符引用、实体引用、PI、注释和 CDATA 部分，这些统称为元素内容(Element Content)。所有的 XML 数据都必须包含在其元素中。元素使用标记进行分隔，用一对尖括号("＜＞")围住元素类型名(一个字符串)，每一个元素都必须由一个起始标记和一个结束标记分隔开，这与要求不那么严格的 HTML 不同，HTML 的结束标记可以省略。这项规则唯一的例外是没有任何内容的元素，即空元素(Empty Element)，它既可以使用起始标记/结束标记对，也可以使用短小精悍的混合形式，即空元素标记。

6) 起始标记

一个元素开始的分隔符称作起始标记，起始标记是一个包含在尖括号里的元素类型名。我们也可以把起始标记看作是"打开"一个元素，就像我们打开一个文件或通信链路一样。下面是一些合法的起始标记：

<Book>

<BOOK>

<Wrox：Book_Catalog>

<ΑΓΔ>

7) 结束标记

一个元素最后的分隔符称作结束标记，结束标记由一个反斜杠和元素类型名组成，用一对尖括号括起来。每一个结束标记都必须与一个起始标记相匹配，我们可以把结束标记理解为关闭一个由起始标记打开的元素。下面是一些合法的结束标记：

</Book>

</BOOK>

</Wrox：Book_Catalog>

</ΑΓΔ>

因此，带有完整的起始、结束标记的元素应该是如下形式：

<标记>包含的内容</标记>

8) 空元素标记

空元素不包含任何内容。比如，如果想准确地指明文档中的某些特定位置，可以只加入起始标记和结束标记而不在其中包含任何内容，如<Hello></Hello>。当然，如果只是想指定一个点，而不是提供一个容器，可能会更节省空间。所以，XML 指定空元素可以用缩略形式<Hello/>表示，它是起始和结束标记的混合体，它短小精悍，还明确指出该元素既不会有内容，也不允许有内容。

9) 文档元素

格式正规的 XML 文档可以定义为一个简单的层次树，每个文档都有且只有一个根节点，它称作文档实体(Doucument Entity)或文档根(Doucument Root)。这个节点可能包含注释，而且总是包含子元素树，它们的根称作文档元素(Document Element)。

10) 元素嵌套

XML 对元素有一项非常重要的要求——它们必须正确地嵌套。分析现实世界的对象有助于理解"正确嵌套"的含义。让我们来看一看本书传递到读者手中的整个过程。完成印刷后，本书会和其他 23 本书打包到一个盒子中，两个盒子会被封装到一个纸箱中，许多纸箱会被装入一辆卡车然后运送到书店中，整个过程可以用以下 XML 元素表示：

```
<truck>
    <carton>
        <box>
            <book>…</book>
            <book>…</book>
            <book>…</book>
                ⋮
            <book>…</book>
        </box>
        <box>
            <book>…</book>
                ⋮
            <book>…</book>
        </box>
    </carton>
```

```
        <carton>
            ⋮
        </carton>
            ⋮
        <carton>
            ⋮
        </carton>
    </truck>
```

在上面的例子中，缩排是为了突出这些嵌套元素的层次结构，为了简单起见，也省略了许多对书和纸箱的描述。现实世界中的盒子能够包容整本书，但不可能出现书的某些部分在盒子中，而其他部分在盒子外面的情况。同样，一本书也只能放在一个盒子中，不可能一部分在一个盒子中，其他部分在另一个盒子中。此外，盒子必须放在纸箱中，而纸箱必须按顺序摆放在卡车里。当然，XML 元素也必须遵守这些现实世界包含关系的基本法则。

11) 字符串

字符串(String Literal)主要用在属性值、内部实体和外部标识符中。XML 使用单引号(')或双引号(")作为一对分隔符将其中的字符串包围起来。对于字符串的一个限制是，作为分隔符的字符不能够出现在字符串中。也就是说，如果字符串中包含单引号，那么分隔符就必须使用双引号，反之亦然。如果两个字符都必须出现在字符串中，那么用于字符串中(同时也用作分隔符)的字符必须用适当的实体引用代替。下面是一些合法的字符串表述：

```
"string"
'string'
'…his friend&apos; s cow said "moo" '
```

下面则是一些不合法的字符串表述：

```
"string"
'…his friend' s cow said "moo" '
```

12) 字符数据

字符数据就是任何不是标记的文本，它是元素或属性值的文本内容。小于号(<)和&符号是标记分隔符，因此它们绝不能以字符串的形式出现在字符数据中。如果这些字符是字符数据所必需的，就要使用实体引用& (&)或< (<)来代替。XML 规范定义了 5 个类似的字符串作为实体引用，而且在所有兼容 XML 的解析器中都得到实现。

13) 属性

注意，如果说元素是 XML 中的名词，那么属性就是 XML 中的形容词。在很多情况下，我们会希望将某些信息附着在元素上，它们与元素本身包含的信息内容有所不同。我们利用属性(Attribute)来做到这一点，它们都包括一个名称-值组合，使用如下两种格式：

```
Attribute_name = " attribute_value "
Attribute_name = ' attribute_value '
```

属性值必须是分隔开的字符串，其中可能包含实体引用、字符引用或文本字符。但是，正如我们刚才解释的那样，任何一个 XML 保留使用的标记字符(如 "<" 和 "&")都不能

简单地在属性值中当作字符使用，必须用&lt；或&amp；实体引用来替代它们。HTML 中可以使用数字化的属性，例如\<IMG　WIDTH=3..\>，也可以使用不分隔的属性，比如\<PALIGN=LEFT\>。但这两种情况在 XML 中都不允许存在，在起始标记或空标记中属性只允许有一个实例存在。例如，下面的例子在 XML 当中就是非法的，因为 src 在一个标记中出现了两次：

```
< img src = "image1.jpg" src="altimage.jpg" >
```

正如我们在前面所介绍的，起始标记和空标记可能在标记中包含属性。例如，回到我们前面提到的关于书本、盒子、纸箱和卡车的例子，如果我们希望给每个运送书本的纸箱编上一个号码的话，可以使用如下属性：

```
<carton number ="0-666-42-1">
⋮
</carton>
<carton number ="0-666-42-2">
⋮
</carton>
```

在这个例子中，属性名称是"number"，相应元素起始标记中的值为"0-666-42-1"和"0-666-42-2"。

14) 注释

XML 提供的注释(Comment)机制对于在文档中插入提示是相当有帮助的。这些注释可以提供修订记录、历史信息或者其他可能对创建者或者文档编辑者来说有着特殊意义但又不是真正的文档内容的元数据。注释可以出现在文档中除标记部分以外的任何地方，XML注释的基本语法是：

```
<!--…注释内容…-->
```

2．XML 应用实例

1) 使用注释

```
<?xml version="1.0" encoding="gb2312">
<!-- 这是一些有关书的信息 -->
<books>
    <book>
        <name> xml 应用 </name>
        <author> list1 </author>
        <price> 55.00 </price>
    </book>
</books>
```

2) 节点的属性

```
<?xml version="1.0">
<books title = "list" >
    <book>
```

```
        <name> xml and asp </name>
        <price> 45.00 </price>
        <publisher > tsinghua </publisher >
    </book>
</books>
```

3) 节点的多属性

```
<?xml version="1.0" encoding="gb2312">
<books>
    < book name ="xml 应用" author="list1" price="55.00" >
    </book>
</books>
```

4) 中文标记

```
<?xml version="1.0" encoding="gb2312">
<好人>
    < name > 张三 </name>
</好人>
```

5) 一个完整的 XML

```
<?xml version="1.0" encoding="gb2312">
<!-- 这是一个学生选课系统的所有数据 -->
<choose_system>
<students>
    <student id="064610" lesson_id="11">
        <name> 叮咚 </name>
        <age> 20 </age>
        <sex> 女 </sex>
        <department> 计算机 </department>
    </student>
    <student id="064611" lesson_id="12">
        <name> 王敏 </name>
        <age> 21 </age>
        <sex> 女 </sex>
        <department> 计算机 </department>
    </student>
    <student id="064612" lesson_id="11">
        <name> 王平 </name>
        <age> 20 </age>
        <sex> 男 </sex>
        <department> 计算机 </department>
    </student>
```

```xml
        <student id="064613" lesson_id="12">
            <name> 张明 </name>
            <age> 22 </age>
            <sex> 男 </sex>
            <department> 计算机 </department>
        </student>
    </students>
    <lessons>
        <lesson_id="11">
            <name> 数据结构 </name>
            <num> 30 </num>
            <les_start> 08.2 </les_start>
            <les_end> 08.7 </les_end>
            <end_method> 考试 </end_method>
        </lesson>
        <lesson_id="12">
            <name> 数据库原理</name>
            <num> 30 </num>
            <les_start> 08.9 </les_start>
            <les_end> 08.12 </les_end>
            <end_method> 大作业 </end_method>
        </lesson>
    </lessons>
    <teachers>
        <teacher id="1122" lesson_id="11">
            <name> 张丽 </name>
            <age> 45 </age>
            <tea_age> 20 </tea_age>
            <rank> 副教授 </rank>
            <sex> 女 </sex>
        </teacher>
        <teacher id="1123" lesson_id="12">
            <name> 李四 </name>
            <age> 40 </age>
            <tea_age> 15 </tea_age>
            <rank> 教授 </rank>
            <sex> 男 </sex>
        </teacher>
    <teachers>
</choose_system>
```

8.5.2 XML Schema

1. XML Schema 概述

XML Schema 负责定义和描述 XML 文档的结构和内容模式，可以定义 XML 文档中存在哪些元素以及元素之间的关系，并且可以定义元素和属性的数据类型。XML Schema 本身是一个 XML 文档，它符合 XML 语法结构，可以用通用的 XML 解析器来解析它。

下面先看一个 XML 文件的例子：

```
<?XML version="1.0"?>
<catalog>
    <book>
        <title> Presenting XML </title>
        <author> Richard Light </author>
        <pages> 334 </pages>
        <price> 35.00 </prices>
    </book>
    <book>
        <title> XML </title>
        <author> Jane Lee </author>
        <pages> 450 </pages>
        <price> 45.00 </prices>
    </book>
</catalog>
```

这是一个图书目录的 XML 文件，每一本书都包括上面的四项内容，即书名、作者名、页数和价格，它们都应该只出现一次，书名和作者名是字符串类型，页数是整数类型的，而价格为浮点数类型。对每本"book"来说，只能包含所指定的四个元素。为了能实现上述要求，可以定义如下 Schema：

```
<?XML version="1.0"?>
<Schema>
    <ElementType name="title" content="textOnly" dt:type="string" model="closed"/>
    <ElementType name="author" content="textOnly" dt:type="string" model="closed"/>
    <ElementType name="pages" content="textOnly" dt:type="int" model="closed"/>
    <ElementType name="price" content="textOnly" dt:type="float" model="closed"/>
    <ElementType name="book" content="eltOnly" model="closed" order="seq">
        <element type="title"/>
        <element type="author"/>
        <element type="pages"/>
        <element type="price"/>
    </ElementType>
</Schema>
```

在 Schema 中，通过对元素的定义和元素关系的定义来实现对整个文档性质和内容的定义。同时需要注意的是，在 Schema 中，元素通过它的名字和内容模型来确定，名称就是该元素的名字，而内容模型实际上表示元素的类型。比如在 C++中，我们可以任意定义一个变量，但是必须定义变量的类型。变量可以有多种类型，它可以是一个简单变量，如 bool、int、double 和 char 等，也可以是复杂类型，如 struct 或者 class。在 Schema 中也是一样，类型可以分为两种形式，一种是简单类型，另一种是复杂类型。简单类型不能包含元素和属性，而复杂类型不仅可以包含属性，还可以在其中嵌套其他的元素，或者和其他元素中的属性相关联。

2. XML Schema 的语法结构

1) ElementType 元素

ElementType 是 Schema 中最基本的元素，它用来定义 XML 文件中元素的格式、数据类型等。定义一个 ElementType 的基本格式为：

```
<ElementType>
    content="{empty | textOnly | eltOnly | mixed}"
    dt:type="datatype"
    model="{ open | close }"
    name="idref"
    order="{ one | seq | many }"
</ElementType>
```

下面分别介绍各部分的作用和可选项的含义。

(1) "content"部分描述元素中的内容类型。其中各可选项的含义为：

- empty：元素内容为空。
- textOnly：元素只包含文本类型的内容。
- eltOnly：元素只包含元素类型的内容，即元素嵌套。
- mixed：元素内容可以包含上述任何情况，即可以为空、文本、元素或者三者的混合。

(2) "model"部分定义元素的内容是否要严格遵守 Schema 中的定义。其中各可选项的含义为：

- open：元素内容可添加未专门定义过的元素、特征、文本等。
- closed：元素内容只能添加专门定义过的元素、特征、文本等。

(3) "name"部分定义元素的名称。

(4) "order"部分定义某元素的子元素的排列顺序，其中各可选项的含义为：

- one：只允许元素内容按一定方式排列。
- seq：允许元素内容按指定的方式排列。
- many：元素可以按任何顺序排列。

(5) "dt:type"部分指定元素文本的数据类型。在此只列举了一些常见数据类型。

- boolean：布尔型。
- char：字符型。
- date：日期型。

- date time：日期时间型。
- decimal：十进制数字。
- float：浮点型。
- int：整型。
- number：数字型。
- URI：统一资源标识符。
- string：字符串类型。
- entity、entities、enumeration、id、idref、idrefs、nmtoken、nmtokens、notation：XML 补充类型。

在一个模式文档中，当需要定义新的复杂类型的时候，应当使用 complexType 元素来定义。这样的典型定义包括元素声明、元素引用和属性声明。元素是使用 element 元素声明的，属性则是使用 attribute 元素声明的。举例来说，USAddress 被定义为一个复杂类型，所以在 USAddress 类型定义中，我们可以看到它包含了五个元素的声明和一个属性的声明。

```
<xsd:complexType name="USAddress">
    <xsd:sequence>
        <xsd:element name="name" type="xsd:string"/>
        <xsd:element name="street" type="xsd:string"/>
        <xsd:element name="city" type="xsd:string"/>
        <xsd:element name="state" type="xsd:string"/>
        <xsd:element name="zip" type="xsd:decimal"/>
    </xsd:sequence>
    <xsd:attribute name="country"type="xsd:NMTOKEN"fixed="US"/>
</xsd:complexType>
```

这个定义的含义是，在实例文档中任何类型声明为 USAddress 的元素必须包含五个元素和一个属性，而且这些元素必须被命名为 name、street、city、state 和 zip，这些名称应该与模式定义中 element 元素的 name 属性的值相一致，并且这些元素必须按照模式声明中给出的顺序出现，前四个元素包含的内容必须是字符串类型的，第五个元素的内容必须是一个十进制数字。声明为 USAddress 类型的元素可以带有一个 country 属性，该属性必须包含字符串"US"。

2) AttributeType 元素

AttributeType 也是 XML 的元素之一，用它可以表示 Element 中的某些特征。Attribute-Type 的基本格式为：

```
<AttributeType
    default="default-value"
    dt:type="primitive-type"
    dt:values="enumerated-value"
    name="idref"
    required="{yes | no}:"
/>
```

其中各部分的作用如下：

• default：用来设定 Attribute 的默认值。必须注意的是，default 的值也必须符合 AttributeType 中其他对数据结构的定义。

• dt:type：用于指定 Attribute 的数据类型，AttributeType 的数据类型与 ElementType 的数据类型是相同的。

• dt:values：当 dt:type 为 enumeration 型时，定义 Attribute 的可能值列表，Attribute 的值将在这些值中选取。

• name：用于定义 Attribute 的名称。

• required：定义该 Attribute 是否一定要包含在 element 中，yes 表示一定要包含，no 表示不一定要包含。

3）description 元素

XML Schema 中的 description 元素是一种注释，用于说明 Schema 定义的内容。例如：

```
<ElementType name="学生" content="eltOnly">
    <description>
        以下是对学生的定义
    </description>
    <element type="学号"/>
    <element type="姓名"/>
    <element type="入学分数"/>
    <element type="所学专业"/>
</ElementType>
```

4）group 元素

XML Schema 中的 group 元素用于按一定顺序将元素组织起来。group 的表达形式为：

```
<group maxOccurs="{1 | *}"
    minOccurs="{0 | 1}"
    order="{one | seq | many}"/>
```

其中各部分的含义如下：

• maxOccurs：定义该 group 最多能被调用的次数，"1"表示只能调用一次，"*"则表示可以调用任意次。

• minOccurs：定义该 group 最少能被调用的次数，"0"表示对次数无要求，"1"表示至少调用一次。

• order：定义该 group 中 element 的排列顺序，"one"表示只允许元素按一种方式排列，"seq"表示允许元素内容按指定的方式排列，"many"则表示按任意方式排列。

8.5.3 SOAP

SOAP 是一个基于 XML 的、在松散分布式环境中交换结构化信息的轻量级协议，它为在一个松散的、分布式环境中使用 XML 交换结构化的和类型化的信息提供了一种简单的机制。我们也可以把 SOAP 理解为这样的一个开放协议：SOAP=RPC+HTTP+XML，它采用 HTTP 作为底层通信协议，以 RPC 作为一致性的调用途径，用 XML 作为数据传输格式，允许服务提供者和服务请求者通过防火墙在 Internet 环境下进行通信交互。

SOAP 规范主要包括四个部分：

(1) SOAP Envelope：定义一个描述消息中的内容、发送者、接收者、处理者以及如何处理的框架。

(2) SOAP 编码规则(Encoding Rule)：用于表示使用数据类型的实例。

(3) SOAP RPC 表示(RPC Representation)：表示远程过程调用和应答的协定。

(4) SOAP 绑定(Binding)：使用底层协议交换信息。

这四个部分是作为一个整体定义的，它们在功能上是相交的而非彼此独立的。

1．SOAP Envelope

SOAP Envelope 是 SOAP 消息在句法上的最外层，是 XML 文档形式的 SOAP 消息中的顶级元素。它包括一个可选的 SOAP Header 和一个 SOAP Body。SOAP Header 是在松散环境下且通信方之间(可能是 SOAP 发送者、SOAP 接收者或者是一个或多个 SOAP 传输中介)尚未达成一致的情况下，为 SOAP 消息增加特性的通用机制，能够扩展 SOAP 消息的描述能力。SOAP Body 是必需的，它包含需要传输给接收者的具体信息内容，为该消息的最终接收者所想要得到的那些强制信息提供一个容器。SOAP Header 由 SOAP 中介者处理，SOAP Body 由 SOAP 最终接收者处理。此外，SOAP 定义了 Fault 用于报告错误。

用 XML 描述 SOAP 消息的例子如下：

```
<soap:Envelope
    XMLns:soap='http://Schemas.XMLsoap.org/soap/envelope/'
    soap:encodingStyle='http://Schemas.XMLsoap.org/soap'>
<soap:Header>
    <!-- extensions go here -->
</soap:Header>
<soap:Body>
    <!-- extensions go here -->
</soap:Body>
</soap:Envelope>
```

我们再看下面的例子，该例使用 HTTP 作为底层通信协议，因而可以很好地使用请求/响应机制来传送消息。SOAP/HTTP 请求包括一个名为 PriceRequest 块元素，在 SOAP 应答消息中返回一个浮点数。

```
Post /StockQuote HTTP/1.1
Host:example.com
Content-Type: text/XML; charset="utf-8"
Content-Length: nnnn
SOAPAction: http://example.com /GetLastPrice

<env:Envelope XMLns:env="http://Schemas.XMLsoap.org/ soap/envelope/"
env:encodingStyle="http:// Schemas.XMLsoap.org/ soap/encoding/"/>
```

```
        <env:Body>
            <m: PriceRequest XMLns:m="http://example.com/stockquote.xsd">
                <tickersymbol> MSFT</tickersymbol>
            </m: PriceRequest>
        </env:Body>
    </env:Envelope>
```

针对上面的请求，其应答消息如下：

```
HTTP/1.1 200 OK
Host: example.com
Content-Type: text/XML; charset="utf-8"
Content-Length: nnnn

<env:Envelope XMLns:env="http://Schemas.XMLsoap.org/ soap/envelope/"
env:encodingStyle="http:// Schemas.XMLsoap.org/ soap/encoding/"/>
    <env:Body>
        <m: PriceResult XMLns:m="http://example.com/stockquote.xsd">
            <price> 74.5 </price>
        </m: PriceResult>
    </env:Body>
</env:Envelope>
```

2．SOAP 编码规则

SOAP 编码规则是一个定义传输数据类型的通用数据类型系统，这个简单类型系统包括了程序语言、数据库和半结构数据中不同类型系统的公共特性。在这个系统中，类型可以是一个简单类型或是一个复合类型。复合类型由多个部分组成，每个部分也是一个简单类型或复合类型。SOAP 规范只定义了有限的编码规则，当用户需要使用自己的数据类型时，可以使用自定义的编码规则，按需求扩展该基本定义。

3．SOAP RPC 表示

SOAP RPC 表示定义了远程过程调用和应答的协定。RPC 的调用和响应都在 SOAP Body 元素中传送。在 RPC 中使用 SOAP 时，需要绑定一种协议，可以使用各种网络协议，如 HTTP、SMTP 和 FTP 等来实现基于 SOAP 的 RPC，一般使用 HTTP 作为 SOAP 协议绑定。SOAP 通过协议绑定来传送目标对象的 URI，在 HTTP 中的请求 URI 就是需要调用的目标 SOAP 结点的 URI。

4．SOAP 绑定

SOAP 绑定定义了一个使用底层传输协议来完成在结点间交换 SOAP Envelope 的约定。目前，SOAP 协议中定义了与 HTTP 的绑定。利用 HTTP 来传送 SOAP 消息，主要是利用 HTTP 的请求/响应消息模型，将 SOAP 请求的参数放在 HTTP 请求里，将 SOAP 响应的参数放在 HTTP 响应里。当需要 SOAP 消息体包含在 HTTP 消息中时，HTTP 应用程序必须指明使用 text/XML 作为媒体类型。

SOAP 为在一个松散的、分布的环境中使用 XML 对等地交换结构化的和类型化的信息提供了一个简单且轻量级的机制。SOAP 本身并不定义任何应用语义,如编程模型或特定语义实现,它只是定义一种简单的机制,通过一个模块化的包装模型和对模块中特定格式编码的数据的重编码机制来表示应用语义。SOAP 是基本 Web Services 协议栈的基石,它将 XML 消息作为一种通信方法来使用,定义了一种扩展性模型、一种表示协议和应用程序错误的方法、通过 HTTP 发送消息的多个规则以及将 RPC 调用映射到 SOAP 消息的多个原则。

8.5.4　WSDL

1. WSDL 基本概念

Web Services 是一种部署在 Web 上的对象,我们需要对该对象的调用/通信以某种结构化的方式(即用 XML)进行描述。WSDL 正是这样的一种描述语言,它定义了一套基于 XML 的语法,用来将 Web Services 描述为能够进行消息交换的服务访问点的集合,从而满足了这种应用需求。

WSDL 文档将 Web Services 定义为服务访问点或端口的集合。Web Services 的 WSDL 文档把服务访问点和消息的抽象定义与具体的服务部署和数据格式的绑定分离开来,因此可以对抽象定义进行重用。WSDL 文档中的消息是指对数据的抽象描述,而端口类型是指操作的抽象集合,端口类型使用的具体协议和数据格式规范构成了一个绑定,将 Web 访问地址与可再次使用的绑定相关联来定义一个端口,而端口的集合则定义为服务。在一个WSDL 文档中,定义(definition)是整个 WSDL 文档的根元素,包括所有其他 WSDL 元素。在根元素 definition 下,WSDL 定义 Web Services 一般使用下列元素:

(1) types(类型)。它是数据类型定义容器,提供了用于描述交换信息的数据类型定义,它使用某种类型系统(一般使用 XML Schema 中的类型,即 XSD)。

(2) message(消息)。它是消息数据结构的抽象类型化定义。消息分为多个逻辑部分,每一部分与某种类型系统中的一个定义相关。消息使用 types 所定义的类型来定义整个消息的数据结构。

(3) operation(操作)。它对服务中所支持的操作进行抽象描述。一般来说,单个 operation 描述了一个访问入口的请求/响应消息对。

(4) portType(端口类型)。它是某个访问入口点类型所支持的操作的抽象集合,这些操作可以由一个或多个服务访问点来支持,每个操作指向一个输入消息和多个输出消息。在WSDL 中定义了四个支持的操作原语:

- 单向(One-Way):在终端接收消息。
- 请求-响应(Request-Response):终端接收消息,然后发出一个相关的消息。
- 恳求-响应(Solicit-Response):终端发送消息,然后接收相关消息。
- 通知(Notification):终端发送消息。

(5) binding(绑定)。绑定为特定端口类型所定义的操作以及消息指定格式和协议细节。对于某个给定的端口类型,可能有多个绑定。绑定时必须明确指定一个协议,然后按照该协议的绑定细节，指定绑定风格、传输方式和操作地址，以及消息内各片段的编码方式等内容，不能指定地址信息。

(6) port(端口)。端口通过为绑定指定一个地址来定义一个端点。一个端口不能指定多个地址，不能指定除地址信息之外的任何其他绑定信息。

(7) service(服务)。它是相关服务访问点的集合，它集成了一组相关的端口。服务中的端口具有如下关系：

• 端口之间不能相互通信(也就是说，一个端口的输出不能作为另一个端口的输入)。

• 如果服务的多个端口共享一个端口类型，但使用不同的绑定或地址，那么端口是可换的。

• 只要对端口进行检查，就能决定服务的端口类型。

types、message、operation 和 portType 描述了调用 Web Services 的抽象定义，它们与具体 Web Services 部署细节无关，这些抽象定义是可以重用的，它相当于 IDL 描述的对象接口标准。但是这些抽象定义的对象到底是用哪种语言实现，遵从什么平台的细节规范，被部署在什么机器上则是由元素 binding、port 和 service 所描述的。

service 描述的是服务所提供的所有访问入口的部署细节。一个 service 可包含多个服务访问入口 port(port 描述的是一个服务访问入口的部署细节，port=URL+binding)。调用模式则使用 binding 结构来表示，binding 定义了某个 portType 与某一种具体的网络传输协议或消息传输协议的绑定(binding=portType+具体传输协议和数据格式规范)。在这一层中，描述的内容就与具体服务的部署相关了。

2．一个简单的 WSDL 示例

下面是一个提供股票报价的 Web Service 的 WSDL 定义，该服务接收一个类型为字符串的股票代码，并返回类型为浮点数的价格。

```
<?XML version="1.0"?>
<definitions name="StockQuote"
        targetNamespace="http://example.com/stockquote.wsdl"
        XMLns:tns="http://example.com/stockquote.wsdl"
        XMLns:xsdl ="http://example.com/stockquote.xsd"
        XMLns:soap="http://Schemas.XMLsoap.org/wsdl/soap/"
        XMLns="http://Schemas.XMLsoap.org/wsdl/">
    <types>
        <Schema targetNamespace="http://example.com/stockquote.xsd"
            XMLns="http://www.w3.org/1999/XMLSchema">
            <element name="PriceRequest">
            <complexType>
                <all>
                    <element name="tickerSymbol" type="string"/>
                </all>
            </complexType>
```

```
            </element>
            <element name="PriceResult">
                <complexType>
                    <all>
                        <element name="price" type="float"/>
                    </all>
                </complexType>
            </element>
        </Schema>
    </types>
    <message name="GetLastPriceInput">
        <part name="body" element="xsdl:PriceRequest"/>
    </message>
    <message name="GetLastPriceOutput">
        <part name="body" element="xsdl:PriceResult"/>
    </message>
    <portType name="StockQuotePortType" >
        <operation name="GetLastPrice">
            <input message="tns:GetLastPriceInput"/>
            <output message="tns:GetLastPriceOutput"/>
        </operation>
    </portType>
```

以上部分是服务的抽象定义部分，该抽象定义中包括对 types、message、operation 和 portType 等的定义。

```
    <binding name="StockQuoteSoapBinding" type="ns:StockQuotePortType">
        <soap:binding style="document" transport="http://Schema.XMLsoap.org/soap/http"/>
        <operation name="GetLastPrice">
            <soap:operation soapAction="http://example.com/GetLastPrice"/>
            <input>
                <soap:body use="literal" namespace="http://example.com/stockquote.xsd"
                        encodingStyle="http://Schemas.XMLsoap.org/soap/encoding/"/>
            </input>
            <output>
                <soap:body use="literal" namespace="http://example.com/stockquote.xsd"
                        encodingStyle="http://Schemas.XMLsoap.org/soap/encoding/"/>
            </output>
        </soap:operation>
        </operation>
    </soap:binding>
    </binding>
```

这部分将服务的抽象定义与 SOAP HTTP 绑定，描述如何通过 SOAP HTTP 来访问前面描述的访问入口。其中规定了在具体 SOAP 调用时，应当使用的 soapAction 是"http://example.com/GetLastPrice"，而请求/响应消息的编码风格都应当采用 SOAP 规范默认定义的编码风格，即"http://Schemas.XMLsoap.org/soap/encoding/"。

```
<service name="StockQuoteService">
    <documentation> 股票查询服务 </doucumentation>
    <port name="StockQuotePort" binding="tns:StockQuoteSoapBinding">
        <soap:address location="http://example.com/stockquote"/>
    </port>
</service>
```

这部分是具体的 Web Services 的定义。在这个名为 StockQuoteService 的 Web Service 中，提供了一个服务访问入口，访问地址是"http://example.com/stockquote"，使用的消息模式是由前面的 binding 所定义的，访问入口和 binding 一起构成一个端口。按照这个 WSDL 文档的描述，在具体 Web Service 的使用中可以使用前一节 SOAP Envelope 中所示例子来进行相应的 SOAP 消息请求和消息响应。

WSDL 是一种描述 Web 服务的标准 XML 格式，WSDL 由 Ariba、Intel、IBM 和微软等开发商提出，它用一种和具体语言无关的抽象方式定义了给定 Web 服务收发的有关操作和消息。WSDL 是可扩展的，它允许对端点和端点间的消息进行描述，同时不去考虑具体的消息格式或者双方用于通信的网络协议。WSDL 把网络服务定义成一个能交换信息的通信端点集，为分布式系统提供了帮助文档，同时该服务也可作为自动实现应用间通信的解决方案。

8.5.5　UDDI

统一描述、发现和集成协议(UDDI)是一套基于 Web 的分布式的 Web Services 信息注册中心的实现标准规范，同时也包含一组访问协议的实现标准，使得企业能将自身的 Web Services 注册上去，并让别的企业能够发现并访问这些 Web Services。创建 UDDI 注册中心的目的就是帮助企业发现并使用所需要的 Web Services。

1. UDDI 工作原理

简单地说，UDDI 的工作方式和邮局公开发行的电话黄页类似，它可以把特定的企业信息和 Web Services 在 Internet 上广而告之，并且提供具体的联系地址和方式。

UDDI 提供了一套操作方法来访问分布式的 UDDI 商业注册中心(UDDI Registry)。公共的 UDDI 注册中心面向全球企业，不同站点之间采用 P2P(对等网络)通信。也就是说，从其中任何一个站点都可以访问整个公共 UDDI 注册中心。UDDI 商业注册中心维护了描述企业及该企业提供的 Web Services 的全球目录，其中的信息描述格式遵循通用的 XML 格式。

UDDI 商业注册中心是 UDDI 的核心组件，该注册中心使用一个 XML 文档来描述企业及其提供的 Web Services。UDDI 商业注册中心所提供的信息从概念上来说分为三个部分：白页(White Page)表示与企业有关的基本信息，包括企业名称、经营范围、联系地址、企业标识等；黄页(Yellow Page)依据标准分类法区分不同的行业类别，使企业能够在更大的范围(如地域范围)内查找已经在注册中心注册的企业或 Web Services；绿页(Green Page)则包括企业所提供的 Web Services 的技术信息，其形式可能是一些指向文件或是 URL 的指针，而这些文件或 URL 是服务发现机制的必要组成部分。企业所有的 UDDI 商业注册信息都存储在某一个 UDDI 商业注册中心(比如 IBM 的 UDDI 商业注册中心)中。

下面介绍 UDDI 消息是如何传输的。如图 8-12 所示，从客户端发出的 SOAP 请求首先通过 HTTP 传到注册中心节点，注册中心的 SOAP 服务器在接收到 UDDI SOAP 消息并进行处理之后，把 SOAP 响应返回给客户端。

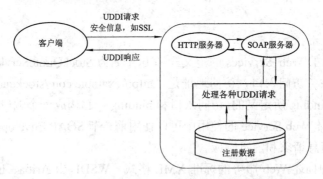

图 8-12　UDDI 消息在客户端和注册中心之间的流动

另外，UDDI 的工作原理可以参见图 8-13。

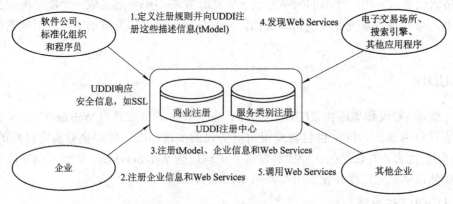

图 8-13　UDDI 工作原理

图 8-13 说明企业如何向 UDDI 注册中心送入 Web Services 数据，顾客(企业)又如何能发现和使用这些信息。UDDI 的具体工作步骤如下：

(1) 软件公司、标准化组织和程序员定义了企业如何在 UDDI 中注册的规则后，开始向 UDDI 注册中心发布这些规则的描述信息。这些规则被称为技术模型(即 tModel)。

(2) 企业向 UDDI 注册中心注册关于该企业及其提供的 Web Services 的描述。

(3) UDDI 注册中心会给每个实体(tModel 以及企业)指定一个在相关程序中唯一的标识符(即通用唯一标识符 UUID，Universally Unique ID)，从而可以随时了解所有这些实体的当前情况。通用唯一标识符必须是唯一的，并且在一个 UDDI 注册中心中保持不变，这些UUID是一串有着固定格式的十六进制的随机字符(例如 C0B9FE13-179F-413D-8A5B

-5004DB8E5BB2)。UUID 可以用来引用与之相关联的实体。值得注意的是，在一个注册中心中创建的 UUID 只在该注册中心的上下文中才有效。

(4) 电子交易场所和搜索引擎等其他类型的客户和商务应用程序使用 UDDI 注册中心来发现它们感兴趣的 Web Services。

(5) 其他的企业就可以调用这些服务，方便、迅速地进行商务应用程序的动态集成。

2．UDDI 数据结构类型

UDDI XML Schema 定义了四种核心数据结构类型，它们是技术人员在需要使用合作伙伴所提供的 Web Services 时必须了解的技术信息，这些元素构成 UDDI 信息结构。UDDI 注册中心中的数据可以分为以下四类：

(1) 商业实体(businessEntity)：发布服务信息的商业实体的详细信息，包括企业名称、关键性的标识、可选的分类信息和联络方法等。businessEntity 中的信息都支持"黄页"分类法，顾客可以根据行业类别、产品类型、地域范围等查找企业或 Web Services。

(2) 服务信息(businessService)：一组特定的技术服务的描述信息。该信息是"绿页"数据的重要组成部分，是对 Web Services 技术和商业的描述。businessService 是 businessEntity 的子结构。在"绿页"数据中，工作组定义了两个结构：businessService 和 bindingTemplate。businessService 结构是一个描述性容器，它组合了一系列的有关商业流程或分类目录的 Web Services 的描述信息。

(3) 绑定模板(bindingTemplate)：关于 Web Service 的入口点和相关技术规范的描述信息。调用一个服务所需要的信息(包括规范描述的指针和技术标识)是在 bindingTemplate 结构中定义的。当需要调用某个特定的 Web Service 时，技术人员必须根据实际应用要求，在得到了充足的调用规范等相关信息之后，才能保证调用的正确执行。

(4) 技术模型(tModel)：Web Services 或分类法的规范描述信息，也就是关于调用规范的元数据，包括 Web Services 名称、注册 Web Services 的企业信息和指向这些规范本身的 URL 指针等。

这四类数据中的每一类表示 UDDI 中的一种实体。任何一个实体在 UDDI 注册中心都有自己的 UUID。利用这个 UUID，人们可以在 UDDI 注册中心的上下文中找到它所代表的实体。各个核心数据结构类型之间的关系可用图 8-14 表示。

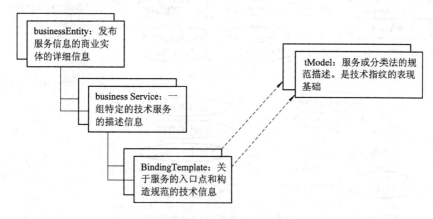

图 8-14　UDDI 核心数据类型关系

8.6 Web Services 应用实例

8.6.1 背景简介

本例通过一个国内某大型集团公司的财务差旅费报销流程来考察如何运用 Web Services 技术。通过这个实例，我们就可以从理论上初步掌握 Web Services 工作的大致过程。本例假设国外差旅费的报销过程中可能涉及 3 个 Web Services，下面的分析将详细地介绍如何设计、查找和调用这些 Web Services。

我们知道，一个大型集团公司在国内有许多分支机构(分公司)，各个分公司一般都有自己的 IT 部门，这些 IT 部门一般都可以独立从事软件开发的工作。在集团公司的上海分公司中，有许多员工经常要到美国出差，到纽约百老汇电脑交易市场采购一些产品回国，所以分公司需要一个"差旅费报销系统"。在这个实例中，我们做出以下假设：

(1) 上海分公司财务部需要一个"差旅费报销系统"，该系统交给上海分公司 IT 部负责开发。在该"差旅费报销系统"中，涉及美国纽约外汇中心汇率的查询，还要有纽约百老汇电脑交易市场的电脑产品价格查询等功能，这样便于财务部门报销海外差旅费用时随时调用参考。

(2) 每一个分公司(包括上海分公司)的海外差旅费的数据都要提供给北京总部，便于总部统计、分析并上报有关审计部门。北京总部有一个"费用统计分析系统"，它可以收集、统计和分析整个集团公司的费用，包括海外差旅费情况。

(3) 北京总部的"费用统计分析系统"和各个分公司的"差旅费报销系统"有可能是采用不同的平台开发的。以前，公司的传统做法是：由各个分公司每月将海外差旅费上报到总部，然后再由总部的工作人员手工输入到"费用统计分析系统"中进行统计分析。

8.6.2 系统架构

整个实例的 Web Services 逻辑架构如图 8-15 所示。

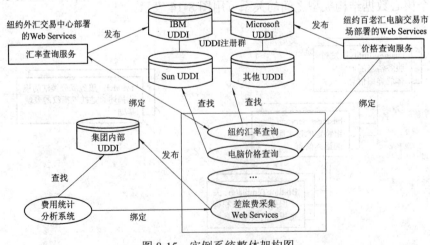

图 8-15 实例系统整体架构图

服务提供者开发并部署好 Web Services 后，就发布、注册到相关的 UDDI 注册中心。假定纽约外汇交易中心开发好的汇率查询 Web Services 发布到 IBM UDDI 注册中心，纽约百老汇电脑交易市场提供的电脑产品价格查询 Web Services 发布到 Microsoft UDDI 注册中心，这样 Internet 上的公共 UDDI 构成一个 UDDI 注册中心群，从其中任何一个公共 UDDI 可以查询到所有的发布在任何一个 UDDI 注册中心的 Web Services。上海分公司提供的差旅费采集 Web Services 发布在集团内部的专用 UDDI 注册中心，以供集团公司内部使用。

8.6.3　服务的实现

从上面的假设可以看出，本实例涉及以下几个 Web Services：

(1) 汇率查询 Web Services：GetExchangeRate(A，B，T)，该服务由纽约外汇交易中心提供，并且已经发布和注册到 IBM UDDI 注册中心。调用该服务时，只需要输入两个币种代号 A 和 B，以及时间 T，即可返回 A 对 B 在 T 时刻的汇率。

(2) 电脑产品价格查询 Web Services：GetComputerPrice(A，T)，该服务由纽约百老汇电脑交易市场提供，并且已经发布和注册到了 Microsoft UDDI 注册中心。使用该服务的时候，只需要输入电脑产品型号 A，交易时刻 T，即可返回该型号的电脑 T 时刻在纽约百老汇电脑交易市场的出售价格。

(3) 差旅费采集 Web Services：GetGoingOutFare(T)，该服务由上海分公司提供，并且已经发布和注册到了集团公司内部的 UDDI 注册中心。使用该服务的时候，只需要输入日期 T，就可以返回上海分公司在 T 这一天的差旅费总额。

同时，从上面的假设中也可以看出在这个应用背景下，涉及的角色和对应的行为如下：

(1) UDDI：这个案例中涉及 "Microsoft UDDI 注册中心、IBM UDDI 注册中心和集团内部 UDDI 注册中心"。 Microsoft UDDI 注册中心、IBM UDDI 注册中心和其他 UDDI 注册中心在 Internet 上构成一个公共的 UDDI 注册中心群。集团公司内部也有自己专用的 UDDI 注册中心，专门提供一些内部的 Web Services 给公司内部使用。例如，还可以有国内电话黄页查询 Web Services、国内地图查询 Web Services 以及国内邮政编码查询 Web Services 等。

(2) 服务请求者：这个案例涉及上海分公司的 "差旅费报销系统" 和北京总部的 "费用统计分析系统"。上海分公司的 "差旅费报销系统" 在具体报销费用的时候，可能需要调用汇率查询 Web Services——GetExchangeRate(A，B，T)，以及电脑产品价格查询 Web Services——GetComputerPrice(A，T)。北京总部的 "费用统计分析系统" 在采集分公司的费用的时候需要调用差旅费采集 Web Services——GetGoingOutFare(T)。

(3) 服务提供商：这个案例中涉及纽约外汇交易中心、纽约百老汇电脑交易市场和上海分公司。纽约外汇交易中心提供汇率查询 Web Services——GetExchangeRate(A，B，T)；纽约百老汇电脑交易市场提供电脑产品价格查询 Web Services——GetComputerPrice(A，T)；上海分公司提供差旅费采集 Web Services——GetGoingOutFare(T)。

这样，如果上海分公司的某个员工从美国出差回来，并且他在美国纽约百老汇电脑交易市场采购了几台笔记本回国。那么，当他到财务部门报销费用时，财务人员使用 "差旅费报销系统" 就可以根据他在国外的开支费用，参考外汇汇率和电脑价格计算报销费用，这时候系统就会调用上面提到的几个 Web Services，返回汇率和电脑价格等情况。报销后的总费用情况进入本系统的数据库。如果北京总部需要查看上海分公司的差旅费报销总额，则可以调用上海分公司的"差旅费报销系统"的 Web Services，得到所需要的结果，以便公司的北京总部统计。

8.7 微服务架构

8.7.1 微服务架构的涵义

在介绍微服务时，顾名思义，先从两个方面去理解微服务：什么是"微"，什么是"服务"。微，狭义来讲就是体积小，著名的"2 pizza team"很好地诠释了这一解释(2 pizza 团队最早是亚马逊 CEO Bezos 提出来的，意思是说单个服务的设计，所有参与人从设计、开发、测试、运维所有人加起来，只需要 2 个比萨就可以喂饱)。而所谓服务，一定要区别于系统，服务是一个或者一组相对较小且独立的功能单元，是用户可以感知的最小功能集。

软件体系结构领域的很多大师都曾对微服务架构做过不同维度的诠释，其中最著名的是 ThoughtWorks 的首席科学家 Martin Fowler 在其博客中对微服务的描述：

微服务架构是一种架构模式，它提倡将单一应用程序划分成一组小的服务，服务之间互相协调、互相配合，为用户提供最终价值。每个服务运行在其独立的进程中，服务与服务间采用轻量级的通信机制互相沟通(通常是基于 HTTP 协议的 RESTful API)。每个服务都围绕着具体业务进行构建，并且能够被独立地部署到生产环境、类生产环境等。另外，应当尽量避免统一的、集中式的服务管理机制，对具体的一个服务而言，应根据业务上下文，选择合适的语言、工具对其进行构建。

微服务，从本质意义上看，还是 SOA 架构。但内涵有所不同，微服务并不绑定某种特殊的技术，在一个微服务的系统中，可以有 Java 编写的服务，也可以有 Python 编写的服务，其靠 RESTful 架构风格统一成一个系统。所以微服务本身与具体技术实现无关，扩展性强。

8.7.2 微服务架构的产生背景

1. 单体式架构存在的问题

传统的 IT 系统，大部分是使用单体架构(Monolithic Architecture)或称作整体式架构。所谓的单体架构，就是把所有的业务模块编写在一个项目中，最终打包成一个包，然后进行部署。使用单体架构的优点有：

(1) 部署简单。由于是完整的结构体，直接部署在一个服务器上即可。

(2) 技术单一。项目不需要复杂的技术栈，往往一套熟悉的技术栈就可以完成开发。

(3) 用人成本低。单个程序员可以完成从业务接口到数据库的整个流程。

在以往传统的企业系统架构中，我们针对一个复杂的业务需求，通常使用对象或业务类型来构建一个单体项目。在项目中我们通常将需求分为 3 个主要部分：数据库、服务端处理、前端展现。在业务发展初期，由于所有的业务逻辑在一个应用中开发、测试、部署，系统比较容易实现。但是，随着企业的发展，系统为了应对不同的业务需求，会不断为该单体项目增加不同的业务模块；同时随着移动端设备的进步，前端展现模块已经不仅仅局限于 Web 的形式，企业被迫将其应用迁移至现代化 UI 界面架构以便能兼容移动设备，对于系统后端向前端的支持需要更多的接口模块，同时还要求企业能实现应用功能的快速上线。在这种情况下，单体架构的问题就逐渐凸显出来，主要有以下 5 种表现。

1) 维护成本增加

由于单体系统部署在一个进程内，往往我们修改了一个很小的功能，为了部署上线会影响其他功能的运行。并且，单体应用中的这些功能模块的使用场景、并发量、消耗的资源类型都各有不同，对于资源的利用又互相影响，这样使得我们对各个业务模块的系统容量很难给出较为准确的评估。所以，单体系统在初期虽然可以非常方便地进行开发和使用，但是随着系统的发展，维护成本会变得越来越大，且难以控制。

2) 交付周期长

对单体应用做任何细微的修改及代码提交，都会触发整个持续集成流水线来进行代码编译、单元测试、代码检查、构建并生成部署包、功能验证等过程。如果单体应用的代码库非常庞大，则流水线的反馈周期会显著变长，使得单位时间内构建的效率变低。

3) 新人培养周期长

对于新加入团队的成员而言，了解行业背景、熟悉应用程序业务、配置本地开发环境，这些看似简单的任务，将会由于单体应用的功能越来越多，而花费更长的时间。

4) 技术选型成本高

传统的单体应用，倾向于采用统一的技术平台或方案来解决所有问题。因此，每个团队成员都必须使用相同的开发语言、持久化存储方式及使用相同的消息系统，而且要使用相类似的工具。随着应用程序的复杂性逐渐增加及功能越来越多，如果团队希望尝试引入新的框架、技术，或者对现有技术栈升级，则通常会面临不小的风险。

5) 可伸缩性差

对于单体应用而言，所有程序代码都运行在服务器上的同一个进程中，导致应用程序的水平扩展成本非常高，很难应对流量变动较大较频繁的互联网场景。

2. 技术的进步日新月异

从技术方面看，云计算及互联网公司大量开源轻量级技术不停涌现并日渐成熟：

- 互联网/内联网/网络更加成熟；
- 轻量级运行时技术的出现(node.js，WAS Liberty 等)；
- 新的方法与工具(Agile，DevOps，TDD，CI，XP，Puppet，Chef 等)；
- 新的轻量级协议(RESTful API 接口，轻量级消息机制)；
- 简化的基础设施：操作系统虚拟化(hypervisors)，容器化(Docker)，基础设施即服务(IaaS)，工作负载虚拟化(Kubernetes，Spark)等；
- 服务平台化(PaaS)：云服务平台上具有自动缩放、工作负载管理、SLA 管理、消息机制、缓存、构建管理等各种按需使用的服务；

- 新的可替代数据持久化模型：如 NoSQL，MapReduce，BASE，CQRS 等；
- 标准化代码管理：如 Github 等。

3．小结

综上所述，微服务的诞生并非偶然。它是在互联网应用快速发展、技术日新月异的变化以及传统架构无法满足这些挑战的多重因素的推动下所诞生的必然产物。

可以认为敏捷开发过程、持续交付以及 DevOps 是微服务诞生的催化剂，云计算以及 Docker 的出现，则有效地解决了微服务的环境搭建、部署及运维成本高的问题，为微服务的大规模应用起到了关键的推动作用。

8.7.3　微服务架构的特征

为了解决单体系统变得庞大臃肿之后产生的难以维护的问题，微服务架构诞生了并被大家所关注。微服务架构通过对业务领域的分析与建模，将复杂的应用分解成小而专一、耦合度低并且高度自治的一组服务，每个服务都是小的交付单元。也就是说，微服务具有以下 4 个特征：

- 小的服务；
- 独立的进程；
- 轻量级的通信机制；
- 松耦合的交付。

1．小的服务

我们知道，微服务架构是将单一应用程序划分成一组小的服务，那么，小的服务是指多小的服务呢？在业界有不同的衡量指标，例如，有的用代码行数来衡量，有的用代码的重写时间衡量。最著名的衡量方法是 2 pizza 团队。所以并不存在一种标准的机制，告知我们什么样的服务才算是"小"的服务。

一般认为划分后的"小"服务应该遵循以下 3 个基本原则。

1) 独立的业务单元

首先，应该保证微服务是业务独立的单元，即该服务能够被独立地发布和演进。关于如何判断业务的独立性，也有不同的考量。譬如，可以将某一领域模型作为独立的业务单元，如订单、产品、合同等；也可以将某业务行为作为独立的业务单元，如发送邮件、登录验证以及数据同步等。

2) 团队能够自治

考虑到团队的沟通及协作成本，团队规模一般建议不超过 10 个人。当团队成员超过 10 人时，在沟通、协作上所耗费的成本会显著增加。除此之外团队最好能由不同技能、不同角色的成员组成，是一个全功能的自治团队，能负责服务的开发、测试、部署以及上线。

3) 服务的职责单一

微服务架构中的每个服务，都是具有业务逻辑的，符合高内聚、低耦合原则以及单一职责原则的单元，不同的服务通过"管道"的方式灵活组合，从而构建出强大的系统。

2．独立的进程

微服务中的每个服务都运行在独立的进程中。

在单体应用中，整个系统都运行在同一个进程中。虽然我们将程序的代码分成逻辑上的三层、四层甚至更多层，但它并不是物理上的分层。当开发团队对不同层完成代码实现后，经过编译、打包、部署的所有层的代码会运行在机器的同一个进程中。换句话说，当对应用进行部署升级时，必须要停掉当前正在运行的进程，部署完成后，再重新启动相应进程。如果当前某应用里包含定时任务的功能，则还要考虑选择恰当的时间窗口，以防止数据被读入内存时还未被处理完，从而因停止应用导致数据不一致。

为了提高代码的重用性和可维护性，在应用开发时，有时会将重复的代码提取出来，封装成构件。这些构件可以独立升级、独立替换。在传统单体应用中，构件通常的形态为共享库，比如 JVM 平台下的 JAR 包，Windows 下的 DLL 等。当应用程序在运行期时，所有的构件最终也会被加载到同一个进程中运行，如图 8-16 所示。

但在微服务架构里，应用程序由多个服务组成，每个服务都是一个具有高度自治性的独立业务实体。通常情况下，每个服务都能够运行在一个独立的操作系统进程中，意味着不同的服务能非常容易地被部署到不同的主机上，如图 8-17 所示。

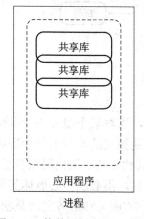

图 8-16 构件运行在同一进程中

图 8-17 服务运行在不同的进程中

综上所述，微服务架构其实是将单一的应用程序划分成一组小的服务，每个服务都是具有业务属性的独立单元，同时能够被独立开发、独立运行、独立测试以及独立部署。

3．轻量级的通信机制

服务之间通过轻量级的通信机制，实现彼此间的互相协作。所谓轻量级通信机制，通常指与编程语言无关、与运行平台无关的协作方式。比如 REST(Representational State Transfer)，其通信主要是基于 HTTP 的 JSON 文本，发送、接收请求或者对响应内容的解析过程，与所使用的编程语言、程序运行的平台都没有关系。

因此，对于微服务架构，通过使用语言无关、平台无关的轻量级通信机制，使服务与服务之间的协作变得标准化，在服务演进的过程中，团队则可以选择更适合的语言、工具或者平台来开发服务本身。

4．松耦合的交付

所谓松耦合，是指在服务的交付过程中，开发、测试以及部署的过程在不同服务之间是互不影响的。

在传统的单体应用中，所有的功能都存在于同一个代码库里。当修改了代码库中的某个功能，很容易出现功能之间相互影响的情况。尤其是随着代码量、功能的不断增加，风险也会逐渐增加。换句话说，功能的开发不具有独立性。

除此之外，当多个特性被不同小组实现完毕后，还需要经过集成和回归测试，团队才有足够的信心，保证功能之间相互配合，确保能正常工作并且互不影响。因此，测试过程不是一个独立的过程。

当所有测试验证完毕后，单体应用将被构建成一个部署包，并标记相应的版本。在部署过程中，单体应用部署包将被部署到生产环境或者类生产环境，如果其中某个特性存在缺陷，则有可能导致整个部署过程的失败或者回滚。

因此在单体应用中，功能的开发、测试、构建以及部署耦合度较高，会相互影响，如图 8-18 所示。

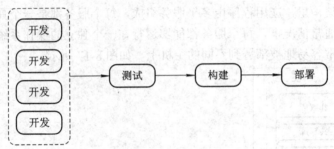

图 8-18　耦合度高

在微服务架构中，每个服务都是一个独立的业务单元，当对某个服务进行改变时，对其他的服务并不会产生影响。换句话说，服务和服务之间是独立的。对于每个服务，都有独立的代码库。对当前服务的代码进行修改，并不会影响其他服务。从代码库的层面而言，服务与服务是隔离的。对于每个服务，都有独立的测试机制，不必因担心破坏其他功能而需要建立大范围的回归测试。也就是说，从测试的角度而言，服务和服务之间是松耦合的。

由于构建包是独立的，部署流程也就能够独立，因此服务能够运行在不同的进程中。从部署的角度考虑，服务和服务之间也是高度解耦的，如图 8-19 所示。

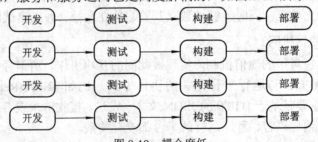

图 8-19　耦合度低

微服务架构中的每个服务与其他服务高度解耦，只改变当前服务本身，就可以完成独立的测试、构建以及部署等。

综上所述，微服务架构其实是将单一的应用程序划分成一组小的服务，每个服务是具有业务属性的独立交付单元，可以被独立地开发、测试、构建、部署和运行。

8.7.4　微服务架构的本质

微服务的关键，其实不仅仅是微服务本身，而是系统要提供一套基础的架构，这种架构使得微服务可以独立的部署、运行、升级，不仅如此，这个系统架构还让微服务与微服务之间在结构上"松耦合"，而在功能上则表现为一个统一的整体。这种所谓的"统一的整体"表现出来的是统一风格的界面，统一的权限管理，统一的安全策略，统一的上线过程，统一的日志和审计方法，统一的调度方式，统一的访问入口等等。

微服务的目的是有效的拆分应用，实现敏捷开发和部署。微服务架构的本质是：以缩短交付周期为核心，基于 DevOps 的理念和实践，持续构建演进式架构。

1．以缩短交付周期为核心

理想中的软件交付希望满足如下特征：更快地上线、更低的发布风险、更高的质量、更低的成本和更好的产品。为了实现这些目标，业界在不断改进软件的开发、测试、部署和维护机制，取得了如下成果：

- 在持续集成/部署方面，将代码检查、构建、测试、部署等都围绕流水线构建。
- 在内建质量方面，基于测试金字塔，构建分层测试的策略，将质量内建在开发过程中。
- 在环境管理方面，定义不同的环境，如开发、测试、类生产以及生产环境，以便快速获取不同角色对软件特性的反馈。
- 在数据管理方面，采用 Flyway、Liqubase 等工具版本化管理 Schema 以及数据。
- 在组织协同方面，培养全功能团队以及相应的敏捷实践。
- 在反馈验证方面，构建多种途径的数据监控、收集与反馈机制。

基于这些方面的改进，交付周期得到了大幅的缩短，质量也得到了显著提升。随着持续交付理念被更多组织接受，环境、质量、持续集成、部署等实践的逐渐成熟，它们对缩短交付周期、提升交付质量的贡献与改进空间越来越小，即投入产出比越来越小。那么如何继续有效地缩短交付周期，提升交付效率呢？架构解耦成了继续做好持续交付所必须面对的挑战。因此，微服务架构的本质是对持续交付体系中松耦合架构的一种实现。通过微服务的独立开发、测试、部署和维护能力的实现，即可缩短交付周期，提升交付质量，同时降低管理、测试、部署等的难度。

2．基于 DevOps 的理念和实践

在传统的 IT 组织中，运维部门和开发部门存在"部门墙"，沟通成本很高。同时，因为流程、服务相对较少的原因，运维看不到自动化的收益，往往采用手工的方式进行部署和运维。这会导致交付周期变长。开发部门希望变更后能够更快上线，部署频率更高，而执行部署的运维部门出于稳定和维护成本考虑，倾向于更少的部署。在微服务架构下，如果在服务数量增加的同时，还要求快速上线、流畅交付，则传统的运维方式无法满足这样的需求。

DevOps 的核心在于通过加强交流、实施自动化等来提升部署频率，降低部署时间，让变更能更快、更安全地上线，并且降低在服务数量增加时的维护成本。它是实现持续交付的关键，也是保证微服务数量增长时也能快速上线的基础。

所以，在微服务场景下，服务数量的快速增长决定我们无法再通过传统运维的形式来

保证服务安全快速上线。只有引入 DevOps 实践，解决在交付过程中浪费时间的问题，才能实现服务的快速、流畅交付。

3. 持续构建演进式架构

在传统的单体架构设计中，企业或者组织通常希望通过构建一个大而全、无所不能的平台，解决所有问题。软件的交付周期长，瀑布流程根深蒂固，部署环境的变更成本高，导致这样的架构很难改变，无法适应需求的快速变化。同时，在技术发展日新月异的今天，也无法享受到新技术带来的好处和效率。

所谓演进式架构，是指在应用程序结构层面的多个维度(技术、数据、安全、领域等)，将支持增量、持续的变更作为第一原则的架构。组织应该随着业务的发展，不断尝试并改进架构设计，真正做到业务驱动架构，架构服务于业务。好的架构也一定是演进出来的，而架构设计的本身也是一个持续演进的过程。

在微服务架构中，每个服务都是可独立交付的业务单元，具备独立的数据存储机制，技术上可以具备异构性。随着业务的快速发展和不断的变化，企业或者组织可以将不需要的服务(业务)抛弃，将有价值的服务(业务)升级，并采用合适的技术或者工具不断优化架构，保持其处于一个不断演进的状态。

综上所述，微服务的"小、独、轻、松"帮助我们理解了服务在设计、运行和部署时，同以前我们熟知的单体应用的差别。但从微服务落地的角度而言，它无法帮助我们从更大规模、更长远的角度思考如何有效地、系统化地构建未来五年，甚至是十年以上，具有竞争力的服务化架构系统。在微服务落地的过程中，始终围绕持续交付，以缩短交付周期为核心，基于 DevOps 的理念和实践，持续构建演进式架构，是微服务架构的本质。

8.7.5 微服务架构的优缺点

1. 优点

1) 易于开发和维护

由于微服务的单个模块就相当于一个项目，开发这个模块我们就只需关心这个模块的逻辑即可，代码量和逻辑复杂度都会降低，从而易于开发和维护。

2) 启动较快

这是针对单个微服务来讲的，相比于启动单体架构的整个项目，启动某个模块的服务速度明显要快很多。

3) 局部修改容易部署

在开发中发现了一个问题，如果是单体架构，则我们就需要重新发布并启动整个项目，非常耗时间。但是微服务则不同，哪个模块出现了 bug，我们只需要解决这个模块的 bug 就可以了，解决完 bug 之后，我们只需要重启这个模块的服务即可，部署相对简单，不必重启整个项目从而大大节约时间。

4) 技术栈不受限

假如某个服务原来是用 java 写的，现在我们想把它改成 node.js 技术，完全可以实现，而且由于所关注的只是这个服务的逻辑，因此技术更换的成本也会少很多。

5) 按需伸缩

单体架构在想扩展某个模块的性能时不得不考虑到其他模块的性能会不会受影响；而对于微服务来讲，完全不是问题，一个模块通过什么方式来提升性能不必考虑其他模块的情况。

2. 缺点

1) 运维要求较高

对于单体架构来讲，我们只需要维护好这一个项目就可以了。但是对于微服务架构来讲，由于项目是由多个微服务构成的，每个模块出现问题都会造成整个项目运行出现异常，想要知道是哪个模块造成的问题往往是不容易的，因为我们无法一步一步通过 debug 的方式来跟踪，这就对运维人员提出了很高的要求。

2) 分布式的复杂性

对于单体架构来讲，可以不使用分布式。但是对于微服务架构来说，分布式几乎是必会用的技术，由于分布式本身的复杂性，导致微服务架构也变得复杂起来。

3) 接口调整成本高

一旦用户微服务的接口发生大的变动，那么所有依赖它的微服务都要做相应的调整，由于微服务可能非常多，那么调整接口所造成的成本将会明显提高。

4) 重复劳动

对于单体架构来讲，如果某段业务被多个模块所共同使用，我们便可以抽象成一个工具类，被所有模块直接调用。但是微服务却无法这样做，因为这个微服务的工具类是不能被其他微服务所直接调用的，我们便不得不在每个微服务上都建这么一个工具类，从而导致代码的重复。

8.8　本章小结

SOA 是一种粗粒度、松耦合的服务体系结构，其服务之间通过简单、精确定义的接口进行通信，不涉及底层编程接口和通信模型。SOA 只是一种概念和思想，需要借助于具体的技术和方法来实现它。Web Service 是 SOA 体系结构的一种实现方式。

Web Services 技术是一套标准，它定义了应用程序如何在 Web 上实现互操作，从而建立可互操作的分布式应用的新平台。用户可以使用任何语言，在不同的平台下编写 Web Services，然后通过 Web Services 的标准来对这些服务进行注册、查询和访问。利用 Web Services 能够创建出供任何人在任何地方使用的功能强大的应用程序，因而极大扩展了应用程序的功能，并实现了软件的动态提供。

Web Services 的体系结构是一种面向服务的体系结构，共包含三种角色：服务提供者、服务请求者和服务注册中心。服务提供者托管可通过网络访问的软件模块，定义 Web Services 的服务描述并把它发布到服务注册中心；服务请求者使用查找操作来从服务注册中心检索服务描述，然后使用服务描述与服务提供者进行绑定并调用 Web Services 实现或同它交互。

Web Services 的开发生命周期包括构建、部署、运行和管理四个阶段。在实现 Web Services 时，可以从头创建一个全新的 Web Services，也可以将现有的代码包装进 Web Services。Web Services 有四种不同的开发实现方案：零起点、自底向上、自顶向下和中间相遇。

要实现应用程序之间的互操作性，Web Services 平台必须提供一套标准的类型系统，以用于沟通不同平台、编程语言和构件模型中的不同类型系统。Web Services 平台主要采用以下四个技术：XML 是 Web Services 平台中表示数据的基本格式。SOAP 提供了标准的 RPC 方法来调用 Web Services。WSDL 是一种基于 XML 的用于描述 Web Services 及其操作、参数和返回值的语言。UDDI 用于在网上自动查找 Web Services。一旦 Web Services 注册到 UDDI，客户就可以很方便地查找和定位到所需要的 Web Services。

本章对以上内容进行了较详细的探讨，并通过一个简单的例子来介绍如何运用 Web Services 技术。

本章的最后介绍了微服务架构。微服务架构是一种架构模式，它提倡将单一应用程序划分成一组小的服务，每个服务是具有业务属性的独立交付单元，可以被独立地开发、测试、部署和运行。

微服务架构的诞生并非偶然。它是在互联网应用快速发展、技术日新月异的变化以及传统架构无法满足这些挑战的多重因素的推动下，所诞生的必然产物。

微服务架构具有以下四个特征：小的服务、独立的进程、轻量级的通信机制和松耦合的交付。微服务架构的本质是：以缩短交付周期为核心，基于 DevOps 的理念和实践，持续构建演进式架构。

通过使用微服务架构，软件交付周期大幅缩短，软件质量也得到了显著提升。但是并非所有项目都适合使用微服务。如果系统提供的业务是比较底层的，如：操作系统内核、存储系统、网络系统等，这类系统的功能和功能之间有紧密的配合关系，如果强制拆分为较小的服务单元，则会让集成工作量急剧上升；并且这种人为的切割无法带来业务上的真正隔离，所以无法做到独立部署和运行，也就不适合做成微服务了。

习 题

1. 什么是 Web 服务体系结构？与传统的结构相比，使用 Web 服务有哪些好处？
2. 试分析服务提供者、服务请求者和服务代理三者的作用，以及它们之间的工作流程。
3. Web 服务有哪些核心技术？这些技术是如何在 Web 服务中发挥作用的？
4. 在 Web 服务中，如何实现其松散耦合的特点？
5. 请阐述微服务架构的四个基本特征。
6. 如何理解微服务架构的本质？

第 9 章　特定领域的软件体系结构

　　软件工程实践中，我们实际面对的应用系统都具有一定的领域背景，如果能够充分挖掘该系统所在领域的共同特征，提炼出领域的一般需求，抽象出领域模型，归纳总结出这类系统的软件开发方法，就能够指导领域内其他系统的开发，提高软件质量和开发效率，节省软件开发成本。正是基于这种考虑，人们在软件的理论研究和工程实践中，逐渐形成了一种称之为特定领域的软件体系结构(Domain Specific Software Architecture，DSSA)的理论与工程方法，它对软件设计与开发过程具有一定的参考和指导意义，已经成为软件体系结构研究的一个重要方向。

　　DSSA 是目前软件体系结构与实际应用结合的一个重要的、有效的途径。对于领域中的一个特定系统，DSSA 在性能、规模上有可能不是它的最佳选择，但当多次进行基于 DSSA 的软件开发和软件重用时，这个决定会很快得到补偿。在国内外的金融、CIMS 和军事等应用领域，都已经有丰富的、卓有成效的特定领域软件体系结构的研究和应用。

　　图 9-1 给出了特定领域的体系结构、应用系统及其体系结构之间的关系。从图中可以看出，有了 DSSA 作参考，就可以根据具体应用的特定需求对 DSSA 加以调整和定制，实现领域体系结构重用。

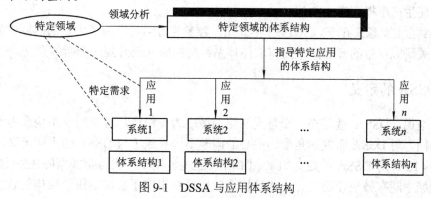

图 9-1　DSSA 与应用体系结构

9.1　DSSA 的概念

9.1.1　DSSA 的发展

　　DSSA 最早是由美国国防部的高技术局(Defense Advanced Research Project Agency，DARPA)倡导的。它针对某个特定应用领域，是对领域模型和参考需求加以扩充而得到的软件体系结构。DSSA 通用于领域中各系统，体现了领域中各系统的共性。它通过领域分析和建模得到软件参考体系结构，为软件开发提供了一种通用基础，能够提高软件开发的效率。

美国国防部的 DARPA 发起的针对特定领域体系结构研究的 DARPA-DSSA 计划是 DSSA 研究的重要发展阶段。通过对软件体系结构早期研究，人们认识到可以用可重用的参考体系结构来改善复杂软件系统的设计、分析、生产和维护。DARPA-DSSA 正是建立在这种认识的基础上，它是对提取特定应用领域的软件体系结构设计专家知识的早期尝试。

DARPA 通过对大学的支持(如 Carnegie Mellon 大学和 Texas 大学)，并和一些公司(如 Boeing、Loral、Unisys、IBM 等)联合进行 DSSA 项目的研究开发，以验证方法、积累经验。整个计划由 6 个独立的项目组成，其中 4 个应用于特定的军事领域，2 个是对特定领域软件开发基础技术的研究。该计划由军方、工业界和学术界共同参与进行，开发了许多软件开发领域的参考体系结构和设计分析工具，如航空电子、指挥监控、GNC(Guidance，Navigation and Control，引导、导航和控制)、适应性智能系统等。

DARPA-DSSA 有如下几个主要研究团体及成果：

(1) Honeywell/Umd：为智能 GNC 系统开发了快速说明和自动代码生成器、ControlH、MetaH 以及一个高级实时操作系统，并应用于 NASA 飞机控制系统的导弹体系结构部分。

(2) IBM/Aerospace/MIT/UCI：开发了一个航空电子系统体系结构以及大量工具(包含形式化描述工具)，可以使需求定义的生产率提高 10 倍。

(3) Teknowledge/Standford/TRW：开发了一个基于事件的、并发的、面向对象的体系结构描述语言 Rapide 及其开发环境。

(4) USC/ISI/GMU：开发了一个自动代码生成器和其他工具，并应用于 NraD 消息代理系统中，使生产率提高了 100 倍。

DSSA 的主要意义在于，从 1992 年开始，各参与方陆续发表了大量的研究成果，带动了一批相关研究项目的开展，从而将软件体系结构的研究提升到一个新的高度。

9.1.2　DSSA 的定义

简单地说，DSSA 就是在一个特定应用领域中为一组应用提供组织结构参考的标准软件体系结构。对 DSSA 研究的角度、关心的问题不同导致了对 DSSA 的不同定义。

Hayes-Roth 对 DSSA 的定义如下："DSSA 就是专用于一类特定类型的任务(领域)的、在整个领域中能有效地使用的、为成功构造应用系统限定了标准的组合结构的软件构件的集合"。

Tracz 的定义为："DSSA 就是一个特定的问题领域中支持一组应用的领域模型、参考需求、参考体系结构等组成的开发基础，其目标就是支持在一个特定领域中多个应用的生成"。

通过对众多 DSSA 的定义和描述的分析，可知 DSSA 的必备特征是：

(1) 具有严格定义的问题域和/或解决方案域。

(2) 具有普遍性，即可用于领域中某个特定应用的开发。

(3) 是对整个领域适度的抽象。

(4) 具备该领域固定的、典型的在开发过程中可重用元素。

　　一般的 DSSA 的定义并没有对领域的确定和划分给出明确说明。从功能覆盖的范围角度有两种理解 DSSA 中领域的含义的方式。

　　(1) 垂直域：定义了一个特定的系统族，包含整个系统族内的多个系统，结果是在该领域中可作为系统的可行解决方案的一个通用软件体系结构。

　　(2) 水平域：定义了在多个系统和多个系统族中功能区域的共有部分，在子系统级上涵盖多个系统族的特定部分功能，无法为系统提供完整的通用体系结构。

　　在垂直域上定义的 DSSA 只能应用于一个成熟、稳定的领域，但这个条件比较难以满足；若将领域分割成较小的范围，则相对容易，也容易得到一个一致的解决方案。

9.1.3　DSSA 与体系结构风格的比较

　　软件开发实际上就是一个从问题域向解决方案域逐步映射和转换的过程。在软件体系结构的发展过程中，因为研究者的出发点不同，出现了两种相互正交的方法：以问题域为出发点的 DSSA 和以解决方案域为出发点的软件体系结构风格。

　　从领域的角度看，软件体系结构可以分为两大部分：一般的、抽象的软件体系结构和特定领域的软件体系结构。对于抽象的软件体系结构，它有很多风格，如第 3 章所介绍的，主要有管道—过滤器、面向对象、分层等。而特定领域的软件体系结构可以有更多。例如军事领域的软件体系结构，包括智能武器、军事命令和控制系统、制造执行系统等；在电信领域，随着技术的发展，出现了智能网、电信管理网等软件体系结构。特定领域软件体系结构和软件体系结构风格分别从问题域和软件解决方案两个方向提供若干经过考虑的候选转换路径。因为两者侧重点不同，所以它们在软件开发中具有不同的应用特点。

　　体系结构风格是对已有的应用中一些常用的、成熟的、可重用的体系结构进行抽象形成的。它的通用性较好，不局限于某一应用领域，能够在软件开发过程中用来创建新的系统。特定领域的体系结构则是考虑软件开发的特定领域背景，通过对领域内结构共性的描述，抽取该领域的软件体系结构，来达到领域内重用的目的。两者并不矛盾，只是重用的范围大小有别。体系结构风格的定义和该风格应用的领域是正交的，提取的设计知识比用 DSSA 提取的设计专家知识的应用范围要广。

　　虽然抽象的软件体系结构和体系结构风格的重用范围更广，但是由于太过面向普遍应用，存在重用率不高的问题。而特定领域的软件体系结构恰恰相反，在一个领域内可以达到很高的重用率，而且领域体系结构本身可能是由一种或多种抽象的体系结构风格组成。通过 DSSA 的研究也可以抽取出一般、抽象的软件体系结构，为跨领域的其他应用系统重用。

　　因此，DSSA 和体系结构风格是互补的两种技术；DSSA 只对某一个应用领域进行设计专家知识的提取、存储和组织，但可以同时使用多种体系结构风格；而在某个体系结构风格中进行体系结构设计专家知识的组织时，可以将提取的公共结构和设计方法扩展到多个应用领域。在大型的软件开发项目中，基于领域的设计专家知识和以风格为中心的体系结构设计专家知识都扮演着重要的角色。在具体系统(包括领域系统)开发的过程中，应当根据实际需要选择适用的体系结构风格和 DSSA，进行系统级的体系结构重组，达到系统级的重用。

9.2 DSSA 的基本活动

实施 DSSA 的过程中包含了一些基本的活动。虽然具体的 DSSA 方法可能定义不同的概念、步骤和产品等,但这些基本活动大体上是一致的。以下将分 3 个阶段介绍这些活动。

1. 领域分析

这个阶段的主要目标是获得领域模型(Domain Model)。领域模型描述领域中系统之间的共同需求。我们将领域模型所描述的需求称为领域需求(Domain Requirement)。

在这个阶段中,首先要进行一些准备性的活动,包括定义领域的边界,从而明确分析的对象;识别信息源,即领域分析和整个领域工程过程中信息的来源,可能的信息源包括现存系统、技术文献、问题域和系统开发的专家、用户调查和市场分析、领域演化的历史记录等。在此基础上,就可以分析领域中系统的需求,确定哪些需求是被领域中的系统广泛共享的,从而建立领域模型。当领域中存在大量系统时,需要选择它们的一个子集作为样本系统。对样本系统需求的考察将显示领域需求的一个变化范围。一些需求对所有被考察的系统是共同的,一些需求是单个系统所独有的。很多需求位于这两个极端之间,即被部分系统共享。领域分析的机制如图 9-2 所示。

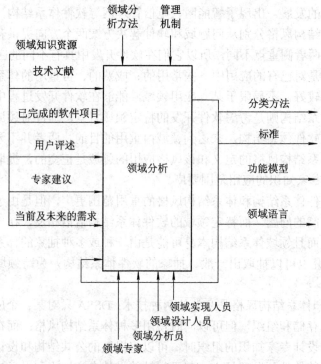

图 9-2 领域分析机制

2. 领域设计

这个阶段的目标是获得 DSSA。DSSA 描述在领域模型中表示的需求的解决方案,它不是单个系统的表示,而是能够适应领域中多个系统的需求的一个高层次的设计。建立了领域模型之后，就可以派生出满足这些被建模的领域需求的 DSSA。由于领域模型中的领域需求具有一定的变化性，DSSA 也要相应地具有变化性。它可以通过表示多选一的、可选的解决方案等来做到这一点。由于重用基础设施是依据领域模型和 DSSA 来组织的，因此在这个阶段通过获得 DSSA，也就同时形成了重用基础设施的规约。

3．领域实现

这个阶段的主要目标是依据领域模型和 DSSA 来开发和组织可重用信息。这些可重用信息可能是从现有系统中提取得到，也可能需要通过新的开发得到。它们依据领域模型和 DSSA 进行组织，也就是领域模型和 DSSA 定义了这些可重用信息的重用时机，从而支持了系统化的软件重用。这个阶段也可以看作重用基础设施的实现阶段。

值得注意的是，以上过程是一个反复的、逐渐求精的过程。在实施领域工程的每个阶段中，都可能返回到以前的步骤，对以前的步骤得到的结果进行修改和完善，再回到当前步骤，在新的基础上进行本阶段的活动。

9.3　参与 DSSA 的人员

如图 9-2 所示，参与 DSSA 的人员可以划分为四种角色：领域专家、领域分析人员、领域设计人员和领域实现人员。每种角色都要在 DSSA 中承担一定的任务，需要具有特定的技能。下面，我们将对这四种角色分别通过回答三个问题进行介绍：这种角色由什么人员来担任？这种角色在 DSSA 中承担什么任务？这种角色需要哪些技能？

1．领域专家

领域专家可能包括该领域中系统的有经验的用户、从事该领域中系统的需求分析、设计、实现以及项目管理的有经验的软件工程师等。

领域专家的主要任务包括提供关于领域中系统的需求规约和实现的知识，帮助组织规范的、一致的领域字典，帮助选择样本系统作为领域工程的依据，复审领域模型、DSSA 等领域工程产品等。

领域专家应该熟悉该领域中系统的软件设计和实现、硬件限制、未来的用户需求及技术走向等。

2．领域分析人员

领域分析人员应由具有工程背景知识的有经验的系统分析员来担任。

领域分析人员的主要任务包括控制整个领域分析过程，进行知识获取，将获取的知识组织到领域模型中，根据现有系统、标准规范等验证领域模型的准确性和一致性，维护领域模型。

领域分析人员应熟悉软件重用和领域分析方法；熟悉进行知识获取和知识表示所需的技术、语言和工具；应具有一定的该领域的经验，以便于分析领域中的问题及与领域专家进行交互；应具有较高的进行抽象、关联和类比的能力；应具有较高的与他人交互和合作的能力。

3. 领域设计人员

领域设计人员应由有经验的软件设计人员来担任。

领域设计人员的主要任务包括控制整个软件设计过程,根据领域模型和现有的系统开发出 DSSA,对 DSSA 的准确性和一致性进行验证,建立领域模型和 DSSA 之间的联系。

领域设计人员应熟悉软件重用和领域设计方法;熟悉软件设计方法;应有一定的该领域的经验,以便于分析领域中的问题及与领域专家进行交互。

4. 领域实现人员

领域实现人员应当由有经验的程序设计人员来担任。

领域实现人员的主要任务包括根据领域模型和 DSSA,或者从头开发可重用构件,或者利用再工程的技术从现有系统中提取可重用构件,对可重用构件进行验证,建立 DSSA 与可重用构件间的联系。

领域实现人员应熟悉软件重用、领域实现及软件再工程技术;熟悉程序设计;具有一定该领域的经验。

9.4 DSSA 的建立过程

因所在的领域不同,DSSA 的创建和使用过程也各有差异。Will Tracz 提出了一个通用的 DSSA 开发过程,该过程可用于生成特定领域的软件体系结构,并在 DSSA 研究领域有着广泛的影响。在实际使用时,该过程需要根据所应用到的领域来进行调整。该过程是在 STARS(Software Technology for Adaptable and Reliable Systems)项目中的"重用库过程模型"的基础上和 FODA(Feature-Oriented Domain Analysis)的基础上发展而来的。

该过程以下面几点假设作为前提条件:

(1) 一个应用程序可以被定义成它所实现的功能的集合。

(2) 用户所需的功能可以映像到一个系统需求集合。

(3) 达成系统需求的方式有多种。

(4) 实现约束限制了能够满足系统需求的方式的数目。

该过程的目标是,以一组实现约束为基础,把用户所需的功能映像成系统和软件需求,这些系统和软件需求定义了一个 DSSA。

这一过程和其他方法的不同之处在于,它把"用户所需的功能""系统需求""实现约束"区分开来。特别是,许多其他领域分析过程并不区分功能需求和实现约束,而是把它们简单地归类成"需求"。类似地,这一过程还区分"系统体系结构"和"软件体系结构"。

该领域工程方法和其他领域分析方法的另一不同之处是,在确定可重用资源时,并不以反向工程和基于实例的推理为中心机制,而是把现有的应用程序用作验证体系结构的工具,这些体系结构是自顶向下从一般的用户需求导出的。

在最高的层次上,这一过程由 5 个步骤组成,每个步骤可进一步分解成子步骤。而且,这一过程是并发的、递归的、迭代的,因此可能要多次经历某一步骤,每次处理新的细节层次。

这 5 个步骤分别是：

(1) 定义领域范围。定义能够完成什么——重点在用户所需的功能。

(2) 定义/求精特定领域的元素。类似于需求分析——重点在于问题空间。

(3) 定义/求精特定领域的设计和实现约束。类似于需求分析——重点在于解决方案空间。

(4) 开发领域模型/体系结构。类似于高层设计——重点在于定义模块/模型接口和语义。

(5) 产生/收集可重用的工作产品。实现/收集可重用的制品(例如，代码、文档等)。

下面逐一详细介绍这 5 个步骤。每个步骤都包含一系列的待回答问题，所需输入的列表，所生成的输出的列表，验证标准。

9.4.1　步骤 1——定义领域分析的范围

领域工程的第一个阶段所关心的问题集中在如下方面：所研究的领域中都有些什么，要把本过程应用到什么程度。此阶段的基本输出之一是这样的一个列表，在该表中给出了这一领域中的应用程序的用户需要。

下面给出了一组问题，应当在第一次与用户进行面谈之前回答这些问题。这样，在后面的讨论中，通过询问领域专家并请他们验证这些问题的答案，系统开发者就能够更好地利用将要和用户进行的工作讨论。类似的，对于这一步骤中的其余问题，都应当尽早、尽多地事先给出答案，这有利于领域专家对它们做出验证和扩展。这些问题是：

- 要建模的领域的名称是什么？
- 怎样简短地描述这一应用领域？
- 这一领域中的应用程序满足了哪些一般的用户需求？

步骤 1 可以进一步细化。

1．定义领域分析的目标

领域分析有多种目的。尽管这一过程的重点是创建一个特定领域的软件体系结构，但该过程的其他应用也同样是重要的。此外，需要注意，这一领域工程过程的潜在用户应当认识到：客户的领域分析目标可能是变化的。与定义领域工程的目标相关的问题是：

- 创建这一 DSSA 的目的是什么？
- 要用到什么 DSSA？
- 谁要使用这一 DSSA？
- 在什么情况下能知道领域分析已经完成了？
- 重用的目标是什么？有多少体系结构应当是可重用的？

2．定义领域

(1) 绘制一个领域图。

(2) 确定领域范围。

(3) 确定领域边界。

在领域工程过程中，步骤 1.2 的目标是绘制一个高层的框图，用来显示领域中都有些什么，以及领域中实体之间的关系。在步骤 1.2.(1)中，绘制基本的领域图，确定领域分析的范围内都有些什么。该步骤中的问题有：

- 该领域中的应用程序的类都有哪些？
- 什么是该领域中的基本功能/对象/事物？
- 在该领域中存在哪些类型的高层均衡(trade-off)？

在步骤 1.2.(2)中，确定领域的范围，换言之，即确定领域分析的范围之外都有些什么。问题领域通常可以被分成几个小块，或称子领域。这些子领域可能和其他问题领域的子领域有着共同之处，如通信协议或数据库访问协议。步骤 1.2.(2)的重点是确定这些共同点及其关系。该步骤中的问题有：

- 在领域中，哪些问题/对象/事物在我们所要分析的子领域的范围之外？
- 类似的/相关的领域和子领域有哪些？
- 怎样把这一领域和其他领域联系起来？

在步骤 1.2.(3)中，确定领域的边界。应用程序之间的形式交互通常是提供资料或功能，以及需要资料或服务。步骤 1.2.(3)的重点是确定那些所用到的或所提供的实体和资源，以及它们的来源和去向。领域工程师尤其应当注意输入(资料/控制)的分类。这一分类对于后继的步骤有着重要作用。该步骤中的问题有：

- 该领域的输入(资料/控制)是什么？
- 该领域的输出(资料/控制)是什么？
- 该领域的输入是从哪里得到的(谁提供了服务/资料)？
- 该领域的输出去了哪里(谁使用服务/资料)？

3. 定义特定领域资源

(1) 确定领域专家。

(2) 确定领域制品。

一旦领域工程师确立了他们的领域分析目标，他们应当找出为了实现其目标所能利用的资源。在步骤 1.3.(1)中，定义要和哪些领域专家进行合作。他们在该领域的专业知识和经验能够帮助我们从多个方面更好地认识该领域。该步骤中的问题有：

- 谁了解所要分析的这个领域？
- 谁了解这一领域的软件实现的细节？
- 谁了解这一领域的系统设计的细节？
- 谁了解这一领域的应用的硬件约束和依赖？
- 谁了解这一领域的应用的未来用户的需要？
- 谁了解这一领域中的未来技术？

在步骤 1.3.(2)中，确定领域的制品，定义哪些是工作中要用到的。如果领域分析的主要目标是重用现有的软件制品，那么显然确定现有的资源有哪些是一个很重要的步骤。该步骤中的问题有：

- 有哪些现存的系统反映了我们要建模的这类应用的特点？
- 现存系统的遗留资源有哪些？有哪些异同之处？为什么？
- 现存系统有哪些相关文档？
- 有哪些描述该领域的应用的教科书、文章或模型？

4．定义感兴趣的领域

定义了应用领域之后，在问题领域中探查或开发所有可能的实现显然是不可行的。回到定义领域分析的目标。应当以该步骤的结果为基础，定义一个所要完成的工作的子集。该步骤中的问题有：

- 在这一领域中，我们对处理什么样的应用感兴趣(一个商业决策)？
- 在构建这一领域中的应用程序时，我们对使用哪些技术感兴趣？
- 为什么我们认为某些输入、输出和技术不值得注意？
- 在构建这一领域中的应用程序时，我们对什么样的方法学感兴趣？
- 在构建这一领域中的应用程序时，我们对什么文档标准感兴趣？

5．决定模型验证过程

把几个现存系统作为 DSSA 的来源的好处是可以用它们来验证特定领域的体系结构。但是，这只是验证机制之一。该步骤中的问题有：

- 为了验证模型和体系结构的正确性，有哪些系统可用？
- 谁可以作为领域模型和体系结构的评论者？
- 需要什么设备(仿真器)来验证这些模型和体系结构？

步骤 1 的输入包括：

(1) 领域专家(参见步骤 1.3.(1))。

(2) 现存的系统(参见步骤 1.3.(2))。

(3) 现存的文档(例如：教科书、文章)。

步骤 1 的输出包括：

(1) 领域框图包括该领域的输入和输出，以及领域中的功能单元/元素之间的高层关系。

(2) 人名的列表，用作将来的参考或验证来源。

(3) 项目的列表以及到相关的文档和源代码的索引。

(4) 对该领域中的应用程序需要满足哪些需要的列表。

步骤 1 的验证过程包括：

(1) 与领域专家协商，评估到当前为止所收集的信息的完整性。在某些情况下，这可能需要和多人进行协商。

(2) 与该领域中应用程序的最终用户或客户进行协商，确认本步骤体现了他们对于该领域中的应用程序所期望、所需要。

9.4.2　步骤 2——定义/求精特定领域的元素

本步骤的目标是为特定领域的术语编制一个词表和分类词汇汇编。在上一阶段定义的高层框图的基础上，本步骤加入了更多的细节，重点是在该领域的应用程序之间"确定共性"和"隔离差异"。应当特别注重对该领域中的基本元素进行标准化和分类。

步骤 2 可以进一步细化。

1．定义/求精一个元素

本步骤通过创建数据流图和控制流图，为框图加入更多的细节。该步骤中的问题有：

- 该领域中的元素之间的数据流是怎样的？
- 该领域中的元素之间的控制流是怎样的？

(1) 确定领域中的元素(行为，时间，资料)。

应当确定该领域中的元素，这是通过描述它们的功能行为、时间/操作关系或数据流做到的。这是确定构件和接口设计的最高层次。在后继步骤中，将给出更严格、更详细的定义(参见步骤 4.2)。该步骤中的问题有：

- 该领域中有哪些元素？
- 这是一个数据或功能元素吗？
- 一个(功能)元素的输入/输出是什么？
- 这一元素提供了什么服务/操作？

(2) 确定元素的属性。

领域工程师解决需求变化的能力对于 DSSA 的健壮性至关重要。正如同下面的子步骤中所描述的细节，本步骤的目标是在描述可选的特征或元素的同时，描述该领域中必需的/本质的特征或元素。更进一步，确定可替换的特点或元素。该步骤中的问题有：

- 什么是该领域中必需的/本质的元素？
- 什么是该领域中的可选元素？
- 该领域中有哪些可替换的元素，这些元素可以替换哪些元素？
- 哪些元素不随应用的改变而改变，哪些元素随着应用改变而改变？

(3) 决定实体的数据流。

该步骤中的问题是：该领域中的实体/元素之间的数据流是怎样的？

(4) 决定实体的控制流。

该步骤中的问题是：该领域中的实体/元素之间的控制流是怎样的？

(5) 确定元素之间的关系。

到目前为止，该领域中仅有如下的概念、元素或实体之间的关系被明确标识出来：可选的实体、可替换的实体、需要的实体、公共实体、互相排斥的实体。除此之外，通过创建数据流图和控制流图(或状态转换图)，隐含的关系被表示出来。这些关系包括"是一种"(is a/a kind of)关系、"组成"(consist of)关系与"使用/需要"(uses/needs)关系。

本步骤的目标是，应用面向对象的分析技术，描述前面标识出的实体之间的关系。该步骤中的问题有：

- 一个元素是另一个元素的实例吗？
- 一个元素是另一个元素的组成部分吗？
- 一个元素需要哪些元素提供服务，一个元素会向哪些元素提供服务？

2．分类元素

本步骤既是对前面标识出的概念、对象或实体分类的过程，也是创建新的实体来表示概念、对象或实体的过程。该步骤中的问题有：可以对元素进行分类吗？可以对元素进行抽象吗？

3．聚类公共元素

该步骤中的问题是：能够把元素聚类为类型层次吗？

4．创建一个领域描述文档

领域工程师应当考虑创建一个全面的文档用来描述该领域中的元素及其之间的关系。这是一个可选的步骤，因为可能有些教科书或文档已经充分地描述了这些内容。但至少应当创建一个列表，给出其他相关文档的索引。该步骤中的问题是：DSSA 的用户可能会有哪些参考材料？

5．创建一个领域词汇字典

这一字典可以是前面的步骤 2.4 中给出的领域描述文档的一部分。创建特定领域的术语字典有助于为构造特定领域的体系结构形成一致意见。该步骤中的问题是：用于描述该领域中的元素的词汇/术语有哪些？

创建一个领域分类词汇汇编。

为该领域的术语创建一个同义词列表。该步骤中的问题是：为了描述元素，有哪些可以替换的术语(同义词)可用？

6．创建一个高层需求规格说明文档

为了符合美国国防部标准，这一步骤会被省略。但是应当创建一个与之类似的起到最终用户需求清单作用的文档。该步骤中的问题是：哪些用户需求被映射到了前面步骤中所确定的元素中？

7．评估结果，并在必要时进行迭代

正如在前面介绍部分中所述，创建 DSSA 的过程是一个迭代的过程。可能需要领域专家的反复讨论和多次总结。该步骤中的问题是：

- 还可以进一步分解该领域中所标识出的元素吗？
- 领域专家同意截止到目前所生成的材料吗？

步骤 2 的输入包括：

(1) 步骤 1 的输出。

(2) 选定的系统。

(3) 选定的文档(例如：教科书、文章)。

步骤 2 的输出包括：

(1) 带有分类词汇表的数据字典。

(2) 类型/继承层次结构。

(3) 通用的高层框图/体系结构。

(4) 用于领域中不同应用方面的数据流图和控制流图。

(5) 该领域中基本原则和元素间的关系。

步骤 2 的验证过程包括：

(1) 领域专家同意字典和分类词汇表的完整性和正确性。

(2) 领域专家同意领域描述文档的完整性和正确性。

(3) 领域专家同意高层需求规格说明文档的完整性和正确性。

(4) 领域专家同意数据流图和控制流图的完整性和正确性。

9.4.3 步骤 3——定义/求精特定领域的设计和实现约束

在本步骤中，首先要详细讨论的是"约束"的概念。我们在前面讲过，在本过程中，区分描述问题空间的"需求"概念和描述解决方案空间的"约束"概念。这是因为，人们发现应用领域中存在着两类需求：稳定的——不随应用程序改变的；变化的——随着应用程序改变的。一般来说，稳定的需求是关于"做什么"的问题，而变化的需求是关于"怎么样"的问题。例如，"做些什么"反映了稳定的需求，而"有多快""有多准确"等反映了变化的需求。本过程中的"需求"和"约束"概念就是对这一认识的扩展，用"约束"的概念来描述这些变化的需求。本步骤的目标就是描述这些解决方案空间中的特点。

步骤 3 可以进一步细化。

1. 定义体系结构的约束

本步骤确定可能的系统实现中各个方面存在的约束，包括硬件、软件、性能约束等。需要注意的是，从这一阶段开始，软件工程师开始起到越来越重要的作用。一般来说，需要在不同的细节层次回答下面的两个问题：

- 对步骤 2 中标识出的元素有哪些技术依赖？
- 各元素分别有哪些设计实现依赖？

(1) 定义软件约束。该步骤中的问题是：

- 系统的实现将使用哪种或哪些程序设计语言？
- 构件将与何种操作系统或运行系统相交互？将采用什么数据库管理系统？遵循什么通信协议？该软件必须符合哪些外部软件接口或软件开发标准？
- 系统用户通常需要什么文档？
- 怎样定义系统的语义模型？

(2) 定义硬件/物理约束。该步骤中的问题是：

- 该领域中的应用系统可能会运行在什么平台上？采用什么样的人机界面？
- 用户可能会希望系统与哪些硬件设备有接口？
- 构成该领域中的应用系统的独立元素有哪些空间约束？应用系统有哪些空间约束？

(3) 定义性能约束。该步骤中的问题是：构成该领域中的应用系统的独立元素有哪些时间约束？应用系统有哪些时间约束？

(4) 定义设计约束。该步骤中的问题是：有哪些安全、容错或其他全局设计约束可以被用于该领域的应用？

2. 确定元素和约束之间的关系

本步骤的目标是把步骤 3.1 中确定的一般设计和实现约束映射到 DSSA 需求和步骤 2 中确定的元素上。该步骤中的问题是：

- 步骤 2 中的哪些元素受步骤 3.1 中确定的约束的影响？
- 这些元素受到了怎样的影响？设计和实现时需要考虑到哪些平衡调整？

3．评估完整性，并在必要时进行迭代

同样，这一步骤也可能是一个反复迭代的过程，直到每个需求和元素都达到所期望的细节层次。

步骤 3 的输入包括：

(1) 步骤 1 的输出，尤其是框图。

(2) 步骤 2 的输出，尤其是体系结构、控制流图、数据流图与基本原则。

步骤 3 的输出包括：

(1) 该领域中的应用系统所用到的硬件的约束列表。

(2) 该领域中的应用系统所用到的软件的约束列表。

(3) 作为该领域中的应用系统的组成部分的软件的约束列表。

(4) 该领域中的应用系统的性能约束列表。

(5) 该领域中的应用系统的设计约束列表。

(6) 该领域中的应用系统的实现约束列表。

(7) 对该领域中的功能元素和约束的交叉索引。

步骤 3 的验证过程包括：

(1) 领域专家同意所确定的约束的完整性和正确性。

(2) 潜在用户或市场人员同意所确定的约束的完整性和正确性。

9.4.4　步骤 4——开发领域模型/体系结构

前面 3 个步骤的重点是领域分析，即明确地掌握领域知识。通常这些知识对领域专家而言是普通的、隐含的。步骤 4 和步骤 5 处理特定领域体系结构的设计和分析，以及可重用的软件构件。在本步骤中，所处理的抽象单元是模型或模块。正如传统的自顶向下的设计所做的那样，一个高层的系统设计(或体系结构)可以被分解成子系统(或面向对象方法学中的框架)，这些子系统本身又可以在更详细的抽象层次上进一步分解。

对于同一应用领域，可能需要多种不同的体系结构(高层设计)，这是因为对系统的实现可能有着多种不同的约束。例如，大规模并行主机环境与顺序单处理器主机环境所需要的软件体系结构就不相同。因此，可能必须要设计多种 DSSA 来满足前面确定的需求和约束。

本步骤的目标是得出通用的体系结构、定义模块或构成它们的构件的语法和语义。

步骤 4 可以进一步细化。

1．定义一个特定领域的软件体系结构

(1) 定义通用的高层设计。

该步骤中的问题是：

• 以前面步骤中确定的约束为基础，该领域中的应用程序的通用的高层设计大概是什么样的？

• 为了处理前面步骤中确定的所有约束，是否需要多个体系结构？

(2) 确定构件/模块。

该步骤中的问题是：构成高层设计/体系结构的构件有哪些？

(3) 定义决策分类。

以前面确定的选择、约束为基础，领域工程师应当构造一组问题，用来让最终用户能够按照特定环境的需求和约束来配置体系结构。注意，这一决策分类可以用专家系统中的"规则"的形式来表示。该步骤中的问题是：

- 最终用户对于一个取值的首选项是什么？可供选择的值有哪些？
- 某些值的选取会对其他值的选定造成什么样的约束？
- 这一设计决策的缺省值是什么？如何决定缺省值？下一个要做的设计决策是什么？

(4) 记录设计问题、平衡调整和设计基本原理。

本步骤中要记录的信息是前面步骤中所收集的信息的集合。该步骤中的问题是：在什么环境下，某些选择要受其他选择的影响？如果某一选择不可用，有哪些可替换的选项？

2. 定义模块

(1) 定义模块的接口。

该步骤中的问题是：

- 该模块与哪些操作相关？该模块中的操作与哪些数据类型相关？
- 该模块与哪些错误或异常相关？与哪些常数相关？与哪些数据对象相关？
- 该模块与哪些问题、决策、基本原则等相关？

(2) 指定每个模块的语义。

该步骤中的问题是：

- 该模块的功能行为是什么？
- 该模块的登录和退出的条件是什么？
- 该模块的错误或异常的处理行为是怎样的？

(3) 指定每个模块的约束。

以前一步骤中收集的信息为基础，可以发现每个模型的解决方案空间都受到各种类型的条件的约束。本步骤的目标是把这些约束和单个模块关联起来。

① 指定性能/时间约束。

该步骤中的问题是：对该模块要应用哪些性能或时间约束？

② 指定依赖(分层)约束。

该步骤中的问题是：该模块需要导入哪些模块/数据？

③ 指定顺序(操作)约束。

该步骤中的问题是：

- 该模块中的操作的调用或时间序列是什么？
- 该模块与其他模块的操作的调用或时间序列是什么？

④ 指定系统设计约束。

该步骤中的问题是：

- 该模块与哪些设计约束相关？
- 该模块需要遵循哪些实现标准？

(4) 指定每个模块的性能特点。

该步骤中的问题是：基于特定的数据值，该模块中的操作的执行需要多少时间？

(5) 确定每个模块的配置参数。

在创建一个 DSSA 时，单点解决方案(Single-Point Solution)并不理想。本步骤的目标是，创建多点解决方案，通过调整和配置参数提高在不同环境中的重用机会。该步骤中的问题是：

- 以步骤 4.1.(3)中的决策分类和步骤 2.1.(5)中确定的概念间的关系为基础，在满足该领域的约束的前提下，怎样把这一模块参数化来扩展它的应用领域？
- 是否能出于未来的调整的考虑，为模型设计特殊的接口？

(6) 记录设计问题、平衡调整和设计基本原理。

该步骤中的问题是：

- 在接口设计中遇到了哪些问题？
- 有哪些可替换的方法可供采用？为什么？
- 为什么要按照现在的这种方式对事物进行处理？

3．把模型和元素、需求连接起来

这一步骤的目标是创建一个有关需求的交叉连接矩阵，用于显示哪些模型满足哪些需求，以及问题空间的哪些部分已经被建模。该步骤中的问题是：

- 这些模块怎样与步骤 2 中定义的概念联系起来？
- 哪些模块按照何种约束满足哪些需求？
- 是否所有的需求都已经得到了满足？
- 是否所有的模块都至少满足一项用户需求？
- 该领域中的哪些部分已经被建模？这样做是出于何种目的？

4．评估结果，并在必要时进行迭代

与前面的步骤类似，这一步骤可能需要反复迭代，直到每个模型/模块达到了所期望的细节层次。该步骤中的问题是：

- 可以定义哪些更进一步的子系统？
- 需要对当前定义 DSSA 的模型/模块、体系结构进行(或记录)哪些进一步分析？

步骤 4 的输入包括：

本步骤的输入由先前步骤的输入和输出构成。

步骤 4 的输出包括：

(1) 特定领域的软件体系结构。

(2) 特定领域的模型和分析结果。

(3) 模型/模块/子系统和步骤 2 中确定的需求之间的映射。

(4) 模型/模块/子系统和步骤 2 中确定的概念之间的映射。

(5) 模型/模块/子系统和步骤 2 中定义的字典中的术语之间的映射。

步骤 4 的验证过程包括：

(1) 领域专家(系统分析员)同意所定义的模型的完整性和正确性。

(2) 领域专家(软件工程师)同意所描述的模块的接口的完整性和正确性。

(3) 领域专家同意所出现的问题和所确定的基本原则。

9.4.5 步骤 5——生成/收集可重用的工作产品

本步骤的重点是通过创建可在该领域的新应用中重用的构件推广该 DSSA。显然，如果领域分析的目的是为现有的系统构建一个支持知识库，那么是不需要这一步骤的。参与到这一步骤中来的领域专家应当是曾经在该领域中创建过应用系统的软件工程师。他们是确定现有的可重用构件，或那些可用作其他可重用构件的基础的构件的最适当人选。此外，还可以考虑从其他领域导入可重用构件。

步骤 5 可以进一步细化。

1．确定可重用的工作

本步骤的目标是如何确定将在该领域中得以应用的构件的最佳来源。在满足步骤 4.2 中定义的接口的语法和语义的前提下，可供选择的几个选项是制作、购买或修改。

(1) 确定 COTS 构件。

该步骤的问题是：

哪些可从市场上直接购买到的软件构件能符合步骤 4.2 中定义的模块接口的规格说明？

(2) 确定机构内部构件。

该步骤的问题是：

哪些现存的机构内部软件构件能符合步骤 4.2 中定义的模块接口的规格说明？

(3) 决定参数化/可配置层次。

该步骤的问题是：

基于步骤 2 中确定的约束，哪些参数对于相关的模块是有意义的？

(4) 决定必要的修改。

该步骤的问题是：

• 需要对候选模块进行修改吗？如果需要，那么大概要花费多少？另一方面，如果不是修改模块，而是修改步骤 4.2 中定义的规格说明，又会有什么结果？

• 步骤 3 中确定的约束会怎样影响所需模块的软件构件的设计和实现？

2．开发每个模块

(1) 实现每个模块。

该步骤的问题是：

各个模块应当用哪种或哪些语言实现？

(2) 测试每个模块。

该步骤的问题是：

为了能把构件纳入 DSSA 环境中，存在哪些测试标准？

(3) 为每个模块编写文件。

该步骤的问题是：

在 DSSA 环境中需要开发或遵循哪些文档标准？

(4) 记录设计问题，平衡调整和设计基本原理。

和前面的这类子步骤相似，本步骤所提出的问题是：

- 为什么要按照现在的这种方式对事物进行处理?
- 是否有其他的方式完成它?
- 在决定构件的实现时,做出了哪些折中?
- 为了适用性和可配置性,在速度和复杂性方面做了哪些折中?

3. 把制品和模型、元素、需求连接起来

领域工程师应当创建几个交叉索引矩阵,用这些交叉索引矩阵把步骤 4 中实现的可重用软件构件与前面步骤中确定的特定领域资源(如概念、需求、约束、模型/模块等)相互关联起来。该步骤中的问题是:

- 怎样实现步骤 2 中确定的关键元素?
- 步骤 2 中确定的需求是怎样满足的?
- 怎样对步骤 2 中确定的需求进行测试?
- 步骤 3 中确定的约束是怎样满足的?
- 怎样测试步骤 4 中定义的模块的语义?

步骤 5 的输入包括:

本步骤使用步骤 4 中定义的接口规格说明,以及步骤 1 中确定的现存系统中的相关制品。

步骤 5 的输出包括:

(1) 可重用的构件,以及相关测试用例和相关的文档。

(2) 从构件到需求、约束和体系结构的交叉索引矩阵。

步骤 5 的验证过程包括:

(1) 软件工程师同意文档、参数化层次和系统实现的正确性。

(2) 要能够证明:使用本过程生成的体系结构和构件能够构造新的应用系统。

9.5 本章小结

软件开发人员在重用软件时所遇到的问题之一是:缺乏可用的软件制品,或现存的软件制品难以集成。为了解决这类问题,人们提出了特定领域的软件体系结构 DSSA 的概念。DSSA 是目前软件体系结构与实际应用结合的一个重要的、有效的途径。它是通过充分挖掘系统所在领域的共同特征,提炼出领域的一般需求,抽象出领域模型,归纳总结出这类系统的软件开发方法,以便于指导领域内其他系统的开发,提高软件质量和开发效率、节省软件开发成本。

本章首先介绍了 DSSA 的一些基本概念,包括 DSSA 的发展、定义以及它和体系结构风格的比较;然后介绍了 DSSA 的基本活动和各类参与 DSSA 的人员。最后,详细描述了 Will Tracz 提出的特定领域的软件体系结构的开发过程,该过程主要包括以下 5 个步骤:

(1) 定义领域分析的范围。

(2) 定义/求精特定领域的元素。

(3) 定义/求精特定领域的设计和实现约束。

(4) 开发领域模型/体系结构。

(5) 产生/收集可重用的工作产品。

每个步骤都包含一系列的待回答问题，所需输入的列表，所生成的输出的列表，验证标准。每个步骤还包括若干子步骤。而且，这一过程是并发的、递归的、迭代的，因此可能要多次经历某一步骤，每次处理新的细节层次。

习　题

1. DSSA 适用于哪些场合?

2. 简述参与 DSSA 的各类人员所承担的任务，你是怎么理解的?

3. 本章给出了对 DSSA 的不同的定义，它们有哪些共同点? 哪些侧重点? 你更赞同哪种认识? 为什么?

4. 选择一个你熟悉的或曾经开发过相关应用系统的领域，参照 Tracz 提出的特定领域的体系结构的开发过程中的各个步骤以及各步骤中的参考问题，尝试开发你所选择的这一领域的 DSSA。

第10章　软件体系结构集成开发环境

在软件工程领域，计算机辅助软件工程(CASE)工具的开发已经成为一项重要的研究内容。类似地，软件体系结构的计算机辅助实现手段也是相当重要的。近年来，越来越多的研究者注重对体系结构开发工具进行研究，以帮助实践者构造领域特定的体系结构设计。

几乎每种体系结构都有相应的原型支持工具，支持工具根据体系结构的不同侧重，具有不同的应用功能。这些工具包括 UniCon、Aesop 等体系结构支持环境，C2 的支持环境 ArchStudio，支持主动连接件的 Tracer 工具。另外，还出现了很多支持体系结构的分析工具，如静态分析工具、类型检查工具、层次结构层依赖分析工具、动态特性仿真工具、性能仿真工具等。这一章将探讨软件体系结构集成开发环境的具体功能，并介绍两个较为著名的软件体系结构集成开发环境，分别是加州大学欧文分校的软件研究员开发的基于软件体系结构的开发环境 ArchStudio 4 和卡耐基梅隆大学 ABLE 项目组开发的 AcmeStudio 环境。

10.1　软件体系结构集成开发环境的作用

软件体系结构集成开发环境基于体系结构形式化描述从系统框架的角度关注软件开发。体系结构开发工具是体系结构研究和分析的工具，给软件系统提供了形式化和可视化的描述。它不但提供了图形用户界面、文本编辑器、图形编辑器等可视化工具，还集成了编译器、解析器、校验器、仿真器等工具；不但可以针对每个系统元素，还支持从较高的构件层次分析和设计系统，这样可以有效地支持构件重用。具体来说，软件体系结构集成开发环境的功能可以分为以下 5 类。

1. 辅助体系结构建模

建立体系结构模型是体系结构集成开发环境最重要的功能之一。集成开发环境的出现增加了软件体系结构描述方法的多样性，摒弃了描述能力低的非形式化方法，摆脱了拥有繁杂语法和语义规则的形式化方法。开发者只需要经过简单的操作就可以完成以前需耗费大量时间和精力的工作。形式化时期建模是将软件系统分解为相应的组成成分，如构件、连接件等，用形式化方法严格地描述这些组成成分及它们之间的关系，然后通过推理验证结果是否符合需求，最后提供量化的分析结果。而集成开发环境提供了一套支持自动建模的机制以完成体系结构模型的分析、设计、建立、验证等过程。用户根据不同的实际需求、应用领域和体系结构风格等因素选择不同的开发工具。

2．支持层次结构的描述

随着软件系统规模越来越大、越来越复杂，只使用简单结构无法表达，这时就需要层次结构的支持，因此开发工具也需要提供层次机制。图 10-1 描述了一个简单的具有层次结构的客户端/服务器系统。

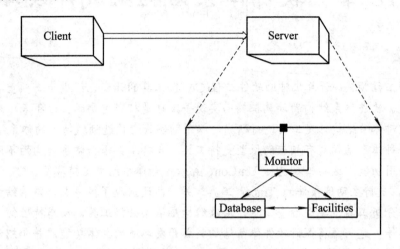

图 10-1　层次构件

系统由客户端和服务器两个构件组成，客户端可以向服务器传输信息。服务器是一个包含了 3 个构件的复杂元素，内部构件之间相互关联形成了一个具有独立功能的子系统，子系统通过接口与外界交互。体系结构集成开发环境提供了子类型和子体系结构等机制来实现层次结构。用户还可以根据需要自定义类型，只需将这种类型实例化为具体的子系统即可。类似构件、连接件也可以通过定义新类型表达更复杂的信息。

3．提供自动验证机制

几乎所有的体系结构集成开发环境都提供了体系结构验证的功能。体系结构描述语言解析器和编译器是集成开发环境中必不可少的模块。除此之外，不同的集成开发环境根据不同的要求会支持特定的检验机制。Wright 提供模型检测器来测试构件和连接件死锁等属性，它通过一组静态检查来判断系统结构规格说明的一致性和完整性，同时还支持针对某一特定体系结构风格的检查；C2 通过约束构件和连接件的结构和组织方式来检查一致性和完整性； SADL 利用体系结构求精模式概念保证使用求精模式的实例的每一步求精过程都正确，采用这种方式能够有效地减少体系结构设计的错误；ArchStudio 中的 Archlight 不但支持系统的一致性和完整性检查，还支持软件产品线的检测。

集成开发环境的校验方式可分为主动型和被动型两种。主动型是指在错误出现之前采取预防措施，是保证系统不出现错误状态的动态策略。它根据系统当前的状态选择恰当的设计决策保证系统正常运行。例如，在开发过程中阻止开发者选择接口不匹配的构件；集成开发环境不允许不完整的体系结构调用分析工具。被动型是指允许错误暂时存在，但最终要保证系统的正确性。被动型有两种执行方式，一种允许预先保留提示错误稍后再作修改，另一种必须强制改正错误后系统才能继续运行。例如，在 MetaH 的图形编辑器中，启动"应用"按钮之前必须保证系统是正确的。

4．提供图形和文本操作环境

体系结构集成开发环境是开发者研究体系结构的可视化工具和展示平台，它具有友好的图形用户界面和便捷的操作环境。体现在以下 4 个方面：

(1) 集成开发环境提供了包含多种界面元素的图形用户界面，例如工具栏、菜单栏、导航器视图、大纲视图等。工具栏显示了常用命令和操作；视图以列表或者树状结构的形式对信息进行显示和管理。

(2) 集成开发环境提供了图形化的编辑器，它用形象的图形符号代表含义丰富的系统元素，用户只需选择需要的图形符号，设置元素的属性和行为并建立元素之间的关联就可以描绘系统了。例如，Darwin 系统提供基本图元代表体系结构的基本元素，用空心矩形表示构件，直线表示关联，圆圈表示接口；每个图元都有自己的属性页，通过编辑构件、关联和接口的属性页来设置体系结构的属性值。

(3) 集成开发环境利用文本编辑器帮助开发者记录和更新体系结构配置和规格说明。通常，集成开发环境会根据模型描述的系统结构自动生成配置文档。当模型被修改时，它的文本描述也会发生相应的变化，这种同步机制保证了系统的一致性和完整性。

(4) 集成开发环境还支持系统运行状态和系统检测信息的实时记录，这些信息对分析、改进和维护系统都很有价值。

5．支持多视图

多视图作为一种描述软件体系结构的重要途径，是近年来软件体系结构研究领域的重要方向之一。随着软件系统规模不断增大，多视图变得更为重要。每个视图都反映了系统内相关人员关注的特定方面。多视图体现了关注点分离的思想，把体系结构描述语言和多视图结合起来描述系统的体系结构，能使系统更易于理解，方便系统相关人员之间相互交流，还有利于系统的一致性检测以及系统质量属性的评估。图形视图和文本视图是两种常见的视图。图形视图是指用图形图像的形式将系统的某个侧面表达出来。它是一个抽象概念，不是指具体的哪一种视图。逻辑视图、物理视图、开发视图等都属于图形视图。同样，文本视图是指用文字形式记录系统信息的视图。此外，还存在很多特殊的体系结构集成开发环境特有的视图，例如 Darwin 系统中的分层系统视图、ArchStudio 的文件管理视图、Aesop支持特定风格形象化的视图等。

10.2　体系结构 IDE 原型

现在出现了越来越多的体系结构集成开发环境来满足种类繁多的体系结构和灵活多变的需求。尽管这些集成开发环境针对不同的应用领域，适用不同体系结构，但是它们都依赖相似的核心框架和实现机制。把这些本质的东西抽象出来可以总结出一个体系结构集成开发环境原型。该原型只是一个通用的框架，并不能执行任何实际的操作，但它可以帮助开发人员深入理解开发工具的结构和工作原理。下面结合 XArch(eXtensible Architecture Research System)系统来介绍原型。

从集成开发环境的工作机制看，原型是三层结构的系统。最上层是用户界面层，它是系统和外界交互的接口。中间层是模型层，它是系统的核心部分，系统重要的功能都被封装在该层。这层通过接口向用户界面层传输数据，用户界面层要依赖这一层提供的服务才能正常运行。底层是基础层，它覆盖了系统运行所必需的基本条件和环境，是系统正常运行的基础保障。此外，模型层和用户界面层的正常运行还需要映射模块的有效支持，映射文件将指导和约束这两层的行为如图 10-2 原型框架所示。

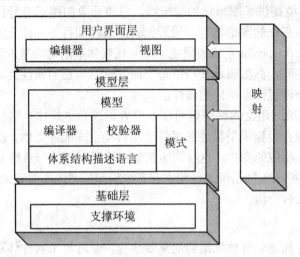

图 10-2 原型框架

10.2.1 用户界面层

用户界面层是用户和系统交互的唯一渠道，用户需要的操作都被集成到这一层。这些操作可以通过编辑器和视图来实现。编辑器是开发环境中的可视构件，它通常用于编辑或浏览资源，允许用户打开、编辑、保存处理对象，类似其他的文件系统应用工具，如 Microsoft Word，执行的操作遵循"打开—保存—关闭"这一生命周期模型。同一时刻工作台窗口允许一个编辑器类型的多个实例存在。视图也是开发环境中的可视构件，它通常用来浏览分层信息、打开编辑器或显示当前活动编辑器的属性。与编辑器不同的是，同一时刻只允许特定视图类型的一个实例在工作台存在。编辑器和视图可以是活动的或者不活动的，但任何时刻只允许一个视图或编辑器是活动的。

XArch 系统的工作台是一个独立的应用窗口，包含了一系列视图和编辑器。工作台基于富客户端平台(Rich Client Platform)，它最大的特点是支持用户建立和扩展自己的客户应用程序。如果现有的编辑器不能满足需求，用户可以灵活地在接口上扩展新的功能。

图 10-3 显示了 XArch 系统的部分编辑器和视图。左侧的资源管理器视图将系统所有的信息以树状结构显示出来；右边的属性视图显示了考察对象的属性和属性值；下面是记录系统重要状态的日志视图。占据工作台最大区域的是中间的编辑器，是主要的操作场所。为了满足相关人员不同的需求，系统支持多视图。系统用标签对多个视图进行区分和管理，用户可通过选择标签在不同视图间转换。

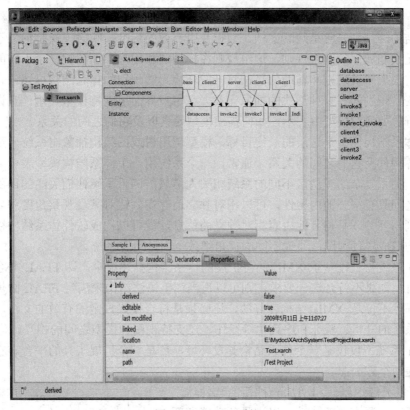

图 10-3　XArch 系统

10.2.2　模型层

模型层是系统的核心层，系统的大部分功能都在这一层定义和实现，它主要的任务是辅助体系结构集成开发环境建立体系结构模型。

体系结构描述语言文档是系统的输入源。有的体系结构集成开发环境对描述语言的语法有限制或约束，这就需要修改语言的语法与其兼容。输入的体系结构文档是否合法有效，是由专门的工具来检验的。此处的编译器不同于往常的把高级程序设计语言转化为低级语言(汇编语言或机器语言)的编译器，它是一个将体系结构描述转化为体系结构模型的工具。为实现此功能，编译器一般要完成下列操作：词法分析、解析、语义分析、映射、模型构造。

词法分析是遵循语言的词法规则，扫描源文件的字符串，识别每一个单词，并将其表示成所谓的机内 token 形式，即构成一个 token 序列；解析过程也叫语法分析，是指根据语法规则，将 token 序列分解成各类语法短语，确定整个输入串是否构成一个语法上正确的程序，它是一个检查源文件是否符合语法规范的过程；语义分析过程将语义信息附加给语法分析的结果，并根据规则执行语义检查；映射是根据特定的规则，如映射文档，将体系结构描述语言符号转换成对应的模型元素的过程；模型构造紧跟着映射过程，它把映射得到的构件、连接件、接口等模型元素按语义和配置说明构造成一个有机整体。

在编译器工作的过程中会有一些隐式约束的限制，例如类型信息、构件属性、模块间的关系等。校验器是系统最主要的检查测试工具，采用显示检验机制检查语法语义、类型不一致性、系统描述二义性、死锁等错误，以保证程序正常运行；模式是一组约束文档结构和数据结构的规则，它是判断文档、数据是否有效的标准；映射模块是抽象了体系结构描述语言元素和属性的一组规则，这组规则在模型层和用户界面层担任了不同的角色。在模型层，它根据映射规则和辅助信息，将开发环境无法识别的体系结构描述语言符号映射成可以被工具识别的另一种形式的抽象元素。在用户界面层支持模型显示，它详细定义了描述语言符号如何在模型中表示，如何描绘模型元素以及它们之间的关系。

建立体系结构模型是这层的最终目标，模型层用树或图结构抽象出系统，形象地描述了系统的各构件及它们之间的关系。通常，一个系统用一个体系结构模型表示。对于一个规模庞大、关系复杂的模型，不同的系统相关人员只需侧重了解他们关注的局部信息，而这些信息之间具有很强的内聚性，可以相对独立地存在。针对某一观察角度和分析目的，提取一系列相互关联且与其他内容相对独立的信息，就可以构成软件体系结构视图。一个模型可以构造成多种视图，通过不同的视角细致全面地研究系统。

XArch 系统只处理基于 XML 的可扩展的体系结构描述语言，即 FEAL 兼容的体系结构描述语言，如果不符合这一要求，则可以适当调整语法结构来满足 FEAL 的规范。软件体系结构描述不仅是 XML 结构良好的，还必须是符合模式规定的有效的文档。该系统不但支持对系统的分析、验证和序列化等操作，还支持视图和模型之间的相互转化。

XArch 系统不仅仅是一个体系结构开发环境，还是一个扩展工具的平台。它的扩展性主要体现在两个方面：

(1) 可以灵活地创建和增加一种新的软件体系结构描述语言或语言的新特性，以满足新功能和新需求。如图 10-4 ADL、FEAL 和 MODEL 的关系所示，系统通过引入一个中间介质 FEAL，使模型脱离与体系结构描述语言的直接联系，从而拓展了体系结构描述语言符号到模型元素固定的对应关系。体系结构描述语言的元素首先根据映射规则被映射为 FEAL 元素(FEC)的形式，FEC 再对应到相应的模型的构件。因此，只要体系结构描述语言符号到 FEC 的映射是有效的，那么无论哪种体系结构描述语言都可以构造对应的体系结构模型。当新的体系结构描述语言或新的语言特性出现时，只需修改映射规则就能有效地支持。

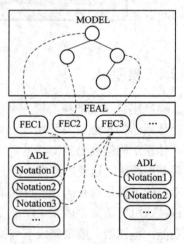

图 10-4　ADL、FEAL 和 MODEL 的关系

(2) XArch 系统提供了一系列可扩展的可视化编辑接口，支持定义新界面元素。

10.2.3　基础层

基础层是系统的基本保障，涵盖了系统运行所需的软/硬件支撑环境，它还对系统运行时所用的资源进行管理和调度。通常，普通的简单配置就可以满足系统运行需求，但是有的体系结构集成开发环境需要更多的支持环境。例如，ArchStudio 4 作为 Eclipse 的插件，必须在 Java 和 Eclipse 环境下运行。

10.2.4　体系结构集成开发环境设计策略

目前，集成开发环境都很注重体系结构的可视化和分析，有的也在体系结构求精、实现和动态性上具有强大的功能。体系结构开发环境原型提供了一个可供参考的概念框架，它的设计和实现需要开发人员的集体努力。下面是体系结构集成开发环境设计的 3 条策略。

(1) 体系结构集成开发环境的设计必须以目标为向导。

集成开发环境的开发遵循软件开发的生命周期，需求分析是必需且非常重要的阶段。开发者只有明确了实际需求，才能准确无误地设计。无论是软件本身还是最终用户都有很多因素需要确认。例如，集成开发环境可以执行什么操作？怎么执行？它的结构怎样？哪一种体系结构描述语言和体系结构风格最适合它？哪些用户适合使用该系统？怎样解决系统的改进和升级？这些问题给设计者提供了指导和方向。

(2) 为了设计一个支持高度扩展的体系结构集成开发环境，必须区分通用和专用的系统模块。

通用模块部分是所有集成开发环境都必备的基础设施，例如支撑环境、用户界面等。但是不同的体系结构集成开发环境针对不同的领域需要解决千差万别的问题，因此每种体系结构集成开发环境都有自己的特点。例如，Rapide 的开发环境建立一个可执行的仿真系统并提供检查和过滤事件的功能，以此来允许体系结构执行行为的可视化；SADL 的支持工具支持多层次抽象和具有可组合性的体系结构的求精。它要求在抽象和具体的体系结构之间建立名字映射和风格映射，两种映射通过严格的验证后，才能保证两个体系结构在求精意义上的正确性。这样可以有效地减少体系结构设计的错误，并且能够广泛、系统地实现对设计和正确性证明的重用。

(3) 合理使用体系结构集成开发环境原型。

原型框架为可扩展性开发工具的设计提供了良好的接口。例如 XArch 系统可以通过添加语言符号或定义 FEAL 兼容的体系结构描述语言来扩展现有的功能。这样，体系结构专用的功能就可以作为动态插件应用到集成开发环境中，增强开发工具的功能，扩大它的使用范围。

10.3　基于软件体系结构的开发环境 ArchStudio 4

10.3.1　ArchStudio 4 的作用

ArchStudio 4 是美国加州大学欧文分校的软件研究院开发的面向体系结构的基于 xADL2.0 的开源集成开发环境。它除了具备普通体系结构建模功能外，还提供了对系统运行时刻和设计时刻的元素的建模支持，类似版本、选项和变量等更高级的配置管理观念，以及对软件产品线体系结构的建模支持。

ArchStudio 4 在前一版的基础上添加了新的特性和功能，在可扩展性、系统实施和工程性上有新的发展。ArchStudio 4 的作用主要体现在基本功能和扩展功能两方面。它不但实现了建模、可视化、检测和系统实施等基本功能，还良好地支持这些功能的扩展。

(1) 建模。作为软件体系结构开发辅助工具，ArchStudio 4 最主要的功能就是帮助用户用文档或者图形方式表达设计思想。模型像建筑蓝图一样从较高的角度把系统抽象成一个框架，抽象的结果将以 XML 的形式存储和操作。用户可以利用系统多个视角对该模型进行考察和研究。此外，ArchStudio 4 还支持体系结构分层建模、软件产品线建模，而且可以时刻监视变化的体系结构。

(2) 可视化。ArchStudio 4 提供了多种可视化的构件，例如视图和编辑器。视图和编辑器用文本或图形方式形象化体系结构描述，例如 Archipelago、ArchEdit、Type Wright 等工具，同时也给系统涉众提供了交互和理解的平台。

(3) 检测。ArchStudio 4 集成了功能强大的体系结构分析和测试工具 Schematron。它通过运行一系列预定的或用户定义的测试来检查系统。Archlight 根据标准来自动测试体系结构描述的正确性、一致性和完整性等。检查出来的错误会显示出来，同时帮助用户定位出错的地方并提供修改途径和方法。

(4) 实施。它帮助将体系结构运用到实施的系统中。ArchStudio 使用自己的体系结构设计思想和方法来实现自身。ArchStudio 4 本身的体系结构是用 xADL2.0 详细描述的，这些文件都是实施的一部分。一旦 ArchStudio 4 在机器上运行，它的体系结构描述将被解析，这些信息将被实例化并连接到预定的构件和连接件上。

除此以外，ArchStudio 4 对上述的功能提供了良好的扩展机制。它基于 xADL2.0，而 xADL2.0 是模块化的，不是一个独立的整体。它没有将所有词法和语法一起定义，而是采用根据 XML 模式分解模块的方式。如图 10-5 xADL2.0 结构所示，每个模块相互分裂，侧重实现系统的某一功能，4 个模块都与中间的模块交互，5 个模块共同组成了一个有机的系统。例如，可将构件和连接件分解为多个相互关联的模块。目前，模块技术已经能处理构件和连接件等低层次的构件，还能处理软件产品线、实施映射、体系结构状态。ArchStudio 4 根据模式自动生成一个数据绑定库以便为别的工具提供共享功能。这样，用户就可以扩展 xADL 语言的新特性并自动生成支持新特性交互的库。总之，ArchStudio 4 在 xADL2.0 的支持下允许开发者定义新的语义和规则去获取更多的数据信息来满足新的需求(如图 10-6 ArchStudio 4 的工具所示)。

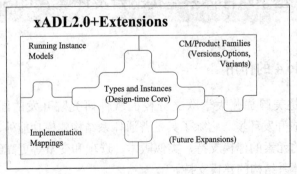

图 10-5　xADL2.0 结构

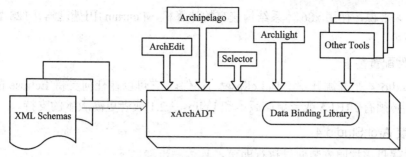

图 10-6　ArchStudio 4 的工具

(5) 可扩展的建模。开发 ArchStudio 4 的目标就是要实现体系结构建模的可扩展性。它基于可扩展的体系结构描述语言 xADL2.0，利用添加新的 XML 模式来支持模型扩展。

(6) 可扩展的可视化。可视化编辑器利用可扩展的插件机制添加对新体系结构描述语言元素编辑的功能。

(7) 可扩展的检测。用户可以在 Schematron 中设计新的测试，也可以集成新的分析引擎来满足高要求的检验。在 ArchStudio 4 中，所有的检测工具都作为 Archlight 插件使用，因此用户可以通过添加插件完成新的测试。Archlight 集成了功能强大的 Schematron XML 分析引擎，别的测试引擎也可以无缝地集成到 Archlight 中如图 10-7 可扩展的检测工具所示。

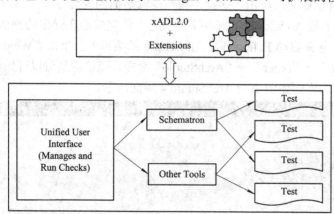

图 10-7　可扩展的检测工具

(8) 可扩展的实施。用户可以灵活地把体系结构与 Myx 框架绑定起来。Myx 是在 ArchStudio 4 建立的体系结构风格。此风格适合开发高性能的、灵活的集成开发环境。Myx-whitepaper 定义了一套构件和连接件的构建规则，提供了定义构件同步和异步交互的模式，同时还规定了哪些构件可以相互约束，确定了构件间直接的或者分层的关系。在 Myx 风格的约束下，构件之间的相对独立有利于构件重用，构件只能通过显示接口与外界传递消息，因此不需对构件重新编码就可以在不同配置的构件间建立联系。此外，动态代理和事件处理机制支持在运行时刻控制连接状态。

10.3.2　安装 ArchStudio 4

1. 硬件配置需求

硬件配置取决于具体的实际应用需求，例如程序规模、程序预期的运行时间等。对于

ArchStudio 4 来说，使用 x86 体系结构兼容的计算机，Pentiun Ⅲ处理器，128 MB 内存以上的配置即可。

2．软件配置需求

ArchStudio 4 是开源开发工具 Eclipse 的插件。它可以在任何支持 Eclipse 的系统上运行。不过，必须有 JRE1.5 或者更高版本和 Eclipse3.2.1 或者更高版本的支持。

3．安装 ArchStudio 4

安装过程只需按照安装向导进行即可，具体的步骤如下：

(1) 在"Eclipse"菜单栏上单击"Help"按钮，在菜单列表中选择"Software Updates"→"Find and Install"命令。

(2) 在弹出的"Install/Updates"窗口中选择"Search for new features to install"选项，单击"Next"按钮。

(3) 在弹出的"Install"对话框中单击"New Remote Site"按钮；分别在"Name"文本框中输入一个名字标识，在 URL 文本框中填写"http://www.isr.uci.edu/projects/archstudioupdate"，确认这些信息后单击"Finish"按钮。

(4) 在弹出的"Updates"窗口中，选择需要安装的属性，这里把所有的属性都选中。然后在许可确认对话框中，单击"同意"按钮继续后面的安装。

等待 Eclipse 下载 ArchStudio 4 和相关工具，下载完成后在弹出的确认下载对话框中确认信息完成安装。重新启动 Eclipse 后，在 Eclipse 的菜单栏上单击"Windows"按钮，选择"Open perspective"→"other"→"ArchStudio"命令，确认后就可以开始使用 ArchStudio 4 了。ArchStudio 4 的界面如图 10-8 ArchStudio 4 界面所示。

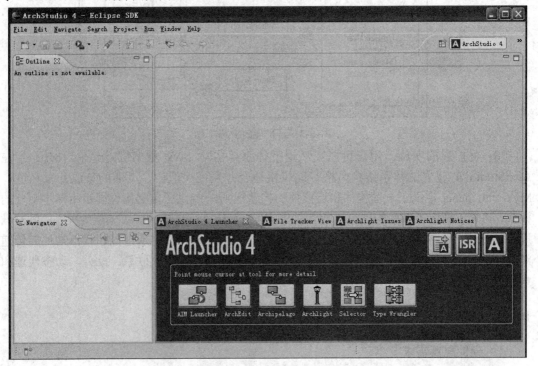

图 10-8　ArchStudio 4 界面

10.3.3　ArchStudio 4 概述

根据分工不同，把 ArchStudio 4 分为两部分：项目、文件夹、文件等资源管理器和完成绝大部分操作的工作台。

1. 资源管理器

工作台的资源有 3 种基本类型：项目、文件夹和文件。文件与文件系统中的文件类似。文件夹与文件系统中的目录类似，文件夹包含在项目或其他文件夹中，文件夹也可包含文件和其他文件夹；项目包含文件夹和文件。与文件夹相似，项目映射为文件系统中的目录。创建项目时，系统会为项目在文件系统中指定一个存放位置。安装了 Eclipse 之后，在安装目录下会创建一个 workspace 文件夹，每当 Eclipse 新生成一个项目时，默认情况下会在 workspace 中产生和项目同名的文件夹，该文件夹将存放该项目所用到的全部文件。可以使用 Windows 资源管理器直接访问或维护这些文件。

2. ArchStudio 4 的工作台

ArchStudio 4 的工作台通过创建、管理和导航资源来支持无缝的工具集成，它可以被划分为 3 个模块：视图、编辑器、菜单栏和工具栏。

1) 视图

打开 ArchStudio 4 的工作窗口发现有 4 个主要窗格，它们拥有特定的属性，代表了不同的视图。主要的视图有：导航器视图、大纲视图和 ArchStudio 4 视图。

(1) 导航器视图如图 10-9 所示。导航器视图是系统资源的导航，以层次结构形象地显示了工程、文件夹、文件以及它们之间的关系。用户可以选择某个文档对其进行查看、编辑或管理等操作，同时也可以选择多个对象进行集合操作。

(2) 大纲视图如图 10-10 所示。大纲视图以树状结构显示了在导航器视图中被选择的系统的内容。该视图按体系结构实例、类型、架构、测试等内容对系统信息进行分类和管理。

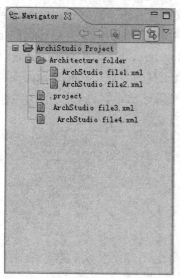

图 10-9　导航器视图

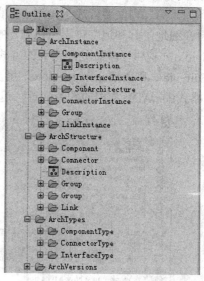

图 10-10　大纲视图

(3) ArchStudio 4 视图如图 10-11 所示。深色背景的窗格显示的是 ArchStudio 4 视图。标签栏和显示区域将窗格分为两部分。标签栏将 6 种 ArchStudio 4 视图有效地集合在一起：ArchStudio 4 Laucher、File Tracker View、Archlight Issues、Archlight Notices、Tasks 和 File Manager View。显示区域将活动视图的具体内容和信息展示出来。

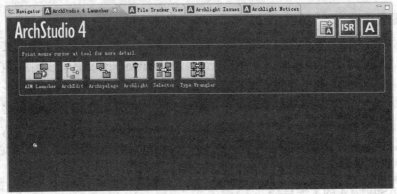

图 10-11　ArchStudio 4 视图

① ArchStudio 4 Launcher。此视图的主要任务是提供打开文档并激活相应的工具。它不执行任何编辑、运行或者检查工作，只是帮助文件导航到需要的操作环境中。任何对文档的操作都委托给编辑器。在窗口的右上角有 3 个快捷按钮，给用户操作提供了便利。第一个按钮上面有文档图标，用于创建一个新的体系结构描述文档；第二个按钮是链接 ISR 网站的快捷方式；第三个按钮是访问 ArchStudio 4 网站的快捷方式。左边 ArchStudio 4 图标下面排列了一组编辑器：ArchEdit、Archipelago、Archlight、Selector 和 Type Wrangler。有两种方式选用编辑器处理文档：用户可以将被处理的文档从导航器视图拖到相应的编辑器上，也可以先单击编辑器再选择要处理的文档。

② Archlight Issuses。ArchStudio 4 使用 Schematron 作为体系结构分析测试工具，测试的结果和相关信息将在 Archlight Issuses 视图中显示。如图 10-12 所示，该视图的第一列是错误图标。第二列简要叙述了检测出的语法错误、语义错误、不一致等错误信息。若用户希望更详细地了解和追踪错误可以右击提示信息，在弹出的信息窗口中有更详细的描述。ArchStudio 4 提供了 4 种处理错误的方式：selector dialog box、type wrangler dialog box、ArchEdit view 和 Archipelago view。第三列显示了检查工具的名称。Schematron 支持定义 XML 格式的 xADL 文档的约束管理，运行时它将按其列筛选出错误。

Summary	Tool
Interface on component must have a direction	Schematron
Connector must have an ID	Schematron
Interface must have an ID	Schematron
Interface must have a description	Schematron
Interface on connector must have a direction	Schematron
Link must have an ID	Schematron
Link must have a description	Schematron
Link point missing anchor-on-interface	Schematron
Anchor-on-interface XLink must have a type	Schematron
Anchor-on-interface Xlink must have type 'simple'	Schematron
Link endpoint should point to an interface	Schematron
Link endpoint should point to an interface	Schematron
Connector Interface must have a signature link	Schematron
Connector Interface must have a signature link	Schematron
Component must have a type link	Schematron
Component Interface must have a signature link	Schematron

图 10-12　Archlight Issuses

③ Archlight Notices。该视图如图 10-13 所示记录了 Schematron 启动后的活动情况。每次启动系统时，Schematron 都会初始化，每执行一次校验也会有相应的信息被记录。

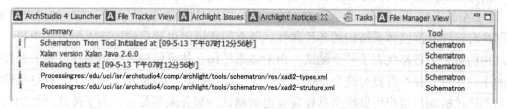

图 10-13　Archlight Notices

④ Tasks。任务视图如图 10-14 所示标记了系统生成的错误、警告和问题，当 ArchStudio 4 发生错误时会自动添加到任务视图中。通过任务视图，可以查看与特定文件及特定文件中的相关联的任务。用户可以新增任务并设置它们的优先级。视图将要执行的任务、所用的资源、路径和位置等信息简要地描述出来，它是管理系统任务简捷的方式。

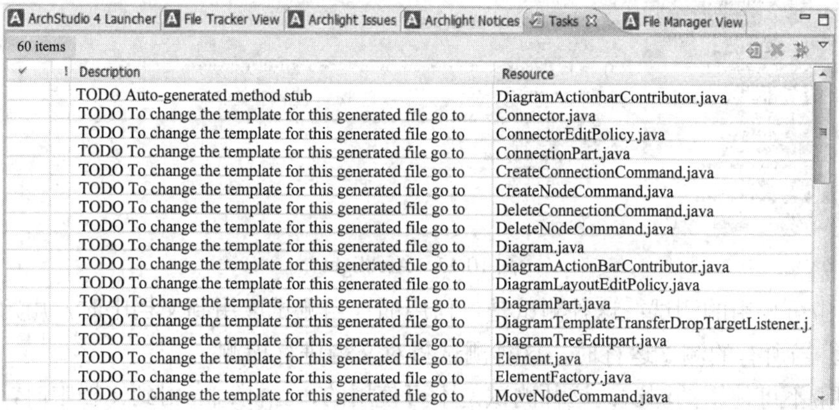

图 10-14　Tasks

2) 编辑器

(1) ArchEdit。ArchEdit 是语法驱动的编辑器，将体系结构用树状结构非代码的方式描述出来。系统遵循 xADL 模式并提供了建模框架。这些现成的建模元素被封装在模块中，对开发人员隐藏了具体的实现细节。虽然有固定的框架，但同时它也能灵活地支持新元素。ArchEdit 不关心元素的语义，只是按照 XML 模式建立行为和接口。因此当新模式加入或原有模式改变时它不须改变，即自动支持新模式。

(2) Archipelago。Archipelago 是语义驱动的编辑器，像 Rational Rose 一样可以用方框和箭头将信息描绘出来。与之不同的是，Archipelago 中的每一个图形元素都赋予了丰富的含义，元素和元素间的关系必须满足一些规范和约束，所有元素有机地组合形成一个整体。

Archipelago 编辑器提供了即点即到的操作方式，双击大纲视图中树状结构的节点，在右边的编辑器中就会以图形方式显示该元素。右击编辑器的空白处可以创建新的图形元素，也可以对选中的元素进行属性编辑和修改。窗格中的图形可以通过滚动条进行缩放。Archipelago 还可以与 ArchEdit 或其他编辑器结合使用。例如，用 Archipelago 描绘的体系结构可以用 ArchEdit 对其求精；ArchEdit 可以对某些 Archipelago 不能直接支持的模式元素进行操作；在 ArchEdit 中创建的元素都会在 Archipelago 编辑器中用图形形象地表示出来，其中的每个细微的修改都能马上在 ArchEdit 中反映出来。

(3) Archlight。Archlight 是 ArchStudio 4 的分析工具框架，提供了一个统一的用户界面，使用户可以选择测试体系结构的各种属性。所有的测试将以树状结构在大纲视图中显示出来，树的每个节点都代表了一个测试。由于体系结构和体系结构风格的多样性以及开发阶段的不同，有时并不需要对整个系统的所有细节进行检测。Archlight 提供了一种可供选择的局部测试机制，用户可以根据具体需要定制测试方案并限制范围。为支持这种机制的运行，系统提供了 3 种测试状态，用户只需选择不同的状态就可以方便地更改测试方案，如图 10-15 Archlight 所示。

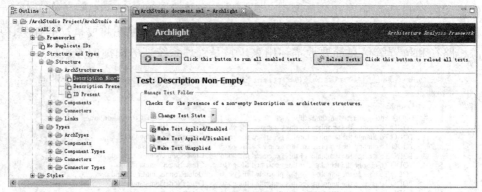

图 10-15 Archlight

- 应用/可使用的测试：这种测试是可使用的，当测试应用到文档中时，用户希望文档通过测试。当所有的测试运行时，这种测试将对文档进行检测。

- 应用/不可使用的测试：这种测试是不可使用的，当测试应用到文档中时，用户也希望文档通过测试。但与第一种不同的是，只有该文档没有其他测试运行时，这种测试才会运行，而检测出来的问题直到测试被重新使能后才会报告。

- 不可应用的测试：这种测试不允许被应用到文档中。意味着用户不希望文档通过此测试，就算当别的测试都运行，这种测试也不会起作用。

测试是否有效取决于测试的工具和测试的状态，文档属于哪一种测试状态直接决定了测试的效果。每种测试工具都希望执行一个或多个测试，每个文档都存储了一系列应用和不可使用的测试。系统为每个测试分配了一个唯一的字符串标识符，用 UID 表示。由测试开发人员创建和管理的标识符对 Archlight 用户是不可见的。测试由标识符唯一标记，即使测试的名称、目的或者位置在树状结构中发生变化，标识符也不会改变。每个文档都存储了每次测试的标识符和测试的状态，如果出现了无效的测试、没有工具支持的测试或者标识符无法识别的测试，那么这些测试将被列入到未知测试中，并且不被执行。但是未知测试仍然与文档保持关联，除非把它们的测试状态改为不可应用的状态。

(4) Selector。选择器的全称是软件产品线选择器，首先介绍一下软件产品线的概念。软件产品线是一族相关的软件产品，它们的体系结构中有很多的部分是共享的，但各自又有特定的变异点。一个产品线中的各个产品可能是为不同地区定制化的，或者是因市场原因实现不同的特征集。而利用 Selector 可以在需要时把某个产品线体系结构简化成另一个小型产品线，或者从整个体系结构中抽取出一部分形成某具体产品的体系结构。

选择器提供了 3 种选择方式：Select、Prune 和 Version Prune，如图 10-16 Product-Line Selector 所示。用户根据实际需求选择其中一种或多种方式执行。

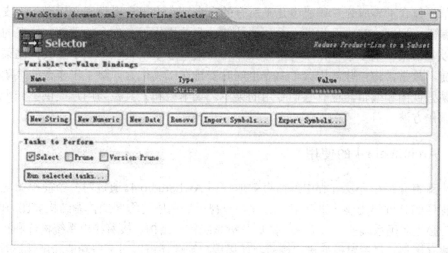

图 10-16　Product-Line Selector

ArchStudio 4 支持对体系结构版本的记录和选择。体系结构模型的各个版本都可以在 ArchStudio 4 中打开并编辑，也可以通过提供 WebDAV 统一资源定位器给 ArchStudio 4 来实例化。体系结构模型在 ArchStudio 中由 xADL2.0 文件描述和记录。它的最新版本将被记录在树干目录中，旧版本被标记后存放到树枝目录中。同一时刻，工作台只允许一个体系结构的目录组织显示出来，而实际上，Subversion 的存储库可以为不同的系统保存多个体系结构。

(5) Type Wrangler。Type Wrangler 如图 10-17 所示。Type Wrangler 为考察体系结构类型提供了帮助和支持，方便用户分析体系结构中的所有类型。可利用它添加或移除接口和签名，并判断构件和连接件是否符合类型一致性要求。

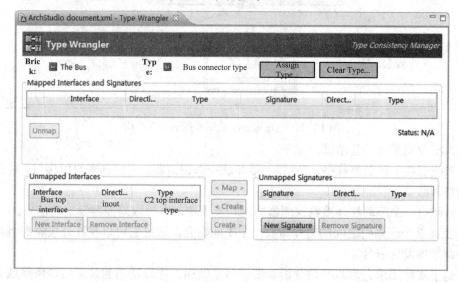

图 10-17　Type Wrangler

3) 菜单栏和工具栏

除了视图和编辑器外，菜单栏、工具栏和其他快捷工具也给用户提供了操作便利。类似视图和编辑器，工作台的菜单栏和工具栏也会根据当前窗口的属性和任务发生变化。

菜单栏包含了集成开发环境中几乎所有的命令，它为用户提供了文档操作、安装脚本程序的编译、调试、窗口操作等一系列的功能。菜单栏位于工作台的顶部、标题的下面。用户可以单击菜单或子菜单完成大部分操作。在菜单下是工具栏，由于工具栏比菜单操作更为便捷，故常常将一些常用菜单命令也同时安排在工具栏上。除了工作台的菜单栏和工具栏，某些视图和编辑器也有它们专用的菜单。菜单栏和工具栏为用户提供了一个方便且迅速的操作方法。

10.3.4　ArchStudio 4 的使用

本小节将介绍在开发过程中怎样有效地使用 ArchStudio 4。通过对一个简单的电视机启动应用程序的分析和建模来讲解整个过程。电视机启动应用程序的体系结构如图 10-18 所示。首先必须明确系统的用户需求，然后分析系统体系结构，接着绘出系统构件和拓扑结构为系统建立模型，最后对模型进行校验。如果用户需要还可以对某些功能和属性进行扩展。

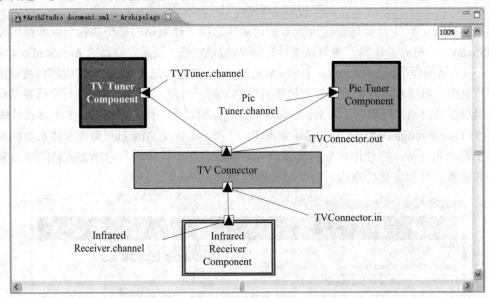

图 10-18　电视机驱动应用系统的体系结构

电视机驱动系统的基本需求如下：

• 系统有两个调谐器程序：TV 调谐器和画中画调谐器，它们都有通信接口，经此传输所有信息和数据。

• 系统有一个驱动红外接收探测器的驱动子系统，来拾取遥控器发出的信号。

• 上面 3 个子系统之间的交互需要一个中间媒介，通过它可以使红外接收探测器同时给两个调谐器发送信号。

清楚了实际需求之后，开始分析系统的体系结构。选择适当的体系结构风格成为最重要的任务之一。由于该系统只涉及简单信息的发送和接收，用 C2 风格比较合适。C2 风格对系统元素的组建方式和行为有明确的限制和约束。此系统包括 TV 调谐器、画中画调谐器、红外接收器 3 个构件实例和一个 TV 连接器实例。按照 C2 风格的系统组织规则，每个构件和连接件都有一个限制交互方式的顶端和底端。构件的顶端应连接到某连接器的底端，构件的底端则应连接到某连接器的顶端，而构件与构件之间不允许直接连接；一个连接器可以和任意数目的构件和连接件连接。选择了体系结构风格后就可以利用 ArchStudio 4 为系统建模了。首先要创建一个新的 ArchStudio 4 工程，然后按照向导添加一个体系结构描述文档。下面是该过程的详细步骤：

(1) 单击"File"→"New"命令，或者右击导航器视图，在弹出的快捷菜单中选择"Project"命令。

(2) 在"New Project"对话框中选择"a general project"选项并为它命名，然后单击"Finish"按钮。

(3) 单击"File"→"New"→"Other"命令，或者右击导航器视图，在弹出的快捷菜单中选择"ArchStudio Architecture Description"命令。

(4) 在"New Architecture Description"对话框中选择相应的工程并给新文档命名，最后单击"Finish"按钮。

现在可以开始为系统体系结构建模了。用 ArchEdit 打开创建的新文件，发现大纲视图中有一个名为"XArch"的空文件夹。右击该文件夹可以看见系统提供了一些符合 XML 模式的建模符号。用户可以根据需要利用这些符号来描绘系统。设计 ArchTypes 时要考虑构件、连接件和接口三种类型。每种体系结构类型都有一个唯一的标识符、文字描述和一组签名。签名是定义的接口，两个相同类型的构件或连接件应该有相同的接口；构件和连接件的接口应该用相同的接口类型作为签名。此电视机系统中，三个构件实例分为两种类型：调谐器类型和红外接收器类型；将 TV 连接器定义为连接件类型；由于每个构件和连接件都有顶端和底端，所以必须将接口类型的顶端与底端区分开。设计 ArchStructures 时需要从多个角度来考察。Structure & TYPES 和 Instance 各有自己的 XML 模式，它们支持如下特性：

• 构件：每个构件都有唯一的标识符和简单的文字叙述，构件有自己的构件类型和接口，不同的构件可以共享同一种类型。

• 连接件：每个连接件也有唯一的标识符、文字描述、接口和自己的类型。

• 接口：在这两种模式中，接口有唯一的标识符、文字描述和特定的方向。

• 连接：在体系结构符号中，连接表示接口之间的关联，每个连接都有两个端点用于绑定接口。

• 子体系结构：构件和连接件都可以集成为一个复杂的整体，构件和连接件构建了内部联系并封装功能后成为一个功能独立的单元体。

• 通用集合：一组相似的体系结构描述元素的集合。在这两种模式中，一个集合没有任何语义，可以用扩展的模式来描述特定含义的集合。

用 TV 调谐器构件来说明如何设计 ArchStructures。构件建模需要考虑标识符、描述、接口、类型等属性。TV 调谐器属于调谐器类型；它的接口是底端接口；接口的签名必须与它的构件类型的签名一致。类型实例化是个极容易被忽视的步骤，只需将元素所属的类型绑定到具体的类型上即可。由于定义了构件和连接器类型，当类型的属性发生变化时，该类型的所有实例都会自动更新。其余的体系结构元素都可以按照 TV 调谐器构件的设计方式操作。利用 ArchStudio 4 使复杂的设计变得简单，用户只需将设计思想利用 ArchStudio 4 提供的框架实现即可。具体的实现可以依据下面的步骤完成：

(1) 用 ArchEdit 打开文档，在大纲视图中，给根节点 XArch 添加第一层子节点，至少必须添加 ArchTypes 和 ArchStructures 两类属性。

(2) 按照前面的分析，分别对 ArchStructure 和 ArchTypes 进行设计。在 ArchStructure 中设计 TV 调谐器、画中画调谐器、红外接收器、TV 连接器、TV 调谐器与 TV 连接器的连接、画中画调谐器与 TV 连接器的连接、红外接收器与 TV 连接器的连接。在 ArchTypes 进行类型设计，系统包括两种构件类型——调谐器与红外接收器类型，一种连接件类型——TV 连接器类型和一种接口类型——信道类型。

(3) 为上面的元素添加必要的属性并设置元素之间的连接。连接只能关联方向兼容的接口，如输入和输出，不能是输入和输入或输出和输出。一旦用户确定了系统的拓扑结构，一个名为 RendingHints3 的文件夹就会自动生成，里面包含了所有有关联的元素的信息。

最后一个不可忽视的步骤是校验模型。该体系结构模型是否满足完整性、类型的一致性、接口的连接是否正确、两个元素是否有相同的标识等问题都需要校验。ArchStudio 4 提供了一个有效的校验工具 Archlight。用 Archlight 打开文档，选择校验类型，完成任务后系统会给用户提供报告。用户根据报告中的信息可以快速定位和改正错误。此外，它还支持体系结构实时修改和动态载入。假设在电视机驱动系统中，Archlight 检测出来的错误如图 10-19 Archlight 校验图所示，应该如何修改呢？

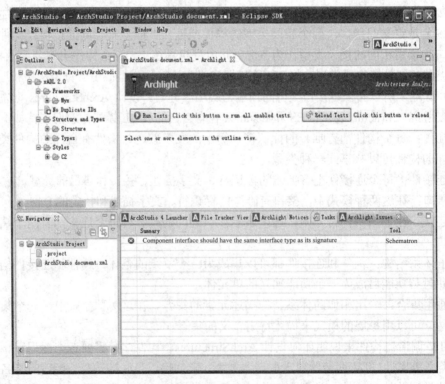

图 10-19　Archlight 校验图

首先，用户需要获取一份更详尽的错误报告，右击系统提示的错误信息，弹出的信息提示窗口对错误有更详细的描述。该错误在信息提示窗口中提示为：the interface type of

Interface TV Tuner Component on Component TV ArchStructure must be the same as the interface type of its signature。由于此问题牵涉到构件和接口，可以选择接口或者构件为切入点进一步追溯问题。这两条解决途径都提供了 4 种方式：selector dialog box、type wrangler dialog box、ArchEdit view 和 Archipelago view，用户可以选择最佳方式。例如，如果选择 Type Wrangler，系统将用红叉标记出错的地方，如图 10-20 Type Wrangler 校验图所示。

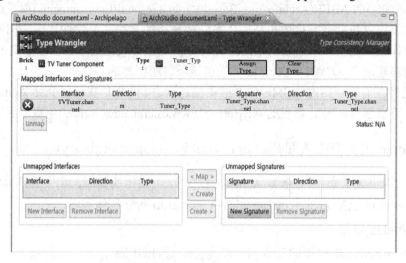

图 10-20　Type Wrangler 校验图

如果选择 ArchEdit，用户将会被系统智能地导航到出错的元素；如果采用 Archipelago (如图 10-21 所示)，系统将动态地将有错误的元素显示出来并标记之。这样，用户可以直观便捷地定位错误。

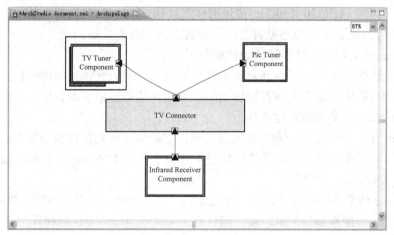

图 10-21　Archipelago 校验图

一旦用户运行了校验程序，系统就会自动添加一个 ArchAnalysis 文件夹，其中的文档详细记录了所有校验信息和细节。模型通过校验后，用户就可以通过视图和编辑器研究它了。例如，利用 Archipelago 将系统以图形的形式显示出来；利用 Type Wrangler 对所有类型进行分析；利用 Selector 选择体系结构的任何子集，甚至是最简单的构件和连接件。如果用户需要，还可以对该系统进行功能扩展。

10.4 Acme 工具和 AcmeStudio 环境

Acme 工具是由卡耐基梅隆大学计算机科学学院(School of Computer Science,Carnegie Mellon University)的 ABLE(Architecture Based Languages and Environments)项目组开发的。该项目的主要内容包括开发描述和利用体系结构风格的方法,为软件体系结构实践提供工具,为软件体系结构和体系结构风格的定义与分析创建形式化的基础。本书第 4 章介绍过的体系结构描述语言 ACME 和 Wright 都是由该项目组创建的。

我们已经在前面介绍过 ACME 体系结构描述语言。下面,我们将介绍 Acme 工具的特点和使用。可以通过 ABLE 项目的网站(http://www.cs.cmu.edu/~acme/)免费下载这些工具。

10.4.1 Acme 工具开发人员库(Acme Tool Developer's Library)

Acme 工具开发人员库(简称为 AcmeLib)是一个可重用的类库,用于表示和操作 Acme 的设计。AcmeLib 包括 Java AcmeLib 和 C++ AcmeLib 两种具体实现。

1. AcmeLib 概述

首先介绍 AcmeLib 提供的基本功能以及它所面向的应用。

AcmeLib 可以读、写操作用 Acme 体系结构描述语言定义的软件体系结构设计。AcmeLib 框架是为支持两类应用程序的快速开发而设计的。

(1) 在 ADL 之间进行转换的工具(比如 Rapide、Wright、UniCon 和 Aesop)。

Acme 体系结构描述语言的最初目的是把用一种 ADL(如 Aesop)描述的体系结构转换成用另一种不同的 ADL(如 UniCon)描述的体系结构。AcmeLib 框架可被用作开发这类在 Acme 和其他静态体系结构描述语言之间进行转换的工具的基础。

(2) 以 Acme 为基础的体系结构设计和分析工具。

除了开发转换工具,使用 Acme 框架还可以快速创建具有体系结构分析、操作和可视化等功能的应用程序。这些工具直接以 Acme 体系结构描述语言为目标,并能针对特定的应用或特定的体系结构风格进行定制。

AcmeLib 工具包中提供一套可重用的构件,它能够帮助软件体系结构工具开发人员降低开发难度,在付出尽可能少的代价的情况下开发定制基于 Acme 的工具。AcmeLib 工具包具有如下基本功能和特点:

• 为 Acme 体系结构描述提供了一个通用的、可扩展的、面向对象的二进制表示框架。这一框架包括一个编程接口工具,可以通过它来完成对 Acme 设计的操作。

• 提供了一个 Acme 语法分析器。该分析器把文本化的 Acme 描述转换成 AcmeLib 的二进制对象表示。可以方便地扩展该分析器,使它能够支持对目标 ADL 定义的语义丰富的 Acme 属性类型的分析。

• 提供了一个反语法分析器(导出器),用于把 AcmeLib 的二进制对象表示转换成文本化的 Acme 描述。

• 提供了一个转换辅助程序。

2．开发定制的基于 Acme 的应用

典型的基于 AcmeLib 的应用程序是这样的：对一个基于 AcmeLib 的应用程序来说，所设想的标准操作模式是调用语法分析器处理文本形式的 Acme 描述，对分析器返回的体系结构设计的二进制对象表示进行一系列的操作。操作结果的输出有两种方式，即向调用工具返回结果，或使用 AcmeLib 的反语法分析器输出修改后的文本形式的 Acme 描述。

工具开发人员创建自己定制的基于 AcmeLib 的应用时可以选择使用两种方法：使用 AcmeLib 提供的通用 API，或使用自定义的接口类集合。

如果只是使用 AcmeLib 的通用 API，开发人员在创建新的体系结构工具(或与现有工具相链接)时需要按照以下步骤进行：

(1) 决定该工具将要操作的特定应用程序的 Acme 类型集合，为这些类型编写 Acme 规格说明。

(2) 使用通用的 AcmeLib API 构造对 Acme 表述进行操作的体系结构设计工具。

(3) 把任何所需的用户语法分析器链接起来，用来解析属性或外部体系结构描述语言。

(4) 把开发人员的新工具和 AcmeLib 相链接。

如果要使用自定义的接口类集合创建基于 AcmeLib 的应用程序，需要完成以下步骤：

(1) 决定所要开发的工具要操作的特定应用程序的类型集合，为这些类型编写 Acme 规格说明。

(2) 通过子类化 AcmeLib 的体系结构元素类型(构件、连接件等)为特定应用程序的 Acme 类型创建接口，这些接口类将为直接在特定应用程序 Acme 类型提供的属性和结构上进行操作提供方法。

(3) 使用这些接口类和其余的 AcmeLib 提供的通用 API 创建所要的体系结构设计工具。

(4) 把任何所需的用户语法分析器链接起来，用来解析属性或外部体系结构描述语言。

(5) 把开发人员的新工具和 AcmeLib 相链接。

3．Acme 设计结构

这里我们概要介绍用于描述体系结构设计的 Acme 类，这些类为基于 Acme 模型操作体系结构设计定义了通用的 API，并对表示体系结构设计的结构进行了总结，概述了重要的设计对象类及其关联。

一个 Acme 设计的对象模型和用文本化的 Acme 语言描述的设计结构很相近。一个 AcmeDesign 包括一个全局体系结构元素类型集合、存储在全局类型空间 AcmeTypeSpace 中的属性类型定义(AcmeElementType 和 AcmePropertyType 类的实例)。它还包括一个 AcmeFamily 类的实例的集合，其中的每一个与一个 Family 定义相关。Family 定义是一组类型定义，是最终的模板定义。最后，一个 AcmeDesign 还包括一组 AcmeSystem 对象，它们描述了最高层的设计拓扑结构。

一个 AcmeDesign 还含有一个 AcmeTypeManager。类型管理器实例以元素类型和属性类型为基础，提供一个用来进行查找、实例化和检查元素实例及属性的类型的接口。一个 AcmeTypeManager 对象并不是设计的一部分，而是为对体系结构设计进行操作提供了一个接口。

一个 AcmeSystem 包括一个由构件、连接件、端口和角色实例(即 AcmeComponents、AcmeConnectors、AcmePorts、AcmeRoles)构成的集合，它们分别与 Acme 体系结构描述语

言中的构件、连接件、端口和角色相对应。AcmeComponent 包含 AcmePort，而 AcmeConnector 包含 AcmeRole。一个 AcmeSystem 还包括一组连接(AcmeAttachment)，用于表示端口和角色之间的接口关系。

每个 AcmeSystem 实例可以包括一个到 AcmeFamily 对象集合的参照表，这些对象是在系统中定义的全局对象。AcmeFamily 对象定义了一个类型集合，以及所有系统都需要的缺省结构。

10.4.2 AcmeStudio 环境

AcmeStudio 是一个图形化用户界面的软件体系结构开发环境。它既提供了 Linux 平台下的版本，也提供了 Windows 平台下的版本。

尽管使用 AcmeStudio 开发环境和编辑器相当简单，但在设计具体应用时，使用者应当熟悉软件体系结构的建模方法，并熟悉 Acme 体系结构描述语言。

AcmeStudio 以 Acme 通用体系结构描述语言为基础。它可以打开任何用 Acme 描述的体系结构设计。通常，这些 Acme 描述被存储在扩展名为 .acme 的文件中。

可以从 http://www.cs.cmu.edu/~acme 网站得到 AcmeStudio 和其他 Acme 工具的最新版本，还能得到关于 Acme 和 AcmeStudio 的详细信息。但同时需要指出的是，AcmeStudio 是一个研究用的原型系统而非商用产品，因此网站所提供的资源很有限。

1. 用户界面概述

下面我们简单介绍 AcmeStudio 用户界面的组织。AcmeStudio 的图形用户界面采用的是 Windows 风格的多文档界面(MDI)模型，如图 10-22 AcmeStudio 环境所示。

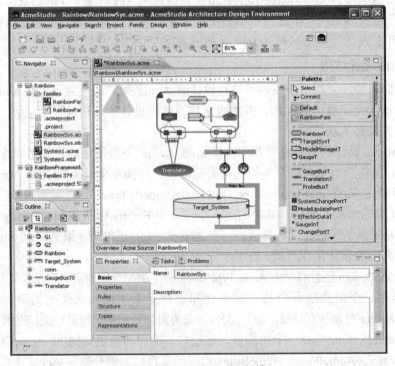

图 10-22　AcmeStudio 环境

1) 设计浏览器窗口

使用 AcmeStudio 的第一步是打开一个现存的设计或创建一个新的设计。在 AcmeStudio 中打开的每个设计都会显示在单独的浏览器窗口中。浏览器窗口由多个不同的编辑视图组成，它们中的每个都显示在单独的、可调整大小的面板上。这些视图是同步的，即在一个视图上所做的更改会马上在其他相关视图中显示出来。

2) Design Navigator

Design Navigator 窗口用树形结构显示了整个设计的层次体系。它包括体系结构描述中定义的所有类型和族，以及设计及其子结构中表示的所有系统。这个窗口的内容直接与文本形式的 Acme 描述的结构相关。

通过选择此窗口中的树的不同条目，使用者可以访问设计中的不同元素。一旦选择了某个或某些元素，它们就会在 Diagram View 窗口或 Element Workshop 窗口显示出来。界面的操作有点类似于 Windows 操作系统中常用的文件浏览器：选择一个"构件"对象，Diagram View 窗口将显示这一构件以及包含这一构件的系统。然后，可以通过 Diagram View 窗口和 Element Workshop 窗口进行查看和编辑。

某些编辑操作还可以通过在树中选择元素并操作右键弹出菜单来完成。对于当前选中的元素，操作主菜单中的相关菜单项也能实现同样的功能。

可以对 Design Navigator 窗口中显示的元素进行选择：单击"Look in"按钮，或者在应用程序菜单中选择"View"→"Browser Options…"菜单项，所弹出的对话框窗口中提供了许多对树形显示结构的过滤选项。

在树形显示上面，有一个组合框，它反映了当前所浏览的环境(当前显示元素的父元素和祖父元素)。这一组合框类似于 Windows 操作系统中的典型文件对话框中的下拉组合框。操作者通过选择父元素就可以向上层浏览。

在树形显示和组合框的上面，是一个缩略图，它描述了当前 Diagram View 所显示元素的父系统。如果当前 Diagram View 窗口显示的是元素类型，缩略图描述的就是该类型。实际上，这一视图显示的就是上下文环境，可以通过双击缩略图转入上层系统。

3) Diagram View

Diagram View 显示一个简单的图形编辑器，可以用通常的方式对构件、连接件、端口和角色进行选中、调整大小、移动等操作。但是，不同于大多数图形工具，Diagram View 在显示系统图形时，使用的显示规范是在当前选择的图形风格(Diagram Style)中定义的，通过在图形风格列表中进行选择就可以用新的风格查看系统。每个元素的显示方式是以该元素的类型和属性为基础的。通过视觉外观我们就可以知道所选择元素的一些信息。使用菜单项"View"→"Diagram"→"Diagram Styles…"可以创建新的图形风格，或编辑现有的风格。

Element Workshop 能够显示更多的当前选中对象的详细信息。我们将在下面介绍。

4) Type Platte

Type Platte 显示体系结构元素类型的集合。这些类型构成的词汇表能用于编辑在 Diagram View 窗口中所选择的系统的设计。它不仅包括系统具有的各种族的类型，而且包括所有的全局类型的定义。在编辑一个系统时，Platte 窗口显示 4 个列表：构件类型列表、连接件类型列表、端口类型列表和角色类型列表。在编辑一个构件类型时，Platte 只显示端口类型。类似地，在编辑一个连接件类型时，只显示角色类型。

通过选择一个类型并把它拖入 Diagram View 窗口，可以向系统中加入新的构件和连接件。同时，要向构件或连接件中拖入端口类型或角色类型来添加新的端口或角色。要注意的是，通过选择适当的菜单项，也可以向系统添加新的结构。

5) Element Workshop

Element Workshop 显示当前选中对象的细节信息，包括对象的子结构以及元素的各种属性和表述。对于系统，子结构包括系统中的构件和连接件；对于构件，列出与此构件相关联的端口；对于连接件，列出与此连接件相关联的角色。

双击一个元素或表述将导航到该条目上，并在 Diagram View 窗口中显示它。双击一个属性将显示属性编辑器，使用者可以用它来编辑属性值。

2．执行基本任务

下面我们介绍怎样在 AcmeStudio 中执行一些基本任务。与大多数应用程序类似，往往可以使用多种操作完成同一个任务。例如，可以使用右键弹出菜单执行一个命令，也可以通过应用程序的主菜单完成相应的任务，或通过拖拽操作完成该任务。

1) 与设计有关的任务

类似于大多数 Windows 应用程序，可以通过"File"菜单完成打开和保存操作。

如果要创建新的设计，则按以下步骤进行：

(1) 从菜单中选取"File"→"New Design…"。

(2) 选择族，新的设计中的顶层系统将在所选的族中创建。在对话框中将显示 AcmeStudio\Families 目录下所有的族。通过把新的包含族描述的*.acme 文件拷贝到该目录中，就可以向库中加入新的族。

如果要打开现存的设计，则选择"File"→"Open Design…"，然后选择打开一个 Acme 描述文件。这样就可以对设计进行编辑了，比如向系统中加入新的构件或连接件，修改这些元素的结构。

如果要添加新的构件或连接件，则按以下步骤进行：

(1) 通过单击构件/连接件类型并把它拖拽到图形中，在 Type Palette 中选择类型。

(2) 在设计上释放鼠标。这样，就在该系统中创建了一个该类型的构件或连接件的新的实例。缺省情况下，系统会根据类型名自动为该实例分配一个名称。

或者，也可以按以下步骤进行：

(1) 从应用程序菜单中选择"Insert"→"New Component…"或者"Insert"→"New Connector…"，然后，系统会提示对新元素的其他信息进行选择。

(2) 为新元素提供一个名称，并为其选择一个类型。

通过类似的操作，还可以为构件添加新的端口，或为连接件添加新的角色。

如果要编辑一个元素的属性，则按以下步骤进行：

(1) 在图形中选择一个元素。

(2) 双击 Element Workshop 窗口中想要编辑的属性。

如果要创建一个新的属性，则按以下步骤进行：

(1) 在图形中选择一个元素。

(2) 单击鼠标右键并从弹出菜单中选择"New Property…"菜单项，或者从主菜单中选择"Elements"→"New Property…"。

还可以添加或编辑与元素相关的 Acme 表述。Acme 表述可被用于描述元素的详细分解信息，或描述系统及元素的其他视图。

2) 与表述有关的任务

在 Acme 中，系统、构件、连接件、端口或角色都可以有一个表述(Acme Representation)。在当前版本中，可以查看并编辑系统、构件和连接件的表述，也可以打开包含端口表述和角色表述的系统设计，但不能通过编辑环境访问它们。

如果要为构件或连接件添加一个新的表述，则按以下步骤进行：

(1) 在系统视图中选择一个构件或连接件。

(2) 在主菜单中选择"Insert"→"New Representation…"。

或者，也可以使用右键菜单中的"New Representation"完成同样的操作。

如果要导航到一个现有的表述并在系统视图中把它显示出来，则按以下步骤进行：

(1) 在系统视图中选择一个构件或连接件。

(2) 从主菜单中选择"View"→"Open Representation"，或从元素的右键弹出菜单中选择"Open Representation"。

3) 使用剪贴板进行复制、剪切和粘贴操作

可以对系统结构(即一些构件和连接件及其关联构成的集合)进行各种剪贴板操作。在当前版本中，能够在 Diagram View 窗口中对构件和连接件的图形表示(以及它们所包含的端口和角色)进行剪切和粘贴操作。预计在将来的版本中会提供更为丰富的功能。

如果要剪切/复制构件或连接件的集合，则按以下步骤进行：

(1) 在图中选择想要剪切或复制的构件和连接件组成的子图。

(2) 选择"Edit"→"Copy"或"Edit"→"Cut"菜单项。

如果要粘贴元素集合，则按以下步骤进行：

(1) 导航到要把子图粘贴到的那个系统。

(2) 选择"Edit"→"Paste"菜单项。

这非常简单，与一般的编辑器中的操作基本是相同的。但需要注意，也可以用文本的形式把元素粘贴到设计中去。这里要使用"Edit"→"Paste Acme Text"菜单项。这些文本应当包括对构件、连接件或系统的 Acme 描述。例如，可以在其他文本编辑器中输入如下文本：

```
System s={
        Component c;
        Component d;
};
```

然后，把这些文本复制下来，返回到 AcmeStudio 中。这时，选择"Edit"→"Paste Acme Text"，就会在当前系统中加入两个名称分别为"c"和"d"的构件。

4) 与族和类型有关的任务

通过在主菜单中选择"Type"→"Families…"或通过 Design Browse 窗口访问族和类型的目录，可以执行与族和类型有关的操作。

在 Acme 中，一个体系结构设计描述包括一组族，可在设计中使用它们。在设计中为了定义一个属于某个特定族的系统，必须先要把这个族添加到设计中。可以采用两种操作方式：从头开始创建一个新的族，或者导入一个现有的族。

如果要向设计中加入新的族，则按以下步骤进行：

(1) 在"Type"菜单中选择"Families…"。这将打开一个对话框，其中列出了与当前设计有关的所有的族，而不是只有当前被编辑的系统所指定的族。

(2) 单击"New…"按钮，打开另一个对话框，在这里为新建的族命名。

如果要向设计中导入一个族，则单击"Import…"按钮，然后选择一个 Acme 描述文件。

如果要指定一个系统的族，则可以从"Families"对话框中选择当前系统的族。这样做就把当前系统和这个族关联了起来。另一种办法是，在 Design Browser 窗口中或在 Diagram View 窗口中使用右键菜单，选择"Assign Families…"菜单项。

如果要为族添加一个新的类型，则在 AcmeStudio 中可以这样创建一个新的元素类型：首先在设计中创建一个构件、连接件、端口或角色，然后使用"Type…"→"Create type from prototype…"把它转换成一个类型。使用"Create type in current family"选项，可以在与当前编辑的系统相关的族中创建一个新的类型；使用"Create type in global type space"选项，可以在一个设计的全局类型那个空间中创建一个新的类型。

需要注意的是，当前的 AcmeStudio 版本提供的类型编辑功能还很有限。例如，如果需要创建一个新的属性类型，则必须直接编辑文本形式的 Acme 描述。

如果要编辑一个类型的描述，则在 Browser View 窗口选中它，然后就可以通过 Diagram 和 Workshop 窗口对它进行编辑。

5) 与图形风格(Diagram Style)有关的任务

通过选择主菜单中的"View"→"Diagram"→"Diagram Styles…"，可以对图形风格进行编辑，并添加新的风格。一般情况下，可以为所要使用的每个族定义一种图形风格。在每种图形风格中，定义了该族中各类型的视觉效果。

如果要为当前系统选择一种图形风格，则通过在图形风格工具条的下拉框中进行选择。另一种方法是使用主菜单的"View"→"Diagram Styles…"选项，然后单击"Assign Style to Current System"按钮。

如果要创建新的图形风格，则在"View"→"Diagram Styles…"所打开的对话框中单击"New…"按钮即可。

如果要为一个图形风格添加新的视觉效果，则按以下步骤进行：

(1) 从主菜单中选择"View"→"Diagram"→"Diagram Styles…"菜单项，并使用图形风格对话框选择所要编辑的图形风格；或者选择"View"→"Diagram"→"Edit Current Diagram Style…"菜单项，编辑当前系统所使用的图形风格。

(2) 单击"New…"按钮，选择是否创建新的构件、连接件、端口或角色的视觉效果。

10.5　本 章 小 结

本章详细介绍了软件体系结构开发过程的辅助工具——体系结构集成开发环境，它在系统设计思想和系统实现之间搭起了一座桥梁。在体系结构集成开发环境出现以前，开发人员只能利用非形式化或形式化方法描述软件的体系结构，缺乏有效的体系结构分析、设计、仿真、验证等支持工具。同时，这些方式表达的结果也不够形象和灵活。体系结构集成开发环境的出现解决了这一系列问题。它提高了软件体系结构的生产效率，降低了开发和维护成本。

本章首先从 5 个方面介绍软件体系结构集成开发环境的作用，然后介绍了体系结构集成开发环境的原型，以帮助用户深入理解开发工具的结构和工作机理。原型是三层结构的系统：最上层是用户界面层，中间层是模型层，底层是基础层。

最后以两个较为著名的软件体系结构集成开发环境为例来介绍其具体功能。其中：

(1) ArchStudio 4 采用基于 XML 的体系结构描述语言 xADL2.0 为基础，支持 C2 体系结构风格。它除了具备普通体系结构建模功能外，还提供了对系统运行时刻和设计时刻元素的建模支持，以及对软件产品线体系结构的建模支持。

(2) Acme 工具以 Acme 体系结构描述语言为基础，提供了 Acme 工具开发人员库(简称为 AcmeLib)，用于表示和操作 Acme 的设计，并提供了一个图形化用户界面的软件体系结构开发环境 AcmeStudio。

习　　题

1. 下载本章介绍的两种软件工具，浏览其文档，对工具所附带的例子进行简单操作。
2. 通过文献检索或互联网搜索，了解 2~3 个其他的体系结构支持工具。它们都提供了什么功能？具有哪些特点？

参 考 文 献

[1] 张友生. 软件体系结构原理、方法与实践. 2 版. 北京：清华大学出版社，2014.

[2] 张家浩. 软件架构设计实践教程. 北京：清华大学出版社，2014.

[3] 覃征，李旭，王卫红. 软件体系结构. 4 版. 北京：清华大学出版社，2018.

[4] 林荣恒，吴步丹，金芝. 软件体系结构. 北京：人民邮电出版社，2016.

[5] 王磊，马博文，张琦. 微服务架构与实践. 2 版. 北京：电子工业出版社，2019.

[6] 周苏，彭彬，张泳，等. 软件体系结构与设计. 北京：清华大学出版社，2013.

[7] 张友生. 软件体系结构. 2 版. 北京：清华大学出版社，2006.

[8] 冯冲，江贺，冯静芳. 软件体系结构理论与实践. 北京：人民邮电出版社，2004.

[9] 李代平. 软件体系结构教程. 北京：清华大学出版社，2008.

[10] 李千目，许满武，张宏，等. 软件体系结构设计. 北京：清华大学出版社，2008.

[11] 覃征，邢剑宽，董金春，等. 软件体系结构. 2 版. 北京：清华大学出版社，2008.

[12] Mary Shaw，David Garlan. 软件体系结构. 牛振东，等，译. 北京：清华大学出版社，2007.

[13] 顾宁，刘家茂，柴晓路. Web Services 原理与研发实践. 北京：机械工业出版社，2007.

[14] 张世琨，王立福，杨芙清. 基于层次消息总线的软件体系结构风格. 中国科学（E 辑），2002(6)：393-400.

[15] 叶俊民，赵恒，曹翰，等. 软件体系结构风格的实例研究. 小型微型计算机系统，2003(10)：1158-1160.

[16] 王琰，徐重阳，蔷薇，等. 基于 C/S 结构的网络计算模型. 计算机应用研究，2000(9)：50-53.

[17] Eric M. Dashofy，Andre van der Hoek，Richard N. Taylor. A highly-extensible, XML-based architecture description language. Working IEEE/IFIP Conference on Software Architecture (WICSA 2001)，2001.

[18] Medvidovic N. A classfication and comparison framework for software architecture description languages. Working IEEE/IFIP Conference on Software Architecture (WICSA 2001)，2001.

[19] 杨芙清，朱冰，梅宏. 软件重用. 软件学报，1995 (9)：525-533.

[20] 杨芙清，王千祥，梅宏，等. 基于重用的软件生产技术. 中国科学（E 辑），2001(4)：363-371.

[21] Perry，D E，Wolf，A L. Fundations for the study of software architecture. ACM SIGSOFT Software Engineering Notes，1992，17 (4)：40-50.

[22] Perry，D E. Software engineering and software architecture. In：Feng Yu-lin, ed. Proceedings of the International Conference on Software：Theory and Practice. Beijing：Electronic Industry Press，2000：1-4.

[23] Boehm，B. Engineering context(for software architecture). In：Garlan D., ed. Proceedings of the International Workshop on Architecture for Software Systems Seattle，NewYork：ACM Press，1995：1-8.

[24] 孙昌爱，金茂忠，刘超. 软件体系结构研究综述. 软件学报，2002，13(7)：1228 -1237.

[25] 裴剑锋，高伟，徐继伟，等. XML 高级编程. 2 版. 北京：机械工业出版社，2005.

[26] 王晓光，冯耀东，梅宏. ABC/ADL：一种基于 XML 的软件体系结构描述语言. 计算机研究与发展，2004(9)：1521-1531.

[27] 赵文耘，张志. 基于 XML 架构描述语言 XBA 的研究. 电子学报，2002(12)：2036－2039.

[28] Kruchten，P B. The 4+1 view model of architecture. IEEE Software，1995，12 (6)：42-50.

[29] Kruchten，P，Obbink，H.. The past, present and future of software architecture. IEEE Software，2006 (23)：22-30.

[30] Clements P C，Weiderman N. Report the 2nd international workshop on development and evolution of software architectures for product families. Tech. Rep. CMU/SEI-98 -SR-003. Carnegie Mellon University. 1999.

[31] Jacobson I，Griss M，Jonsson P. Software resue-architecture, process and organization for business success. Addision Wesley Longman. 1997.

[32] Garlan D，Perry D. Introduction to the special issue on software architecture. IEEE Transactions on Software Engineering，1999，21(4).

[33] Garlan D，Shaw M. An introduction to software architecture. Tech. Rep. CMU/SEI-94 -TR-21. Carnegie Mellon University. 1994.

[34] David Garlan，Robert T Monroe，David Wile. Acme: an architecture description interchange language. Proceeding of CASCON'97，1997，11.

[35] Medvidovic N，Rosenblum D S，Taylor R N. A language and environment for architecture-based software development and evolution. In proceedings of the 21st international conference on software engineering (ICSE99)，1999，5.

[36] Oreizy P，Medvidovic N，Taylor R N. Architecture-based runtime software evolution. In proceedings of the 20th international conference on software engineering (ICSE'98)，1998，4.

[37] Abowd G.，Allen R，Garlan D. Formalizing style to understand descriptions of software architecture. ACM transactions on software engineering and methodology，1995，10.

[38] Allen R，Garlan D. A formal approach to software architecture. In proceedings of IFIP'92，1992，9.

[39] Booch G，Rumbaugh J，Jacobson I. The UML user guide. Addison-Wesley，1999.

[40] Booch G，Rumbaugh J，Jacobson I. The UML reference manual. Addison-Wesley，1999.

[41] Hofmeister C，Nord R L，Soni D. Describing software architecture with UML. Proceeding TC 21st working IFIP conference on software architecture(WICSA1)，1999.

[42] Medvidovic N，Rosenblum D S，Robbins J E. Modeling software architectures in the Unified Modeling Language. ACM transactions on software engineering and methodology，2002,11(1)：2-57.

[43] Gamma E，Helm R，Johnsor R，et al. Design patterns：elements of object-oriented software. Addison-Wesley，1995.

[44] Buschmann F，Meunier R，Rohnert H，et al. Pattern-oriented software architecture：a system of patterns. John Wiley & Sons，1999.

[45] Shaw M，Clements P. A field guide to boxology：preliminary classification of architectural styles for software systems. Proceedings of 1st International Computer Software and Applications Conference (CSAC97)，1997，8.

[46] Pree W. Design patterns for object-oriented software development. Addison-Wesley，1995.

[47] Sneed H M. Planning the reengineering of legacy systems. IEEE Software，1995(1)：24-34.

[48] Sneed H M. Encapsulating legacy software for use in client/server systems. Proc. IEEE Conference on Software Maintenance，1996：104-120.

[49] Riehle D，Zullighoven H. Understanding and using patterns in software development. Theory and Practice of Object Systems，1996 (1)：3-13.

[50] Gamma E. Object-oriented software development based on ET++：design patterns, class library, tools(in German). phD thesis，University of Zurich，1991.

[51] Krasner G E，Pope S T. A cookbook for using the model-view-controller user interface paradigm in Smalltalk-80. JOOP，1988 (8)：26-49.

[52] 周莹新，艾波. 软件体系结构建模研究. 软件学报，1998(11)：866~872.

[53] 张友生，陈松乔. 层次式软件体系结构的设计与实现. 计算机工程与应用，2002 (22)：154-156.

[54] 张友生，陈松乔. C/S 与 B/S 混合软件体系结构模型. 计算机工程与应用，2002 (23)：138-140.

[55] 张友生，李雄. 基于构件运算和 XML 的体系结构描述方法. 计算机工程与应用，2007 (14)：105-109.

[56] Allen R，Garlan D. Towards formalized software architectures. Tech. Rep. CMU-CS -92-163. Carnegie Mellon University. School of Computer Science. 1992，7.

[57] Jacobson I，Booch G，Rumbaugh J. The unified software development process. Addison- Wesley. 1999.

[58] Tracz W. DSSA(Domain-Specific Software Architecture)：pedagogical example. ACM SIGSOFT Software Engineering Notes，1995，20 (3).

[59] Tracz W，Coglianese L，Young P. A domain-specific software architecture engineering process outline. ACM SIGSOFT Software Engineering Notes，1993，18 (2).

[60] Tracz W. Domain-Specific Software Architecture (DSSA) frequently asked questions (FAQ). ACM SIGSOFT Software Engineering Notes，1994，19 (2).

[61] Hayes-Roth F. Architecture-based acquisition and development of software：guidelines and recommendations from the ARPA Domain-Specific Software Architecture (DSSA) program. Tech. Rep.，1994，4.

[62] 谭凯，林子禹，彭德纯，等. 多级正交软件体系结构及其应用. 小型微型计算机系统，2000(2)：138-141.

[63] 于卫，杨万海，蔡希尧. 软件体系结构的描述方法研究. 计算机研究与发展，2000(10)：1185-1191.

[64] 孙志勇，刘宗田，袁兆山. 软件体系结构描述语言 ADL 及其研究发展. 计算机科学，2000(1)：36-39.

[65] 孙昌爱，金茂忠. 软件体系结构描述研究与进展. 计算机科学，2003 (2)：136-139.

[66] 岳昆，王晓玲，周傲英. Web 服务核心支撑技术：研究综述. 软件学报，2004 (3)：428-442.

[67] 柴晓路，梁宇路. Web 服务技术、体系结构和应用. 北京：电子工业出版社，2003.

[68] 杨卫东，于卫，蔡希尧. 基于统一建模语言的软件体系结构描述. 西安电子科技大学学报，2000(2)：25-29.

[69] 叶俊民，王振宇，陈利，等. 基于软件体系结构的测试及其工具研究. 计算机科学，2003 (3)：160-163.

[70] Florescu D，Gruhagen A，Kossmann D. An XML programming language for web service specification and composition. Proceedings of the 11th International World Wide Web Conference，2002.

[71] Kazman R，Abowd G，Bass L，et al. Analyzing the properties of user interface software architectures. Tech. Rep. CMU-CS-93-201. Carnegie Mellon University. School of Computer Science，1993.

[72] Kazman R，et al．SAAM：a method for analyzing the properties of software architectures． Proceedings of 16th International Conference on Software Engineering (ICSE94)，1994.

[73] Kazman R．Tool support for architecture analysis and design．Joint Proceedings of the ACM SIGSOFT'96 Workshops，1996，10.

[74] Kazman R，Abowd G，Bass L，et al．Scenario-based analysis of software architecture．IEEE Software，1996 (11)：47-55.

[75] Kazman R，Klein M，Barbacci M，et al．The architecture tradeoff analysis method．Proceedings Fourth IEEE International Conference on Engineering of Complex Computer Systems(ICECCS'98)，1998.

[76] Kazman R，Barbacci M，Klein M，et al．Experience with performing architecture tradeoff analysis．Proceedings of the 1999 International Conference on Software Engineering (ICSE99)，1999，5.

[77] Kazman R，Carriere S J，Woods S G．Toward a discipline of scenario-based architectural engineering．Annals of Software Engineering，2000 (9)：5-33.

[78] Bass L，Clements P，Kazman R．Software architecture in practice，1st ed..Addison-Wesley，1998.

[79] Bass L，Clements P，Kazman R．Software architecture in practice，2nd ed..Addison- Wesley，2003.

[80] Kazman R，Klein M，Clements P．ATAM: method for architecture evaluation．Tech. Rep. CMU/SEI-2000 -TR-004．Carnegie Mellon University．2000.

[81] Barbacci M，Carriere S J，Kazman R，et al．Steps in an architecture tradeoff analysis method：quality attribute models and analysis．Tech. Rep. CMU/SEI-97 -TR-029．Carnegie Mellon University．1997.

[82] Desimone M，Kazman R．UsingSAAM：an experience report．Proceedings of CASCOM'95，1995，11：251-261.

[83] 麦绍辉．面向模式的软件体系结构的研究：[学位论文]．北京：华北电力大学，2004.

[84] 许晓春．软件体系结构的若干研究：[学位论文]．南京：南京大学，2002.

[85] 杨安乐．软件体系结构及基于软件体系结构的系统开发：[学位论文]．合肥：安徽大学，2003.

[86] 朱建浩．软件体系结构设计方法的研究与应用：[学位论文]．武汉：武汉大学，2004.

[87] 郭莹．软件体系结构及其描述初步研究：[学位论文]．大连：东北财经大学，2003.

[88] 朱雪阳．软件体系结构形式描述研究：[学位论文]．北京：中国科学院软件研究所，2005.

[89] 张国宁．基于 UML 的软件体系结构六视图描述研究：[学位论文]．合肥：合肥工业大学，2004.

[90] 刘伟．用 UML 描述软件体系结构的研究：[学位论文]．武汉：武汉大学，2002.

[91] 叶鹏．软件体系结构模型的形式化研究：[学位论文]．武汉：武汉大学，2005.

[92] 孙力群．基于模式系统软件体系结构的质量分析：[学位论文]．合肥：合肥工业大学，2005.

[93] 李莹莹．软件体系结构评价体系与评价矩阵研究：[学位论文]．合肥：合肥工业大学，2004.

[94] 许松涛．软件体系结构的层次描述模型：[学位论文]．济南：山东大学，2001.

[95] 张友生．基于代数理论的软件体系结构描述及软件演化方法研究：[学位论文]．长沙：中南大学，2007.

[96] 张小华．软件架构演化管理研究：[学位论文]．重庆：重庆大学，2005.

[97] 胡智新．软件产品线的变化性控制与构架评估方法研究：[学位论文]．北京：中国科学院国家天文台，2006.

[98] 陶伟．以体系结构为中心的软件产品线开发：[学位论文]．北京：北京航空航天大学，1999.

[99] 郭玉峰. 基于 DSSA 的软件开发在电话语音服务领域中的研究和应用：[学位论文]. 西安：西安电子科技大学，2005.

[100] 毛俊杰. 基于特定领域的软件体系结构的研究与实现：[学位论文]. 沈阳：东北大学，2004.

[101] 蒋哲远. 基于 Web 服务的特定领域软件体系结构及其关键技术研究：[学位论文]. 合肥：合肥工业大学，2006.

[102] 张文燊. 面向领域的软件生产研究与实践：[学位论文]. 北京：北京航空航天大学，2003.

[103] 孙兴平. 面向特定领域的软件体系结构研究：[学位论文]. 昆明：云南大学，2004.

[104] 华红. 基于 XML 的软件体系结构描述语言的研究与应用：[学位论文]. 昆明：云南大学，2005.

[105] 吕志健. 软件体系结构及其动态演化的研究与应用：[学位论文]. 上海：华东理工大学，2004.

[106] 周欣，黄璜，孙家骕，等. 软件体系结构质量评价概述. 计算机科学，2003 (1)：49-52.

[107] 张秀国，张英俊，吴春艳. 基于体系结构模式的软件系统开发方法研究. 计算机科学，2004 (4)：87-190.

[108] 杨志明. 几种常见软件体系结构模型的分析. 计算机工程与设计，2004 (8)：1326-1328.

[109] 何炎祥，黄浩，石莉，等. 软件体系结构中五种常见风格的剖析. 计算机工程，2000 (10)：29-30.

[110] 楚荣珍，刘建国，李顺刚. 软件体系结构设计模式的分析研究. 计算机系统应用，2005 (9)：48-57.

[111] 梅宏，申峻嵘. 软件体系结构研究进展. 软件学报，2006 (6)：1257-1275.